"十三五"国家重点出版物出版规划项目

名校名家基础学科系列
Textbooks of Base Disciplines from Top Universities and Experts

普通高等教育"十一五"国家级规划教材

高等工科数学系列课程教材

# 工科数学分析教程

下册

## 第 4 版

总主编　孙振绮

主　编　金承日　孙振绮

副主编　王雪臣　王黎明

机械工业出版社

本书是"十三五"国家重点出版物出版规划项目 名校名家基础学科系列教材,是普通高等教育"十一五"国家级规划教材,是以教育部(原国家教育委员会)颁布的《高等学校工科本科高等数学课程教学基本要求》为纲,广泛吸取国内外知名大学的教学经验,并总结多年来的教学改革与实践经验而编写的工科数学分析课程教材.本书在第3版的基础上增减和修改了一些内容,并调整了部分内容的顺序,加强了数学思想的前后连贯性,提高了教材的可读性.

本书共7章:多元函数微分学及其应用、重积分、曲线积分与曲面积分、数项级数、幂级数、傅里叶级数、含参变量的积分.每章都配有大量的例题与典型计算题,书后附有计算题答案,便于读者自学.

本书可作为工科本科生的数学课教材,也可供大学教师、准备报考工科硕士研究生的人员与工程技术人员参考.

## 图书在版编目(CIP)数据

工科数学分析教程.下册/金承日,孙振绮主编.—4版.—北京:机械工业出版社,2019.7(2024.8重印)

"十三五"国家重点出版物出版规划项目.名校名家基础学科系列 普通高等教育"十一五"国家级规划教材

ISBN 978-7-111-63376-1

Ⅰ.①工… Ⅱ.①金… ②孙… Ⅲ.①数学分析-高等学校-教材 Ⅳ.①O17

中国版本图书馆 CIP 数据核字(2019)第 158930 号

机械工业出版社(北京市百万庄大街22号 邮政编码100037)
策划编辑:郑 玫 责任编辑:郑 玫 李 乐
责任校对:李 杉 封面设计:鞠 杨
责任印制:单爱军
北京虎彩文化传播有限公司印刷
2024 年 8 月第 4 版第 7 次印刷
184mm×260mm · 21 印张 · 518 千字
标准书号:ISBN 978-7-111-63376-1
定价:54.80 元

电话服务　　　　　　　网络服务
客服电话:010-88361066　　机 工 官 网:www.cmpbook.com
　　　　　010-88379833　　机 工 官 博:weibo.com/cmp1952
　　　　　010-68326294　　金 书 网:www.golden-book.com
封底无防伪标均为盗版　　机工教育服务网:www.cmpedu.com

# 序

　　面对当今科学技术的发展和社会需求，从我国实际情况出发，吸收不同国家、不同学派的优点，更好地为我国培养高质量人才是广大数学教师的责任与愿望．虽然我国大多数工科数学教材的内容和体系是在 20 世纪 50 年代苏联相应教材的基础上演变发展而来的，但是当今不少教材在进行内容革新时非常注重吸收北美发达国家的先进理念和经验，对俄罗斯教材近年来的变化却注意不够．高等数学课程的教学要求、内容选取和体系编排等方面，俄罗斯教材与北美教材有很大的差异．孙振绮教授对俄罗斯的高等数学教学进行了长期深入的研究，发表了相关论文与研究报告十余篇．这对吸收不同学派所长，推动我国工科数学教学改革、建设具有中国特色的系列教材具有重要的参考价值．

　　长期以来，孙振绮教授与其他教授合作，以培养高素质创新型人才为目标，力图探索一条提高本门课程教学质量的新途径．他们结合我国的实际情况，吸收俄罗斯高等数学课程教学的先进理念和经验，对教学过程进行了整体的优化设计，编写了一套工科数学系列教材共 9 部．该系列教材的取材考虑了现代科技发展的需要，提高了知识的起点，适当运用了现代数学的观点，增加了一些现代工程需要的应用数学方法，扩大了信息量．同时，整合优化了教学体系，体现了数学有关分支间的相互交叉和渗透，加强了数学思想方法的阐述和运用数学知识解决问题能力的培养．

　　与当今出版的众多工科数学教材相比，该系列教材特色鲜明，颇有新意，其最突出的特点是：内容丰富，起点较高，体系优化，基础理论比较深厚，吸收了俄罗斯学派和教材的观点和特色，在国内独树一帜．对数学要求较高的专业和读者，该系列教材不失为一套颇有特色的教材和参考书．

　　该系列教材曾在作者所在学校和有关院校使用，反映良好，并于 2005 年获机械工业出版社科技进步一等奖．其中《工科数学分析教程》（上、下册）被列为普通高等教育"十一五"国家级规划教材．该校使用该教材的工科数学分析系列课程被评为 2005 年山东省精品课程，相关的改革成果和经验多次获校与省教学成果奖，在国内同行中有广泛良好的影响．笔者相信，该系列教材的出版不仅有益于我国高质量人才的培养，也将会使广大师生集思广益，有助于本门课程教学改革的深入发展．

**西安交通大学　马知恩**

# 第4版前言

当今时代是科学、技术、经济与管理日益数字化的时代，这就确定了数学在高等教育中的地位，现代科学工作者与工程师不仅应当知道数学原理，还应当掌握最新的数学研究方法，并把它应用到实践中去.

长期以来，我们坚持培养创新型高素质人才的目标，十分重视教材建设，不断提高教材质量. 本套教材分上、下两册；是"十三五"国家重点出版物出版规划项目 名校名家基础学科系列教材，也是普通高等教育"十一五"国家级规划教材，由孙振绮任总主编，本书是其中的下册.

我们本着向世界一流大学学习的精神，依照对教学过程整体优化设计的原则，在保持原有教材风貌的基础上，使本书更具特色，主要表现有以下几个特点：

1. 参考国内现行教学大纲，用现代数学的思想方法来叙述微积分的理论和设计教学内容体系. 如：用现代集合论的思想与数学逻辑语言表述微积分内容，重点挖掘一元函数微积分的思想与方法，再向多元函数微积分推广. 这里，重点要求对其数学思想方法进行探讨，增强逻辑性、科学性，并适当压缩篇幅，扩大教材的适用范围.

2. 在对教学内容进行优化设计时，加强了分析与代数、几何间的有机结合与相互渗透. 书中所附的许多图形十分难得，很有参考价值.

3. 突出工科特点. 书中含有大量的结合实际的应用题.

4. 融入编者多年的教学经验，注意揭示问题的实质，加强了知识间的联系和结构的逻辑.

5. 配有丰富的例题与习题（包括典型计算题、综合练习题），有利于教师利用提示、设疑、解惑等多种方法启发学生探讨问题，解决问题.

6. 注意内容的延展性，有利于因材施教，可读性好.

本书所列习题均给出了答案与提示，对学生不易理解的概念注重遵循学生的思维规律——由已知到未知，由具体到抽象，由有限到无限，由低维到高维进行深入分析，便于学生系统掌握，灵活运用.

本书可供工科专业本科学生使用，也可供大学教师、科研人员及报考硕士研究生的人员参考.

本书由金承日、孙振绮任主编，王雪臣、王黎明任副主编. 具体参加修订的教师有：王雪臣（第10章）、金承日（第11、12章）、王黎明（第13、14章）、李文学（第15章）、于佳佳（第16章），全书由金承日统稿.

魏俊杰、文松龙、伊晓东三位教授审阅了本书的各章内容，提出了许多宝贵意见，在此深表感谢！

由于编者水平有限，不妥之处在所难免，恳请读者批评指正！

编　者

# 第 3 版前言

    本书是普通高等教育"十一五"国家级规划教材，这次修订在基本保持第 2 版风貌的基础上增减和修改了部分内容，并调整了部分内容的前后顺序，增减了部分习题，加强了数学思想的前后连贯性，提高了教材的可读性.

    随着我国高等教育的改革与发展，各高校也在不断修订本科培养方案. 为了适应当前教育改革的形势，编者对第 2 版进行了修订，删除了大纲不要求的一些内容，改动比较大的部分如下：第 10 章修改了二重极限的定义，将多元函数微分的定义、可微的必要条件和充分条件改为二元函数的形式，增加了一些几何应用练习题和极值练习题，将复合函数和隐函数的微分法相关典型计算题分开，删掉了变量代换一节，略去了一些复杂定理的证明，删掉了多元函数泰勒公式中的一些例题，将向量函数与曲线、多元函数泰勒公式、多元函数的极值纳入进去. 第 11 章重新定义了重积分的概念，增加了对称奇偶性的内容. 第 12 章重新定义了曲线积分与曲面积分的概念，增加了第一型曲线（曲面）积分的对称奇偶性的内容，对高斯公式、斯托克斯公式以及场论部分进行了较大改动，删除了场论部分中超出大纲要求的较多内容. 第 13 章删除了复数项级数部分，压缩了习题，增加了简单考研题. 第 14 章去掉了复数域理论，将级数全部改为在实数域背景下进行讨论，删除了函数序列的一致收敛数序列的一致收敛性及相关例题，将级数的一致收敛性作为附加内容，节前加了 ∗ 号，泰勒级数部分只介绍拉格朗日余项型，将积分型余项删除，并将幂级数在近似计算中的应用作为附加内容供学生自学. 第 15 章删除了大纲不做要求的一些内容，对教学内容和课后习题做了调整，更加便于教学. 第 16 章作为选学内容加了 ∗ 号，并删除了一些例题. 对于书后的附录也做了压缩与精简.

    本书由孙振绮、金承日、包依丘克任主编，王雪臣、王黎明任副主编. 参加本书修订工作的教师及他们承担的工作如下：王雪臣（第 10 章）、金承日（第 11 章、第 12 章）、王黎明（第 13 章、第 14 章）、李文学（第 15 章）、于佳佳（第 16 章）、郭宇潇（下册附录）. 全书由孙振绮策划，上册由邹巾英统稿，下册由金承日统稿. 崔明根、刘铁夫、文松龙、伊晓东四位教授分别审阅了教材的各章内容，并提出了许多宝贵意见.

    由于编者水平有限，不妥及错漏之处在所难免，恳请读者批评指正！

编  者

# 第 2 版前言

本书是普通高等教育"十一五"国家级规划教材，这次修订在基本保持第 1 版风貌的基础上补充了部分内容，并调整了某些内容的顺序.

计算机技术的飞速发展，使得某些被认为是最纯粹的数学理论在工程实际中也得到了应用. 数学的广泛应用是科技进步与发展的条件，所以编者编写了这本在传统的数学分析的内容框架下增加了现代数学观点与内容的教材，提高了理论知识平台，以适应培养高素质、创新型人才的需要.

修订后的教材增加了下述内容：

1. 在第 13 章重积分中增加了 $\mathbf{R}^n$ 中的网格理论.

2. 在第 14 章曲线积分与曲面积分、场论中，增加了①曲面理论初步（包括简单曲面、曲面上的曲线坐标、曲面的切平面与法线、分片光滑曲面、可定向的曲面）；②把高斯公式、斯托克斯公式与场论内容综合编写.

3. 在第 16 章傅里叶级数中增加了①傅里叶级数的逐项微分法与逐项积分法；②傅里叶级数的一致收敛性；③傅里叶级数的求和法；④傅里叶级数在均方意义下的收敛性（包括酉空间、赋范空间、收敛性、完备空间、盖里别尔托夫空间、酉空间的完备化、傅里叶系数的极小性质、贝塞尔不等式. 在酉空间元素组（基）$\{e_i\}$ 的完备性，三角函数系在 $\mathbf{L}_2(a, b)$ 上的完备性，在盖里别尔托夫空间中的正交系的完备性）.

4. 在第 17 章含参变量的积分中增加了①含参变量的普通积分；②含参变量的广义积分及其一致收敛性；③欧拉积分；④傅里叶积分；⑤傅里叶变换.

5. 在附录 A 中，介绍了在数学分析教程中的微分流形理论：①代数流形；②积分流形；③微分流形的积分，空间 $\mathbf{R}^n$ 的定向；④斯托克斯公式与高斯公式的微分流形形式.

从内容体系上，除了内容顺序的变动并补充上述内容外，本次修订还突出以下几个特点：

1. 加强线性代数与解析几何、微积分学内容的相互渗透、相互交叉，并把这些内容与实用的工程数学方法看作一个整体，对其内容体系进行优化组合.

2. 采用归纳法，由浅入深地叙述教材内容. 譬如，极限的概念是按下列顺序叙述的：数列极限，一元函数极限，在欧氏空间中关于集合的极限，积分和极限等；对于泰勒公式，首先研究区间上实函数，然后研究 $\mathbf{R}^n$ 空间中的映射的泰勒公式；对于柯西极限存在准则，首先研究了各类柯西极限准则，最后研究了在 $\mathbf{R}^n$ 空间中映射的极限存在的柯西准则；叙述傅里叶级数是从古典的三角函数开始，最后叙述在盖里别尔托夫空间中关于正交组的傅里叶级数等.

3. 证明的定理并不总是具有普遍意义，由于教学时数有限，同时考虑要更好阐明所研究问题的实质和证明的思路，只考虑足够光滑的函数.

除上述特点外，本次修订还保留了第 1 版注重教学法，知识由浅入深、循序渐进、便于自学，以及理论联系实际，加强数学建模训练等特点.

本书是编者在哈尔滨工业大学与乌克兰人民科技大学（原基辅工业大学）多年讲授工科数学分析课程与习题课经验的基础上，吸取国内外知名大学的先进教学经验编写的，为了巩固所叙述的理论知识，书中列有足够数量的例题与典型计算题，以帮助读者掌握教程的基本思想与深入研究、解决应用问题的方法，特别重视对那些学生学习较困难的概念的阐述，在教学中取得了较好的效果.

为了适应现代科技的飞速发展，编者大胆改革传统的数学分析教材，注意渗透、增加现代数学观点与方法，试图为大学生提供阅读与查阅现代科技文献、进行科研的有力的数学工具，编者认为这是一项十分困难的工作，希望这套教材的出版能为推动这项工作做出贡献.

这里，对哈尔滨工业大学多年来一直支持这项教学改革的领导、专家、教授深表谢意，特别要感谢机械工业出版社的领导及同志们为该书的早日出版所做出的重大贡献.

本书由孙振绮、O. Φ. 包依丘克（乌克兰）任主编，丁效华、金承日、伊晓东任副主编并参加教材的修订工作. 参加本书习题部分修订的还有哈尔滨工业大学（威海）数学系邹巾英、孙建邵、李福梅、杨毅、范德军、吴开宇、王雪臣、王黎明、曲荣宁、史磊、宁静、李晓芳、于战华、吕敬亮等. 崔明根、刘铁夫、王克、文松龙四位教授分别审阅了教材的各章内容，提出了许多宝贵意见.

由于编者水平有限，缺点、疏漏在所难免，恳请读者批评指正！

编　者

# 第1版前言

为适应科学技术进步的要求，培养高素质人才，必须改革工科数学课程体系与教学方法. 为此，我们进行了十多年的教学改革实践，先后在哈尔滨工业大学、黑龙江省教委立项，长期从事"高等数学教学过程的优化设计"课题的研究，该课题曾获哈尔滨工业大学优秀教学研究成果奖. 本套系列课程教材正是这一研究成果的最新总结，包括《工科数学分析教程》（上、下册）《空间解析几何与线性代数》《概率论与数理统计》《复变函数论与运算微积》《数学物理方程》《最优化方法》《计算技术与程序设计》等.

本套教材在编写上广泛吸取国内外知名大学的教学经验，特别是吸取了莫斯科理工学院、乌克兰人民科技大学（原基辅工业大学）等的教学改革经验，提高了知识的起点，适当地扩大了知识信息量，加强了基础，并突出了对学生的数学素质与学习能力的培养. 具体体现在：①加强对传统内容的理论叙述；②适当运用近代数学观点来叙述古典工科数学内容，加强了对重要的数学思想方法的阐述；③加强了系列课程内容之间的相互渗透与相互交叉，注重培养学生综合运用数学知识解决实际问题的能力；④把精选教材内容与编写典型计算题有机结合起来，从而加强了知识间的联系，形成课程的逻辑结构，扩展了知识的深广度，使内容具备较高的系统性和逻辑性；⑤强化对学生的科学工程计算能力的培养；⑥加强对学生数学建模能力的培养；⑦突出工科特点，增加了许多现代工程应用数学方法；⑧注意到课程内容与工科研究生数学的衔接与区别.

此外，我们认为，必须把教师与学生、内容与方法、教学活动看作是教学过程中三个有机联系的整体，教学必须实现传授知识与培养学习能力、发挥教师主导作用与调动学习积极性的结合. 为此，教材的编写上注意运用启发式教学，有利于教师组织教学过程，充分调动学生学习的积极性，不断地引导学生进行深入思维.

本书可供工科大学自动化、计算机科学与技术、机械电子工程、工程物理、通信工程、电子科学与技术等对数学知识要求较高的专业的本科生使用. 按大纲讲授需要 198 学时，全讲需要 230 学时.

本书是根据哈尔滨工业大学与乌克兰人民科技大学的合作协议确定的合作项目而编写的，并得到了教育部哈尔滨工业大学工科数学教学基地的资助.

这里，对哈尔滨工业大学多年来一直支持这项教学改革的领导、专家、教授深表谢意.

本套教材由孙振绮任总主编. 本书由孙振绮、О. Ф. 包依丘克（乌克兰）任主编，丁效华、金承日任副主编. 参加本书编写的还有哈尔滨工业大学（威海）数学系邹巾英、孙建邵、李福梅、杨毅、伊晓东、林迎珍、李宝家、于淑兰等. 崔明根、刘铁夫、文松龙三位教授分别审阅了教材的各章内容，提出了许多宝贵意见.

由于编者水平有限，缺点、疏漏在所难免，恳请读者批评指正！

编　者

# 目　录

序

第 4 版前言

第 3 版前言

第 2 版前言

第 1 版前言

记号与逻辑符号

教材中出现的著名科学家

**第 10 章　多元函数微分学及其应用** ···························· *1*

10.1　$\mathbf{R}^n$ 空间 ···························· *1*

10.2　多元函数的极限与连续性 ···························· *5*

10.3　偏导数 ···························· *12*

10.4　多元函数的可微性 ···························· *17*

10.5　复合函数的微分法 ···························· *24*

10.6　隐函数的微分法 ···························· *30*

10.7　多元函数微分学的几何应用 ···························· *34*

10.8　方向导数与梯度 ···························· *42*

10.9　多元函数的泰勒公式 ···························· *47*

10.10　多元函数的极值 ···························· *50*

10.11　综合解法举例 ···························· *61*

习题 10 ···························· *67*

**第 11 章　重积分** ···························· *68*

11.1　二重积分的定义与性质 ···························· *68*

11.2　二重积分的计算 ···························· *71*

11.3　二重积分例题选解 ···························· *80*

11.4　三重积分的定义、计算及应用 ···························· *88*

11.5　三重积分例题选解 ···························· *98*

11.6　重积分的应用 ···························· *102*

习题 11 ···························· *106*

**第 12 章　曲线积分与曲面积分** ···························· *108*

12.1　第一型曲线积分 ···························· *108*

12.2　第二型曲线积分 ···························· *116*

12.3　格林公式　曲线积分与路径的无关性 ···························· *126*

12.4　第一型曲面积分·····················································139

12.5　第二型曲面积分·····················································146

12.6　高斯公式　通量与散度···········································152

12.7　斯托克斯公式　环量与旋度·····································160

习题 12·····································································163

# 第 13 章　数项级数···················································165

13.1　收敛级数的定义与性质···········································165

13.2　非负项级数·························································170

13.3　绝对收敛与条件收敛的级数·····································178

13.4　综合解法举例·····················································183

习题 13·····································································185

# 第 14 章　幂级数······················································186

14.1　函数项级数的收敛性···············································186

*14.2　一致收敛的函数项级数的性质·································192

14.3　幂级数的概念及性质···············································197

14.4　泰勒级数····························································202

*14.5　幂级数在近似计算中的应用·····································207

14.6　综合解法举例·····················································212

习题 14·····································································214

# 第 15 章　傅里叶级数················································215

15.1　三角级数的引入···················································215

15.2　正交函数系·························································218

15.3　周期函数的傅里叶级数···········································219

15.4　正弦级数与余弦级数···············································224

15.5　有限区间上的函数的傅里叶展开·································226

习题 15·····································································229

# *第 16 章　含参变量的积分·········································230

16.1　含参变量的普通积分···············································230

16.2　含参变量的广义积分及其一致收敛性·························237

16.3　欧拉积分····························································239

16.4　傅里叶积分与傅里叶变换·········································244

习题 16·····································································251

# 附录　空间解析几何图形与典型计算·····························252

# 参考文献·································································322

# 记号与逻辑符号

| 符 号 | 表示的意义 |
|---|---|
| $\vee$ | 或 |
| $\wedge$ | 和 |
| $\exists$ | "存在"或"找到" |
| $\forall$ | "对任何"或"对每一个" |
| : | 使得 |
| $\Leftrightarrow$ | 等价，充分且必要，当且仅当 |
| $A \rightarrow B$ | 由 $A$ 得到 $B$ |
| $f: A \rightarrow B$ | $f$ 是从集合 $A$ 到集合 $B$ 的映射 |
| $\mathbf{N}$ | 自然数集合 |
| $\mathbf{N}_+$ | 正整数集合 |
| $\mathbf{Z}$ | 整数集合 |
| $\mathbf{Q}$ | 有理数集合 |
| $\mathbf{J}$ | 无理数集合 |
| $\mathbf{R}$ | 实数集合 |
| $\mathbf{C}$ | 复数集合 |
| $x \in A$ | $x$ 是集合 $A$ 的元素 |
| $A \subset B$ | 集合 $A$ 是集合 $B$ 的子集 |
| $\sup\limits_{x \in X} \{x\}$ | 集合 $X$ 的上确界 |
| $\inf\limits_{x \in X} \{x\}$ | 集合 $X$ 的下确界 |
| $C = A \cup B$ | 集合 $C$ 是集合 $A$ 与集合 $B$ 的并集 |
| $C = A \cap B$ | 集合 $C$ 是集合 $A$ 与集合 $B$ 的交集 |
| $x \in A \cup B$ | 或 $x \in A$ 或 $x \in B$ |
| $x \in A \cap B$ | $x \in A$ 且 $x \in B$ |
| $C = A \setminus B$ | $C$ 是集合 $A$ 与集合 $B$ 的差集 |
| $x \in A \setminus B$ | $x \in A$，但 $x \notin B$（$x$ 不属于 $B$） |
| $f \in C([a,b])$ | $f$ 属于在区间 $[a, b]$ 上连续的函数类 |
| $f \in C^1([a,b])$ | $f$ 属于在区间 $[a, b]$ 上具有连续导数的函数类 |
| $f \in R([a,b])$ | $f$ 属于在区间 $[a, b]$ 上黎曼可积的函数类 |

# 教材中出现的著名科学家

柯西（Cauchy, 1789—1857）法国数学家

伯努利（Bernoulli, 1654—1705）瑞士数学家

欧拉（Euler, 1707—1783）瑞士数学家、自然科学家

魏尔斯特拉斯（Weierstrass, 1815—1897）德国数学家

康托尔（Cantor, 1845—1918）德国数学家

莱布尼兹（Leibniz, 1646—1716）德国数学家

费尔玛（Fermat, 1601—1665）法国数学家

罗尔（Rolle, 1652—1719）法国数学家

拉格朗日（Lagrange, 1735—1813）法国数学家、物理学家

泰勒（Taylor, 1685—1731）英国数学家

麦克劳林（Maclaurin, 1698—1746）英国数学家

皮亚诺（Peano, 1858—1932）意大利数学家

洛必达（L'Hospital, 1661—1704）法国数学家

笛卡儿（Descartes, 1596—1650）法国哲学家、数学家、物理学家

黎曼（Riemann, 1826—1866）德国数学家、物理学家

牛顿（Newton, 1642—1727）英国数学家、物理学家、天文学家

狄利克雷（Dirichlet, 1805—1859）德国数学家

达朗贝尔（d'Alembert, 1717—1783）法国数学家、力学家

雅可比（Jacobi, 1804—1851）德国数学家

格林（Green, 1793—1841）英国数学家

默比乌斯（Möbius, 1790—1868）德国数学家、天文学家

高斯（Gauss, 1777—1855）德国数学家、物理学家、天文学家

斯托克斯（Stokes, 1819—1903）英国数学家、物理学家

傅里叶（Fourier, 1768—1830）法国数学家

# 第 10 章
## 多元函数微分学及其应用

## 10.1　$\mathbf{R}^n$ 空间

### 10.1.1　度量空间

**定义 10-1**　如果对于集合 $X$ 的每一对元素 $x$ 与 $y$，都有一个非负实数与之相对应，记为 $\rho(x,y)$，且对于 $X$ 的任意元素 $x$，$y$，$z$ 都满足下列条件：

(1) $\rho(x,y) \geqslant 0$，且 $\rho(x,y) = 0 \iff x = y$（非负性）

(2) $\rho(x,y) = \rho(y,x)$（对称性）

(3) $\rho(x,y) \leqslant \rho(x,z) + \rho(z,y)$（三角不等式）

则称 $\rho(x,y)$ 是元素 $x$ 与 $y$ 之间的**距离**，而 $X$ 称为**度量空间**（或者距离空间）.

我们称度量空间的元素为点，称定义在度量空间 $X$ 中的点对集合上的非负函数 $\rho(x,y)$ 为度量，条件 (1)~(3) 为距离三公理.

如果在实数集合 $\mathbf{R}$ 内，对于 $x \in \mathbf{R}$，$y \in \mathbf{R}$，定义 $\rho(x,y) = \sqrt{(x-y)^2} = |x-y|$，则得到度量空间 $\mathbf{R}$.

在二维平面点集 $\mathbf{R}^2$ 中，对于 $\boldsymbol{x} = (x_1, x_2)$，$\boldsymbol{y} = (y_1, y_2)$，若定义

$$\rho(\boldsymbol{x}, \boldsymbol{y}) = \sqrt{(x_1-y_1)^2 + (x_2-y_2)^2}$$

则得到度量空间 $\mathbf{R}^2$.

需指出，在同一个集合上可以定义不同的距离，从而得到不同的度量空间，如在集合 $X = \{(x_1, x_2) \mid x_1, x_2 \in \mathbf{R}\}$ 上可以定义

$$\tilde{\rho}(x,y) = \max(|x_1-y_1|, |x_2-y_2|)$$

作为两点间的距离，且易证满足距离三公理，从而得到与 $\mathbf{R}^2$ 不同的度量空间 $(X, \tilde{\rho})$.

同样，在度量空间 $\mathbf{R}^3$ 中，可定义

$$\rho(\boldsymbol{x}, \boldsymbol{y}) = \sqrt{(x_1-y_1)^2 + (x_2-y_2)^2 + (x_3-y_3)^2}$$

其中，$\boldsymbol{x} = (x_1, x_2, x_3)$，$\boldsymbol{y} = (y_1, y_2, y_3)$.

更一般地，在 $n$ 维度量空间 $\mathbf{R}^n$ 中，设 $\boldsymbol{x} = (x_1, x_2, \cdots, x_n)$，$\boldsymbol{y} = (y_1, y_2, \cdots, y_n)$，则

$$\rho(\boldsymbol{x}, \boldsymbol{y}) = \sqrt{\sum_{i=1}^{n} (x_i - y_i)^2}$$

此外，还可定义

$$\tilde{\rho}(x,y) = \max_{i=1,2,\cdots,n} |x_i - y_i| \text{ 或者 } \hat{\rho}(x,y) = \sum_{i=1}^{n} |x_i - y_i|$$

最后举一个与度量空间 $\mathbf{R}^n$ 不同的度量空间，$C([0,1]) = \{$所有在$[0,1]$上连续的函数$\}$，设 $x(t), y(t) \in C([0,1])$，定义

$$\rho(x,y) = \sup_{t \in [0,1]} |x(t) - y(t)|$$

可以证明它满足距离三公理，这样集合 $C([0,1])$ 就构成了度量空间.

## 10.1.2　度量空间中点列的收敛性

**定义 10-2**　设 $\{x_n\}$ 是度量空间 $X$ 中的点列，若

$$\exists a \in X: \lim_{n \to \infty} \rho(x_n, a) = 0$$

则称点列 $\{x_n\}$ 收敛于 $a$（有极限 $a$）且记为 $\lim_{n \to \infty} x_n = a$.

**定义 10-3**　如果

$$\exists C \in \mathbf{R}, \exists a \in X: \forall n \in \mathbf{N}_+ \Rightarrow \rho(x_n, a) \leqslant C$$

则称点列 $\{x_n\}$ 是有界的.

下面证明几个收敛点列的简单性质.

**引理 1**　如果点列 $\{x_n\}$ 有极限，则它必有界.

**证**　设 $\lim_{n \to \infty} x_n = a$，则 $\lim_{n \to \infty} \rho(x_n, a) = 0$，所以数列 $\rho(x_n, a)$ 有界，即

$$\exists C \in \mathbf{R}_+: \forall n \in \mathbf{N}_+ \to \rho(x_n, a) \leqslant C.$$

**引理 2**　如果点列 $\{x_n\}$ 收敛，则极限唯一.

**证**　设 $\lim_{n \to \infty} x_n = a$，且 $\lim_{n \to \infty} x_n = b$，根据三角不等式和

$$0 \leqslant \rho(a,b) \leqslant \rho(a,x_n) + \rho(x_n,b)$$

因为 $\rho(a, x_n)$ 和 $\rho(x_n, b)$ 均为无穷小量，所以 $\rho(a, b) = 0$，即 $a = b$.

**引理 3**　设 $\boldsymbol{x}_m = (x_{m1}, x_{m2}, \cdots, x_{mn})$ 是度量空间 $\mathbf{R}^n$ 中的点列，则 $\{\boldsymbol{x}_m\}$ 收敛于 $\boldsymbol{a} = (a_1, a_2, \cdots, a_n)$ 的充分必要条件是

$$\lim_{m \to \infty} x_{mi} = a_i, i = 1, 2, \cdots, n$$

**证**　设对于 $i = 1, 2, \cdots, n$，有 $\lim_{m \to \infty} x_{mi} = a_i$，则 $\lim_{m \to \infty} |x_{mi} - a_i| = 0$，因此有

$$\rho(\boldsymbol{x}_m, \boldsymbol{a}) = \sqrt{\sum_{i=1}^{n} (x_{mi} - a_i)^2} \to 0, m \to \infty$$

反之，若 $\lim_{m \to \infty} \boldsymbol{x}_m = \boldsymbol{a}$，则 $\lim_{m \to \infty} \rho(\boldsymbol{x}_m, \boldsymbol{a}) = 0$，所以对任何 $i = 1, 2, \cdots, n$ 有

$$0 \leqslant |x_{mi} - a_i| \leqslant \sqrt{\sum_{i=1}^{n} (x_{mi} - a_i)^2} = \rho(\boldsymbol{x}_m, \boldsymbol{a}) \to 0, m \to \infty$$

**定义 10-4**　如果点列 $\{x_n\}$ 满足柯西条件

$$\forall \varepsilon > 0, \exists N \in \mathbf{N}_+: \forall n > N, \forall m > N \to \rho(x_n, x_m) < \varepsilon$$

则称它是度量空间 $X$ 中的**基本点列**（或柯西点列）.

**引理 4**　如果度量空间 $X$ 中的点列 $\{x_n\}$ 收敛，则它必是 $X$ 中的基本点列.

**证**　设 $\lim_{n \to \infty} x_n = a$，则

$$\forall \varepsilon > 0, \ \exists N \in \mathbf{N}_+ : \ \forall n > N, \ \forall m > N \to \rho(x_n, a) < \frac{\varepsilon}{2} V \rho(x_m, a) < \frac{\varepsilon}{2}$$

所以由三角不等式知

$$\rho(x_n, x_m) \leqslant \rho(x_n, a) + \rho(x_m, a) < \frac{\varepsilon}{2} + \frac{\varepsilon}{2} = \varepsilon$$

注意，在一般的度量空间中，上述引理的逆命题不成立，即基本点列不一定是收敛点列.

**定义 10-5**　如果度量空间 $X$ 中的任何基本点列都是收敛于 $X$ 中的某点的点列，则称 $X$ 是**完备的度量空间**.

根据数列收敛的柯西收敛准则知实数空间 $\mathbf{R}$ 是完备的.

**定理 10-1**　欧氏空间 $\mathbf{R}^n$ 是完备的.

**证**　设 $\{\boldsymbol{x}_k\}$ 是 $\mathbf{R}^n$ 中的基本点列. 记 $\boldsymbol{x}_k = (x_{k1}, x_{k2}, \cdots, x_{kn})$，则数列 $\{x_{ki}\}(i=1, 2, \cdots, n)$ 是基本数列. 事实上，

$$\forall \varepsilon > 0, \ \exists N : \forall k > N, \ \forall m > N \to \rho(\boldsymbol{x}_k, \boldsymbol{x}_m) < \varepsilon$$

从而 $\qquad |x_{ki} - x_{mi}| \leqslant \rho(\boldsymbol{x}_k, \boldsymbol{x}_m) < \varepsilon, i = 1, 2, \cdots, n$

根据柯西收敛准则知数列 $\{x_{ki}\}(i=1, 2, \cdots, n)$ 收敛. 再由引理 3 知点列 $\{\boldsymbol{x}_k\}$ 在 $\mathbf{R}^n$ 中收敛.

## 10.1.3　度量空间中的开集

我们称度量空间 $X$ 中的点集 $U_r(a) = \{x \mid x \in X, \rho(x, a) < r\}$ 是以 $a \in X$ 为中心，以 $r$ 为半径的**球**或者**球形邻域**，简称**邻域**，称 $\mathring{U}_r(a) = \{x \mid x \in X, 0 < \rho(x, a) < r\}$ 是以 $a \in X$ 为中心，以 $r$ 为半径的**去心邻域**. 特殊地，在 $\mathbf{R}$ 中，

$$U_r(a) = (a - r, a + r)$$

在 $\mathbf{R}^2$ 中，

$$U_r(\boldsymbol{a}) = \{(x_1, x_2) \in \mathbf{R}^2 \mid (x_1 - a_1)^2 + (x_2 - a_2)^2 < r^2\}$$

在 $\mathbf{R}^n$ 中，

$$U_r(\boldsymbol{a}) = \{\boldsymbol{x} = (x_1, x_2, \cdots, x_n) \in \mathbf{R}^n \mid \sum_{i=1}^{n}(x_i - a_i)^2 < r^2\}$$

设 $M$ 是度量空间 $X$ 中的点集. 如果存在 $\delta > 0$，使得 $U_\delta(x_0) \subset M$，则称点 $x_0$ 为集合 $M$ 的**内点**. 集合 $M$ 所有的内点组成的集合称为它的**内部**，记为 $\mathrm{int}\, M$，显然，$\mathrm{int}\, M \subset M$. 若 $\mathrm{int}\, M = M$，即 $M$ 的所有点都是内点，则称集合 $M$ 为度量空间 $X$ 的**开集**.

【**例 10-1**】　试证：度量空间中的球是开集.

**证**　设 $U_C(a) = \{x \mid x \in X, \rho(x, a) < C\}$ 为度量空间中的任意球形邻域. 任取 $\tilde{x} \in U_C(a)$，从而 $\rho(\tilde{x}, a) < C$. 令 $\varepsilon = C - \rho(\tilde{x}, a)$，则有 $U_\varepsilon(\tilde{x}) \subset U_C(a)$（见图 10-1）. 事实上，若 $x \in U_\varepsilon(\tilde{x})$，则 $\rho(x, \tilde{x}) < \varepsilon$，根据三角不等式

$$\rho(x, a) \leqslant \rho(x, \tilde{x}) + \rho(\tilde{x}, a) < \varepsilon + \rho(\tilde{x}, a) = C$$

因此 $x \in U_C(a)$. 由 $x$ 的任意性知，$U_\varepsilon(\tilde{x}) \subset U_C(a)$，即 $\tilde{x}$ 为 $U_C(a)$ 的内点. 又由 $\tilde{x}$ 是 $U_C(a)$ 中的任意一点知，$U_C(a)$ 是开集.

**定理 10-2**　度量空间中的开集具有下述性质：

（1）整个空间 $X$ 和空集 $\varnothing$ 均为开集.

（2）有限个开集的交集仍为开集.

（3）任意多个开集的并集仍为开集.（证明略）

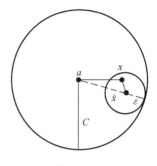

### 10.1.4　度量空间中的闭集

设 $M$ 是度量空间 $X$ 的非空子集，$x_0 \in X$. 如果

$$\forall \delta > 0, \ \exists x \in \overset{\circ}{U}_\delta(x_0): x \in M,$$

图　10-1

则称 $x_0$ 为集合 $M$ 的**极限点**. 注意极限点 $x_0$ 可能属于 $M$，也可能不属于 $M$，譬如在一维空间 $\mathbf{R}$ 中，开区间 $(a, b)$ 内的所有点都是它的极限点，端点 $a$ 和 $b$ 也是它的极限点，但它们却不在区间 $(a, b)$ 内.

若集合 $M$ 的点不是它的极限点，则称该点为 $M$ 的孤立点. 如果 $x_0$ 是集合 $M$ 的孤立点，则存在去心邻域 $\overset{\circ}{U}_\delta(x_0)$，使其内不含 $M$ 的点.

集合 $M$ 的每个点或者是其极限点，或者是其孤立点.

若集合 $M \subset X$ 所有的极限点均属于集合 $M$，则称 $M$ 为**闭集**. 譬如一维空间 $\mathbf{R}$ 中的闭区间 $[a, b]$ 为闭集，开区间 $(a, b)$ 为开集.

我们称集合 $M$ 与其所有极限点的并集为 $M$ 的**闭包**，记为 $\overline{M}$. 可以证明 $\overline{M}$ 是闭集.

**定理 10-3**　度量空间 $X$ 中的集合 $F$ 是闭集的充要条件为它的补集 $X \setminus F$ 是开集.（证明略）

**定理 10-4**　度量空间 $X$ 中的闭集有如下性质：

（1）整个空间 $X$ 和空集 $\varnothing$ 均为闭集.

（2）任意多个闭集的交集仍为闭集.

（3）有限个闭集的并集仍为闭集（证明略）.

### 10.1.5　度量空间中的紧致统

设 $M$ 是度量空间 $X$ 的子集，如果集合 $M$ 中的任何点列 $\{x_n\}$ 均有收敛于 $M$ 内的点的子列，则称集合 $M$ 在 $X$ 中是**紧致统**.

如闭区间 $[a, b]$ 是一维欧氏空间 $\mathbf{R}$ 中的紧致统，而区间 $[a, b)$ 就不是 $\mathbf{R}$ 中的紧致统.

在 $n$ 维欧氏空间 $\mathbf{R}^n$ 中有推广的波尔察诺 - 魏尔斯特拉斯定理.

**定理 10-5**　$n$ 维欧氏空间 $\mathbf{R}^n$ 中的任何有界点列均有收敛子列（证明略）.

**推论**　集合 $M \subset \mathbf{R}^n$ 是紧致统的充要条件是 $M$ 为有界闭集.

### 10.1.6　集合的边界

设集合 $M$ 是度量空间 $X$ 的子集，$a \in X$. 如果点 $a$ 的任何邻域内既有属于 $M$ 的点，也有不属于 $M$ 的点，则称点 $a$ 是 $M$ 的**边界点**. 显然集合 $M$ 的边界点可能属于 $M$，也可能不属于 $M$.

集合 $M$ 的所有边界点的集合称为集合 $M$ 的**边界**，记边界为 $\partial M$. 如

$$\partial(a,b)=\{a,b\},\partial[a,b]=\{a,b\}，a,b\in\mathbf{R}$$

$$\partial\{\boldsymbol{x}\in\mathbf{R}^n\mid\rho(\boldsymbol{x},\boldsymbol{a})<\varepsilon\}=\{\boldsymbol{x}\in\mathbf{R}^n\mid\rho(\boldsymbol{x},\boldsymbol{a})=\varepsilon\}$$

### 10.1.7　$\mathbf{R}^n$ 空间中的直线、射线与线段

到目前为止，仅考虑了在 $\mathbf{R}^n$ 中的与距离性质相关的几何对象，在这样的度量空间中有点、球，但没有直线、向量、平面等.

下面在 $\mathbf{R}^n$ 中引入与度量没有联系的概念，如直线、射线、线段等.

称点集

$$\{\boldsymbol{x}\in\mathbf{R}^n\mid x_i=a_it+b_i(1-t),t\in\mathbf{R},i=1,2,\cdots,n\}$$

为 $\mathbf{R}^n$ 中经过点 $\boldsymbol{a}=(a_1,a_2,\cdots,a_n)$ 与点 $\boldsymbol{b}=(b_1,b_2,\cdots,b_n)$ 的**直线**.

称点集

$$\{\boldsymbol{x}\in\mathbf{R}^n\mid x_i=a_i+tl_i,0\leqslant t<+\infty，i=1,2,\cdots,n，其中 l_1^2+l_2^2+\cdots+l_n^2=1\}$$

为 $\mathbf{R}^n$ 中的以 $\boldsymbol{a}$ 为端点，以 $\boldsymbol{l}=(l_1,l_2,\cdots,l_n)$ 为方向向量的**射线**.

称点集

$$\{\boldsymbol{x}\in\mathbf{R}^n\mid x_i=a_it+b_i(1-t),0\leqslant t\leqslant1,i=1,2,\cdots,n\}$$

为 $\mathbf{R}^n$ 中以点 $\boldsymbol{a}$ 与点 $\boldsymbol{b}$ 为端点的**线段**.

称 $\mathbf{R}^n$ 中集合为凸集合，如果连接该集合的任意两点的线段包含在该集合中.

称 $\mathbf{R}^n$ 中有限个线段首尾相接而成的图形为**折线**.

称集合 $M\subset\mathbf{R}^n$ 是**连通的**，如果对于其内任意两点，均可用完全属于集合 $M$ 的折线连接起来. 称 $\mathbf{R}^n$ 中连通的开集为**开区域**或**区域**，称区域的闭包为**闭区域**.

如果一个区域 $D$ 可以被包含在一个球内，则称 $D$ 为**有界区域**；否则，称其为**无界区域**.

**练习**

1. 试问集合 $A=\{(x,y)\in\mathbf{R}^2\mid x,y\,为整数\}$ 是开集还是闭集？

2. 试证明：$x$ 是集合 $M\subset X$ 的极限点的充要条件是，存在点列 $\{x_n\}\subset M$，满足 $x_n\neq x\,(\forall n\in\mathbf{N}_+)$，且 $\lim\limits_{n\to\infty}x_n=x$，其中 $X$ 为度量空间.

## 10.2　多元函数的极限与连续性

### 10.2.1　多元函数的定义

在实际问题中常常要研究多个变量之间的关系. 例如：

（1）理想气体的压强 $p$、体积 $V$ 和温度 $T$ 之间的关系为

$$p=\frac{RT}{V}（其中 R 为常数）$$

（2）圆柱体的体积 $V$ 与底面半径 $r$ 和高 $h$ 之间的关系为

10.1　节题答案

10.2　思维导图

$$V = \pi r^2 h$$

下面我们给出多元函数的定义.

**定义 10-6** 设 $D$ 是 $n$ 维欧氏空间 $\mathbf{R}^n$ 中的一个非空点集,如果对于点集 $D$ 中的任意点 $\boldsymbol{x} = (x_1, x_2, \cdots, x_n)$,按照一定的对应法则 $f$ 都有唯一确定的数 $u \in \mathbf{R}$ 与点 $\boldsymbol{x}$ 相对应,则称 $f$ 是 $D$ 上的 $n$ **元函数**,记为

$$u = f(\boldsymbol{x}) = f(x_1, x_2, \cdots, x_n)$$

其中 $\boldsymbol{x} = (x_1, x_2, \cdots, x_n)$ 称为**自变量**,$D = D(f)$ 称为 $f$ 的**定义域**,$u$ 称为**因变量**,$R(f) = \{u \mid u = f(\boldsymbol{x}), \boldsymbol{x} \in D\}$ 称为 $f$ 的**值域**.

习惯上,二元函数常记为 $z = f(x, y)$,$(x, y) \in D \subset \mathbf{R}^2$. 三元函数常记为

$$u = f(x, y, z), (x, y, z) \in D \subset \mathbf{R}^3$$

**【例 10-2】** 函数 $z = 2x - y$ 的定义域是 $D = \{(x, y) \in \mathbf{R}^2 \mid -\infty < x < +\infty, -\infty < y < +\infty\}$,即整个 $xOy$ 平面.

**【例 10-3】** 函数 $z = \arccos \dfrac{x}{2} + \arcsin \dfrac{y}{3}$ 的定义域是 $D = \{(x, y) \in \mathbf{R}^2 \mid -2 \leqslant x \leqslant 2, -3 \leqslant y \leqslant 3\}$.

**【例 10-4】** 函数 $z = \dfrac{1}{\sqrt{1 - x^2 - y^2}}$ 的定义域是 $D = \{(x, y) \in \mathbf{R}^2 \mid x^2 + y^2 < 1\}$.

**【例 10-5】** 函数 $z = \ln(x + y)$ 的定义域是 $D = \{(x, y) \in \mathbf{R}^2 \mid x + y > 0\}$,即位于直线 $y = -x$ 上方而不包括此直线在内的半平面.

二元函数 $z = f(x, y)$ 有明显的几何意义. 设 $D$ 为 $z = f(x, y)$ 的定义域,对于任意的点 $P(x, y) \in D$,在三维空间坐标系中都有唯一确定的点 $M(x, y, f(x, y))$ 与之对应,而点 $M(x, y, f(x, y))$ 的集合一般构成一个曲面.

**练习**

1. 已知 $f(x, y) = \dfrac{2xy}{x^2 + y^2}$,求 $f\left(1, \dfrac{y}{x}\right)$.

2. 已知函数 $z = x + y + f(x - y)$,且当 $y = 0$ 时,$z = x^2$,求函数 $f$ 与 $z$ 的表达式.

3. 画出下列不等式组表示的图形,并指出哪些是闭区域,哪些是开区域,哪些是有界的,哪些是无界的.

(1) $xy \leqslant 1$

(2) $y > x^2$,$|x| < 2$

(3) $y^2 \leqslant x - 1$,$x + y < 2$

(4) $0 < x^2 + y^2 \leqslant a^2 (a \neq 0)$

4. 确定并绘出下列函数的定义域.

(1) $z = \sqrt{x - \sqrt{y}}$

(2) $z = \sqrt{x \sin y}$

(3) $z = \ln(x \ln(y - x))$

**典型计算题 1**

试确定下列函数的定义域,并用几何方法表示出来.

1. $z = \sqrt{1 - x^2 - y^2}$

2. $z = \ln(-x - y)$

3. $z = y \sqrt{\cos x}$ 　　　　　　　　4. $z = \arcsin(x^2 + y^2)$

5. $z = \sqrt{9 - x^2 - y^2} + \sqrt{x^2 + y^2 - 4}$ 　　6. $z = \dfrac{2x + 3y - 1}{x - y}$

7. $z = \sqrt{\log_a(x^2 + y^2)}$ 　　　　8. $z = (x^2 + y^2)^{-1}$

9. $z = 1 - \sqrt{-(x - y)^2}$ 　　　　10. $z = x + \arccos y$

### 10.2.2　多元函数的极限

为了建立多元函数微积分的理论，必须将一元函数的极限与连续性概念推广到多元函数．

**定义 10-7**　设 $n$ 元函数 $f(\boldsymbol{x}) = f(x_1, x_2, \cdots, x_n)$ 在点 $\boldsymbol{a} = (a_1, a_2, \cdots, a_n)$ 的某一去心邻域内有定义，如果

$$\forall \varepsilon > 0, \exists \delta > 0: \forall \boldsymbol{x} \in \mathring{U}_\delta(\boldsymbol{a}) \to |f(\boldsymbol{x}) - A| < \varepsilon$$

则称数 $A$ 是函数 $f(\boldsymbol{x})$ 当 $\boldsymbol{x} \to \boldsymbol{a}$ 时的 $n$ 重极限，记为

$$\lim_{\substack{x_1 \to a_1 \\ \vdots \\ x_n \to a_n}} f(x_1, x_2, \cdots, x_n) = A \text{ 或者 } \lim_{\boldsymbol{x} \to \boldsymbol{a}} f(\boldsymbol{x}) = A$$

习惯上，二元函数 $f(x, y)$ 当 $(x, y) \to (a, b)$ 时的二重极限记为 $\lim\limits_{\substack{x \to a \\ y \to b}} f(x, y) = A$ 或者 $\lim\limits_{(x,y) \to (a,b)} f(x, y) = A$.

【**例 10-6**】　用定义证明：$\lim\limits_{\substack{x \to 0 \\ y \to 0}} (x^2 + y^2)^a = 0$，其中 $a > 0$.

**证**　任取 $\varepsilon > 0$，令 $\delta = \varepsilon^{\frac{1}{2a}}$，则当 $(x, y) \in \mathring{U}_\delta(0, 0)$ 时，有

$$(x^2 + y^2)^a < \delta^{2a} < \varepsilon$$

所以 $\lim\limits_{\substack{x \to 0 \\ y \to 0}} (x^2 + y^2)^a = 0$.

需要强调的是，与一元函数的极限一样，对于多元函数的极限，两边夹法则也适用．

【**例 10-7**】　若 $\alpha + \beta - 2\gamma > 0$，则 $\lim\limits_{\substack{x \to 0 \\ y \to 0}} \dfrac{|x|^\alpha |y|^\beta}{(x^2 + y^2)^\gamma} = 0$，试证之．

**证**　因

$$|x| \leqslant \sqrt{x^2 + y^2}, \quad |y| \leqslant \sqrt{x^2 + y^2}$$

故当 $x^2 + y^2 > 0$ 时，有

$$0 \leqslant \frac{|x|^\alpha |y|^\beta}{(x^2 + y^2)^\gamma} \leqslant \frac{(x^2 + y^2)^{\frac{\alpha}{2}} (x^2 + y^2)^{\frac{\beta}{2}}}{(x^2 + y^2)^\gamma} = (x^2 + y^2)^{\frac{1}{2}(\alpha + \beta - 2\gamma)}$$

由条件 $\alpha + \beta - 2\gamma > 0$ 和例 10-6 知，$\lim\limits_{\substack{x \to 0 \\ y \to 0}} (x^2 + y^2)^{\frac{1}{2}(\alpha + \beta - 2\gamma)} = 0$，从而由两边夹法则知结论成立．

需注意，

（1）多元函数的极限过程要比一元函数复杂得多．如在二重极限 $\lim\limits_{\substack{x \to a \\ y \to b}} f(x, y) = A$ 中，点 $(x, y)$ 在平面上可以有无穷多种方式无限趋近于点 $(a, b)$，可以沿着直线，也可以沿着曲线．

二重极限$\lim\limits_{\substack{x\to a\\y\to b}}f(x,y)=A$的充要条件是:当点$(x,y)$以任何方式无限趋近于点$(a,b)$时,$f(x,y)$均趋向于同一数$A$. 否则二重极限$\lim\limits_{\substack{x\to a\\y\to b}}f(x,y)$不存在.

（2）计算多重极限时，四则运算、等价代换、利用已知极限求极限、两边夹法则等仍然能用，但一般情况下，变量代换不能用，因为变量代换会改变$(x,y)\to(a,b)$的极限方式，而极坐标变换则不会，从而极坐标变换可用.

对于多元函数，也可以定义沿着集合取极限.

**定义 10-8**　设$M$是$n$元函数$f(\boldsymbol{x})=f(x_1,x_2,\cdots,x_n)$的定义域的子集，点$\boldsymbol{a}=(a_1,a_2,\cdots,a_n)$是集合$M$的极限点. 如果

$$\forall\varepsilon>0,\exists\delta>0:\boldsymbol{x}\in \mathring{U}_\delta(\boldsymbol{a})\cap M\to|f(\boldsymbol{x})-A|<\varepsilon,$$

则称数$A$是函数$f(\boldsymbol{x})$沿着集合$M$当$\boldsymbol{x}\to\boldsymbol{a}$时的极限，记为

$$\lim\limits_{\substack{\boldsymbol{x}\to\boldsymbol{a}\\\boldsymbol{x}\in M}}f(x_1,x_2,\cdots,x_n)=A$$

**说明**　若没有特殊说明，多元函数的极限均指沿着函数的定义域的极限.

**【例 10-8】**　证明：二重极限$\lim\limits_{\substack{x\to 0\\y\to 0}}\dfrac{2xy}{x^2+y^2}$不存在.

**证**　一方面，当$(x,y)$沿着直线$y=x$趋近于$(0,0)$时，

$$\lim\limits_{\substack{x\to 0\\y\to 0\\y=x}}\frac{2xy}{x^2+y^2}=\lim\limits_{x\to 0}\frac{2x^2}{x^2+x^2}=1$$

另一方面，当$(x,y)$沿着直线$y=-x$趋近于$(0,0)$时，

$$\lim\limits_{\substack{x\to 0\\y\to 0\\y=-x}}\frac{2xy}{x^2+y^2}=\lim\limits_{x\to 0}\frac{-2x^2}{x^2+x^2}=-1$$

从而，该二重极限不存在.

**【例 10-9】**　证明：当$(x,y)$沿着任何方向$\boldsymbol{l}=(\cos\alpha,\sin\alpha)$趋近于$(0,0)$时，函数$f(x,y)=\dfrac{2x^2y}{x^4+y^2}$的极限都存在且等于零，但在点$(0,0)$处的二重极限不存在.

**证**　设$\rho>0$为点$(x,y)$与$(0,0)$的距离，则当$(x,y)$沿着任何方向$\boldsymbol{l}=(\cos\alpha,\sin\alpha)$趋近于$(0,0)$时，有$x=\rho\cos\alpha$，$y=\rho\sin\alpha$，从而

$$f(x,y)=f(\rho\cos\alpha,\rho\sin\alpha)=\frac{2\rho\cos^2\alpha\sin\alpha}{\rho^2\cos^4\alpha+\sin^2\alpha}$$

如果$\sin\alpha=0$，则$f(x,y)=f(\rho\cos\alpha,\rho\sin\alpha)=0$，从而

$$\lim\limits_{\substack{x\to 0\\y\to 0}}f(x,y)=\lim\limits_{\rho\to 0}f(\rho\cos\alpha,\rho\sin\alpha)=0$$

如果$\sin\alpha\neq 0$，则

$$\lim\limits_{\substack{x\to 0\\y\to 0}}f(x,y)=\lim\limits_{\rho\to 0}f(\rho\cos\alpha,\rho\sin\alpha)=0$$

故第一个结论成立.

但是，当$(x,y)$沿着抛物线$y=x^2$趋近于$(0,0)$时，

$$\lim_{\substack{x \to 0 \\ y \to 0 \\ y = x^2}} f(x, y) = \lim_{x \to 0} \frac{2x^2 x^2}{x^4 + x^4} = 1$$

从而 $f(x, y)$ 在点（0，0）处的二重极限不存在.

**【例 10-10】** 证明：$\lim\limits_{\substack{x \to +\infty \\ y \to +\infty}} (x^2 + y^2) \mathrm{e}^{-(x+y)} = 0.$

**证** 由于我们考虑 $x \to +\infty$，$y \to +\infty$，不妨设 $x > 0$，$y > 0$. 设点 $(x, y)$ 与 $(0, 0)$ 的距离为 $\rho$，则有 $x = \rho \cos \theta$，$y = \rho \sin \theta$，不妨设 $\theta \in \left( 0, \dfrac{\pi}{2} \right)$，从而 $\cos \theta + \sin \theta \geqslant 1$. 所以有

$$0 \leqslant (x^2 + y^2) \mathrm{e}^{-(x+y)} = \frac{\rho^2}{\mathrm{e}^{\rho(\cos \theta + \sin \theta)}} \leqslant \frac{\rho^2}{\mathrm{e}^{\rho}}$$

又由 $\lim\limits_{\rho \to +\infty} \dfrac{\rho^2}{\mathrm{e}^{\rho}} = 0$ 以及两边夹法则知 $\lim\limits_{\substack{x \to +\infty \\ y \to +\infty}} (x^2 + y^2) \mathrm{e}^{-(x+y)} = 0.$

需要指出的是，对于多元函数，除了有多重极限以外，还可以定义累次极限. 例如，设二元函数 $f(x, y)$ 在矩形区域

$$\{(x, y) \in \mathbf{R}^2 \mid 0 < |x - x_0| < a, 0 < |y - y_0| < b\}$$

上有定义，其中 $a$ 和 $b$ 是正常数. 假设对任意 $x \in (x_0 - a, x_0) \cup (x_0, x_0 + a)$，存在 $\lim\limits_{y \to y_0} f(x, y) = g(x)$，而函数 $g(x)$ 在 $x_0$ 的某去心邻域内有定义，且存在极限 $\lim\limits_{x \to x_0} g(x) = A$，则称 $A$ 为 $f(x, y)$ 在点 $(x_0, y_0)$ 的一个累次极限，记为

$$\lim_{x \to x_0} \lim_{y \to y_0} f(x, y) = A$$

类似地，也可以定义另外一个累次极限 $\lim\limits_{y \to y_0} \lim\limits_{x \to x_0} f(x, y) = B.$

注意，由二重极限存在不能得出累次极限存在，由累次极限存在且相等也不能得出二重极限存在，两个累次极限也不一定相等. 如在例 10-8 中，二重极限不存在，但两个累次极限均存在且都等于零，即

$$\lim_{x \to 0} \lim_{y \to 0} \frac{2xy}{x^2 + y^2} = \lim_{y \to 0} \lim_{x \to 0} \frac{2xy}{x^2 + y^2} = 0$$

对于函数

$$f(x, y) = \begin{cases} x \sin \dfrac{1}{y} & y \neq 0 \\ 0 & y = 0 \end{cases}$$

有 $|f(x, y)| \leqslant |x|$，故二重极限 $\lim\limits_{\substack{x \to 0 \\ y \to 0}} f(x, y) = 0$，但当 $x \neq 0$ 时，$\lim\limits_{y \to 0} x \sin \dfrac{1}{y}$ 不存在，因而相对应的累次极限 $\lim\limits_{x \to 0} \lim\limits_{y \to 0} f(x, y)$ 也不存在.

与一元函数类似，多元函数也可以定义无穷极限，如 $\lim\limits_{x \to a} f(x) = +\infty$ 可定义为

$$\forall C \in \mathbf{R}, \exists \delta > 0 : \forall x \in \mathring{U}_{\delta}(a) \cap D(f) \to f(x) > C$$

5. 求下列极限．

(1) $\lim\limits_{\substack{x\to 0 \\ y\to a}} \dfrac{\sin xy}{x}$

(2) $\lim\limits_{\substack{x\to 0 \\ y\to 0}} \dfrac{xy}{\sqrt{xy+1}-1}$

(3) $\lim\limits_{\substack{x\to 0 \\ y\to 3}} (1+xy^2)^{\frac{y}{x^2y+xy^2}}$

(4) $\lim\limits_{\substack{x\to \infty \\ y\to \infty}} (x+y)e^{-(x^2+y^2)}$

(5) $\lim\limits_{\substack{x\to 0 \\ y\to 0}} (x^2+y^2)^{|x|}$

6. 证明下列极限不存在．

(1) $\lim\limits_{\substack{x\to 0 \\ y\to 0}} \dfrac{x^2+xy+y^2}{x^2-xy+y^2}$

(2) $\lim\limits_{\substack{x\to 0 \\ y\to 0}} \dfrac{\sin|x-y|}{\sqrt{x^2+y^2}}$

## 10. 2. 3　多元函数的连续性

从现在开始，我们将重点研究二元函数，因为将二元函数的有关理论推广到多元函数，并没有本质上的变化．

**定义 10-9**　设二元函数 $z=f(x,y)$ 在点 $M_0(x_0,y_0)$ 的某邻域内有定义，如果

$$\lim_{\substack{x\to x_0 \\ y\to y_0}} f(x,y) = f(x_0,y_0) \tag{10-1}$$

则称函数 $z=f(x,y)$ 在点 $M_0(x_0,y_0)$ 处连续．

令 $x=x_0+\Delta x$，$y=y_0+\Delta y$，称

$$f(x_0+\Delta x,y_0+\Delta y) - f(x_0,y_0)$$

为函数 $z=f(x,y)$ 在点 $M_0(x_0,y_0)$ 处的**全增量**，记为 $\Delta z$ 或者 $\Delta f$．那么二元函数连续的定义式（10-1）也可以写成

$$\lim_{\substack{\Delta x\to 0 \\ \Delta y\to 0}} \Delta z = 0$$

如果函数 $z=f(x,y)$ 在区域 $D$ 内的每个点都连续，则称函数 $z=f(x,y)$ 在区域 $D$ 内连续．

**说明**　设 $P(x_0,y_0)$ 是闭区域 $D$ 的边界点，如果沿着函数 $f(x,y)$ 的定义域有式（10-1）成立，则称函数 $f(x,y)$ **沿着定义域在点** $P(x_0,y_0)$ **处连续**，或者简称在点 $P(x_0,y_0)$ 处连续．

如果函数 $z=f(x,y)$ 在闭区域 $D$ 的内部连续，且在区域 $D$ 的边界点上连续，则称函数 $z=f(x,y)$ 在闭区域 $D$ 上连续．

在有界闭区域上连续的二元函数也和闭区间上连续的一元函数一样，有以下性质：

（1）在有界闭区域 $D$ 上连续的二元函数在 $D$ 上必有最大值和最小值．

（2）在有界闭区域 $D$ 上连续的二元函数在 $D$ 上必取介于函数最大值和最小值之间的任何值．

同一元连续函数一样，二元连续函数的和、差、积、商（分母不为零）及复合仍为连续函数．因而，由 $x$、$y$ 的基本初等函数经过有限次四则运算或复合而成的初等函数在其定

义域内都是连续的.

利用二元函数的连续性质，可方便地计算极限.

**【例 10-11】**　求极限 $\lim\limits_{\substack{x\to\infty\\y\to0}}\left(1+\dfrac{1}{x}\right)^{\frac{x^2}{x+y}}$.

**解**　利用指数函数与对数函数的连续性，有

$$\lim_{\substack{x\to\infty\\y\to0}}\left(1+\frac{1}{x}\right)^{\frac{x^2}{x+y}}=\lim_{\substack{x\to\infty\\y\to0}}\mathrm{e}^{\frac{x}{x+y}\ln\left(1+\frac{1}{x}\right)^x}=\mathrm{e}$$

**【例 10-12】**　求极限 $\lim\limits_{\substack{x\to1\\y\to0}}\dfrac{\ln(x+\mathrm{e}^y)}{\sqrt{x^2+y^2}}$.

**解**　利用对数函数的连续性，有

$$\lim_{\substack{x\to1\\y\to0}}\frac{\ln(x+\mathrm{e}^y)}{\sqrt{x^2+y^2}}=\frac{\ln2}{1}=\ln2$$

需要注意的是，二元函数的间断点要比一元函数复杂得多，其间断点可能是孤立的一个点，也可能是一条或者几条线. 下面我们用几个例子来说明这一点.

**【例 10-13】**　对于函数

$$f(x,y)=\begin{cases}\dfrac{2xy}{x^2+y^2}&x^2+y^2\neq0\\0&x^2+y^2=0\end{cases}$$

由例 10-8 知极限 $\lim\limits_{\substack{x\to0\\y\to0}}\dfrac{2xy}{x^2+y^2}$ 不存在，所以点（0，0）是间断点，而其他的点都是连续点.

**【例 10-14】**　对于函数 $f(x,y)=\dfrac{1}{x^2+y^2-1}$ 来说，因为函数在圆周 $x^2+y^2=1$ 上没有定义，而在其他的点上都是连续的，从而圆周 $x^2+y^2=1$ 上的所有点都是函数的间断点.

===练习===

7. 讨论下列函数的连续性.

（1）$z=\dfrac{1}{\sqrt{x^2+y^2}-1}$

（2）$z=\dfrac{\sin x\sin y}{xy}$

（3）$z=\sin\dfrac{x}{y}$

（4）$z=\dfrac{\sin xy+1}{x^2+y^2}$

（5）$z=\begin{cases}\dfrac{x^2y}{x^4+y^2}&x^2+y^2\neq0\\0&x^2+y^2=0\end{cases}$

（6）$z=\begin{cases}\dfrac{xy}{\sqrt{x^2+y^2}}&x^2+y^2\neq0\\0&x^2+y^2=0\end{cases}$

上述关于二元函数连续性的讨论，完全可以推广到 $n$ 元函数上去. 下面给出统一的叙述，设 $x_0\in\mathbf{R}^n(n\geqslant2)$.

**定义 10-10**　设函数 $f(x)$ 在度量空间中的点 $x_0$ 的某邻域内有定义，如果 $\lim\limits_{x \to x_0} f(x) = f(x_0)$，则称 $f(x)$ 在点 $x_0$ 处连续．

**定理 10-6**　在度量空间的有界闭集 $M$ 上连续的函数在 $M$ 上必有界．

**定理 10-7**　在度量空间的有界闭集 $M$ 上连续的函数在 $M$ 上必有最大值和最小值．

**定义 10-11**　称函数 $f(x)$ 在度量空间 $X$ 的集合 $G$ 上是一致连续的，如果

$$\forall \varepsilon > 0,\ \exists \delta > 0：\forall x,\ x' \in G,\ \rho(x,\ x') < \delta \rightarrow |f(x) - f(x')| < \varepsilon$$

**定理 10-8**　（康托尔定理）　在度量空间的有界闭集上连续的函数必在这个有界闭集上一致连续．

**定理 10-9**　（介值定理）　设函数 $f(x)$ 在有界闭区域 $G \in \mathbf{R}^n$ 内取值 $A$ 与 $B$，则函数 $f(x)$ 在这个区域内将取到介于 $A$ 和 $B$ 之间的所有值．

**定理 10-10**　多元初等函数在其定义区域（或闭区域）内部连续．

10.2　习题答案

## 10.3　偏导数

在一元函数中我们曾经研究过函数的变化率问题，对于二元（乃至 $n$ 元）函数，同样需要研究函数的变化率．由于从平面上一固定点出发可以沿着无限多个方向变化，因此对于二元函数来说，应该研究其各个方向的变化率．在本节中我们先来考虑二元函数在坐标轴方向的变化率问题．

**定义 10-12**　设函数 $z = f(x,\ y)$ 在点 $M_0(x_0,\ y_0)$ 的某邻域 $D$ 内有定义，若点 $(x_0 + \Delta x,\ y_0) \in D$，则称

$$\Delta_x z = f(x_0 + \Delta x, y_0) - f(x_0, y_0)$$

为 $z = f(x,\ y)$ 在点 $M_0(x_0,\ y_0)$ 关于 $x$ 的偏增量．如果

$$\lim_{\Delta x \to 0} \frac{\Delta_x z}{\Delta x} = \lim_{\Delta x \to 0} \frac{f(x_0 + \Delta x, y_0) - f(x_0, y_0)}{\Delta x}$$

10.3　思维导图

存在，则称此极限值为函数 $z = f(x,\ y)$ 在点 $M_0(x_0,\ y_0)$ 对 $x$ 的偏导数，记作 $f'_x(x_0,\ y_0)$，即

$$f'_x(x_0, y_0) = \lim_{\Delta x \to 0} \frac{\Delta_x z}{\Delta x} = \lim_{\Delta x \to 0} \frac{f(x_0 + \Delta x, y_0) - f(x_0, y_0)}{\Delta x}$$

类似地，可定义函数 $z = f(x,\ y)$ 在点 $M_0(x_0,\ y_0)$ 对 $y$ 的偏导数

$$f'_y(x_0, y_0) = \lim_{\Delta y \to 0} \frac{\Delta_y z}{\Delta y} = \lim_{\Delta y \to 0} \frac{f(x_0, y_0 + \Delta y) - f(x_0, y_0)}{\Delta y}$$

如果函数在区域 $D$ 内的每一点 $(x,\ y)$ 都有偏导数 $f'_x(x,\ y)$、$f'_y(x,\ y)$，则这两个偏导数仍然是自变量 $x$、$y$ 的函数，称为偏导函数．

函数 $z = f(x,\ y)$ 关于 $x$、$y$ 的偏导数 $f'_x(x,\ y)$、$f'_y(x,\ y)$ 是函数在无限多个变化方向中沿着两个特殊方向，即平行于 $x$ 轴及平行于 $y$ 轴方向的变化率．在几何上，函数在点 $(x_0,\ y_0)$ 关于 $x$ 的偏导数 $f'_x(x_0,\ y_0)$ 就是曲面 $z = f(x,\ y)$ 与平面 $y = y_0$ 的交线

$$C_x : \begin{cases} z = f(x, y) \\ y = y_0 \end{cases}$$

在点 $M(x_0, y_0, f(x_0, y_0))$ 处切线 $T_x$ 的斜率（见图 10-2），即 $f_x'(x_0, y_0) = \tan \alpha$，其中 $\alpha$ 为切线 $T_x$ 与 $x$ 轴正向的夹角. 同理，$f_y'(x_0, y_0) = \tan \beta$，其中 $\beta$ 为曲线

$$C_y : \begin{cases} z = f(x, y) \\ x = x_0 \end{cases}$$

在点 $M(x_0, y_0, f(x_0, y_0))$ 处的切线 $T_y$ 与 $y$ 轴正向的夹角（见图 10-2）.

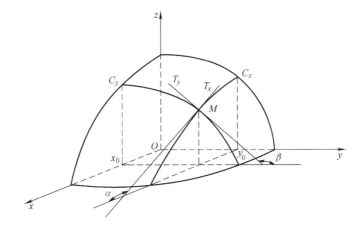

图　10-2

根据偏导数的定义，求函数关于 $x$ 的偏导数 $f_x'(x, y)$ 时，只需把 $z = f(x, y)$ 中的 $y$ 看作常数而对 $x$ 求导数. 同样求 $f_y'(x, y)$ 时只需把 $x$ 看作常数而对 $y$ 求导数即可.

【例 10-15】　求函数 $f(x, y) = \arctan \dfrac{y}{x}$ 的偏导数 $f_x'(x, y)$、$f_y'(x, y)$.

解

$$f_x'(x, y) = \frac{1}{1 + \left(\dfrac{y}{x}\right)^2}\left(-\frac{y}{x^2}\right) = -\frac{y}{x^2 + y^2}$$

$$f_y'(x, y) = \frac{1}{1 + \left(\dfrac{y}{x}\right)^2}\frac{1}{x} = \frac{x}{x^2 + y^2}$$

函数 $z = f(x, y)$ 的偏导数 $f_x'(x, y)$、$f_y'(x, y)$ 有时也记作

$$\frac{\partial z}{\partial x}, \quad \frac{\partial z}{\partial y}$$

于是，若在点 $M_0(x_0, y_0)$ 及其邻域上偏导数存在，则

$$f_x'(x_0, y_0) = \frac{\partial z}{\partial x}\bigg|_{\substack{x = x_0 \\ y = y_0}} = f_x'(x, y)\bigg|_{\substack{x = x_0 \\ y = y_0}}$$

$$f_y'(x_0, y_0) = \frac{\partial z}{\partial y}\bigg|_{\substack{x = x_0 \\ y = y_0}} = f_y'(x, y)\bigg|_{\substack{x = x_0 \\ y = y_0}}$$

【例 10-16】　设 $z = x^y (x > 0)$，求 $\dfrac{\partial z}{\partial x}$，$\dfrac{\partial z}{\partial y}$.

**解**
$$\frac{\partial z}{\partial x} = yx^{y-1}, \quad \frac{\partial z}{\partial y} = x^y \ln x$$

【例 10-17】　求 $z = x^2 \sin y^2$ 的偏导数.

**解**
$$\frac{\partial z}{\partial x} = 2x \sin y^2, \quad \frac{\partial z}{\partial y} = 2yx^2 \cos y^2$$

【例 10-18】　设 $z = x^3 + y^3 - xy^2$，求在点（1，2）处的偏导数 $\dfrac{\partial z}{\partial x}$，$\dfrac{\partial z}{\partial y}$.

**解**　$\dfrac{\partial z}{\partial x}\bigg|_{(1,2)} = (3x^2 - y^2)\bigg|_{(1,2)} = -1, \dfrac{\partial z}{\partial y}\bigg|_{(1,2)} = (3y^2 - 2xy)\bigg|_{(1,2)} = 8.$

【例 10-19】　对于函数
$$f(x, y) = \begin{cases} \dfrac{2xy}{x^2 + y^2} & x^2 + y^2 \neq 0 \\ 0 & x^2 + y^2 = 0 \end{cases}$$

有
$$\Delta_x f(0,0) = f(0 + \Delta x, 0) - f(0,0) = 0$$
$$\Delta_y f(0,0) = f(0, 0 + \Delta y) - f(0,0) = 0$$

所以由偏导数的定义知
$$f_x'(0,0) = 0, \ f_y'(0,0) = 0$$

但由例 10-13 知，这个函数在点（0，0）处不连续. 由此可见，在一点偏导数存在并不能保证在该点连续.

三元以上函数的偏导数可类似地定义. 譬如对四元函数 $w = f(x, y, u, v)$ 可定义
$$\frac{\partial w}{\partial x} = \lim_{\Delta x \to 0} \frac{f(x + \Delta x, y, u, v) - f(x, y, u, v)}{\Delta x}$$
$$\frac{\partial w}{\partial y} = \lim_{\Delta y \to 0} \frac{f(x, y + \Delta y, u, v) - f(x, y, u, v)}{\Delta y}$$

等.

【例 10-20】　求函数 $w = x^2 + y^2 + xuv^3$ 的偏导数.

**解**
$$\frac{\partial w}{\partial x} = 2x + uv^3, \quad \frac{\partial w}{\partial y} = 2y$$
$$\frac{\partial w}{\partial u} = xv^3, \quad \frac{\partial w}{\partial v} = 3xuv^2$$

如果二元函数 $z = f(x, y)$ 的偏导数
$$\frac{\partial z}{\partial x} = f_x'(x, y), \frac{\partial z}{\partial y} = f_y'(x, y)$$

仍然有偏导数，那么它们的偏导数称为函数 $z = f(x, y)$ 的**二阶偏导数**，此时也可称 $f_x'(x, y)$，$f_y'(x, y)$ 为一阶偏导数. 二元函数的二阶偏导数有 4 个，分别记作
$$f_{xx}''(x,y) = \frac{\partial}{\partial x}\left(\frac{\partial z}{\partial x}\right) = \frac{\partial^2 z}{\partial x^2},$$

$$f''_{xy}(x,y) = \frac{\partial}{\partial y}\left(\frac{\partial z}{\partial x}\right) = \frac{\partial^2 z}{\partial x \partial y},$$

$$f''_{yx}(x,y) = \frac{\partial}{\partial x}\left(\frac{\partial z}{\partial y}\right) = \frac{\partial^2 z}{\partial y \partial x},$$

$$f''_{yy}(x,y) = \frac{\partial}{\partial y}\left(\frac{\partial z}{\partial y}\right) = \frac{\partial^2 z}{\partial y^2}$$

这里 $f''_{xy}(x,y)$ 与 $f''_{yx}(x,y)$ 称为**混合二阶偏导数**，它们的区别在于求偏导次序不同，一般来说，二者不相等，但当 $f''_{xy}(x,y)$ 与 $f''_{yx}(x,y)$ 都连续时，有 $f''_{xy}(x,y)=f''_{yx}(x,y)$，即求导的结果与求偏导次序无关（证明略）.

【例 **10-21**】　求函数 $u=\arctan\dfrac{x}{y}$ 的二阶偏导数.

**解**

$$\frac{\partial u}{\partial x} = \frac{y}{x^2+y^2},\ \frac{\partial u}{\partial y} = -\frac{x}{x^2+y^2}$$

$$\frac{\partial^2 u}{\partial x^2} = \frac{\partial}{\partial x}\left(\frac{y}{x^2+y^2}\right) = -\frac{2xy}{(x^2+y^2)^2}$$

$$\frac{\partial^2 u}{\partial y^2} = \frac{\partial}{\partial y}\left(-\frac{x}{x^2+y^2}\right) = \frac{2xy}{(x^2+y^2)^2}$$

$$\frac{\partial^2 u}{\partial x \partial y} = \frac{x^2-y^2}{(x^2+y^2)^2} = \frac{\partial^2 u}{\partial y \partial x}$$

二阶偏导数的偏导数称为**三阶偏导数**. 一般地，$n-1$ 阶偏导数的偏导数称为 $n$ **阶偏导数**. 二阶和二阶以上的偏导数统称为高阶偏导数.

对于三元及三元以上的函数，当其偏导数连续时，求偏导的结果与求偏导的次序无关.

【例 **10-22**】　设 $u=\mathrm{e}^{xy}\sin z$，求 $\dfrac{\partial^3 u}{\partial x \partial y \partial z}$，$\dfrac{\partial^3 u}{\partial y \partial z \partial x}$.

**解**
$$\frac{\partial u}{\partial x} = y\mathrm{e}^{xy}\sin z$$

$$\frac{\partial^2 u}{\partial x \partial y} = \mathrm{e}^{xy}\sin z + xy\mathrm{e}^{xy}\sin z = \mathrm{e}^{xy}(1+xy)\sin z$$

$$\frac{\partial^3 u}{\partial x \partial y \partial z} = \mathrm{e}^{xy}(1+xy)\cos z$$

$$\frac{\partial u}{\partial y} = x\mathrm{e}^{xy}\sin z,\ \frac{\partial^2 u}{\partial y \partial z} = x\mathrm{e}^{xy}\cos z$$

$$\frac{\partial^3 u}{\partial y \partial z \partial x} = \mathrm{e}^{xy}(1+xy)\cos z$$

所以
$$\frac{\partial^3 u}{\partial x \partial y \partial z} = \frac{\partial^3 u}{\partial y \partial z \partial x}$$

【例 **10-23**】　已知函数
$$f(x,y) = \begin{cases} \dfrac{x^3 y}{x^6+y^2} & x^2+y^2 \neq 0 \\ 0 & x^2+y^2=0 \end{cases}$$

试证：$f(x,y)$ 在点（0，0）处不连续，但偏导数存在.

**证**　当$(x,y)$沿着曲线 $y=x^3$ 趋近于（0，0）时，

$$\lim_{\substack{x\to 0\\y\to 0}}f(x,y)=\lim_{\substack{x\to 0\\y\to 0}}\frac{x^3 x^3}{x^6+x^6}=\frac{1}{2}\neq f(0,0)$$

由此得知$f(x,y)$在点(0，0)处不连续.

利用偏导数的定义，有

$$f_x'(0,0)=\lim_{x\to 0}\frac{f(x,0)-f(0,0)}{x}=\lim_{x\to 0}\frac{0}{x}=0$$

$$f_y'(0,0)=\lim_{y\to 0}\frac{f(0,y)-f(0,0)}{y}=\lim_{y\to 0}\frac{0}{y}=0$$

**【例 10-24】**　已知函数

$$f(x,y)=\begin{cases}\dfrac{2xy}{x^2+y^2} & x^2+y^2\neq 0\\[2mm] 0 & x^2+y^2=0\end{cases}$$

试问二阶偏导数$f_{xy}''(0,0)$是否存在？

**解**　当 $x^2+y^2\neq 0$ 时，有$f_x'(x,y)=\dfrac{2y(y^2-x^2)}{(x^2+y^2)^2}$. 利用偏导数的定义，可求得

$$f_x'(0,0)=\lim_{x\to 0}\frac{f(x,0)-f(0,0)}{x}=\lim_{x\to 0}\frac{0}{x}=0$$

所以

$$f_x'(x,y)=\begin{cases}\dfrac{2y(y^2-x^2)}{(x^2+y^2)^2} & x^2+y^2\neq 0\\[2mm] 0 & x^2+y^2=0\end{cases}$$

因为极限

$$\lim_{y\to 0}\frac{f_x'(0,y)-f_x'(0,0)}{y}=\lim_{y\to 0}\frac{\dfrac{2y^3}{y^4}}{y}=\lim_{y\to 0}\frac{2}{y^2}$$

不存在，所以偏导数$f_{xy}''$（0，0）不存在.

**【例 10-25】**　已知函数

$$f(x,y)=\begin{cases}xy\dfrac{x^2-y^2}{x^2+y^2} & x^2+y^2>0\\[2mm] 0 & x^2+y^2=0\end{cases}$$

试证明：二阶偏导数$f_{xy}''(0,0)\neq f_{yx}''(0,0)$.

**证**　因为

$$f_x'(x,y)=\begin{cases}y\dfrac{x^2-y^2}{x^2+y^2}+\dfrac{4x^2y^3}{(x^2+y^2)^2} & x^2+y^2>0\\[2mm] 0 & x^2+y^2=0\end{cases}$$

$$f_y'(x,y)=\begin{cases}x\dfrac{x^2-y^2}{x^2+y^2}-\dfrac{4x^3y^2}{(x^2+y^2)^2} & x^2+y^2>0\\[2mm] 0 & x^2+y^2=0\end{cases}$$

所以

$$f''_{xy}(0,0) = \lim_{y \to 0} \frac{f'_x(0,y) - f'_x(0,0)}{y} = -1$$

$$f''_{yx}(0,0) = \lim_{x \to 0} \frac{f'_y(x,0) - f'_y(0,0)}{x} = 1$$

因此 $f''_{xy}(0,0) \neq f''_{yx}(0,0)$.

**典型计算题 2**

证明函数 $z = f(x, y)$ 的偏导数满足指定的关系式.

1. $z = \ln(x^2 + xy + y^2)$；$x\dfrac{\partial z}{\partial x} + y\dfrac{\partial z}{\partial y} = 2$

2. $z = \arctan\dfrac{x}{y}$；$\dfrac{\partial^2 z}{\partial x^2} + \dfrac{\partial^2 z}{\partial y^2} = 0$

3. $z = -\mathrm{e}^{-x-3y}\sin(x + 3y)$；$\dfrac{\partial^2 z}{\partial y^2} - 9\dfrac{\partial^2 z}{\partial x^2} = 0$

4. $z = \ln(x + \mathrm{e}^{-y})$；$\dfrac{\partial^2 z}{\partial x \partial y} = \dfrac{\partial^2 z}{\partial y \partial x}$

10.3　习题答案

5. $z = \mathrm{e}^{\frac{y}{x}}$；$\dfrac{\partial}{\partial x}\left(x^2\dfrac{\partial z}{\partial x}\right) - y^2\dfrac{\partial^2 z}{\partial y^2} = 0$

6. $z = \sin^2(y - ax)$；$a^2\dfrac{\partial^2 z}{\partial y^2} = \dfrac{\partial^2 z}{\partial x^2}$

7. $z = \cos y + (y - x)\sin y$；$(x - y)\dfrac{\partial^2 z}{\partial x \partial y} = \dfrac{\partial z}{\partial y}$

8. $z = y\sqrt{\dfrac{y}{x}}$；$x^2\dfrac{\partial^2 z}{\partial x^2} - y^2\dfrac{\partial^2 z}{\partial y^2} = 0$

9. $z = x\mathrm{e}^{\frac{y}{x}}$；$x^2\dfrac{\partial^2 z}{\partial x^2} - 2xy\dfrac{\partial^2 z}{\partial x \partial y} + y^2\dfrac{\partial^2 z}{\partial y^2} = 0$

10. $z = \mathrm{e}^{-\cos(x + at)}$；$a^2\dfrac{\partial^2 z}{\partial x^2} = \dfrac{\partial^2 z}{\partial t^2}$

10.4　思维导图

## 10.4　多元函数的可微性

### 10.4.1　在一点可微的定义

类似于一元函数微分的定义，可以给出下列二元函数全微分的定义.

**定义 10-13**　设二元函数 $z = f(x, y)$ 在点 $(x_0, y_0)$ 的某 $\delta$ 邻域 $U_\delta(x_0, y_0)$ 内有定义，并设 $(x_0 + \Delta x, y_0 + \Delta y) \in U_\delta(x_0, y_0)$. 如果函数 $z = f(x, y)$ 在点 $(x_0, y_0)$ 处的全增量

$$\Delta z = f(x_0 + \Delta x, y_0 + \Delta y) - f(x_0, y_0) \tag{10-2}$$

可表示为

$$\Delta z = A\Delta x + B\Delta y + o(\rho) \tag{10-3}$$

其中常数 $A$、$B$ 与 $\Delta x$、$\Delta y$ 无关（但一般与点 $(x_0, y_0)$ 有关），$\rho = \sqrt{(\Delta x)^2 + (\Delta y)^2}$，$o(\rho)$ 是当 $\rho \to 0$（即 $\Delta x \to 0$，$\Delta y \to 0$）时关于 $\rho$ 的高阶无穷小，则称函数 $f(x, y)$ 在点 $(x_0, y_0)$ 处**可微**，并称 $A\Delta x + B\Delta y$ 为函数 $f(x, y)$ 在点 $(x_0, y_0)$ 处的**全微分**，记作 $\mathrm{d}z|_{(x_0, y_0)}$ 或 $\mathrm{d}f(x_0, y_0)$，即

$$\mathrm{d}z|_{(x_0, y_0)} = A\,\Delta x + B\,\Delta y$$

习惯上，将自变量的增量 $\Delta x$ 与 $\Delta y$ 分别写成 $\mathrm{d}x$ 与 $\mathrm{d}y$，并称为自变量 $x$ 与 $y$ 的微分，所以函数 $f(x, y)$ 的全微分也常常写成

$$\mathrm{d}z|_{(x_0, y_0)} = A\,\mathrm{d}x + B\,\mathrm{d}y$$

### 10.4.2　在一点可微的必要条件

**定理 10-11**　如果函数 $f(x, y)$ 在点 $(x_0, y_0)$ 处可微，则

（1）$f(x, y)$ 在点 $(x_0, y_0)$ 处连续；

（2）$f(x, y)$ 在点 $(x_0, y_0)$ 处的两个偏导数 $f'_x(x_0, y_0)$ 与 $f'_y(x_0, y_0)$ 均存在，而且有

$$\mathrm{d}f(x_0, y_0) = f'_x(x_0, y_0)\mathrm{d}x + f'_y(x_0, y_0)\mathrm{d}y \tag{10-4}$$

**证**　设函数 $f(x, y)$ 在点 $(x_0, y_0)$ 处可微.

（1）由式（10-3）易知 $\lim\limits_{\substack{\Delta x \to 0 \\ \Delta y \to 0}} \Delta z = 0$，即

$$\lim_{\substack{\Delta x \to 0 \\ \Delta y \to 0}} f(x_0 + \Delta x, y_0 + \Delta y) = f(x_0, y_0)$$

因此，$f(x, y)$ 在点 $(x_0, y_0)$ 处连续.

（2）在式（10-2）和式（10-3）中，令 $\Delta y = 0$，得 $f(x, y)$ 在点 $(x_0, y_0)$ 处关于 $x$ 的偏增量

$$\Delta_x z = A\,\Delta x + o(|\Delta x|)$$

因此极限

$$\lim_{\Delta x \to 0} \frac{\Delta_x z}{\Delta x} = \lim_{\Delta x \to 0} \frac{A\Delta x + o(|\Delta x|)}{\Delta x} = A$$

从而 $f'_x(x_0, y_0)$ 存在且等于 $A$.

类似可证 $f'_y(x_0, y_0)$ 存在且等于 $B$. 所以式（10-4）成立.

如果函数 $z = f(x, y)$ 在区域 $D \in \mathbf{R}^2$ 的每个点 $(x, y)$ 均可微，则称函数 $f(x, y)$ 是区域 $D$ 内的**可微函数**. 此时全微分可简记为 $\mathrm{d}f$ 或 $\mathrm{d}z$，其计算公式为

$$\mathrm{d}z = \frac{\partial z}{\partial x}\mathrm{d}x + \frac{\partial z}{\partial y}\mathrm{d}y$$

或

$$\mathrm{d}f = \frac{\partial f}{\partial x}\mathrm{d}x + \frac{\partial f}{\partial y}\mathrm{d}y$$

### 10.4.3　在一点可微的充分条件

**定理 10-12**　如果函数 $z = f(x, y)$ 的所有偏导数 $f'_x(x, y)$、$f'_y(x, y)$ 均在点 $(x_0, y_0)$ 的某邻域内存在且在点 $(x_0, y_0)$ 处连续，则函数 $z = f(x, y)$ 在点 $(x_0, y_0)$ 处可微.

**证**　设函数 $z = f(x, y)$ 在点 $(x_0, y_0)$ 处的所有偏导数 $f'_x(x, y)$、$f'_y(x, y)$ 均在点

$(x_0,y_0)$的某邻域内存在且在点 $(x_0,y_0)$ 处连续. 函数 $z=f(x,y)$ 在点$(x_0,y_0)$处的全增量可写为

$$\Delta z = f(x_0+\Delta x,y_0+\Delta y)-f(x_0,y_0)$$
$$= [f(x_0+\Delta x,y_0+\Delta y)-f(x_0,y_0+\Delta y)]+[f(x_0,y_0+\Delta y)-f(x_0,y_0)]$$

在上式两个方括号中分别利用拉格朗日中值定理，存在 $0<\theta_1<1$ 和 $0<\theta_2<1$，使得

$$\Delta z = f_x'(x_0+\theta_1\Delta x,y_0+\Delta y)\Delta x + f_y'(x_0,y_0+\theta_2\Delta y)\Delta y \tag{10-5}$$

由于$f_x'(x,y)$在点$(x_0,y_0)$连续，有

$$\lim_{\rho\to 0}f_x'(x_0+\theta_1\Delta x,y_0+\Delta y)=f_x'(x_0,y_0)，\text{其中}\rho=\sqrt{(\Delta x)^2+(\Delta y)^2}$$

因此有

$$f_x'(x_0+\theta_1\Delta x,y_0+\Delta y)=f_x'(x_0,y_0)+\alpha_1(\rho) \tag{10-6}$$

其中，$\alpha_1(\rho)$是$\rho\to 0$时的无穷小量. 同理可得

$$f_y'(x_0,y_0+\theta_2\Delta y)=f_y'(x_0,y_0)+\alpha_2(\rho) \tag{10-7}$$

其中，$\alpha_2(\rho)$是$\rho\to 0$时的无穷小量. 将式（10-6）及式（10-7）代入式（10-5），即得

$$\Delta z = f_x'(x_0,y_0)\Delta x + f_y'(x_0,y_0)\Delta y + \alpha_1(\rho)\Delta x + \alpha_2(\rho)\Delta y \tag{10-8}$$

由 $\left|\dfrac{\alpha_1(\rho)\Delta x+\alpha_2(\rho)\Delta y}{\rho}\right|\leqslant |\alpha_1(\rho)|+|\alpha_2(\rho)|$ 易知

$$\lim_{\rho\to 0}\frac{\alpha_1(\rho)\Delta x+\alpha_2(\rho)\Delta y}{\rho}=0$$

所以 $\alpha_1(\rho)\Delta x+\alpha_2(\rho)\Delta y=o(\rho)$，于是式（10-8）即为式（10-3），所以函数$z=f(x,y)$在点$(x_0,y_0)$处可微.

**【例 10-26】** 求函数 $z=x^2y^2$ 在点$(2,-1)$处当 $\Delta x=0.02$，$\Delta y=-0.01$ 时的全微分 $\mathrm{d}z$ 和全增量 $\Delta z$.

**解**

$$\frac{\partial z}{\partial x}\bigg|_{(2,-1)}=2xy^2\bigg|_{(2,-1)}=4$$
$$\frac{\partial z}{\partial y}\bigg|_{(2,-1)}=2x^2y\bigg|_{(2,-1)}=-8$$

因为$\dfrac{\partial z}{\partial x}$和$\dfrac{\partial z}{\partial y}$在点（2，-1）处连续，所以函数在点（2，-1）处可微，于是

$$\mathrm{d}z=4\times 0.02+(-8)\times(-0.01)=0.16$$

而全增量为

$$\Delta z=(2+0.02)^2(-1-0.01)^2-2^2(-1)^2=0.1624$$

**【例 10-27】** 求 $z=\mathrm{e}^x\cos(x+y)$ 的全微分.

**解** 由于

$$\frac{\partial z}{\partial x}=\mathrm{e}^x\cos(x+y)-\mathrm{e}^x\sin(x+y)$$

和

$$\frac{\partial z}{\partial y}=-\mathrm{e}^x\sin(x+y)$$

均在 $xOy$ 平面上连续，所以函数在 $xOy$ 平面上可微且

$$dz = \left[ e^x \cos(x+y) - e^x \sin(x+y) \right] dx - e^x \sin(x+y) dy$$

对于多元函数，偏导数存在是可微的必要条件，并非充分条件.

**【例 10-28】** 证明：函数

$$u = \begin{cases} \dfrac{x^3 + y^3}{x^2 + y^2} & x^2 + y^2 \neq 0 \\ 0 & x^2 + y^2 = 0 \end{cases}$$

在点 (0, 0) 处偏导数存在，但在该点不可微.

**证**　由偏导数的定义得

$$\left. \frac{\partial u}{\partial x} \right|_{(0,0)} = \lim_{x \to 0} \frac{u(x,0) - u(0,0)}{x - 0} = \lim_{x \to 0} \frac{x - 0}{x - 0} = 1$$

类似可求得 $\left. \dfrac{\partial u}{\partial y} \right|_{(0,0)} = 1$.

假设 $u(x, y)$ 在点 $(0,0)$ 处可微，则函数在点 (0, 0) 处的全增量可表示为

$$\Delta u = \left. \frac{\partial u}{\partial x} \right|_{(0,0)} \Delta x + \left. \frac{\partial u}{\partial y} \right|_{(0,0)} \Delta y + o(\rho) = \Delta x + \Delta y + o(\rho) \tag{10-9}$$

其中 $\rho = \sqrt{(\Delta x)^2 + (\Delta y)^2}$，即

$$\Delta u - \Delta x - \Delta y = o(\rho)$$

事实上，

$$\Delta u - \Delta x - \Delta y = u(\Delta x, \Delta y) - u(0,0) - \Delta x - \Delta y = -\frac{\Delta x (\Delta y)^2 + (\Delta x)^2 \Delta y}{(\Delta x)^2 + (\Delta y)^2}$$

又因为当 $\Delta y = k \Delta x$ $(k \neq 0)$ 时，极限

$$\lim_{\substack{\Delta x \to 0 \\ \Delta y \to 0 \\ \Delta y = k\Delta x}} \frac{\dfrac{\Delta x (\Delta y)^2 + (\Delta x)^2 \Delta y}{(\Delta x)^2 + (\Delta y)^2}}{\rho} = \lim_{\substack{\Delta x \to 0 \\ \Delta y \to 0 \\ \Delta y = k\Delta x}} \frac{\Delta x (\Delta y)^2 + (\Delta x)^2 \Delta y}{\left[ (\Delta x)^2 + (\Delta y)^2 \right]^{\frac{3}{2}}} = \frac{k^2 + k}{(1 + k^2)^{\frac{3}{2}}}$$

与 $k$ 的值有关系，从而二重极限

$$\lim_{\substack{\Delta x \to 0 \\ \Delta y \to 0}} \frac{\Delta u - \Delta x - \Delta y}{\rho}$$

不存在，即式（10-9）不成立，所以函数 $u = u(x, y)$ 在点 $(0,0)$ 处不可微.

**【例 10-29】** 证明：函数

$$f(x,y) = \begin{cases} (x^2 + y^2) \sin \dfrac{1}{\sqrt{x^2 + y^2}} & x^2 + y^2 \neq 0 \\ 0 & x^2 + y^2 = 0 \end{cases}$$

在原点 $O(0,0)$ 的邻域内有偏导数，在 $O$ 点可微，但偏导数在 $O$ 点不连续.

**证**　当 $(x, y) \neq (0, 0)$ 时，有

$$f'_x(x,y) = \frac{\partial}{\partial x} \left[ (x^2 + y^2) \sin \frac{1}{\sqrt{x^2 + y^2}} \right] = 2x \sin \frac{1}{\sqrt{x^2 + y^2}} - \frac{x}{\sqrt{x^2 + y^2}} \cos \frac{1}{\sqrt{x^2 + y^2}}$$

$$f'_y(x,y) = \frac{\partial}{\partial y} \left[ (x^2 + y^2) \sin \frac{1}{\sqrt{x^2 + y^2}} \right] = 2y \sin \frac{1}{\sqrt{x^2 + y^2}} - \frac{y}{\sqrt{x^2 + y^2}} \cos \frac{1}{\sqrt{x^2 + y^2}}$$

当 $(x, y) = (0, 0)$ 时，由偏导数的定义得

$$f'_x(0,0) = \lim_{x \to 0} \frac{f(x,0) - f(0,0)}{x - 0} = \lim_{x \to 0} \frac{x^2 \sin \frac{1}{|x|}}{x} = 0$$

类似可求 $f'_y(0,0) = 0$. 所以两个偏导函数为

$$f'_x(x,y) = \begin{cases} 2x \sin \dfrac{1}{\sqrt{x^2+y^2}} - \dfrac{x}{\sqrt{x^2+y^2}} \cos \dfrac{1}{\sqrt{x^2+y^2}} & x^2+y^2 \neq 0 \\ 0 & x^2+y^2 = 0 \end{cases}$$

$$f'_y(x,y) = \begin{cases} 2y \sin \dfrac{1}{\sqrt{x^2+y^2}} - \dfrac{y}{\sqrt{x^2+y^2}} \cos \dfrac{1}{\sqrt{x^2+y^2}} & x^2+y^2 \neq 0 \\ 0 & x^2+y^2 = 0 \end{cases}$$

综上所述，函数 $f(x,y)$ 在原点 $O(0,0)$ 的邻域内有偏导数，下面我们证明函数 $f(x,y)$ 在 $O$ 点可微. 为此，只需证明

$$\Delta f = f'_x(0,0)\Delta x + f'_y(0,0)\Delta y + o(\sqrt{x^2+y^2}) = o(\sqrt{\Delta x^2 + \Delta y^2})$$

这是显然成立的，因为

$$\lim_{\substack{\Delta x \to 0 \\ \Delta y \to 0}} \frac{\Delta f}{\sqrt{\Delta x^2 + \Delta y^2}} = \lim_{\substack{\Delta x \to 0 \\ \Delta y \to 0}} \frac{f(\Delta x, \Delta y) - f(0,0)}{\sqrt{\Delta x^2 + \Delta y^2}} = \lim_{\substack{\Delta x \to 0 \\ \Delta y \to 0}} \sqrt{\Delta x^2 + \Delta y^2} \sin \frac{1}{\sqrt{\Delta x^2 + \Delta y^2}} = 0$$

因此，函数 $f(x,y)$ 在点 $O$ 处可微.

最后证明，偏导数 $f'_x(x,y)$ 与 $f'_y(x,y)$ 在点 $O$ 处不连续. 首先，

$$\lim_{\substack{x \to 0 \\ y \to 0}} 2x \sin \frac{1}{\sqrt{x^2+y^2}} = 0$$

而极限

$$\lim_{\substack{x \to 0 \\ y \to 0}} \left( -\frac{x}{\sqrt{x^2+y^2}} \cos \frac{1}{\sqrt{x^2+y^2}} \right)$$

不存在，因为当 $y = kx$（$k \neq 0$, $x > 0$）时，极限

$$\lim_{\substack{x \to 0 \\ y \to 0 \\ y = kx}} \left( -\frac{x}{\sqrt{x^2+y^2}} \cos \frac{1}{\sqrt{x^2+y^2}} \right) = \lim_{x \to 0} \left( -\frac{1}{\sqrt{1+k^2}} \cos \frac{1}{x\sqrt{1+k^2}} \right)$$

不存在. 所以极限

$$\lim_{\substack{x \to 0 \\ y \to 0}} f'_x(x,y)$$

不存在，即 $f'_x(x,y)$ 在点 $O$ 处不连续. 类似可证 $f'_y(x,y)$ 在点 $O$ 处不连续.

【例 10-30】　试研究函数

$$f(x,y) = \begin{cases} e^{-\frac{1}{x^2+y^2}} & x^2+y^2 > 0 \\ 0 & x^2+y^2 = 0 \end{cases}$$

在原点 $O(0,0)$ 的可微性.

**解**　首先，由偏导数的定义有

$$f'_x(0,0) = \lim_{x \to 0} \frac{f(x,0) - f(0,0)}{x - 0} = \lim_{x \to 0} \frac{1}{x} e^{-\frac{1}{x^2}} = 0$$

$$f'_y(0,0) = \lim_{y \to 0} \frac{f(0,y) - f(0,0)}{y - 0} = \lim_{y \to 0} \frac{1}{y} e^{-\frac{1}{y^2}} = 0$$

所以

$$\lim_{\rho \to 0} \frac{f(\Delta x, \Delta y) - f(0,0) - [f'_x(0,0)\Delta x + f'_y(0,0)\Delta y]}{\rho} = \lim_{\substack{\Delta x \to 0 \\ \Delta y \to 0}} \frac{1}{\sqrt{(\Delta x)^2 + (\Delta y)^2}} e^{-\frac{1}{(\Delta x)^2 + (\Delta y)^2}}$$

$$= \lim_{\rho \to 0} e^{-\frac{1}{\rho^2}}$$

$$= 0$$

从而当 $\rho \to 0$ 时, $\Delta f = f(\Delta x, \Delta y) - f(0,0) = f'_x(0,0)\Delta x + f'_y(0,0)\Delta y + o(\rho)$, 即函数 $f(x,y)$ 在原点 $O(0,0)$ 处可微.

前面讲过的二元函数全微分的定义、可微的必要条件和充分条件完全可以推广到 $n$ 元函数上去. 设 $n$ 元函数 $u = f(\boldsymbol{x}) = f(x_1, x_2, \cdots, x_n)$ 在点 $\boldsymbol{x}_0 = (x_1^0, x_2^0, \cdots, x_n^0) \in \mathbf{R}^n$ 的某邻域 $U(\boldsymbol{x}_0) \subset \mathbf{R}^n$ 内有定义, 如果对任意 $\boldsymbol{x} = \boldsymbol{x}_0 + \Delta \boldsymbol{x} \in U(\boldsymbol{x}_0)$, 存在与 $\Delta \boldsymbol{x} = (\Delta x_1, \Delta x_2, \cdots, \Delta x_n)$ 无关的数 $A_1$, $A_2$, $\cdots$, $A_n$ 使函数 $f(\boldsymbol{x})$ 在点 $\boldsymbol{x}_0$ 处的全增量

$$\Delta u = f(\boldsymbol{x}_0 + \Delta \boldsymbol{x}) - f(\boldsymbol{x}_0)$$

可表示为

$$\Delta u = A_1 \Delta x_1 + A_2 \Delta x_2 + \cdots + A_n \Delta x_n + o(\rho)$$

其中, $o(\rho)$ 是当 $\rho = \sqrt{(\Delta x_1)^2 + (\Delta x_2)^2 + \cdots + (\Delta x_n)^2} \to 0$ 时关于 $\rho$ 的高阶无穷小, 则称 $f(\boldsymbol{x})$ 在点 $\boldsymbol{x}_0$ 处可微, 并称 $A_1 \Delta x_1 + A_2 \Delta x_2 + \cdots + A_n \Delta x_n$ 为 $f(x)$ 在点 $\boldsymbol{x}_0$ 处的**全微分**, 记为 $\mathrm{d}f(\boldsymbol{x}_0)$ 或 $\mathrm{d}u|_{x = x_0}$, 即

$$\mathrm{d}f(\boldsymbol{x}_0) = A_1 \Delta x_1 + A_2 \Delta x_2 + \cdots + A_n \Delta x_n$$

与二元函数类似, 习惯上记 $\Delta x_i = \mathrm{d}x_i$, 于是 $f(x)$ 的全微分常常写成

$$\mathrm{d}f(x_0) = \sum_{i=1}^{n} A_i \mathrm{d}x_i$$

二元函数可微的必要条件定理 10-11 和充分条件定理 10-12 也可直接推广到 $n$ 元函数, 在这里留作练习. 从而函数 $f(\boldsymbol{x})$ 在 $\boldsymbol{x}$ 点也有类似的全微分公式

$$\mathrm{d}f(\boldsymbol{x}) = \sum_{i=1}^{n} f'_{x_i}(\boldsymbol{x}) \mathrm{d}x_i$$

**【例 10-31】** 求 $u = \ln(x^2 + y^2 + z^2)$ 的全微分.

**解** 由于

$$\frac{\partial u}{\partial x} = \frac{2x}{x^2 + y^2 + z^2}$$

$$\frac{\partial u}{\partial y} = \frac{2y}{x^2 + y^2 + z^2}$$

$$\frac{\partial u}{\partial z} = \frac{2z}{x^2 + y^2 + z^2}$$

所以函数的全微分为

$$\mathrm{d}u = \frac{2x\,\mathrm{d}x + 2y\,\mathrm{d}y + 2z\,\mathrm{d}z}{x^2 + y^2 + z^2}$$

根据可微的必要条件和充分条件以及前面的例题, 我们不难得出关于多元函数 $f(\boldsymbol{x})$ 在 $\boldsymbol{x}_0$ 处连续、偏导数存在、可微、偏导数连续的关系如下:

$$\text{偏导数均连续} \rightarrow \text{可微} \begin{cases} \text{函数连续} \\ \text{偏导数均存在} \end{cases}$$

### 10.4.4　全微分在近似计算与误差估计中的应用

这里主要考虑二元函数的情形.

设函数 $z = f(x, y)$ 在点 $(x_0, y_0)$ 处可微, 则由式 (10-2) 与式 (10-3) 以及可微的必要条件可知, 当 $\Delta x$ 与 $\Delta y$ 充分小时,

$$\Delta z = f(x_0 + \Delta x, y_0 + \Delta y) - f(x_0, y_0) \approx \mathrm{d}z = f_x'(x_0, y_0)\Delta x + f_y'(x_0, y_0)\Delta y \tag{10-10}$$

若 $|\Delta x| < \delta_x$ 与 $|\Delta y| < \delta_y$, 则

$$|\Delta z| \approx |\mathrm{d}z| \leq |f_x'(x_0, y_0)||\Delta x| + |f_y'(x_0, y_0)||\Delta y| \leq |f_x'(x_0, y_0)|\delta_x + |f_y'(x_0, y_0)|\delta_y$$

从而可取

$$\delta_z = |f_x'(x_0, y_0)|\delta_x + |f_y'(x_0, y_0)|\delta_y \tag{10-11}$$

作为近似计算公式 (10-10) 在 $z_0 = f(x_0, y_0)$ 处的 **绝对误差**, 取

$$\frac{\delta_z}{|z_0|} = \left|\frac{f_x'(x_0, y_0)}{z_0}\right|\delta_x + \left|\frac{f_y'(x_0, y_0)}{z_0}\right|\delta_y \tag{10-12}$$

作为近似计算公式 (10-10) 在 $z_0 = f(x_0, y_0)$ 处的 **相对误差**.

**【例 10-32】** 求 $1.04^{2.02}$ 的近似值.

**解** 考虑函数 $f(x, y) = x^y$, 取 $(x_0, y_0) = (1, 2)$, $\Delta x = 0.04$, $\Delta y = 0.02$, 从而 $f(1, 2) = 1$, $f_x'(1, 2) = yx^{y-1}|_{(1,2)} = 2$, $f_y'(1, 2) = x^y\ln x|_{(1,2)} = 0$, 则由式(10-10), 得

$$f(1.04, 2.02) \approx f(1, 2) + f_x'(1, 2)\Delta x + f_y'(1, 2)\Delta y = 1.08$$

**【例 10-33】** 证明: (1) 乘积的相对误差等于各个因子的相对误差之和;

(2) 商的相对误差等于分子与分母的相对误差之和.

**证** (1) 设 $z = xy$, 由于 $\dfrac{\partial z}{\partial x} = y$, $\dfrac{\partial z}{\partial y} = x$, 从而由式 (10-11) 与式 (10-12) 得绝对误差 $\delta_z = |y_0|\delta_x + |x_0|\delta_y$, 相对误差 $\dfrac{\delta_z}{|z_0|} = \dfrac{\delta_x}{|x_0|} + \dfrac{\delta_y}{|y_0|}$.

(2) 设 $z = \dfrac{x}{y}$, 由于 $\dfrac{\partial z}{\partial x} = \dfrac{1}{y}$, $\dfrac{\partial z}{\partial y} = -\dfrac{x}{y^2}$, 从而由式 (10-11) 与式 (10-12) 得绝对误差 $\delta_z = \dfrac{1}{|y_0|}\delta_x + \dfrac{|x_0|}{y_0^2}\delta_y$, 相对误差 $\dfrac{\delta_z}{|z_0|} = \dfrac{\delta_x}{|x_0|} + \dfrac{\delta_y}{|y_0|}$.

**【例 10-34】** 测得一物体的体积 $V_0 = 3.54\ \mathrm{cm^3}$, 其绝对误差是 $0.01\ \mathrm{cm^3}$, 质量 $m_0 = 29.70\mathrm{g}$, 其绝对误差为 $0.01\mathrm{g}$, 求此物体的密度 $\rho_0$, 并估计其绝对误差与相对误差.

**解**

$$\rho_0 = \frac{m_0}{V_0} = \frac{29.70}{3.54}\ \mathrm{g/cm^3} = 8.39\ \mathrm{g/cm^3}$$

由上例知, $\rho_0$ 的相对误差为

$$\frac{\delta_\rho}{\rho_0} = \frac{\delta_m}{m_0} + \frac{\delta_V}{V_0} = \frac{0.01}{29.70} + \frac{0.01}{3.54} = 0.32\%$$

于是绝对误差为

$$\delta_\rho = 0.32\% \times 8.39\mathrm{g/cm^3} = 0.026\ \mathrm{g/cm^3}$$

即

$$\rho = (8.39 \pm 0.026)\ \text{g/cm}^3$$

**典型计算题 3**

求下列函数 $z = f(x, y)$ 的偏导数及全微分.

1. $f(x, y) = \dfrac{\sin xy}{y}$

2. $f(x, y) = \ln(xy^2 z^3)$

3. $f(x, y) = x^4 y + 2x^2 y^2 + xy^3 + x - y$

4. $f(x, y) = \dfrac{x + y^2}{x^2 + y^2 - 1}$

5. $f(x, y) = \dfrac{x}{y}$

6. $f(x, y) = (2x^2 y^2 - x + 1)^3$

7. $f(x, y) = \arctan \dfrac{y}{x}$

8. $f(x, y) = (x^2 + y^2 - x + 1)^{\frac{1}{2}}$

9. $f(x, y, z) = (x^2 + y^2 + z^2)^{\frac{1}{2}}$

10. $f(x, y) = 2^{x - y}$

11. $f(x, y) = e^{-x^3 y}$

12. $f(x, y, z) = \ln(x^3 + 2^y + \tan 3z)$

10.4　习题答案

10.5　思维导图

## 10.5 复合函数的微分法

在一元函数的求导法则中,复合函数的链式法则起了非常重要的作用. 在本节中,将把链式法则推广到多元函数. 为了简洁起见,我们以有两个中间变量和两个自变量的复合函数为例来讨论链式法则.

**定理 10-13**　设 $u = u(x, y)$ 和 $v = v(x, y)$ 均在点 $(x, y)$ 处可微, 而函数 $z = f(u, v)$ 在对应的点 $(u, v)$ 处可微, 则复合函数 $z = f(u(x, y), v(x, y))$ 在点 $(x, y)$ 处也可微, 且其全微分为

$$dz = \left(\frac{\partial z}{\partial u}\frac{\partial u}{\partial x} + \frac{\partial z}{\partial v}\frac{\partial v}{\partial x}\right)dx + \left(\frac{\partial z}{\partial u}\frac{\partial u}{\partial y} + \frac{\partial z}{\partial v}\frac{\partial v}{\partial y}\right)dy \tag{10-13}$$

从而

$$\frac{\partial z}{\partial x} = \frac{\partial z}{\partial u}\frac{\partial u}{\partial x} + \frac{\partial z}{\partial v}\frac{\partial v}{\partial x} \tag{10-14}$$

$$\frac{\partial z}{\partial y} = \frac{\partial z}{\partial u}\frac{\partial u}{\partial y} + \frac{\partial z}{\partial v}\frac{\partial v}{\partial y} \tag{10-15}$$

**证**　设自变量 $x$、$y$ 分别有增量 $\Delta x$、$\Delta y$, 则 $u$、$v$ 分别有增量 $\Delta u$、$\Delta v$, 从而函数 $z = f(u, v)$ 有相应的增量 $\Delta z$. 由于 $u$、$v$ 均在点 $(x, y)$ 处可微, 故有

$$\Delta u = \frac{\partial u}{\partial x}\Delta x + \frac{\partial u}{\partial y}\Delta y + o_1(\rho) \tag{10-16}$$

$$\Delta v = \frac{\partial v}{\partial x}\Delta x + \frac{\partial v}{\partial y}\Delta y + o_2(\rho) \tag{10-17}$$

其中，$\rho = \sqrt{(\Delta x)^2 + (\Delta y)^2}$，$o_1(\rho)$，$o_2(\rho)$ 是当 $\rho \to 0$ 时关于 $\rho$ 的高阶无穷小. 又由于函数 $z = f(u, v)$ 在 $(x, y)$ 对应的点 $(u, v)$ 处可微，所以有

$$\Delta z = \frac{\partial z}{\partial u}\Delta u + \frac{\partial z}{\partial v}\Delta v + o\left(\sqrt{(\Delta u)^2 + (\Delta v)^2}\right) \tag{10-18}$$

将式（10-16）、式（10-17）代入式（10-18）并整理，得复合函数

$z = f(u(x, y), v(x, y))$ 在点 $(x, y)$ 处的增量为

$$\Delta z = \left(\frac{\partial z}{\partial u}\frac{\partial u}{\partial x} + \frac{\partial z}{\partial v}\frac{\partial v}{\partial x}\right)\Delta x + \left(\frac{\partial z}{\partial u}\frac{\partial u}{\partial y} + \frac{\partial z}{\partial v}\frac{\partial v}{\partial y}\right)\Delta y + \alpha \tag{10-19}$$

其中

$$\alpha = \frac{\partial z}{\partial u}o_1(\rho) + \frac{\partial z}{\partial v}o_2(\rho) + o\left(\sqrt{(\Delta u)^2 + (\Delta v)^2}\right)$$

显然

$$\lim_{\rho \to 0}\frac{\frac{\partial z}{\partial u}o_1(\rho) + \frac{\partial z}{\partial v}o_2(\rho)}{\rho} = 0$$

又由

$$\frac{o\left(\sqrt{(\Delta u)^2 + (\Delta v)^2}\right)}{\rho} = \frac{o\left(\sqrt{(\Delta u)^2 + (\Delta v)^2}\right)}{\sqrt{(\Delta u)^2 + (\Delta v)^2}}\frac{\sqrt{(\Delta u)^2 + (\Delta v)^2}}{\rho}$$

以及

$$\frac{\sqrt{(\Delta u)^2 + (\Delta v)^2}}{\rho} \leqslant \frac{\sqrt{(\Delta u)^2 + (\Delta v)^2}}{|\Delta x|} = \sqrt{\left(\frac{\Delta u}{\Delta x}\right)^2 + \left(\frac{\Delta v}{\Delta x}\right)^2}$$

与

$$\lim_{\Delta x \to 0}\frac{\Delta u}{\Delta x} = \frac{\partial u}{\partial x}, \quad \lim_{\Delta x \to 0}\frac{\Delta v}{\Delta x} = \frac{\partial v}{\partial x}$$

知 $\sqrt{\left(\frac{\Delta u}{\Delta x}\right)^2 + \left(\frac{\Delta v}{\Delta x}\right)^2}$ 在点 $(x, y)$ 附近有界，从而 $\frac{\sqrt{(\Delta u)^2 + (\Delta v)^2}}{\rho}$ 在点 $(x, y)$ 附近有界，进而有

$$\lim_{\rho \to 0}\frac{o\left(\sqrt{(\Delta u)^2 + (\Delta v)^2}\right)}{\rho} = 0$$

所以 $\lim\limits_{\rho \to 0}\frac{\alpha}{\rho} = 0$，即当 $\rho \to 0$ 时，$\alpha = o(\rho)$，从而由式（10-19）和可微的定义知，复合函数 $z = f(u(x, y), v(x, y))$ 在点 $(x, y)$ 处可微，且有式（10-13）～式（10-15）成立.

式（10-14）与式（10-15）可以推广到中间变量或自变量均为二元以上的多元函数. 譬如设四元函数

$$z = f(u, v, s, t)$$

有连续的偏导数，而 $u$、$v$、$s$、$t$ 都是 $x$、$y$ 的二元可微函数，则

$$\frac{\partial z}{\partial x} = \frac{\partial z}{\partial u}\frac{\partial u}{\partial x} + \frac{\partial z}{\partial v}\frac{\partial v}{\partial x} + \frac{\partial z}{\partial s}\frac{\partial s}{\partial x} + \frac{\partial z}{\partial t}\frac{\partial t}{\partial x}$$

$$\frac{\partial z}{\partial y} = \frac{\partial z}{\partial u}\frac{\partial u}{\partial y} + \frac{\partial z}{\partial v}\frac{\partial v}{\partial y} + \frac{\partial z}{\partial s}\frac{\partial s}{\partial y} + \frac{\partial z}{\partial t}\frac{\partial t}{\partial y}$$

一般地，复合函数 $z$ 对某个自变量 $x$ 求导时，与 $x$ 有关的中间变量有多少个，求导公式中就应该有多少项，而每项又是 $z$ 对各中间变量的导数与该中间变量对 $x$ 的导数的乘积. 特别地，

（1）如

$$z = f(u, x, y), u = u(x, y)$$

则有

$$\frac{\partial z}{\partial x} = \frac{\partial f}{\partial u}\frac{\partial u}{\partial x} + \frac{\partial f}{\partial x}$$

$$\frac{\partial z}{\partial y} = \frac{\partial f}{\partial u}\frac{\partial u}{\partial y} + \frac{\partial f}{\partial y}$$

其中 $\dfrac{\partial f}{\partial x}$，$\dfrac{\partial f}{\partial y}$ 表示将 $f$ 看成 $u$、$x$、$y$ 的三元函数时对 $x$ 和 $y$ 的偏导数.

（2）中间变量均为 $x$ 的一元函数时，如

$$z = f(u, v), u = u(x), v = v(x)$$

则有

$$\frac{\mathrm{d}z}{\mathrm{d}x} = \frac{\partial z}{\partial u}\frac{\mathrm{d}u}{\mathrm{d}x} + \frac{\partial z}{\partial v}\frac{\mathrm{d}v}{\mathrm{d}x}$$

此时称 $\dfrac{\mathrm{d}z}{\mathrm{d}x}$ 为**全导数**.

**【例 10-35】** 求函数 $z = \ln(\mathrm{e}^{x+y^2} + \sin(x^2 + y))$ 的偏导数.

**解** 令 $u = \mathrm{e}^{x+y^2}$，$v = \sin(x^2 + y)$，则 $z = \ln(u + v)$，从而由式（10-14）与式（10-15），得

$$\frac{\partial z}{\partial x} = \frac{1}{u+v}\mathrm{e}^{x+y^2} + \frac{1}{u+v}2x\cos(x^2 + y)$$

$$= \frac{1}{\mathrm{e}^{x+y^2} + \sin(x^2 + y)}[\mathrm{e}^{x+y^2} + 2x\cos(x^2 + y)]$$

$$\frac{\partial z}{\partial y} = \frac{1}{u+v}2y\mathrm{e}^{x+y^2} + \frac{1}{u+v}\cos(x^2 + y)$$

$$= \frac{1}{\mathrm{e}^{x+y^2} + \sin(x^2 + y)}[2y\mathrm{e}^{x+y^2} + \cos(x^2 + y)]$$

**【例 10-36】** 求函数 $u = f(x, xy, xyz)$ 关于 $x$，$y$，$z$ 的偏导数，其中 $f$ 可微.

**解** 设 $x_1 = x$，$x_2 = xy$，$x_3 = xyz$，则 $u = f(x_1, x_2, x_3)$. 从而

$$\frac{\partial u}{\partial x} = \frac{\partial f}{\partial x_1} + \frac{\partial f}{\partial x_2}y + \frac{\partial f}{\partial x_3}yz$$

$$\frac{\partial u}{\partial y} = \frac{\partial f}{\partial x_2}x + \frac{\partial f}{\partial x_3}xz$$

$$\frac{\partial u}{\partial z} = \frac{\partial f}{\partial x_3}xy$$

【例 10-37】　试求函数 $u = f(x + y^2, y + x^2)$ 在点 $M(-1, 1)$ 处的全微分.

**解**　设 $s = x + y^2$, $t = y + x^2$, 则 $u = f(s, t)$. 因

$$\frac{\partial u}{\partial x} = f_s'(x + y^2, y + x^2) + f_t'(x + y^2, y + x^2) 2x$$

$$\frac{\partial u}{\partial x}\bigg|_{(-1,1)} = f_s'(0,2) - 2f_t'(0,2)$$

$$\frac{\partial u}{\partial y} = f_s'(x + y^2, y + x^2) 2y + f_t'(x + y^2, y + x^2)$$

$$\frac{\partial u}{\partial y}\bigg|_{(-1,1)} = 2f_s'(0,2) + f_t'(0,2)$$

所以

$$\mathrm{d}u \big|_M = \frac{\partial u}{\partial x}\bigg|_{(-1,1)} \mathrm{d}x + \frac{\partial u}{\partial y}\bigg|_{(-1,1)} \mathrm{d}y$$

$$= [f_s'(0,2) - 2f_t'(0,2)] \mathrm{d}x + [2f_s'(0,2) + f_t'(0,2)] \mathrm{d}y$$

【例 10-38】　设 $u = (x - y)^z$, $z = x^2 + y$, 求 $\dfrac{\partial u}{\partial x}$, $\dfrac{\partial u}{\partial y}$.

**解**　设 $u = f(x, y, z) = (x - y)^z$, 则

$$\frac{\partial u}{\partial x} = \frac{\partial f}{\partial x} + \frac{\partial f}{\partial z} \frac{\partial z}{\partial x}$$

$$= z(x - y)^{z-1} + (x - y)^z \ln(x - y) \cdot 2x$$

$$= z(x - y)^{z-1} + 2x(x - y)^z \ln(x - y)$$

$$\frac{\partial u}{\partial y} = \frac{\partial f}{\partial y} + \frac{\partial f}{\partial z} \frac{\partial z}{\partial y}$$

$$= -z(x - y)^{z-1} + (x - y)^z \ln(x - y)$$

【例 10-39】　设 $z = \arctan(\mathrm{e}^{xy})$, $y = x^2$, 求 $\dfrac{\mathrm{d}z}{\mathrm{d}x}$.

**解**　将 $z$ 看作以 $y$ 为中间变量, 以 $x$ 为自变量的函数, 则

$$\frac{\mathrm{d}z}{\mathrm{d}x} = \frac{\partial z}{\partial x} + \frac{\partial z}{\partial y} \frac{\mathrm{d}y}{\mathrm{d}x}$$

$$= \frac{y\mathrm{e}^{xy}}{1 + \mathrm{e}^{2xy}} + \frac{x\mathrm{e}^{xy}}{1 + \mathrm{e}^{2xy}} \cdot 2x = \frac{3x^2 \mathrm{e}^{x^3}}{1 + \mathrm{e}^{2x^3}}$$

在计算复合函数的偏导数时, 适当地引入中间变量, 将函数分解是很关键的. 有时中间变量可用简单的记号, 如用符号 1, 2, 3 等分别表示 1 号中间变量、2 号中间变量和 3 号中间变量等.

【例 10-40】　设 $u = f(x, xy, xyz)$, 且 $f$ 可微, 求 $\dfrac{\partial u}{\partial x}$, $\dfrac{\partial u}{\partial z}$.

**解**　设 $x$, $xy$, $xyz$ 分别为 1, 2, 3 号中间变量, 则

$$\frac{\partial u}{\partial x} = f_1' + f_2'y + f_3'yz, \quad \frac{\partial u}{\partial z} = f_3'xy$$

显然结果的形式比例 10-36 中的要简洁.

【例 10-41】　设 $z = f\left(x, y^3, \dfrac{y^2}{x}\right)$, 其中 $f$ 对各自变量具有二阶连续偏导数, 试求 $\dfrac{\partial z}{\partial x}$,

$\dfrac{\partial z}{\partial y}$, $\dfrac{\partial^2 z}{\partial y \partial x}$.

**解**

$$\frac{\partial z}{\partial x} = f_1'\left(x,\ y^3,\ \frac{y^2}{x}\right) - \frac{y^2}{x^2}f_3'\left(x,\ y^3,\ \frac{y^2}{x}\right)$$

$$\frac{\partial z}{\partial y} = 3y^2 f_2'\left(x,\ y^3,\ \frac{y^2}{x}\right) + \frac{2y}{x}f_3'\left(x,\ y^3,\ \frac{y^2}{x}\right)$$

$$\frac{\partial^2 z}{\partial y \partial x} = 3y^2\left(f_{21}'' - \frac{y^2}{x^2}f_{23}''\right) - \frac{2y}{x^2}f_3' + \frac{2y}{x}\left(f_{31}'' - \frac{y^2}{x^2}f_{33}''\right)$$

【例 10-42】 设 $z = f(x,\ x^3 + y^3,\ \mathrm{e}^{xy})$，求 $\dfrac{\partial z}{\partial x}$, $\dfrac{\partial z}{\partial y}$, $\dfrac{\partial^2 z}{\partial y \partial x}$，其中 $f$ 具有二阶连续偏导数.

**解**

$$\frac{\partial z}{\partial x} = f_1' + 3x^2 f_2' + y\mathrm{e}^{xy} f_3'$$

$$\frac{\partial z}{\partial y} = 3y^2 f_2' + x\mathrm{e}^{xy} f_3'$$

$$\frac{\partial^2 z}{\partial y \partial x} = 3y^2\left(f_{21}'' + 3x^2 f_{22}'' + y\mathrm{e}^{xy} f_{23}''\right) + \mathrm{e}^{xy} f_3' + xy\mathrm{e}^{xy} f_3' +$$

$$x\mathrm{e}^{xy}\left(f_{31}'' + 3x^2 f_{32}'' + y\mathrm{e}^{xy} f_{33}''\right)$$

【例 10-43】 设 $z = f\left(x,\ \mathrm{e}^{-xy},\ \dfrac{y}{x}\right)$，其中 $f$ 具有二阶连续偏导数，求 $\dfrac{\partial^2 z}{\partial x \partial y}$.

**解**　$\dfrac{\partial z}{\partial x} = f_1' - y\mathrm{e}^{-xy} f_2' - \dfrac{y}{x^2}f_3'$

$$\frac{\partial^2 z}{\partial x \partial y} = -x\mathrm{e}^{-xy} f_{12}'' + \frac{1}{x}f_{13}'' + xy\mathrm{e}^{-xy} f_2' - \mathrm{e}^{-xy} f_2' - y\mathrm{e}^{-xy}\left(-x\mathrm{e}^{-xy} f_{22}'' + \frac{1}{x}f_{23}''\right) -$$

$$\frac{1}{x^2}f_3' - \frac{y}{x^2}\left(-x\mathrm{e}^{-xy} f_{32}'' + \frac{1}{x}f_{33}''\right)$$

$$= -x\mathrm{e}^{-xy} f_{12}'' + \frac{1}{x}f_{13}'' + \mathrm{e}^{-xy}(xy-1)f_2' + xy\mathrm{e}^{-2xy} f_{22}'' - \frac{1}{x^2}f_3' - \frac{y}{x^3}f_{33}''$$

最后，我们指出，与一元函数的一阶微分形式唯一不变性类似，多元函数的一阶全微分也具有形式唯一不变性，即不论 $u$ 与 $v$ 是自变量还是中间变量，函数 $z = f(u, v)$ 的全微分的形式是唯一不变的.

事实上，若

$$u = u(x,\ y),\ v = v(x,\ y)$$

则

$$\mathrm{d}z = \frac{\partial z}{\partial x}\mathrm{d}x + \frac{\partial z}{\partial y}\mathrm{d}y$$

$$= \left(\frac{\partial z}{\partial u}\frac{\partial u}{\partial x} + \frac{\partial z}{\partial v}\frac{\partial v}{\partial x}\right)\mathrm{d}x + \left(\frac{\partial z}{\partial u}\frac{\partial u}{\partial y} + \frac{\partial z}{\partial v}\frac{\partial v}{\partial y}\right)\mathrm{d}y$$

$$= \frac{\partial z}{\partial u}\left(\frac{\partial u}{\partial x}\mathrm{d}x + \frac{\partial u}{\partial y}\mathrm{d}y\right) + \frac{\partial z}{\partial v}\left(\frac{\partial v}{\partial x}\mathrm{d}x + \frac{\partial v}{\partial y}\mathrm{d}y\right)$$

$$= \frac{\partial z}{\partial u} du + \frac{\partial z}{\partial v} dv$$

利用这一性质可将一元函数的和、差、积、商（分母不为零）的微分法则推广到多元函数上去：

$$d(u \pm v) = du \pm dv$$
$$d(uv) = v\, du + u\, dv$$
$$d\left(\frac{u}{v}\right) = \frac{v\, du - u\, dv}{v^2}(v \neq 0)$$

其中 $u$，$v$ 是某些自变量的函数.

【例 10-44】　设 $z = f(x - y^2, xy)$，求全微分 $dz$ 和偏导数 $\frac{\partial z}{\partial x}$，$\frac{\partial z}{\partial y}$.

**解**　由全微分形式的不变性，得

$$dz = f_1' \, d(x - y^2) + f_2' \, d(xy)$$
$$= f_1'(dx - 2y\, dy) + f_2'(x\, dy + y\, dx)$$
$$= (f_1' + yf_2')dx + (xf_2' - 2yf_1')dy$$

由此可得

$$\frac{\partial z}{\partial x} = f_1' + yf_2', \quad \frac{\partial z}{\partial y} = xf_2' - 2yf_1'$$

这表明，我们可以利用全微分的形式唯一不变性来求偏导数.

【例 10-45】　求函数 $u = f\left(\frac{x}{y}, \frac{y}{z}\right)$ 的全微分.

**解**　由全微分的形式唯一不变性

$$du = f_1' d\left(\frac{x}{y}\right) + f_2' d\left(\frac{y}{z}\right)$$
$$= f_1' \frac{y\, dx - x\, dy}{y^2} + f_2' \frac{z\, dy - y\, dz}{z^2}$$
$$= \frac{1}{y}f_1'dx + \left(\frac{1}{z}f_2' - \frac{x}{y^2}f_1'\right)dy - \frac{y}{z^2}f_2'dz$$

**典型计算题 4**

求下列复合函数的导数或偏导数.

1. 已知：$z = \arctan \frac{y}{x}$，$x = e^{2t} + 1$，$y = e^{2t} - 1$，求 $\frac{dz}{dt}$.

2. 已知：$z = e^{2x-3y}$，$x = 3t^2$，$y = \tan t$，求 $\frac{dz}{dt}$.

3. 已知：$z = \ln\left(\sin \frac{x}{\sqrt{y}}\right)$，$x = \frac{t}{2}$，$y = \sqrt{t^2 + 1}$，求 $\frac{dz}{dt}$.

4. 已知：$z = u^2 \ln v$，$u = \frac{y}{x}$，$v = x^2 + y^2$，求 $\frac{\partial z}{\partial x}$，$\frac{\partial z}{\partial y}$.

5. 已知：$z = ye^{\frac{x}{y}}$，求 $\frac{\partial z}{\partial x}$，$\frac{\partial z}{\partial y}$.

6. 已知：$z = e^{2x-3y}$，$x = \cos t$，$y = t^3 - 1$，求 $\dfrac{dz}{dt}$．

7. 已知：$u = \dfrac{yz}{x}$，$x = e^t$，$y = \ln t$，$z = t^2 - 1$，求 $\dfrac{du}{dt}$．

10.5　习题答案

8. 已知：$z = \ln(e^x + e^y)$，$y = \dfrac{1}{3}x^3 + x$，求 $\dfrac{\partial z}{\partial y}$，$\dfrac{dz}{dx}$．

9. 已知：$u = \tan(3x + 2y^2 - z)$，$y = \dfrac{1}{x}$，$z = \sqrt{x}$，求 $\dfrac{du}{dx}$．

10.6　思维导图

10. 已知：$z = x^2 \ln y$，$x = \dfrac{u}{v}$，$y = uv$，求 $\dfrac{\partial z}{\partial u}$，$\dfrac{\partial z}{\partial v}$．

## 10.6　隐函数的微分法

我们在上册曾介绍过求方程

$$F(x, y) = 0$$

所确定的隐函数的导数的方法. 现在我们利用偏导数来给出隐函数的求导公式，并给出隐函数存在的一个充分条件.

**定理 10-14**　（隐函数存在定理）　如果函数 $F(x, y)$ 满足下列条件：

（1）$F(x_0, y_0) = 0$；

（2）在点 $(x_0, y_0)$ 的某一邻域内有连续的偏导数；

（3）$F'_y(x_0, y_0) \neq 0$，

则方程 $F(x, y) = 0$ 在 $x_0$ 的某一邻域内唯一确定了一个单值可导且有连续导数的函数 $y = f(x)$，它满足 $y_0 = f(x_0)$ 及 $F(x, f(x)) \equiv 0$ 且

$$\frac{dy}{dx} = -\frac{F'_x}{F'_y}$$

证明从略，我们仅在由 $F(x, y) = 0$ 已经确定了一个单值可导且有连续导数的函数 $y = f(x)$ 的前提下，推导其导数公式.

事实上，由 $F(x, f(x)) \equiv 0$，等式两端对 $x$ 求导，由全导数的求导法则，得

$$\frac{\partial F}{\partial x} + \frac{\partial F}{\partial y}\frac{dy}{dx} = 0$$

因 $\dfrac{\partial F}{\partial y} \neq 0$，故有

$$\frac{dy}{dx} = -\frac{\dfrac{\partial F}{\partial x}}{\dfrac{\partial F}{\partial y}} = -\frac{F'_x}{F'_y}$$

隐函数的求导方法很容易推广到多元函数. 例如，若一个三元方程

$$F(x, y, z) = 0$$

确定了一个二元函数 $z = f(x, y)$，则将 $z = f(x, y)$ 代入方程，得

$$F(x, y, f(x, y)) \equiv 0$$

应用链式法则，等式的两边分别对 $x$ 和 $y$ 求导，得

$$F'_x + F'_z \frac{\partial z}{\partial x} = 0, \quad F'_y + F'_z \frac{\partial z}{\partial y} = 0$$

所以在 $F'_z \neq 0$ 处，有

$$\frac{\partial z}{\partial x} = -\frac{F'_x}{F'_z}, \quad \frac{\partial z}{\partial y} = -\frac{F'_y}{F'_z}$$

【例 10-46】　求由方程 $x^2 + y^2 - 1 = 0$ 所确定的隐函数 $y = y(x)$ 的一阶导数.

**解法 1**　等式的两边对 $x$ 求导，得

$$2x + 2y \frac{\mathrm{d}y}{\mathrm{d}x} = 0$$

从而

$$\frac{\mathrm{d}y}{\mathrm{d}x} = -\frac{x}{y} \quad (-1 < x < 1)$$

**解法 2**　设 $F(x, y) = x^2 + y^2 - 1$，由隐函数导数公式，得

$$\frac{\mathrm{d}y}{\mathrm{d}x} = -\frac{F'_x}{F'_y} = -\frac{2x}{2y} = -\frac{x}{y} \quad (-1 < x < 1)$$

**解法 3**　等式的两边取全微分，得

$$\mathrm{d}(x^2 + y^2 - 1) = 2x\,\mathrm{d}x + 2y\,\mathrm{d}y = 0$$

从而

$$\frac{\mathrm{d}y}{\mathrm{d}x} = -\frac{x}{y} \quad (-1 < x < 1)$$

【例 10-47】　已知函数 $z = z(x, y)$ 由等式 $z^3 - 3xyz = a^3$ 所确定，其中 $a$ 为常数，求 $\frac{\partial z}{\partial x}, \frac{\partial z}{\partial y}$.

**解**　设 $F(x, y, z) = z^3 - 3xyz - a^3$，则

$$\frac{\partial z}{\partial x} = -\frac{F'_x}{F'_z} = -\frac{-3yz}{3z^2 - 3xy} = \frac{yz}{z^2 - xy}$$

$$\frac{\partial z}{\partial y} = -\frac{F'_y}{F'_z} = -\frac{-3xz}{3z^2 - 3xy} = \frac{xz}{z^2 - xy}$$

【例 10-48】　设 $F(x + y + z, x^2 + y^2 + z^2) = 0$，求 $\frac{\partial z}{\partial x}, \frac{\partial z}{\partial y}$.

**解**　等式的两边分别对 $x$ 和 $y$ 求导，得

$$F'_1 \left(1 + \frac{\partial z}{\partial x}\right) + F'_2 \left(2x + 2z \frac{\partial z}{\partial x}\right) = 0$$

$$F'_1 \left(1 + \frac{\partial z}{\partial y}\right) + F'_2 \left(2y + 2z \frac{\partial z}{\partial y}\right) = 0$$

从中解得

$$\frac{\partial z}{\partial x} = -\frac{F'_1 + 2xF'_2}{F'_1 + 2zF'_2}$$

$$\frac{\partial z}{\partial y} = -\frac{F'_1 + 2yF'_2}{F'_1 + 2zF'_2}$$

【例 10-49】　试求由方程 $F(x^2 + y^2, y^2 + z^2, z^2 + x^2) = 0$ 所确定的函数 $z = z(x, y)$ 的全微

分 $\mathrm{d}z$ 及偏导数 $\dfrac{\partial z}{\partial x}$, $\dfrac{\partial z}{\partial y}$.

**解**　方程的两边取全微分，得

$$\mathrm{d}F(x^2 + y^2, \ y^2 + z^2, \ z^2 + x^2) = 0$$

即

$$F_1'\mathrm{d}(x^2 + y^2) + F_2'\mathrm{d}(y^2 + z^2) + F_3'\mathrm{d}(z^2 + x^2) = 0$$

从而

$$F_1'(2x\ \mathrm{d}x + 2y\ \mathrm{d}y) + F_2'(2y\ \mathrm{d}y + 2z\ \mathrm{d}z) + F_3'(2z\ \mathrm{d}z + 2x\ \mathrm{d}x) = 0$$

解得

$$\mathrm{d}z = -\frac{x(F_1' + F_3')}{z(F_2' + F_3')}\mathrm{d}x - \frac{y(F_1' + F_2')}{z(F_2' + F_3')}\mathrm{d}y$$

进而

$$\frac{\partial z}{\partial x} = -\frac{x(F_1' + F_3')}{z(F_2' + F_3')}, \quad \frac{\partial z}{\partial y} = -\frac{y(F_1' + F_2')}{z(F_2' + F_3')}$$

对于含有 $m$ 个方程 $n$ 个自变量的方程组也有相应的存在定理，需要说明的是，存在定理中所确定的隐函数的个数与方程组中方程的个数 $m$ 相等，而且隐函数是 $n - m$ 元函数，这里仅仅介绍求导方法.

设由方程组

$$\begin{cases} F(x, \ y, \ u, \ v) = 0 \\ G(x, \ y, \ u, \ v) = 0 \end{cases}$$

确定了两个二元函数 $u = u(x, \ y)$, $v = v(x, \ y)$, 对方程组的两端关于 $x$ 求导，得

$$\begin{cases} \dfrac{\partial F}{\partial x} + \dfrac{\partial F}{\partial u}\dfrac{\partial u}{\partial x} + \dfrac{\partial F}{\partial v}\dfrac{\partial v}{\partial x} = 0 \\[2mm] \dfrac{\partial G}{\partial x} + \dfrac{\partial G}{\partial u}\dfrac{\partial u}{\partial x} + \dfrac{\partial G}{\partial v}\dfrac{\partial v}{\partial x} = 0 \end{cases}$$

解这个以 $\dfrac{\partial u}{\partial x}$, $\dfrac{\partial v}{\partial x}$ 为未知量的二元一次方程组，记

$$\begin{vmatrix} \dfrac{\partial F}{\partial u} & \dfrac{\partial F}{\partial v} \\[3mm] \dfrac{\partial G}{\partial u} & \dfrac{\partial G}{\partial v} \end{vmatrix} = \frac{\partial(F, \ G)}{\partial(u, \ v)}$$

称为**雅可比行列式**，则当 $\dfrac{\partial(F, \ G)}{\partial(u, \ v)} \neq 0$ 时，上述方程组有解

$$\frac{\partial u}{\partial x} = -\frac{\partial(F, \ G)}{\partial(x, \ v)}\bigg/\frac{\partial(F, \ G)}{\partial(u, \ v)}, \quad \frac{\partial v}{\partial x} = -\frac{\partial(F, \ G)}{\partial(u, \ x)}\bigg/\frac{\partial(F, \ G)}{\partial(u, \ v)}$$

类似可得

$$\frac{\partial u}{\partial y} = -\frac{\partial(F, \ G)}{\partial(y, \ v)}\bigg/\frac{\partial(F, \ G)}{\partial(u, \ v)}, \quad \frac{\partial v}{\partial x} = -\frac{\partial(F, \ G)}{\partial(u, \ y)}\bigg/\frac{\partial(F, \ G)}{\partial(u, \ v)}$$

对于由 $m$ 个方程所确定的隐函数方程组也有类似的解法. 需指出，在实际计算中，很少用到上面的公式，通常用消元法就可方便地求出 $\dfrac{\partial u}{\partial x}$ 等.

【例 10-50】　设 $\begin{cases} x^2 + y^2 + z^2 = 50 \\ x + 2y + 3z = 4 \end{cases}$，求 $\dfrac{\mathrm{d}y}{\mathrm{d}x}, \dfrac{\mathrm{d}z}{\mathrm{d}x}$.

**解**　对方程组两边关于 $x$ 求导，得

$$\begin{cases} 2x + 2y \dfrac{\mathrm{d}y}{\mathrm{d}x} + 2z \dfrac{\mathrm{d}z}{\mathrm{d}x} = 0 \\[2mm] 1 + 2 \dfrac{\mathrm{d}y}{\mathrm{d}x} + 3 \dfrac{\mathrm{d}z}{\mathrm{d}x} = 0 \end{cases}$$

利用消元法解得

$$\frac{\mathrm{d}y}{\mathrm{d}x} = \frac{z - 3x}{3y - 2z}, \quad \frac{\mathrm{d}z}{\mathrm{d}x} = \frac{2x - y}{3y - 2z}$$

【例 10-51】　设函数 $z = f(u + v) + \varphi(v)$，而 $f$，$\varphi$ 是可微函数，且 $x = u^2 + v^2$，$y = u^3 - v^3$，求 $\dfrac{\partial z}{\partial x}$.

**解**　等式 $z = f(u + v) + \varphi(v)$ 两边对 $x$ 求导，得

$$\frac{\partial z}{\partial x} = f'(u + v)\left( \frac{\partial u}{\partial x} + \frac{\partial v}{\partial x} \right) + \varphi'(v) \frac{\partial v}{\partial x}$$

为了求 $\dfrac{\partial u}{\partial x}$ 和 $\dfrac{\partial v}{\partial x}$，在方程组 $x = u^2 + v^2$，$y = u^3 - v^3$ 的两边对 $x$ 求导，得

$$\begin{cases} 2u \dfrac{\partial u}{\partial x} + 2v \dfrac{\partial v}{\partial x} = 1 \\[2mm] u^2 \dfrac{\partial u}{\partial x} - v^2 \dfrac{\partial v}{\partial x} = 0 \end{cases}$$

从中解得

$$\frac{\partial u}{\partial x} = \frac{v}{2u(u + v)}, \quad \frac{\partial v}{\partial x} = \frac{u}{2v(u + v)}$$

于是

$$\frac{\partial z}{\partial x} = f'(u + v) \left[ \frac{v}{2u(u + v)} + \frac{u}{2v(u + v)} \right] + \varphi'(v) \frac{u}{2v(u + v)}$$

**典型计算题 5**

求偏导数或验证已知函数满足所给方程.

1. 已知：$x^3 + 2y^3 + z^3 - 3xyz - 2y + 3 = 0$，求 $\dfrac{\partial z}{\partial x}, \dfrac{\partial z}{\partial y}$.

2. 已知：$z \ln(x + z) - \dfrac{xy}{z} = 0$，求 $\dfrac{\partial z}{\partial x}, \dfrac{\partial z}{\partial y}$.

3. 已知：$x^2 + 2xyz - z^3 + 2y - 7 = 0$，求 $\dfrac{\partial z}{\partial x}, \dfrac{\partial z}{\partial y}$.

4. 已知：$\cos^2 x + \cos^2 y + \cos^2 z = 1$，求 $\dfrac{\partial z}{\partial x}, \dfrac{\partial z}{\partial y}$.

5. 已知：$x^2 + y^2 + z^2 - 2xz = 1$，求 $\dfrac{\partial z}{\partial x}, \dfrac{\partial z}{\partial y}$.

6. 已知：$x^3 - 4xz + y^2 - 4 = 0$，求 $\dfrac{\partial z}{\partial x}, \dfrac{\partial z}{\partial y}$.

7. 已知：$y \sin x - \cos(x-y) = 0$，求 $\dfrac{dy}{dx}$.

8. 已知：$x^2 + y^2 + z^2 + 2xz + 2yz = 2$，求 $\dfrac{\partial z}{\partial x}$，$\dfrac{\partial z}{\partial y}$.

9. 已知：$\dfrac{x^2}{a^2} + \dfrac{y^2}{b^2} + \dfrac{z^2}{c^2} = 1$，求 $\dfrac{\partial z}{\partial x}$，$\dfrac{\partial z}{\partial y}$.

10. $z = e^{y} \varphi\left(y e^{\frac{x^2}{2y^2}}\right)$，$(x^2 - y^2)\dfrac{\partial z}{\partial x} + xy\dfrac{\partial z}{\partial y} = xyz$.

10.6　习题答案　10.7　思维导图

# 10.7 多元函数微分学的几何应用

## 10.7.1　向量函数

**定义 10-14**　如果对于每一个值 $t \in E \subset \mathbf{R}$，按照一定的对应法则都对应一个三维空间的向量 $\boldsymbol{r}(t)$，则称 $\boldsymbol{r}(t)$ 是定义在集合 $E$ 上的**向量函数**.

在空间中建立直角坐标系 $Oxyz$，则向量函数 $\boldsymbol{r}(t)$ 可以表示为

$$\boldsymbol{r}(t) = x(t)\boldsymbol{i} + y(t)\boldsymbol{j} + z(t)\boldsymbol{k}, \ t \in E$$

或

$$\boldsymbol{r}(t) = \{x(t), y(t), z(t)\}, \ t \in E$$

如果对所有的 $t \in E$，$z(t) = 0$，则向量函数 $\boldsymbol{r}(t) = \{x(t), y(t)\}, \ t \in E$ 是二维向量函数.

当每个向量 $\boldsymbol{r}(t)$ 的起点与坐标原点重合时，称这些向量为**向径**，而它们的终点 $M$ 组成的集合称为向量函数 $\boldsymbol{r}(t)$，$t \in E$ 的图形. 如果把 $t$ 看成时间，那么向量函数 $\boldsymbol{r}(t)$，$t \in E$ 的图形可看作向量 $\boldsymbol{r}(t)$ 的终点 $M(t)$ 的轨迹，如图 10-3 所示.

与标量函数类似，也可以定义向量函数的极限、连续、导数以及微分等概念.

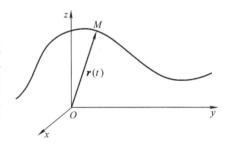

图　10-3

**定义 10-15**　设向量函数 $\boldsymbol{r}(t)$ 在 $t_0$ 的某去心邻域内有定义. 如果存在向量 $\boldsymbol{a}$，使

$$\lim_{t \to t_0} |\boldsymbol{r}(t) - \boldsymbol{a}| = 0$$

即当 $t \to t_0$ 时，向量 $\boldsymbol{r}(t) - \boldsymbol{a}$ 的长度趋于零，则称向量 $\boldsymbol{a}$ 是向量函数 $\boldsymbol{r}(t)$ 在 $t_0$ 的极限，记为

$$\lim_{t \to t_0} \boldsymbol{r}(t) = \boldsymbol{a} \ \text{或} \ \boldsymbol{r}(t) \to \boldsymbol{a}, \ t \to t_0$$

**命题 1**　设向量函数 $\boldsymbol{r}(t) = \{x(t), y(t), z(t)\}$，$\boldsymbol{a} = \{a_1, a_2, a_3\}$，则

$$\lim_{t \to t_0} \boldsymbol{r}(t) = \boldsymbol{a}$$

的充要条件是

$$\lim_{t \to t_0} x(t) = a_1, \ \lim_{t \to t_0} y(t) = a_2, \ \lim_{t \to t_0} z(t) = a_3$$

**证**　（由读者自证）

命题 1 说明, 如果极限 $\lim\limits_{t \to t_0} \boldsymbol{r}(t)$ 存在, 则有

$$\lim_{t \to t_0} \boldsymbol{r}(t) = \left\{ \lim_{t \to t_0} x(t), \lim_{t \to t_0} y(t), \lim_{t \to t_0} z(t) \right\}$$

**向量函数的极限性质**

**性质 1**　若 $\lim\limits_{t \to t_0} \boldsymbol{r}(t) = \boldsymbol{a}$, 则 $\lim\limits_{t \to t_0} |\boldsymbol{r}(t)| = |\boldsymbol{a}|$.

**性质 2**　若 $\lim\limits_{t \to t_0} \boldsymbol{r}(t) = \boldsymbol{a}$, $\lim\limits_{t \to t_0} f(t) = A$, 则 $\lim\limits_{t \to t_0} f(t)\boldsymbol{r}(t) = A\boldsymbol{a}$.

**性质 3**　若 $\lim\limits_{t \to t_0} \boldsymbol{r}_1(t) = \boldsymbol{a}_1$, $\lim\limits_{t \to t_0} \boldsymbol{r}_2(t) = \boldsymbol{a}_2$, 则 $\lim\limits_{t \to t_0} \boldsymbol{r}_1(t) \cdot \boldsymbol{r}_2(t) = \boldsymbol{a}_1 \cdot \boldsymbol{a}_2$, $\lim\limits_{t \to t_0} \boldsymbol{r}_1(t) \times \boldsymbol{r}_2(t) = \boldsymbol{a}_1 \times \boldsymbol{a}_2$.

**性质 4**　$\lim\limits_{t \to t_0} \boldsymbol{r}(t) = \boldsymbol{a}$ 成立, 当且仅当 $\boldsymbol{r}(t) = \boldsymbol{a} + \boldsymbol{\alpha}(t)$, 其中 $\lim\limits_{t \to t_0} \boldsymbol{\alpha}(t) = \boldsymbol{0}$.

**定义 10-16**　设向量函数 $\boldsymbol{r}(t)$ 在 $t_0$ 的某邻域内有定义. 如果 $\lim\limits_{t \to t_0} \boldsymbol{r}(t) = \boldsymbol{r}(t_0)$, 则称向量函数 $\boldsymbol{r}(t)$ 在点 $t_0$ 连续.

由向量函数的极限性质易证, 向量函数 $\boldsymbol{r}(t) = \{x(t), y(t), z(t)\}$ 在点 $t_0$ 连续的充要条件是函数 $x(t), y(t), z(t)$ 均在点 $t_0$ 连续.

称向量函数

$$\Delta \boldsymbol{r} = \boldsymbol{r}(t_0 + \Delta t) - \boldsymbol{r}(t_0)$$

为向量函数 $\boldsymbol{r}(t)$ 在点 $t_0$ 的增量. 从而如果

$$\lim_{\Delta t \to t_0} \Delta \boldsymbol{r} = \boldsymbol{0}$$

则向量函数 $\boldsymbol{r}(t) = \{x(t), y(t), z(t)\}$ 在点 $t_0$ 连续.

由向量函数连续的定义和极限的性质可以得出: 如果向量函数 $\boldsymbol{r}_1(t)$ 和 $\boldsymbol{r}_2(t)$ 均在点 $t_0$ 连续, 则 $\boldsymbol{r}_1(t)$ 与 $\boldsymbol{r}_2(t)$ 的和、差、数量积、向量积仍在点 $t_0$ 连续.

**定义 10-17**　设向量函数 $\boldsymbol{r}(t)$ 在 $t_0$ 的某邻域内有定义. 如果极限

$$\lim_{\Delta t \to 0} \frac{\Delta \boldsymbol{r}}{\Delta t}$$

存在, 其中 $\Delta \boldsymbol{r} = \boldsymbol{r}(t_0 + \Delta t) - \boldsymbol{r}(t_0)$, 则称向量函数 $\boldsymbol{r}(t)$ 在点 $t_0$ 可导, 称此极限值为向量函数 $\boldsymbol{r}(t)$ 在点 $t_0$ 的导数值, 记为 $\boldsymbol{r}'(t_0)$, 即

$$\boldsymbol{r}'(t_0) = \lim_{\Delta t \to 0} \frac{\boldsymbol{r}(t_0 + \Delta t) - \boldsymbol{r}(t_0)}{\Delta t}$$

类似地, 可定义二阶导数

$$\boldsymbol{r}''(t_0) = \lim_{\Delta t \to 0} \frac{\boldsymbol{r}'(t_0 + \Delta t) - \boldsymbol{r}'(t_0)}{\Delta t}$$

及更高阶的导数.

由导数的定义和极限的性质, 不难证明: 如果 $\boldsymbol{r}(t) = \{x(t), y(t), z(t)\}$, 则

$$\boldsymbol{r}(t_0) = \{x'(t_0), y'(t_0), z'(t_0)\}$$

如果 $\boldsymbol{r}''(t_0)$ 存在, 则

$$\boldsymbol{r}''(t_0) = \{x''(t_0), y''(t_0), z''(t_0)\}$$

与一元标量函数类似, 向量函数 $\boldsymbol{r}(t)$ 在点 $t_0$ 可导, 则 $\boldsymbol{r}(t)$ 在点 $t_0$ 连续.

**命题 2**　对于向量函数有下述微分法则:

$$[\boldsymbol{r}_1(t) + \boldsymbol{r}_2(t)]' = \boldsymbol{r}_1'(t) + \boldsymbol{r}_2'(t)$$

$$[f(t)\boldsymbol{r}(t)]' = f'(t)\boldsymbol{r}(t) + f(t)\boldsymbol{r}'(t)$$

$$[\boldsymbol{r}_1(t) \cdot \boldsymbol{r}_2(t)]' = \boldsymbol{r}_1'(t) \cdot \boldsymbol{r}_2(t) + \boldsymbol{r}_1(t) \cdot \boldsymbol{r}_2'(t)$$

$$[\boldsymbol{r}_1(t) \times \boldsymbol{r}_2(t)]' = \boldsymbol{r}_1'(t) \times \boldsymbol{r}_2(t) + \boldsymbol{r}_1(t) \times \boldsymbol{r}_2'(t)$$

（由读者自证）

**定义 10-18**　设向量函数 $\boldsymbol{r}(t)$ 在 $t_0$ 的某邻域内有定义. 如果其增量 $\Delta \boldsymbol{r} = \boldsymbol{r}(t_0 + \Delta t) - \boldsymbol{r}(t_0)$ 可以表示为

$$\Delta \boldsymbol{r} = \boldsymbol{a}\,\Delta t + \boldsymbol{o}(\Delta t)$$

其中向量 $\boldsymbol{a}$ 不依赖于 $\Delta t$，$\boldsymbol{o}(\Delta t)$ 是 $\Delta t$ 的高阶无穷小向量函数，即 $\lim\limits_{\Delta t \to 0} \dfrac{\boldsymbol{o}(\Delta t)}{\Delta t} = \boldsymbol{0}$，则称向量函数 $\boldsymbol{r}(t)$ 在点 $t_0$ 可微，并称 $\boldsymbol{a}\Delta t$ 为向量函数 $\boldsymbol{r}(t)$ 在点 $t_0$ 的微分，记为 $\mathrm{d}\boldsymbol{r} = \boldsymbol{a}\Delta t$.

与一元标量函数类似，向量函数 $\boldsymbol{r}(t)$ 在点 $t_0$ 可微与可导等价，且有

$$\mathrm{d}\boldsymbol{r}(t_0) = \boldsymbol{r}'(t_0)\,\mathrm{d}t$$

### 10.7.2　空间曲线的切线与法平面

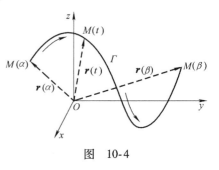

图　10-4

设在三维空间中选定一个直角坐标系 $Oxyz$，且假定在区间 $[\alpha, \beta]$ 上给定连续函数

$$x = x(t), \ y = y(t), \ z = z(t)$$

则称给定了一个从区间 $[\alpha, \beta]$ 到三维空间的连续映射，数 $x(t)$，$y(t)$，$z(t)$ 可看作点 $M(t)$ 的坐标（见图 10-4）或向量 $\overrightarrow{OM} = \boldsymbol{r}(t) = \{x(t), y(t), z(t)\}$ 的分量.

如果把变量 $t$ 看作时间变量，则方程 $x = x(t)$，$y = y(t)$，$z = z(t)$，$t \in [\alpha, \beta]$ 确定了点 $M(t)$ 的运动规律，而对应于所有可能取值 $t \in [\alpha, \beta]$ 的点 $M(t)$ 的集合可看作按确定规律运动的点的轨迹.

如果 $\alpha \leqslant t_1 \leqslant t_2 \leqslant \beta$，则称点 $M(t_2)$ 为 $M(t_1)$ 随后的点或称 $M(t_1)$ 为 $M(t_2)$ 前面的点. 若对曲线

$$\varGamma = \{x = x(t), \ y = y(t), \ z = z(t), \ t \in [\alpha, \beta]\}$$

用上述方法建立顺序，则称 $\varGamma$ 为**简单曲线**.

根据简单曲线的定义，曲线上的点 $M(t)$ 与区间 $[\alpha, \beta]$ 上的 $t$ 是一一对应的.

也可把简单曲线记为向量形式

$$\varGamma = \{\boldsymbol{r} = \boldsymbol{r}(t), \ t \in [\alpha, \beta]\}$$

其中 $\boldsymbol{r} = (x, y, z)$，$\boldsymbol{r}(t) = \{x(t), y(t), z(t)\}$，或者记为参数方程形式

$$\begin{cases} x = x(t) \\ y = y(t) \\ z = z(t) \end{cases}$$

其中，$t \in [\alpha, \beta]$.

如果简单曲线 $\varGamma$ 位于某个平面内，则称这条曲线为平面曲线. 特别地，这个平面是 $xOy$ 平面，则曲线 $\varGamma$ 的方程为

$$\Gamma = \{x = x(t), y = y(t), z = 0, t \in [\alpha, \beta]\}$$

通常可去掉 $z = 0$ 且记为

$$\Gamma = \{x = x(t), y = y(t), t \in [\alpha, \beta]\}$$

在 $[a, b]$ 上的连续函数 $y = f(x)$ 的图形可记为

$$\Gamma = \{x = t, y = f(t), t \in [a, b]\}$$

现在考虑空间曲线的切线和法平面. 设曲线 $\Gamma$ 的方程为

$$\Gamma = \{\boldsymbol{r} = \boldsymbol{r}(t), t \in [\alpha, \beta]\}$$

其中, $\boldsymbol{r}(t)$ 在 $t_0 \in [\alpha, \beta]$ 处可导且 $\boldsymbol{r}'(t_0) = \{x'(t_0), y'(t_0), z'(t_0)\} \neq \boldsymbol{0}$, 则

$$\Delta \boldsymbol{r} = \boldsymbol{r}(t_0 + \Delta t) - \boldsymbol{r}(t_0) = \boldsymbol{r}'(t_0)\Delta t + \Delta t \cdot \boldsymbol{\alpha}(\Delta t)$$

这里 $\boldsymbol{\alpha}(\Delta t) \to \boldsymbol{0}$, $\Delta t \to 0$. 根据条件 $\boldsymbol{r}'(t_0) \neq \boldsymbol{0}$ 知, 当 $\Delta t$ 充分小且不为零时, $\Delta \boldsymbol{r} \neq \boldsymbol{0}$, 即存在 $\delta > 0$, 使得当 $0 < |\Delta t| < \delta$ 且 $t_0 + \Delta t \in [\alpha, \beta]$ 时, 有 $\boldsymbol{r}(t_0 + \Delta t) \neq \boldsymbol{r}(t_0)$.

设 $M_0$ 与 $M$ 是曲线 $\Gamma$ 上的两点且对应的参数值分别为 $t_0$ 与 $t_0 + \Delta t$ (见图10-5), 过这两点的直线称为 $\Gamma$ 的割线.

若 $\boldsymbol{r}'(t_0) \neq \boldsymbol{0}$, 则非零向量

$$\Delta \boldsymbol{r} = \boldsymbol{r}(t_0 + \Delta t) - \boldsymbol{r}(t_0)$$

平行于对应的割线, 从而向量 $\dfrac{\Delta \boldsymbol{r}}{\Delta t}$ 也平行于割线, 且割线方程为

$$\boldsymbol{r} = \boldsymbol{r}(t_0) + \frac{\Delta \boldsymbol{r}}{\Delta t}\lambda, \lambda \in \mathbf{R}$$

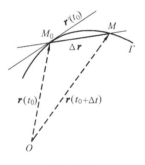

假设存在割线的极限位置, 即存在 $\lim\limits_{\Delta t \to 0} \dfrac{\Delta \boldsymbol{r}}{\Delta t} \neq \boldsymbol{0}$, 则称直线

$$\boldsymbol{r} = \boldsymbol{r}(t_0) + \boldsymbol{r}'(t_0)\lambda, \lambda \in \mathbf{R}$$

为曲线 $\Gamma$ 在点 $M_0$ 处的切线方程, 从而有:

**命题 3** 如图 10-5 所示, 如果 $\boldsymbol{r}'(t_0) \neq \boldsymbol{0}$, 则存在曲线 $\Gamma$ 在点 $M_0$ 处的切线且切线方程为

$$\boldsymbol{r} = \boldsymbol{r}(t_0) + \boldsymbol{r}'(t_0)\lambda, \lambda \in \mathbf{R}$$

即切向量为

$$\boldsymbol{T} = \{x'(t_0), y'(t_0), z'(t_0)\}$$

图 10-5

事实上, 切线方程也可以表示为

$$x = x(t_0) + \lambda x'(t_0), y = y(t_0) + \lambda y'(t_0), z = z(t_0) + \lambda z'(t_0), \lambda \in \mathbf{R}$$

或记为标准形式

$$\frac{x - x(t_0)}{x'(t_0)} = \frac{y - y(t_0)}{y'(t_0)} = \frac{z - z(t_0)}{z'(t_0)}$$

经过曲线 $\Gamma$ 的切点 $M_0$ 且与切线垂直的平面称为曲线 $\Gamma$ 在点 $M_0$ 处的**法平面** (见图10-6), 即法平面的法向量也为切线的切向量 $\boldsymbol{T} = \{x'(t_0), y'(t_0), z'(t_0)\}$.

【例 10-52】 求空间螺旋线 $x = a\cos t$, $y = a\sin t$, $z = ct$ 在 $t = \dfrac{\pi}{4}$ 对应的点处的切线方程和法平面方程.

**解** $t = \dfrac{\pi}{4}$ 对应的点为 $\left(\dfrac{a}{\sqrt{2}}, \dfrac{a}{\sqrt{2}}, \dfrac{c\pi}{4}\right)$, 而在该点的切向量为

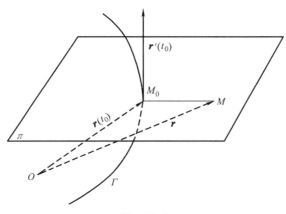

图　10-6

$$\boldsymbol{T} = \left\{ x'\left(\frac{\pi}{4}\right),\ y'\left(\frac{\pi}{4}\right),\ z'\left(\frac{\pi}{4}\right) \right\} = \left\{ \frac{a}{\sqrt{2}},\ \frac{a}{\sqrt{2}},\ c \right\}$$

于是在该点的切线方程和法平面方程分别为

$$\frac{x - \dfrac{a}{\sqrt{2}}}{\dfrac{a}{\sqrt{2}}} = \frac{y - \dfrac{a}{\sqrt{2}}}{\dfrac{a}{\sqrt{2}}} = \frac{z - \dfrac{c\pi}{4}}{c}$$

$$\frac{a}{\sqrt{2}}\left(x - \frac{a}{\sqrt{2}}\right) + \frac{a}{\sqrt{2}}\left(y - \frac{a}{\sqrt{2}}\right) + c\left(z - \frac{c\pi}{4}\right) = 0$$

**【例 10-53】**　试在空间曲线 $x = t$，$y = 3t^2$，$z = t^3$ 上求一点，使得在该点的切线与平面 $9x + y - z - 2 = 0$ 平行，并写出该点的切线方程.

**解**　曲线 $x = t$，$y = 3t^2$，$z = t^3$ 上的任意点处的切向量

$$\boldsymbol{T} = \{1,\ 6t,\ 3t^2\}$$

与平面 $9x + y - z - 2 = 0$ 的法向量 $\boldsymbol{n} = \{9,\ 1,\ -1\}$ 垂直，于是有

$$\boldsymbol{T} \cdot \boldsymbol{n} = 9 + 6t - 3t^2 = 0$$

从而 $t = -1$，$t = 3$. 于是所求的点为 $(-1,\ 3,\ -1)$ 或 $(3,\ 27,\ 27)$，对应的切线方程分别为

$$\frac{x + 1}{1} = \frac{y - 3}{-6} = \frac{z + 1}{3}$$

$$\frac{x - 3}{1} = \frac{y - 27}{18} = \frac{z - 27}{27}$$

若曲线 $L$ 由方程组

$$\begin{cases} F(x,\ y,\ z) = 0 \\ G(x,\ y,\ z) = 0 \end{cases}$$

给定，则曲线 $L$ 在 $M_0$ 点的切向量为

$$\boldsymbol{T} = \{1,\ y'(x_0),\ z'(x_0)\}$$

其中，$y(x)$ 和 $z(x)$ 是由方程组确定的隐函数.

**【例 10-54】**　求曲线

$$\begin{cases} x^2 + y^2 + z^2 = 4a^2 \\ (x-a)^2 + y^2 = a^2 \end{cases}$$

在点 $(a, a, \sqrt{2}a)$ 处的切线方程与法平面方程.

**解**　此曲线是球面与柱面的交线，方程组的两边对 $x$ 求导，得

$$\begin{cases} 2x + 2yy'(x) + 2zz'(x) = 0 \\ 2(x-a) + 2yy'(x) = 0 \end{cases}$$

从中解得 $y'(x) = -\dfrac{x-a}{y}$，$z'(x) = -\dfrac{a}{z}$，在点 $(a, a, \sqrt{2}a)$ 处的切向量为

$$\boldsymbol{T} = \{1, y'(a), z'(a)\} = \left\{ 1, 0, -\frac{1}{\sqrt{2}} \right\}$$

所以切线方程和法平面方程分别为

$$\frac{x-a}{1} = \frac{y-a}{0} = \frac{z-\sqrt{2}a}{-\dfrac{1}{\sqrt{2}}}$$

$$(x-a) - \frac{1}{\sqrt{2}}(z - \sqrt{2}a) = 0$$

### 10.7.3　空间曲面的切平面及法线

**定义 10-19**　设 $z = f(x, y)$ 在点 $M_0(x_0, y_0)$ 处可微，则过点 $M_0(x_0, y_0)$ 的任意两条不共线的切线 $M_0 T_1$ 与 $M_0 T_2$ 所确定的平面称为曲面 $z = f(x, y)$ 在点 $M_0$ 的**切平面**，过切点 $M_0$ 且垂直于切平面的直线称为曲面 $z = f(x, y)$ 在点 $M_0$ 的**法线**（见图 10-7）.

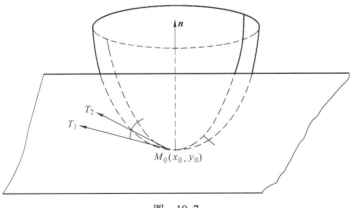

图　10-7

设曲面 $\Sigma$ 由隐函数方程

$$F(x, y, z) = 0$$

给出，并设 $\Sigma$ 在点 $M_0(x_0, y_0, z_0)$ 处连续且在点 $M_0(x_0, y_0, z_0)$ 处的偏导数不全为零，在曲面 $F(x, y, z) = 0$ 上过点 $M_0$ 任意作一条光滑曲线 $\Gamma$，设其方程为

$$x = x(t), y = y(t), z = z(t)$$

设点 $M_0$ 对应于 $t = t_0$，于是有

$$F(x(t), y(t), z(t)) \equiv 0$$

上式两边在 $t_0$ 处关于 $t$ 求导，得

$$F'_x(x_0, y_0, z_0)x'(t_0) + F'_y(x_0, y_0, z_0)y'(t_0) + F'_z(x_0, y_0, z_0)z'(t_0) = 0$$

从而向量

$$\boldsymbol{n} = \{F'_x(x_0, y_0, z_0), F'_y(x_0, y_0, z_0), F'_z(x_0, y_0, z_0)\}$$

与曲线 $\Gamma$ 在 $M_0$ 处的切向量 $\boldsymbol{T} = \{x'(t_0), y'(t_0), z'(t_0)\}$ 相垂直，由曲线 $\Gamma$ 的任意性知，向量 $\boldsymbol{n}$ 即为曲面 $\Sigma$ 在点 $M_0$ 处的切平面的法向量. 从而曲面 $\Sigma$ 在点 $M_0$ 处的切平面方程和法线方程分别为

$$F'_x(x_0, y_0, z_0)(x - x_0) + F'_y(x_0, y_0, z_0)(y - y_0) + F'_z(x_0, y_0, z_0)(z - z_0) = 0$$

$$\frac{x - x_0}{F'_x(x_0, y_0, z_0)} = \frac{y - y_0}{F'_y(x_0, y_0, z_0)} = \frac{z - z_0}{F'_z(x_0, y_0, z_0)}$$

若曲面方程为

$$z = f(x, y)$$

则等价于 $F(x, y, z) = z - f(x, y) = 0$ 或者 $F(x, y, z) = f(x, y) - z = 0$，从而在点 $M(x_0, y_0, z_0)$ 处的法向量为

$$\boldsymbol{n} = \{-f'_x(x_0, y_0), -f'_y(x_0, y_0), 1\} \text{ 或 } \boldsymbol{n} = \{f'_x(x_0, y_0), f'_y(x_0, y_0), -1\}$$

在点 $M_0$ 处的切平面方程与法线方程分别为

$$f'_x(x_0, y_0)(x - x_0) + f'_y(x_0, y_0)(y - y_0) - (z - z_0) = 0$$

$$\frac{x - x_0}{f'_x(x_0, y_0)} = \frac{y - y_0}{f'_y(x_0, y_0)} = \frac{z - z_0}{-1}$$

最后我们指出，由上式的切平面方程可以看出：二元函数 $z = f(x, y)$ 在点 $(x_0, y_0)$ 的全微分 $\mathrm{d}z|_{(x_0, y_0)} = f'_x(x_0, y_0)\mathrm{d}x + f'_y(x_0, y_0)\mathrm{d}y$ 等于其切平面上竖坐标的增量 $|MP|$（见图 10-8）.

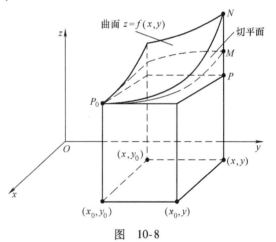

图　10-8

【例 10-55】　求椭球面

$$\frac{x^2}{a^2} + \frac{y^2}{b^2} + \frac{z^2}{c^2} = 1$$

上一点 $M(x_0, y_0, z_0)$ 处的切平面方程及法线方程.

**解**　设

$$F(x, y, z) = \frac{x^2}{a^2} + \frac{y^2}{b^2} + \frac{z^2}{c^2} - 1$$

则

$$F'_x(x_0, y_0, z_0) = \frac{2x_0}{a^2}, F'_y(x_0, y_0, z_0) = \frac{2y_0}{b^2}, F'_z(x_0, y_0, z_0) = \frac{2z_0}{c^2}$$

所以曲面在点 $M$ 处的法向量为

$$\boldsymbol{n} = \left\{\frac{2x_0}{a^2}, \frac{2y_0}{b^2}, \frac{2z_0}{c^2}\right\}$$

从而切平面为

$$\frac{2x_0}{a^2}(x-x_0)+\frac{2y_0}{b^2}(y-y_0)+\frac{2z_0}{c^2}(z-z_0)=0$$

即

$$\frac{xx_0}{a^2}+\frac{yy_0}{b^2}+\frac{zz_0}{c^2}=1$$

法线方程为

$$\frac{x-x_0}{\dfrac{x_0}{a^2}}=\frac{y-y_0}{\dfrac{y_0}{b^2}}=\frac{z-z_0}{\dfrac{z_0}{c^2}}$$

【例 10-56】 求椭球面 $x^2+2y^2+z^2=1$ 上平行于平面 $x-y+2z=0$ 的切平面方程.

**解** 设所求切平面的法向量为 $\boldsymbol{n}$,则

$$\boldsymbol{n}=\{F_x',\ F_y',\ F_z'\}=\{2x,4y,2z\}$$

又知它与平面 $x-y+2z=0$ 的法向量 $\{1,\ -1,\ 2\}$ 平行,所以有

$$\{2x,4y,2z\}=\lambda\{1,\ -1,\ 2\}$$

所以 $x=\dfrac{\lambda}{2}$,$y=-\dfrac{\lambda}{4}$,$z=\lambda$,而点 $(x,y,z)$ 在椭球面上,故

$$\left(\frac{\lambda}{2}\right)^2+2\left(-\frac{\lambda}{4}\right)^2+\lambda^2=1$$

解得 $\lambda=\pm2\sqrt{\dfrac{2}{11}}$,故切点为 $\left(\pm\sqrt{\dfrac{2}{11}},\ \mp\dfrac{1}{2}\sqrt{\dfrac{2}{11}},\ \pm2\sqrt{\dfrac{2}{11}}\right)$,切平面方程为

$$\left(x\mp\sqrt{\frac{2}{11}}\right)-\left(y\pm\frac{1}{2}\sqrt{\frac{2}{11}}\right)+2\left(z\mp2\sqrt{\frac{2}{11}}\right)=0$$

即

$$x-y+2z=\pm\sqrt{\frac{2}{11}}$$

【例 10-57】 试证:曲面 $\sqrt{x}+\sqrt{y}+\sqrt{z}=\sqrt{a}$ $(a>0)$ 上任何点处的切平面在各坐标轴上的截距之和等于 $a$.

**证** 设 $M(x_0,\ y_0,\ z_0)$ 是曲面 $\sqrt{x}+\sqrt{y}+\sqrt{z}=\sqrt{a}$ $(a>0)$ 上的任意一点,则 $\sqrt{x_0}+\sqrt{y_0}+\sqrt{z_0}=\sqrt{a}$,且曲面在点 $M$ 处的法向量为

$$\boldsymbol{n}=\left\{\frac{1}{2\sqrt{x_0}},\ \frac{1}{2\sqrt{y_0}},\ \frac{1}{2\sqrt{z_0}}\right\}\text{或}\ \boldsymbol{n}=\left\{\frac{1}{\sqrt{x_0}},\ \frac{1}{\sqrt{y_0}},\ \frac{1}{\sqrt{z_0}}\right\}.$$

故切平面方程为

$$\frac{1}{\sqrt{x_0}}(x-x_0)+\frac{1}{\sqrt{y_0}}(y-y_0)+\frac{1}{\sqrt{z_0}}(z-z_0)=0$$

即

$$\frac{x}{\sqrt{ax_0}}+\frac{y}{\sqrt{ay_0}}+\frac{z}{\sqrt{az_0}}=1$$

所以切平面在各坐标轴上的截距之和等于

$$\sqrt{ax_0}+\sqrt{ay_0}+\sqrt{az_0}=\sqrt{a}\left(\sqrt{x_0}+\sqrt{y_0}+\sqrt{z_0}\right)=a$$

**练习**

1. 试求下列曲线在指定点处的切线方程与法平面方程.

(1) $r = \{t, 2t^2, t^2\}$ 在 $t = 1$ 处

(2) $x = 3\cos t$, $y = 3\sin t$, $z = 4t$ 在点 $\left(\dfrac{3}{\sqrt{2}}, \dfrac{3}{\sqrt{2}}, \pi\right)$ 处

(3) $\begin{cases} x^2 + y^2 = 1 \\ y^2 + z^2 = 1 \end{cases}$ 在点 $(1, 0, 1)$ 处

2. 试求下列曲面在指定点处的切平面方程与法线方程.

(1) $z = \sqrt{x^2 + y^2}$, $M(3, 4, 5)$

(2) $z^2 = \dfrac{x^2}{4} + \dfrac{y^2}{9}$, $M(6, 12, 5)$

(3) $x^3 + y^3 + z^3 + xyz - 6 = 0$, $M(1, 2, -1)$

3. 证明: 曲面 $z = xf\left(\dfrac{y}{x}\right)$ 上所有的切平面相交于一点.

**典型计算题 6**

求下列曲面在指定点的切平面方程与法线方程.

1. $z = x^2 + y^2$, $M(1, 2, 5)$

2. $x^2 + y^2 + z^2 = 169$, $M(3, 4, 12)$

3. $z = \arctan\dfrac{y}{x}$, $M\left(1, 1, \dfrac{\pi}{4}\right)$

4. $z = y + \ln\dfrac{y}{x}$, $M(1, 1, 1)$

5. $z = \dfrac{x^2}{2} - y$, $M(2, -1, 1)$

6. $\dfrac{x^2}{16} + \dfrac{y^2}{9} - \dfrac{z^2}{8} = 0$, $M(4, 3, 4)$

7. $z = \sin x \cos y$, $M\left(\dfrac{\pi}{4}, \dfrac{\pi}{4}, \dfrac{1}{2}\right)$

8. $z = \ln(x^2 + y^2)$, $M(1, 0, 0)$

9. $x^2 + y^2 - z^2 = -1$, $M(2, 2, 3)$

10. $z = 1 + x^2 + y^2$, $M(1, 1, 3)$

10.7　习题答案

10.8　思维导图

# 10.8　方向导数与梯度

## 10.8.1　场的概念

如果在空间(或部分空间), 每个点处都对应着某个物理量的一个确定量, 则把该物理量在 $D$ 上的分布称为该物理量的**场**. 若分布不随时间变化, 称为**稳定场**, 否则称为**不稳定场**. 物理量为数量的场叫作**数量场**, 物理量为向量的场叫作**向量场**. 例如, 温度场、

密度场、电位场都是数量场，而力场、速度场、电场都是向量场. 如果 $D$ 为平面或部分平面，相应的场为**平面场**.

在稳定的数量场中，物理量 $u$ 的分布是点 $M$ 的数量函数 $u = u(M)$，$M \in D$；而在稳定的向量场中，物理量 $A$ 的分布是点 $M$ 的向量函数 $A = A(M)$，$M \in D$. 本节仅介绍稳定场的数学理论.

## 10.8.2　数量场的方向导数与梯度

在数量场 $u = u(M)$，$M \in D$ 中，使 $u$ 取同一数值 $c$ 的点的集合，$u(M) = c$，称为数量场 $u$ 的**等值面**. 它通常为空间曲面. 例如，温度场中的等温面，电位场中的等位面.

所有等值面充满了场，并把场分为"层"，不同的等值面互不相交；场内每一点都有且仅有一个等值面通过.

平面数量场 $u = u(M)$ 中，取同一数值 $c$ 的点的集合称为**等值线**. 如地形图上的等高线，地面气象图上的等压线等.

考察数量场 $u = u(M)$ 在一点处沿各个方向的变化率是数量场研究中的核心问题之一.

**定义 10-20**　设 $M_0$ 为数量场 $u = u(M)$ 中的一点，$L$ 是从 $M_0$ 沿着方向 $l$ 引出的射线，在 $L$ 上取一邻近 $M_0$ 的动点 $M$，记 $|M_0M| = \rho$（见图 10-9），若当 $M \to M_0$ 时，比式

$$\frac{\Delta u}{\rho} = \frac{u(M) - u(M_0)}{|M_0M|}$$

的极限存在，则称之为函数 $u = u(M)$ 在点 $M_0$ 处沿 $l$ 方向的**方向导数**，记为 $\left.\dfrac{\partial u}{\partial l}\right|_{M_0}$，即

$$\left.\frac{\partial u}{\partial l}\right|_{M_0} = \lim_{M \to M_0} \frac{u(M) - u(M_0)}{|M_0M|}$$

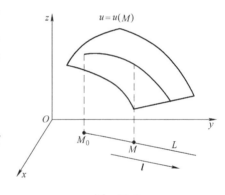

图　10-9

由上面的定义可知，方向导数就是函数在一点沿指定方向的变化率，当 $\left.\dfrac{\partial u}{\partial l}\right|_{M_0} > 0$ 时，函数 $u$ 在 $M_0$ 处沿 $l$ 方向是增加的，当 $\left.\dfrac{\partial u}{\partial l}\right|_{M_0} < 0$ 时，是减少的.

如果引进空间直角坐标系 $Oxyz$，数量场 $u = u(M)$，$M \in D$ 可通过三元函数 $u = u(x, y, z)$，$(x, y, z) \in D$ 表达.

**定理 10-15**　设 $u = u(x, y, z)$ 在点 $M_0(x_0, y_0, z_0)$ 处可微，则函数 $u(x, y, z)$ 在点 $M_0$ 处沿任意指定方向 $l$ 的方向导数都存在，且

$$\left.\frac{\partial u}{\partial l}\right|_{M_0} = \left.\frac{\partial u}{\partial x}\right|_{M_0} \cos\alpha + \left.\frac{\partial u}{\partial y}\right|_{M_0} \cos\beta + \left.\frac{\partial u}{\partial z}\right|_{M_0} \cos\gamma$$

其中，$\cos\alpha$，$\cos\beta$，$\cos\gamma$ 是 $l$ 的方向余弦.

**证**　在射线 $l$ 上取邻近 $M_0$ 的动点 $M(x_0 + \Delta x, y_0 + \Delta y, z_0 + \Delta z)$，由直线的参数方程知

$$\Delta x = \rho \cos\alpha, \quad \Delta y = \rho \cos\beta, \quad \Delta z = \rho \cos\gamma, \quad \rho = |MM_0|$$

因函数 $u$ 在点 $M_0$ 处可微，故有

$$\Delta u = \frac{\partial u}{\partial x}\bigg|_{M_0} \Delta x + \frac{\partial u}{\partial y}\bigg|_{M_0} \Delta y + \frac{\partial u}{\partial z}\bigg|_{M_0} \Delta z + o(\rho)$$

两边同时除以 $\rho$ 且令 $\rho \to 0$，取极限，便得方向导数公式.

【例 10-58】　求 $u = x^2 y + y^2 z + z^2 x$ 在点 $M_0(1,1,1)$ 处沿向量 $\boldsymbol{l} = \boldsymbol{i} - 2\boldsymbol{j} + \boldsymbol{k}$ 方向的方向导数.

**解**　由于函数 $u$ 可微，又

$$\frac{\partial u}{\partial x}\bigg|_{M_0} = (2xy + z^2)\big|_{M_0} = 3$$

$$\frac{\partial u}{\partial y}\bigg|_{M_0} = (2yz + x^2)\big|_{M_0} = 3$$

$$\frac{\partial u}{\partial z}\bigg|_{M_0} = (2xz + y^2)\big|_{M_0} = 3$$

且 $\boldsymbol{l}$ 的方向余弦为

$$\cos \alpha = \frac{1}{\sqrt{6}}, \quad \cos \beta = \frac{-2}{\sqrt{6}}, \quad \cos \gamma = \frac{1}{\sqrt{6}}$$

故

$$\frac{\partial u}{\partial \boldsymbol{l}}\bigg|_{M_0} = \frac{3}{\sqrt{6}} + \frac{-6}{\sqrt{6}} + \frac{3}{\sqrt{6}} = 0$$

方向导数描述了场函数 $u(M)$ 在一点处沿某一方向的变化率，但从一点发出的射线有无穷多，沿着哪个方向函数变化率为最大？它的值为多少？这在讨论实际问题中有重要意义. 记

$$\boldsymbol{l}^0 = \cos \alpha\, \boldsymbol{i} + \cos \beta\, \boldsymbol{j} + \cos \gamma\, \boldsymbol{k}, \quad \boldsymbol{G} = \frac{\partial u}{\partial x}\boldsymbol{i} + \frac{\partial u}{\partial y}\boldsymbol{j} + \frac{\partial u}{\partial z}\boldsymbol{k}$$

则方向导数的公式可表示为

$$\frac{\partial u}{\partial \boldsymbol{l}} = \boldsymbol{G} \cdot \boldsymbol{l}^0 = |\boldsymbol{G}| \cos <\boldsymbol{G}, \boldsymbol{l}^0>$$

由上式说明，当 $\boldsymbol{l}$ 与 $\boldsymbol{G}$ 方向一致时，方向导数最大且等于 $|\boldsymbol{G}|$，这就是说，向量 $\boldsymbol{G}$ 的方向是函数 $u(M)$ 在点 $M$ 处变化率最大的方向，其模 $|\boldsymbol{G}|$ 是这个函数的最大的变化率.

**定义 10-21**　数量场 $u(M)$ 在点 $M$ 处的**梯度**是个向量，其方向为 $u(M)$ 在点 $M$ 增长最快的方向，其模恰好等于这个最大的增长率，记为 **grad** $u$.

在直角坐标系下，梯度的表达式为

$$\mathbf{grad}\, u = \frac{\partial u}{\partial x}\boldsymbol{i} + \frac{\partial u}{\partial y}\boldsymbol{j} + \frac{\partial u}{\partial z}\boldsymbol{k} = \left\{ \frac{\partial u}{\partial x}, \frac{\partial u}{\partial y}, \frac{\partial u}{\partial z} \right\}$$

梯度 **grad** $u$ 恰好是过 $M$ 的等值面 $u(x, y, z) = c$ 在点 $M$ 的法向量.

引用哈密顿（Hamilton）算子 $\nabla = \frac{\partial}{\partial x}\boldsymbol{i} + \frac{\partial}{\partial y}\boldsymbol{j} + \frac{\partial}{\partial z}\boldsymbol{k}$，则

$$\mathbf{grad}\, u = \nabla u$$

梯度的性质：

（1）方向导数等于梯度在该方向的投影，即

$$\frac{\partial u}{\partial \boldsymbol{l}} = \mathrm{Prj}_e \nabla u$$

（2）梯度 **grad** $u(M)$ 垂直于过点 $M$ 的等值面，并指向 $u(M)$ 增大的方向（见图 10-10）.

（3）梯度运算法则

1）**grad** $c = \boldsymbol{0}$.

2）**grad** $(c_1 u_1 + c_2 u_2) = c_1 \mathbf{grad}\ u_1 + c_2 \mathbf{grad}\ u_2$.

3）**grad** $(u_1 u_2) = u_1 \mathbf{grad}\ u_2 + u_2 \mathbf{grad}\ u_1$.

4）**grad** $\left(\dfrac{u_1}{u_2}\right) = \dfrac{u_2 \mathbf{grad}\ u_1 - u_1 \mathbf{grad}\ u_2}{u_2^2}$.

5）**grad** $f(u) = f'(u) \mathbf{grad}\ u$.

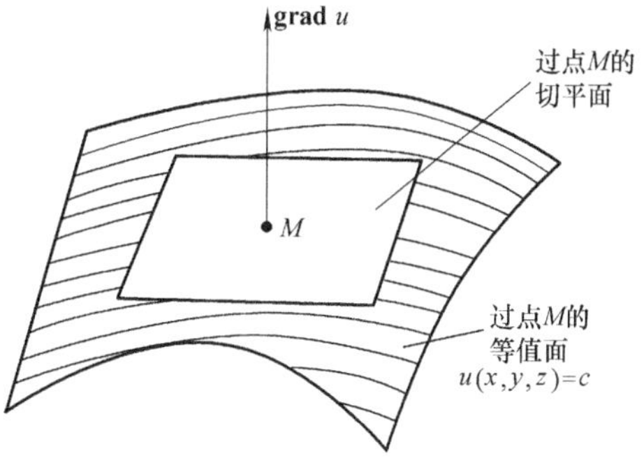

其中，$u$，$u_1$，$u_2$，$f$ 都是可微函数，$c$，$c_1$，$c_2$ 为常数.

图　10-10

**【例 10-59】**　求电位 $u = \dfrac{q}{4\pi\varepsilon r}$ 的梯度，其中 $r = \sqrt{x^2 + y^2 + z^2}$，$q$，$\varepsilon$ 为常数.

**解**　设 $\boldsymbol{r} = x\,\boldsymbol{i} + y\,\boldsymbol{j} + z\,\boldsymbol{k}$，则 $r = |\boldsymbol{r}|$，从而

$$\mathbf{grad}\ u = -\frac{q}{4\pi\varepsilon r^2}\ \mathbf{grad}\ r$$

而

$$\mathbf{grad}\ r = \frac{\partial r}{\partial x}\boldsymbol{i} + \frac{\partial r}{\partial y}\boldsymbol{j} + \frac{\partial r}{\partial z}\boldsymbol{k} = \frac{x}{r}\boldsymbol{i} + \frac{y}{r}\boldsymbol{j} + \frac{z}{r}\boldsymbol{k} = \boldsymbol{r}^0$$

故

$$\mathbf{grad}\ u = -\frac{q}{4\pi\varepsilon r^2}\boldsymbol{r}^0 = -\boldsymbol{E}$$

说明电场强度 $\boldsymbol{E}$ 是电位梯度的负向量.

数量场的梯度是点的向量函数，它构成一个向量场，称为该数量场的**梯度场**.

**【例 10-60】**　试求数量场 $u = x^2 yz + z^3$ 在点 $M_0(2, -1, 1)$ 沿 $\boldsymbol{l} = 2\boldsymbol{i} - 2\boldsymbol{j} + \boldsymbol{k}$ 方向的方向导数，并求点 $M_0$ 处最大方向导数的值及其方向.

**解**　$\mathbf{grad}\ u\big|_{M_0} = \left[2xyz\boldsymbol{i} + x^2 z\boldsymbol{j} + (x^2 y + 3z^2)\boldsymbol{k}\right]\big|_{M_0} = -4\boldsymbol{i} + 4\boldsymbol{j} - \boldsymbol{k}$. 所求方向导数，由

$$\boldsymbol{l}^0 = \frac{\boldsymbol{l}}{|\boldsymbol{l}|} = \frac{2}{3}\boldsymbol{i} - \frac{2}{3}\boldsymbol{j} + \frac{1}{3}\boldsymbol{k}$$

知

$$\frac{\partial u}{\partial \boldsymbol{l}}\bigg|_{M_0} = (-4) \times \frac{2}{3} + 4 \times \left(-\frac{2}{3}\right) + (-1) \times \frac{1}{3} = -\frac{17}{3}$$

因梯度方向就是最大方向导数的方向，梯度的模就是最大方向导数的值. 因此在点 $M_0$

处最大方向导数即为 **grad** $u(M_0) = -4\boldsymbol{i} + 4\boldsymbol{j} - \boldsymbol{k}$，其最大方向导数的值为 $|\mathbf{grad}\, u(M_0)| = \sqrt{33}$.

【例 10-61】　试求数量场

$$u = \ln(x^2 + y^2 + z^2)$$

在点 $M(1, 0, -1)$ 处沿向量 $\boldsymbol{n}$ 的方向的方向导数，其中 $\boldsymbol{n}$ 是曲面

$$xyz + \sqrt{x^2 + y^2 + z^2} = \sqrt{2}$$

在点 $M$ 处指向外侧的法向量.

**解**　设 $F(x, y, z) = xyz + \sqrt{x^2 + y^2 + z^2} - \sqrt{2}$，则

$$\frac{\partial F(M)}{\partial x} = \left(yz + \frac{x}{\sqrt{x^2+y^2+z^2}}\right)\Bigg|_M = \frac{1}{\sqrt{2}}$$

$$\frac{\partial F(M)}{\partial y} = \left(xz + \frac{y}{\sqrt{x^2+y^2+z^2}}\right)\Bigg|_M = -1$$

$$\frac{\partial F(M)}{\partial z} = \left(xy + \frac{z}{\sqrt{x^2+y^2+z^2}}\right)\Bigg|_M = -\frac{1}{\sqrt{2}}$$

从而得

$$\boldsymbol{n} = \left\{\frac{1}{\sqrt{2}}, -1, -\frac{1}{\sqrt{2}}\right\}, \cos\alpha = \frac{1}{2}, \cos\beta = -\frac{1}{\sqrt{2}}, \cos\gamma = -\frac{1}{2}$$

$$\frac{\partial u(M)}{\partial x} = \frac{2x}{x^2+y^2+z^2}\Bigg|_M = 1$$

$$\frac{\partial u(M)}{\partial y} = 0$$

$$\frac{\partial u(M)}{\partial z} = -1$$

最后得

$$\frac{\partial u(M)}{\partial \boldsymbol{n}} = \left(\frac{\partial u}{\partial x}\cos\alpha + \frac{\partial u}{\partial y}\cos\beta + \frac{\partial u}{\partial z}\cos\gamma\right)\Bigg|_M = \frac{1}{2} + 0 + \frac{1}{2} = 1$$

**典型计算题 7**

对于给定的函数 $z = f(x, y)$，试求：（1）在点 $A$ 处的梯度；（2）在点 $A$ 处沿给定向量 $\boldsymbol{a}$ 的方向导数.

1. $z = x^2 - y^2$, $A(1, 1)$, $\boldsymbol{a} = \{1, \sqrt{3}\}$

2. $z = \ln(x^2 + y^2)$, $A(3, 4)$, $\boldsymbol{a} = \{3, 4\}$

3. $z = x^2 - xy + y^2$, $A(1, 1)$, $\boldsymbol{a} = \{6, 8\}$

4. $z = \ln(4x^2 + 5y^2)$, $A(1, -1)$, $\boldsymbol{a} = \{2, -1\}$

5. $z = \arctan \dfrac{y}{x}$, $A(1, -1)$, $\boldsymbol{a} = \{1, -2\}$

6. $z = 3x^4 + 2xy^2$, $A(1, 2)$, $\boldsymbol{a} = \{3, -4\}$

7. $z = \ln\left(x + \dfrac{y}{4}\right)$, $A(1, 1)$, $\boldsymbol{a} = \{4, 3\}$

8. $z = \sqrt{x^2 + y^2}$, $A(-3, 4)$, $\boldsymbol{a} = \{1, -1\}$

9. $z = \dfrac{x + y}{x^2 + y^2}$, $A(-3, 4)$, $\boldsymbol{a} = \{1, 2\}$

10. $z = \arctan \dfrac{x^2}{y}$, $A(-1, 1)$, $\boldsymbol{a} = \{0, 6\}$

**典型计算题 8**

试求函数 $u(x, y, z)$ 在点 $P_1$ 沿着方向 $\overrightarrow{P_1P_2}$ 的方向导数，并求其在点 $P_1$ 处的梯度.

1. $u = xyz$, $P_1(1, 1, 1)$, $P_2(2, 2, 2)$

2. $u = xyz$, $P_1(5, 1, 2)$, $P_2(9, 4, 14)$

3. $u = x^2 y^2 z^2$, $P_1(1, -1, 3)$, $P_2(0, 1, 1)$

4. $u = \sqrt{x^2 + y^2 + z^2}$, $P_1(1, 2, 3)$, $P_2(3, -4, 6)$

5. $u = \left(\dfrac{x}{y}\right)^2$, $P_1(2, 2, 0)$, $P_2(0, -2, 5)$

6. $u = \dfrac{z}{\sqrt{x^2 + y^2}}$, $P_1(1, 0, 0)$, $P_2(2, 3, 6)$

10.8　习题答案

7. $u = \dfrac{x}{y} + \dfrac{y}{z} + \dfrac{z}{x}$, $P_1(1, 1, 1)$, $P_2(2, 3, 6)$

8. $u = ax + by + cz$, $P_1(1, -3, -4)$, $P_2(-1, 0, 2)$

9. $u = z^{xy}$, $P_1(-2, 1, 2)$, $P_2(3, -3, 4)$

10. $u = \mathrm{e}^{x^2 + y^2} + \sin^2 z$, $P_1(-2, 1, 2)$, $P_2(3, -4, 6)$

10.9　思维导图

## 10.9　多元函数的泰勒公式

### 10.9.1　高阶微分

设函数 $u(\boldsymbol{x}) = u(x_1, x_2, \cdots, x_n)$ 在区域 $G \subset \mathbf{R}^n$ 内有一阶与二阶连续偏导数，则微分

$$\mathrm{d}\,u(\boldsymbol{x}) = \sum_{i=1}^{n} \frac{\partial u}{\partial x_i}\,\mathrm{d}x_i,\ \boldsymbol{x} \in G$$

是 $2n$ 个变量：$x_1$，$x_2$，$\cdots$，$x_n$，$\mathrm{d}x_1$，$\mathrm{d}x_2$，$\cdots$，$\mathrm{d}x_n$ 的函数.

如果固定变量 $\mathrm{d}x_1$，$\mathrm{d}x_2$，$\cdots$，$\mathrm{d}x_n$，则 $\mathrm{d}u(\boldsymbol{x})$ 将是在区域 $G$ 内存在连续偏导数的 $\boldsymbol{x}$ 的函数，从而作为 $\boldsymbol{x}$ 的函数 $\mathrm{d}u(\boldsymbol{x})$ 在每一点 $\boldsymbol{x} \in G$ 可微，我们称这个函数的微分为 $u(\boldsymbol{x})$ 的**二阶全微分**，记为 $\mathrm{d}^2u = \mathrm{d}(\mathrm{d}u)$. 为了简单起见，我们以二元函数 $u = u(x, y)$ 为例来导出 $u$ 的二阶全微分表达式.

将等式

$$\mathrm{d}u = \frac{\partial u}{\partial x}\,\mathrm{d}x + \frac{\partial u}{\partial y}\,\mathrm{d}y$$

的两边再求微分可得

$$\mathrm{d}^2u = \mathrm{d}(\mathrm{d}u) = \frac{\partial}{\partial x}\left(\frac{\partial u}{\partial x}\,\mathrm{d}x + \frac{\partial u}{\partial y}\,\mathrm{d}y\right)\mathrm{d}x + \frac{\partial}{\partial y}\left(\frac{\partial u}{\partial x}\,\mathrm{d}x + \frac{\partial u}{\partial y}\,\mathrm{d}y\right)\mathrm{d}y$$

$$= \frac{\partial^2 u}{\partial x^2}\,\mathrm{d}x^2 + 2\frac{\partial^2 u}{\partial x \partial y}\,\mathrm{d}x\,\mathrm{d}y + \frac{\partial^2 u}{\partial y^2}\,\mathrm{d}y^2$$

多元函数的二阶全微分也可以表示为自变量增量的二次型，如二元函数 $u = u(x, y)$ 的二阶全微分可以表示为 $\mathrm{d}x$ 与 $\mathrm{d}y$ 的二次型

$$\mathrm{d}^2u(x, y) = (\mathrm{d}x \quad \mathrm{d}y)\begin{pmatrix} u''_{xx} & u''_{xy} \\ u''_{yx} & u''_{yy} \end{pmatrix}\begin{pmatrix} \mathrm{d}x \\ \mathrm{d}y \end{pmatrix}$$

三元函数 $u = u(x, y, z)$ 的二阶全微分可以表示为 $\mathrm{d}x$，$\mathrm{d}y$，$\mathrm{d}z$ 的二次型

$$\mathrm{d}^2u(x, y, z) = (\mathrm{d}x \quad \mathrm{d}y \quad \mathrm{d}z)\begin{pmatrix} u''_{xx} & u''_{xy} & u''_{xz} \\ u''_{yx} & u''_{yy} & u''_{yz} \\ u''_{zx} & u''_{zy} & u''_{zz} \end{pmatrix}\begin{pmatrix} \mathrm{d}x \\ \mathrm{d}y \\ \mathrm{d}z \end{pmatrix}$$

类似地，$n$ 元函数 $u = u(x_1, x_2, \cdots, x_n)$ 的二阶全微分也可以表示为自变量增量的二次型.

**说明**　如果形式地引进微分算子

$$\mathrm{d} = \mathrm{d}x\frac{\partial}{\partial x} + \mathrm{d}y\frac{\partial}{\partial y}$$

则 $u = u(x, y)$ 的二阶全微分可表示为

$$\mathrm{d}^2u = \left(\mathrm{d}x\frac{\partial}{\partial x} + \mathrm{d}y\frac{\partial}{\partial y}\right)^2 u$$

类似地，可以定义函数 $u = u(x, y)$ 的三阶或更一般的 $n$ 阶全微分

$$\mathrm{d}^3u = \mathrm{d}(\mathrm{d}^2u) = \left(\mathrm{d}x\frac{\partial}{\partial x} + \mathrm{d}y\frac{\partial}{\partial y}\right)^3 u$$

$$\mathrm{d}^nu = \mathrm{d}(\mathrm{d}^{n-1}u) = \left(\mathrm{d}x\frac{\partial}{\partial x} + \mathrm{d}y\frac{\partial}{\partial y}\right)^n u$$

对于 $n$ 元函数 $u(\boldsymbol{x}) = u(x_1, x_2, \cdots, x_n)$，也类似可定义高阶微分

$$\mathrm{d}^mu(\boldsymbol{x}) = \mathrm{d}(\mathrm{d}^{m-1}u) = \left(\sum_{i=1}^{n}\mathrm{d}x_i\frac{\partial}{\partial x_i}\right)^m u(x)$$

## 10.9.2 泰勒公式

**定理 10-16** 设函数 $f(x)$ 在邻域 $U_\delta(x^0) \subset \mathbf{R}^n$ 内存在直至 $m$ 阶连续的偏导数，则对任何点 $x^0 + \Delta x \in U_\delta(x^0)$ 存在 $\theta \in (0, 1)$，使有

$$f(x^0 + \Delta x) = f(x^0) + \sum_{k=1}^{m-1} \frac{\mathrm{d}^k f(x^0)}{k!} + R_m(x) \tag{10-20}$$

其中

$$R_m(x) = \frac{1}{m!} \mathrm{d}^m f(x^0 + \theta \Delta x), \quad \mathrm{d} = \sum_{i=1}^{n} \mathrm{d}x_i \frac{\partial}{\partial x_i}$$

**证** 如果点 $x^0 + \Delta x \in U_\delta(x^0)$，则由球的对称性知 $x^0 - \Delta x \in U_\delta(x^0)$. 又因为球是凸集，所以当 $t \in [-1, 1]$ 时，$x^0 + t\Delta x \in U_\delta(x^0)$，所以在 $[-1, 1]$ 上定义了一个一元函数

$$\varphi(t) = f(x^0 + t\Delta x) = f(x_1^0 + t\Delta x_1, \cdots, x_n^0 + t\Delta x_n)$$

函数 $\varphi(t)$ 在 $[-1, 1]$ 上可导且有

$$\varphi'(t) = \sum_{i=1}^{n} \frac{\partial f(x^0 + t\Delta x)}{\partial x_i} \Delta x_i = \mathrm{d}f(x^0 + t\Delta x)$$

类似地，有

$$\varphi''(t) = \sum_{i=1}^{n} \sum_{j=1}^{n} \frac{\partial^2 f(x^0 + t\Delta x)}{\partial x_i \partial x_j} \Delta x_i \Delta x_j = \mathrm{d}^2 f(x^0 + t\Delta x)$$

利用归纳法，得

$$\varphi^{(k)}(t) = \mathrm{d}^k f(x^0 + t\Delta x), \quad k = 1, 2, \cdots, m$$

对函数 $\varphi(t)$ 运用含拉格朗日型余项的泰勒公式，存在 $\theta \in (0, 1)$，使得

$$\varphi(t) = \varphi(0) + t\varphi'(0) + \cdots + \frac{t^{m-1}}{(m-1)!} \varphi^{(m-1)}(0) + R_m(t)$$

其中，$R_m(t) = \frac{t^m}{m!} \varphi^{(m)}(\theta t)$. 令 $t = 1$ 得

$$\varphi(1) = \varphi(0) + \varphi'(0) + \cdots + \frac{1}{(m-1)!} \varphi^{(m-1)}(0) + R_m(1)$$

其中，$R_m(1) = \frac{1}{m!} \varphi^{(m)}(\theta)$. 将 $\varphi^{(k)}(t)(k = 1, 2, \cdots, m-1)$ 代入上式便得式（10-20）. 证毕.

**推论** 如果满足定理 10-16 的条件，则对于函数 $f(x)$ 有下述含皮亚诺型余项的泰勒公式

$$f(x) = f(x^0) + \sum_{k=1}^{m} \frac{\mathrm{d}^k f(x^0)}{k!} + o(|\Delta x|^m), \quad |\Delta x| \to 0 \tag{10-21}$$

其中，$|\Delta x| = \sqrt{(\Delta x_1)^2 + \cdots + (\Delta x_n)^2}$.

**证** 略.

**说明** 当 $x^0 = 0$ 时，称式（10-20）或式（10-21）为麦克劳林公式. 若 $f(x)$ 在 $U_\delta(x^0) \subset \mathbf{R}^n$ 内存在无穷阶的连续偏导数，且 $\lim\limits_{m \to \infty} R_m(x) = 0$，则式（10-20）或式（10-21）可写成无

限和形式，并分别称为**泰勒级数**与**麦克劳林级数**.

【**例 10-62**】 把函数

$$f(x, y, z) = x^3 + y^3 + z^3 - 3xyz$$

在点（1，1，1）的邻域内展开成泰勒公式.

**解** 由于所有高于三阶的偏导数都等于零，所以当 $m > 3$ 时，泰勒公式中的余项 $R_m = 0$. 故有

$$f(x, y, z) = f(1, 1, 1) + \mathrm{d}f(1, 1, 1) + \frac{1}{2!}\mathrm{d}^2 f(1, 1, 1) + \frac{1}{3!}\mathrm{d}^3 f(1, 1, 1)$$

这里 $\mathrm{d}x = x - 1$，$\mathrm{d}y = y - 1$，$\mathrm{d}z = z - 1$.

因 $f(1, 1, 1) = 0$，

$$\mathrm{d}f(1, 1, 1) = \left(\mathrm{d}x\frac{\partial}{\partial x} + \mathrm{d}y\frac{\partial}{\partial y} + \mathrm{d}z\frac{\partial}{\partial z}\right)f(x, y, z)\Big|_{(1, 1, 1)}$$
$$= f_x'(1, 1, 1)\mathrm{d}x + f_y'(1, 1, 1)\mathrm{d}y + f_z'(1, 1, 1)\mathrm{d}z = 0$$

$$\mathrm{d}^2 f(1, 1, 1) = \left(\mathrm{d}x\frac{\partial}{\partial x} + \mathrm{d}y\frac{\partial}{\partial y} + \mathrm{d}z\frac{\partial}{\partial z}\right)^2 f(x, y, z)\Big|_{(1, 1, 1)}$$
$$= (f_{xx}''\mathrm{d}x^2 + f_{yy}''\mathrm{d}y^2 + f_{zz}''\mathrm{d}z^2 + 2f_{xy}''\mathrm{d}x\,\mathrm{d}y + 2f_{xz}''\mathrm{d}x\,\mathrm{d}z + 2f_{yz}''\mathrm{d}y\,\mathrm{d}z)\Big|_{(1, 1, 1)}$$
$$= 6(\mathrm{d}x^2 + \mathrm{d}y^2 + \mathrm{d}z^2 - \mathrm{d}x\,\mathrm{d}y - \mathrm{d}y\,\mathrm{d}z - \mathrm{d}z\,\mathrm{d}x)$$

$$\mathrm{d}^3 f(1, 1, 1) = \left(\mathrm{d}x\frac{\partial}{\partial x} + \mathrm{d}y\frac{\partial}{\partial y} + \mathrm{d}z\frac{\partial}{\partial z}\right)^3 f(x, y, z)\Big|_{(1, 1, 1)}$$
$$= 6(\mathrm{d}x^3 + \mathrm{d}y^3 + \mathrm{d}z^3 - 3\mathrm{d}x\,\mathrm{d}y\,\mathrm{d}z)$$

10.9 习题
答案

所以有

$$f(x, y, z) = 3(\mathrm{d}x^2 + \mathrm{d}y^2 + \mathrm{d}z^2 - \mathrm{d}x\,\mathrm{d}y - \mathrm{d}y\,\mathrm{d}z - \mathrm{d}z\,\mathrm{d}x) + (\mathrm{d}x^3 + \mathrm{d}y^3 + \mathrm{d}z^3 - $$
$$\qquad 3\mathrm{d}x\,\mathrm{d}y\,\mathrm{d}z)$$
$$= 3[(x-1)^2 + (y-1)^2 + (z-1)^2 - (x-1)(y-1) - (y-1)(z-1) - $$
$$\qquad (z-1)(x-1)] + (x-1)^3 + (y-1)^3 + (z-1)^3 - 3(x-1)(y-1)(z-1)$$

**练习**

1. 试把函数 $u(x, y) = x^3 + xy^2 + xy + x + y$ 在点 $(1,1)$ 的邻域内按泰勒公式展开.
2. 求函数 $f(x, y) = \ln(1 + x + y)$ 的三阶麦克劳林公式.

## 10.10 多元函数的极值

### 10.10.1 多元函数极值的定义

10.10 思维
导图

一元函数极值的概念与理论可以推广到多元函数. 设函数 $f(x)$ 在区域 $G \subset \mathbf{R}^n$ 内有定义，且设 $x^0 = (x_1^0, x_2^0, \cdots, x_n^0) \in G$. 如果存在邻域 $U_\delta(x^0) \subset G$，使对所有的 $x \in U_\delta(x^0)$ 满足不等式 $f(x) \geqslant f(x^0)$，则称 $f(x^0)$ 是 $f(x)$ 的一个**极小值**，并称点 $x^0$ 为函数的**极小值点**；如果存在去心邻域 $\mathring{U}_\delta(x^0) \in G$，使对所有的 $x \in \mathring{U}_\delta(x^0)$ 满足不等式 $f(x) > f(x^0)$，则称 $f(x^0)$ 是 $f(x)$ 的一个**严格极小值**，并称点 $x^0$ 为函数的**严格极小值点**. 类似地，可定义函数

$f(\boldsymbol{x})$ 的**极大值**和**极大值点**，以及**严格极大值**和**严格极大值点**. 我们把极大值点和极小值点统称为**极值点**，把极大值和极小值统称为**极值**.

**定理 10-17**　如果函数 $f(\boldsymbol{x})$ 在点 $\boldsymbol{x}^0$ 的偏导数存在，且在点 $\boldsymbol{x}^0$ 取极值，则必有 $f'_{x_i}(\boldsymbol{x}^0)=0$，$i=1, 2, \cdots, n$，进而 $\mathrm{d}f(\boldsymbol{x}^0)=0$.

**证**　不妨设 $f'_{x_1}(\boldsymbol{x}^0)$ 存在，考虑一元函数

$$\varphi(x_1)=f(x_1, x_2^0, \cdots, x_n^0)$$

不妨设 $\boldsymbol{x}^0$ 是极小值点，则存在邻域 $U_\delta(\boldsymbol{x}^0)$，使对所有的 $\boldsymbol{x}\in U_\delta(\boldsymbol{x}^0)$ 满足不等式 $f(\boldsymbol{x})\geqslant f(\boldsymbol{x}^0)$，特别地，对任何 $x_1\in(x_1^0-\delta, x_1^0+\delta)$，有

$$\varphi(x_1)=f(x_1, x_2^0, \cdots, x_n^0)\geqslant f(x_1^0, x_2^0, \cdots, x_n^0)=\varphi(x_1^0)$$

这表明一元函数 $\varphi(x_1)$ 在 $x_1^0$ 处有极小值，所以

$$\frac{\mathrm{d}\varphi}{\mathrm{d}x_1}(x_1^0)=0, \text{ 即 } f'_{x_1}(\boldsymbol{x}^0)=0$$

类似地，可以证明 $f'_{x_i}(\boldsymbol{x}^0)=0$，$i=2, 3, \cdots, n$.

如果函数 $f(\boldsymbol{x})$ 在点 $\boldsymbol{x}^0$ 处可微且 $\mathrm{d}f(\boldsymbol{x}^0)=0$，则称点 $\boldsymbol{x}^0$ 为函数 $f(\boldsymbol{x})$ 的**驻点**. 与一元函数类似，可微函数的极值点必为驻点，而驻点未必是极值点. 如马鞍面 $f(x, y)=x^2-y^2$ 在点 $(0, 0)$ 处的情形（见图 10-11）.

下面我们给出多元函数极值的充分条件.

**定理 10-18**　设函数 $f(\boldsymbol{x})$ 在 $\boldsymbol{x}^0\in\mathbf{R}^n$ 的某邻域内
存在二阶连续偏导数且 $\mathrm{d}f(\boldsymbol{x}^0)=0$，则若二阶微分
$\mathrm{d}^2f(\boldsymbol{x}^0)$ 关于（$\mathrm{d}x_1, \mathrm{d}x_2, \cdots, \mathrm{d}x_n$）是正定二次型，
则 $\boldsymbol{x}^0$ 是函数 $f(\boldsymbol{x})$ 的严格极小值点；若二阶微分
$\mathrm{d}^2f(\boldsymbol{x}^0)$ 关于（$\mathrm{d}x_1, \mathrm{d}x_2, \cdots, \mathrm{d}x_n$）是负定二次型，则 $\boldsymbol{x}^0$

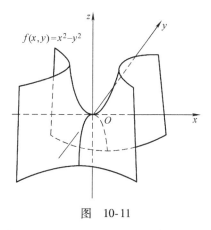

$f(x, y)=x^2-y^2$

图 10-11

是函数 $f(\boldsymbol{x})$ 的严格极大值点；若二阶微分 $\mathrm{d}^2f(\boldsymbol{x}^0)$ 关于（$\mathrm{d}x_1, \mathrm{d}x_2, \cdots, \mathrm{d}x_n$）是不定二次型，则 $\boldsymbol{x}^0$ 不是函数 $f(\boldsymbol{x})$ 的极值点.

**证**　利用 $m=2$ 的泰勒公式并利用 $\mathrm{d}f(\boldsymbol{x}^0)=0$，得

$$f(\boldsymbol{x})-f(\boldsymbol{x}^0)=\frac{1}{2}\mathrm{d}^2f(\boldsymbol{x}^0)+o(|\Delta\boldsymbol{x}|^2),\ |\Delta\boldsymbol{x}|\to 0 \tag{10-22}$$

其中，$|\Delta\boldsymbol{x}|^2=(\Delta x_1)^2+(\Delta x_2)^2+\cdots+(\Delta x_n)^2$. 故当 $|\Delta\boldsymbol{x}|$ 充分小时，若二阶微分 $\mathrm{d}^2f(\boldsymbol{x}^0)$ 关于（$\mathrm{d}x_1, \mathrm{d}x_2, \cdots, \mathrm{d}x_n$）是正定二次型，由式（10-22）有

$$f(\boldsymbol{x})-f(\boldsymbol{x}^0)=\frac{1}{2}\mathrm{d}^2f(\boldsymbol{x}^0)+o(|\Delta\boldsymbol{x}|^2)>0$$

从而 $f(\boldsymbol{x})>0$，即 $\boldsymbol{x}^0$ 为函数 $f(\boldsymbol{x})$ 的严格极小值点.

类似地，当二阶微分 $\mathrm{d}^2f(\boldsymbol{x}^0)$ 关于（$\mathrm{d}x_1, \mathrm{d}x_2, \cdots, \mathrm{d}x_n$）是负定二次型时，$\boldsymbol{x}^0$ 是函数 $f(\boldsymbol{x})$ 的严格极大值点.

当二阶微分 $\mathrm{d}^2f(\boldsymbol{x}^0)$ 关于（$\mathrm{d}x_1, \mathrm{d}x_2, \cdots, \mathrm{d}x_n$）是不定二次型时，由式（10-22）知，在点 $\boldsymbol{x}^0$ 的邻域内，$f(\boldsymbol{x})-f(\boldsymbol{x}^0)$ 不保号，由极值的定义知 $\boldsymbol{x}^0$ 不是函数 $f(\boldsymbol{x})$ 的极值点.

特别地，对于二元函数 $z=f(x, y)$，极值的必要条件和充分条件变为下面的两个定理.

**定理 10-19**　（极值的必要条件）　设函数 $z=f(x,y)$ 在点 $(x_0,y_0)$ 处的偏导数存在，且在该点有极值，则必有

$$f_x'(x_0,y_0)=0, \quad f_y'(x_0,y_0)=0$$

**定理 10-20**　（极值的充分条件）　设函数 $z=f(x,y)$ 在点 $(x_0,y_0)$ 的某邻域内具有二阶连续偏导数，且 $f_x'(x_0,y_0)=0$，$f_y'(x_0,y_0)=0$，记

$$A=f_{xx}''(x_0,y_0), \quad B=f_{xy}''(x_0,y_0), \quad C=f_{yy}''(x_0,y_0)$$

则

（1）若 $AC-B^2>0$，且 $A>0$，则 $(x_0,y_0)$ 是函数 $f(x,y)$ 的极小值点；

（2）若 $AC-B^2>0$，且 $A<0$，则 $(x_0,y_0)$ 是函数 $f(x,y)$ 的极大值点；

（3）若 $AC-B^2<0$，则 $(x_0,y_0)$ 不是函数 $f(x,y)$ 的极值点；

（4）若 $AC-B^2=0$，则 $(x_0,y_0)$ 可能是极值点，也可能不是极值点.

**【例 10-63】**　研究下列函数的极值.

（1）$z=x^3+y^3-3xy$

（2）$z=x^4+y^4-x^2-2xy-y^2$

**解**　（1）令

$$z_x'=3x^2-3y=0, \quad z_y'=3y^2-3x=0$$

得驻点

$$\begin{cases} x_1=0 \\ y_1=0 \end{cases}, \quad \begin{cases} x_2=1 \\ y_2=1 \end{cases}$$

容易计算

$$A=z_{xx}''=6x, \quad B=z_{xy}''=-3, \quad C=z_{yy}''=6y$$

在驻点 $(0,0)$ 处，$AC-B^2=(36xy-9)\big|_{(0,0)}=-9<0$，所以 $(0,0)$ 不是极值点. 在驻点 $(1,1)$ 处，$AC-B^2=(36xy-9)\big|_{(1,1)}=27>0$，且 $A=6>0$，所以 $(1,1)$ 是极小值点，极小值为 $z(1,1)=-1$.

（2）令

$$z_x'=4x^3-2x-2y=0, \quad z_y'=4y^3-2x-2y=0$$

得驻点

$$\begin{cases} x_1=0 \\ y_1=0 \end{cases}, \quad \begin{cases} x_2=-1 \\ y_2=-1 \end{cases}, \quad \begin{cases} x_3=1 \\ y_3=1 \end{cases}$$

容易计算

$$A=z_{xx}''=12x^2-2, \quad B=z_{xy}''=-2, \quad C=z_{yy}''=12y^2-2$$

在驻点 $(-1,-1)$ 和 $(1,1)$ 处，$AC-B^2=4\left[(6x^2-1)(6y^2-1)-1\right]\big|_{(\pm1,\pm1)}=96>0$，且 $A=10>0$，所以点 $(-1,-1)$ 和 $(1,1)$ 都是极小值点，且极小值为 $-2$.

在驻点 $(0,0)$ 处，$AC-B^2=0$，故我们给出的充分条件不成立，所以只能从极值的定义判断. 在点 $(0,0)$ 处的全增量为

$$\Delta z(0,0)=z(x,y)-z(0,0)=x^4+y^4-x^2-2xy-y^2$$

当 $x$，$y$ 充分接近于 $0$ 时，如果 $y=x$，$\Delta z(0,0)=2y^2(y^2-2)<0$；如果 $y=-x$，$\Delta z(0,0)=$

$2y^4 > 0$.

由于 $\Delta z(0,0)$ 不保号，所以点 $(0,0)$ 不是函数的极值点.

【例 10-64】 试研究函数
$$z = (x^2 + y^2)e^{-x^2-y^2}$$
的极值.

解　令
$$z'_x = [2x - 2x(x^2 + y^2)]e^{-x^2-y^2} = 0$$
$$z'_y = [2y - 2y(x^2 + y^2)]e^{-x^2-y^2} = 0$$

得驻点
$$\begin{cases} x_1 = 0 \\ y_1 = 0 \end{cases} \text{或 } x^2 + y^2 = 1$$

容易计算
$$A = z''_{xx} = [4x^2(x^2 + y^2) - 10x^2 - 2y^2 + 2]e^{-x^2-y^2}$$
$$B = z''_{xy} = [4xy(x^2 + y^2) - 8xy]e^{-x^2-y^2}$$
$$C = z''_{yy} = [4y^2(x^2 + y^2) - 10y^2 - 2x^2 + 2]e^{-x^2-y^2}$$

在驻点 $(0,0)$ 处，$AC - B^2 = 4 > 0$，且 $A = 2 > 0$，所以在点 $(0,0)$ 处函数有极小值且极小值为 $z(0,0) = 0$.

对于圆周 $x^2 + y^2 = 1$ 上的驻点处，可以计算 $AC - B^2 = 0$，所以我们给的极值的充分条件不成立. 我们将 $z$ 看作变量 $t = x^2 + y^2$ 的函数，即 $z = te^{-t}$. 因为 $z'' = (t-2)e^{-t}$，当 $t = 1$ 时为负的，所以函数 $z$ 有极大值 $z|_{t=1} = e^{-1}$，即在圆周 $x^2 + y^2 = 1$ 上的点处有非严格的极大值.

【例 10-65】 研究函数
$$u = x^2 + y^2 + z^2 + 2x + 4y - 6z$$
的极值.

解　解方程组
$$u'_x = 2x + 2 = 0$$
$$u'_y = 2y + 4 = 0$$
$$u'_z = 2z - 6 = 0$$

可得驻点 $x = -1$，$y = -2$，$z = 3$. 容易计算函数的二阶偏导数，得
$$u''_{xx} = u''_{yy} = u''_{zz} = 2, \quad u''_{xy} = u''_{xz} = u''_{yz} = 0$$

因而
$$u''_{xx} = 2 > 0, \quad \begin{vmatrix} u''_{xx} & u''_{xy} \\ u''_{yx} & u''_{yy} \end{vmatrix} = 4 > 0, \quad \begin{vmatrix} u''_{xx} & u''_{xy} & u''_{xz} \\ u''_{yx} & u''_{yy} & u''_{yz} \\ u''_{zx} & u''_{zy} & u''_{zz} \end{vmatrix} = 8 > 0$$

所以二阶微分
$$d^2u = (dx \quad dy \quad dz) \begin{pmatrix} u''_{xx} & u''_{xy} & u''_{xz} \\ u''_{yx} & u''_{yy} & u''_{yz} \\ u''_{zx} & u''_{zy} & u''_{zz} \end{pmatrix} \begin{pmatrix} dx \\ dy \\ dz \end{pmatrix}$$

作为 $dx = x - (-1)$，$dy = y - (-2)$，$dz = x - 3$ 的二次型为正定的，从而在点 $(-1, -2, 3)$

处有极小值为 $u(-1, -2, 3) = -14$.

【例 10-66】 研究函数

$$u = \sin x + \sin y + \sin z - \sin(x + y + z)$$

的极值，其中 $0 \le x \le \pi$, $0 \le y \le \pi$, $0 \le z \le \pi$.

**解** 解方程组

$$u_x' = \cos x - \cos(x + y + z) = 0$$
$$u_y' = \cos y - \cos(x + y + z) = 0$$
$$u_z' = \cos z - \cos(x + y + z) = 0$$

求得三个驻点

$$\left(\frac{\pi}{2}, \frac{\pi}{2}, \frac{\pi}{2}\right), (0, 0, 0), (\pi, \pi, \pi)$$

计算二阶偏导数，得

$$u_{xx}'' = -\sin x + \sin(x + y + z)$$
$$u_{yy}'' = -\sin y + \sin(x + y + z)$$
$$u_{zz}'' = -\sin z + \sin(x + y + z)$$
$$u_{xy}'' = \sin(x + y + z)$$
$$u_{yz}'' = \sin(x + y + z)$$
$$u_{zx}'' = \sin(x + y + z)$$

在点 $\left(\frac{\pi}{2}, \frac{\pi}{2}, \frac{\pi}{2}\right)$ 处，有

$$u_{xx}'' = -2, \quad u_{yx}'' = -1, \quad u_{zx}'' = -1$$
$$u_{yy}'' = -2, \quad u_{yz}'' = -1, \quad u_{zz}'' = -2$$

由此得

$$A_1 = u_{xx}'' < 0, \quad A_2 = \begin{vmatrix} u_{xx}'' & u_{xy}'' \\ u_{yx}'' & u_{yy}'' \end{vmatrix} > 0, \quad A_3 = \begin{vmatrix} u_{xx}'' & u_{xy}'' & u_{xz}'' \\ u_{yx}'' & u_{yy}'' & u_{yz}'' \\ u_{zx}'' & u_{zy}'' & u_{zz}'' \end{vmatrix} < 0$$

因此在点 $\left(\frac{\pi}{2}, \frac{\pi}{2}, \frac{\pi}{2}\right)$ 处，函数有极大值且 $u\left(\frac{\pi}{2}, \frac{\pi}{2}, \frac{\pi}{2}\right) = 4$.

在点 $(0, 0, 0)$ 和 $(\pi, \pi, \pi)$ 处，函数有最小值 0. 事实上，对任何自变量的增量 $\Delta x$, $\Delta y$, $\Delta z$:

$$0 \le \Delta x \le \pi, \quad 0 \le \Delta y \le \pi, \quad 0 \le \Delta z \le \pi, \quad 0 < \Delta x + \Delta y + \Delta z < \pi$$

有

$$\Delta u(0, 0, 0) = u(\Delta x, \Delta y, \Delta z) - u(0, 0, 0) = \sin\Delta x + \sin\Delta y + \sin\Delta z - \sin(\Delta x + \Delta y + \Delta z) \ge 0$$
$$\Delta u(\pi, \pi, \pi) = u(\pi - \Delta x, \pi - \Delta y, \pi - \Delta z) - u(\pi, \pi, \pi) = u(\Delta x, \Delta y, \Delta z) \ge 0$$

【例 10-67】 求函数 $z = 1 - x + x^2 + 2y$ 在由直线 $x = 0$, $y = 0$, $x + y = 1$ 所围成的闭区域 $G$ 上的最大值.

**解** 由于

$$z_x' = -1 + 2x, \quad z_y' = 2 \ne 0$$

从而无驻点. 我们考虑 $z$ 在 $G$ 的边界上的值.

（1）在边界 $x=0$ 上，$z=1+2y$，$0 \leqslant y \leqslant 1$，但函数 $z=1+2y$ 在 $[0,1]$ 上没有驻点，在端点处有 $z(0,0)=1$，$z(0,1)=3$.

（2）在边界 $y=0$ 上，$z=1-x+x^2$，$0 \leqslant x \leqslant 1$，由 $z'_x = -1+2x=0$ 知 $x=\dfrac{1}{2}$ 是驻点，计算函数在该点与端点的函数值，得 $z\left(\dfrac{1}{2},0\right)=\dfrac{3}{4}$，$z(0,0)=1$，$z(1,0)=1$.

（3）在边界 $x+y=1$ 上，$z=3-3x+x^2$，$0 \leqslant x \leqslant 1$，由 $z'_x = -3+2x=0$ 解得驻点 $x=\dfrac{3}{2}$，但该点不在区间 $[0,1]$ 内，所以函数 $z=3-3x+x^2$ 在 $[0,1]$ 上没有驻点，在端点处有 $z(0,1)=3$，$z(1,0)=1$.

比较函数在各段的边界上的最大值，可以看到函数 $z(x,y)$ 在 $G$ 上的最大值为 $z(0,1)=3$.

### 练习

求下列函数的极值.

1. $z = x^2 + (y-1)^2$
2. $f(x,y) = (x^2+y^2-1)^2$
3. $f(x,y) = e^{2x}(x+2y+y^2)$
4. $f(x,y) = xy(a-x-y)$，其中 $a \neq 0$
5. $u = x^2 + y^2 + z^2$
6. $u = e^{-x^2-y^2-z^2}$
7. $u = x^2 + y^2 - z^2$

### 典型计算题 9

求下列函数在指定闭区域上的最大值和最小值.

1. $z = x^2 + 2xy - 3y^2 + y$，$0 \leqslant x \leqslant 1$，$0 \leqslant y \leqslant 1$，$0 \leqslant x+y \leqslant 1$
2. $z = \dfrac{xy}{2} - \dfrac{x^2 y}{8} - \dfrac{xy^2}{8}$，$x \geqslant 0$，$y \geqslant 0$，$\dfrac{x}{3}+\dfrac{y}{4} \leqslant 1$
3. $z = \sqrt{1-x^2-y^2}$，$x^2+y^2 \leqslant 1$
4. $z = 3xy$，$x^2+y^2 \leqslant 2$
5. $z = \sin x + \sin y + \sin(x+y)$，$0 \leqslant x \leqslant \dfrac{\pi}{2}$，$0 \leqslant y \leqslant \dfrac{\pi}{2}$
6. $z = xy + x + y$，$1 \leqslant x \leqslant 2$，$2 \leqslant y \leqslant 3$
7. $z = x^3 + y^3 - 3xy$，$0 \leqslant x \leqslant 2$，$-1 \leqslant y \leqslant 2$
8. $z = x^2 y$，$x^2+y^2 \leqslant 1$
9. $z = 1 + x + 2y$，$x \geqslant 0$，$y \leqslant 0$，$x-y \leqslant 1$
10. $z = (x-y^2)\sqrt[3]{(x-1)^2}$，$y^2 \leqslant x \leqslant 2$
11. $z = x^2 - y^2$，$x^2+y^2 \leqslant 1$

## 10.10.2　条件极值

在前面讲的极值问题中，各个自变量是独立变化的，相互之间没有关系，是在目标函数定义域范围内考虑极值问题，我们称这种极值为**无约束极值**或**无条件极值**.

而在实际问题中，目标函数的自变量除了有定义域的限制之外，还有其他的约束条件. 例如下面的问题：

**问题**　在直线 $x + y = 1$ 上求一点，使目标函数 $z = 2x^2 + y^2$ 在该点处取得极小值（见图10-12）.

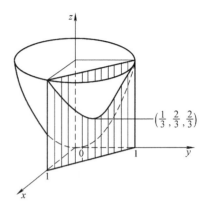

图　10-12

在上述问题中，目标函数的自变量 $x$，$y$ 并不是独立变化的，而是受到等式 $x + y = 1$ 的约束. 我们称这类的极值问题为**有约束极值**或者**条件极值**.

条件极值的常见形式是当自变量 $\boldsymbol{x} = (x_1, x_2, \cdots, x_n)$ 满足约束条件

$$\varphi_k(\boldsymbol{x}) = 0 \, (k = 1, 2, \cdots, m, \, m < n) \tag{10-23}$$

时求目标函数

$$u = f(\boldsymbol{x}) \tag{10-24}$$

的极值. 称方程组（10-23）为**约束方程**或约束条件.

设函数 $f(\boldsymbol{x})$ 在区域 $G \subset \mathbf{R}^n$ 内有定义，$E$ 是满足方程组（10-23）的 $G$ 的点集，且设 $\boldsymbol{x}^0 = (x_1^0, x_2^0, \cdots, x_n^0) \in E$. 如果存在邻域 $U_\delta(\boldsymbol{x}^0)$，使对所有的 $\boldsymbol{x} \in E \cap U_\delta(\boldsymbol{x}^0)$ 满足不等式 $f(\boldsymbol{x}) \geqslant f(\boldsymbol{x}^0)$，则称点 $\boldsymbol{x}^0$ 为具有约束条件（10-23）的函数 $u = f(\boldsymbol{x})$ 的**条件极小值点**；如果存在去心邻域 $\mathring{U}_\delta(\boldsymbol{x}^0)$，使对所有的 $\boldsymbol{x} \in E \cap \mathring{U}_\delta(\boldsymbol{x}^0)$ 满足不等式 $f(\boldsymbol{x}) > f(\boldsymbol{x}^0)$，则称点 $\boldsymbol{x}^0$ 为具有约束条件（10-23）的函数 $u = f(\boldsymbol{x})$ 的**严格条件极小值点**. 类似地，可定义条件极大值点和严格条件极大值点. 我们把条件极小值点和条件极大值点统称为条件极值点.

在某些情况下，可以化条件极值问题为无条件极值问题. 例如在问题1中，从条件 $x + y = 1$ 中解出 $y = 1 - x$ 并代入目标函数 $z = x^2 + y^2$ 中，从而将问题1转化为求函数 $z = x^2 + (1 - x)^2$ 的无条件极值问题.

然而，对于一般的条件极值问题（10-23）、（10-24），要从方程组（10-23）中解出 $m$ 个变量往往比较困难，甚至可能解不出来，因此需要有其他更有效的方法. 在这里我们介绍拉格朗日乘数法. 我们先从一种简单的情形来说明这个方法.

设目标函数

$$z = f(x, y)$$

在约束条件

$$\varphi(x, y) = 0$$

下在点 $(x_0, y_0)$ 处取得极值，并设 $f$ 和 $\varphi$ 在点 $(x_0, y_0)$ 的某邻域内具有一阶连续的偏导数，且 $\varphi_y'(x_0, y_0) \neq 0$. 于是有

$$\varphi(x_0, y_0) = 0 \tag{10-25}$$

由隐函数存在定理知，方程 $\varphi(x, y) = 0$ 确定了一个连续可微函数 $y = y(x)$，且满足 $\varphi(x, y(x)) \equiv 0$ 与 $y_0 = y(x_0)$. 将 $y = y(x)$ 代入目标函数，得

$$z = f(x, y(x))$$

从而 $x_0$ 就是一元函数 $z = f(x, y(x))$ 的无条件极值点，由一元函数极值的必要条件可知

$$\frac{\mathrm{d}z}{\mathrm{d}x}\bigg|_{x=x_0} = f_x'(x_0, y_0) + f_y'(x_0, y_0)\frac{\mathrm{d}y}{\mathrm{d}x}\bigg|_{x=x_0} = 0$$

由方程 $\varphi(x, y) = 0$ 运用隐函数求导法可得

$$\frac{\mathrm{d}y}{\mathrm{d}x}\bigg|_{x=x_0} = -\frac{\varphi_x'(x_0, y_0)}{\varphi_y'(x_0, y_0)}$$

代入全导数 $\frac{\mathrm{d}z}{\mathrm{d}x}$ 中，得

$$\frac{\mathrm{d}z}{\mathrm{d}x}\bigg|_{x=x_0} = f_x'(x_0, y_0) - f_y'(x_0, y_0)\frac{\varphi_x'(x_0, y_0)}{\varphi_y'(x_0, y_0)} = 0$$

即

$$\begin{vmatrix} f_x'(x_0, y_0) & f_y'(x_0, y_0) \\ \varphi_x'(x_0, y_0) & \varphi_y'(x_0, y_0) \end{vmatrix} = 0 \tag{10-26}$$

由行列式的性质知，其两行的对应元素成比例，设比例系数为 $\lambda_0$，于是条件极值点 $(x_0, y_0)$ 满足条件：

$$\begin{cases} f_x'(x_0, y_0) + \lambda_0\varphi_x'(x_0, y_0) = 0 \\ f_y'(x_0, y_0) + \lambda_0\varphi_y'(x_0, y_0) = 0 \\ \varphi(x_0, y_0) = 0 \end{cases} \tag{10-27}$$

容易看出，必要条件（10-27）就是三元函数

$$L(x, y, \lambda) = f(x, y) + \lambda\varphi(x, y) \tag{10-28}$$

在点 $(x_0, y_0, \lambda_0)$ 取得无条件极值的必要条件

$$\begin{cases} L_x'(x_0, y_0, \lambda_0) = 0 \\ L_y'(x_0, y_0, \lambda_0) = 0 \\ L_\lambda'(x_0, y_0, \lambda_0) = 0 \end{cases} \tag{10-29}$$

所以可能的条件极值点 $(x_0, y_0)$ 可以从方程组（10-29）中解出. 称函数 $L(x, y, \lambda) = f(x, y) + \lambda\varphi(x, y)$ 为**拉格朗日函数**，称数 $\lambda$ 为**拉格朗日乘数**，称这种求条件极值点的方法为**拉格朗日乘数法**. 点 $(x_0, y_0, \lambda_0)$ 是拉格朗日函数 $L(x, y, \lambda)$ 的驻点.

类似地，对于一般的条件极值问题（10-23）、（10-24），可构造拉格朗日函数

$$L(\boldsymbol{x}, \lambda_1, \lambda_2, \cdots, \lambda_m) = f(\boldsymbol{x}) + \lambda_1\varphi_1(\boldsymbol{x}) + \lambda_2\varphi_2(\boldsymbol{x}) + \cdots + \lambda_m\varphi_m(\boldsymbol{x})$$

其中，$\lambda_1, \lambda_2, \cdots, \lambda_m$ 为拉格朗日乘数.

关于拉格朗日乘数法，我们有下面的两个结论.

**定理 10-21** 设 $\boldsymbol{x}^0$ 是具有约束条件（10-23）的函数 $u = f(\boldsymbol{x})$ 的条件极值点，且设函数 $\varphi_i(\boldsymbol{x})$，$i = 1, 2, \cdots, m$ 在点 $\boldsymbol{x}^0$ 的邻域内连续可微，而且在 $\boldsymbol{x}^0$ 处雅可比矩阵

$$\begin{pmatrix} \dfrac{\partial\varphi_1}{\partial x_1} & \cdots & \dfrac{\partial\varphi_1}{\partial x_n} \\ \vdots & & \vdots \\ \dfrac{\partial\varphi_m}{\partial x_1} & \cdots & \dfrac{\partial\varphi_m}{\partial x_n} \end{pmatrix}_{m\times n} \tag{10-30}$$

的秩等于 $m$，则存在拉格朗日乘数 $\lambda_1^0$，$\lambda_2^0$，$\cdots$，$\lambda_m^0$，使 $(\boldsymbol{x}^0$，$\lambda_1^0$，$\lambda_2^0$，$\cdots$，$\lambda_m^0)$ 是拉格朗日函数的驻点.

证　略.

下面引入一些记法.

当 $\lambda_1^0$，$\lambda_2^0$，$\cdots$，$\lambda_m^0$ 固定时，计算拉格朗日函数在点 $\boldsymbol{x}^0$ 的二阶全微分，我们将之记为 $\mathrm{d}_{xx}^2 L(\boldsymbol{x}^0，\lambda_1^0，\lambda_2^0，\cdots，\lambda_m^0)$，从而有

$$\mathrm{d}_{xx}^2 L(\boldsymbol{x}^0，\lambda_1^0，\lambda_2^0，\cdots，\lambda_m^0) = \sum_{k=1}^n \sum_{j=1}^n \frac{\partial^2 L(\boldsymbol{x}^0，\lambda_1^0，\lambda_2^0，\cdots，\lambda_m^0)}{\partial x_k \partial x_j} \mathrm{d}x_k \mathrm{d}x_j$$

有时将 $\mathrm{d}_{xx}^2 L(\boldsymbol{x}^0，\lambda_1^0，\lambda_2^0，\cdots，\lambda_m^0)$ 简记为 $\mathrm{d}^2 L(\boldsymbol{x}^0，\lambda_1^0，\lambda_2^0，\cdots，\lambda_m^0)$. 其中，$\mathrm{d}\boldsymbol{x} = (\mathrm{d}x_1，\mathrm{d}x_2，\cdots，\mathrm{d}x_n)$ 为自变量的增量，也应满足约束条件

$$\mathrm{d}\varphi_k(\boldsymbol{x}^0) = 0 \quad (k = 1，2，\cdots，m)$$

即

$$\frac{\partial \varphi_1}{\partial x_1}(\boldsymbol{x}^0) \mathrm{d}x_1 + \frac{\partial \varphi_1}{\partial x_2}(\boldsymbol{x}^0) \mathrm{d}x_2 + \cdots + \frac{\partial \varphi_1}{\partial x_n}(\boldsymbol{x}^0) \mathrm{d}x_n = 0$$

$$\frac{\partial \varphi_2}{\partial x_1}(\boldsymbol{x}^0) \mathrm{d}x_1 + \frac{\partial \varphi_2}{\partial x_2}(\boldsymbol{x}^0) \mathrm{d}x_2 + \cdots + \frac{\partial \varphi_2}{\partial x_n}(\boldsymbol{x}^0) \mathrm{d}x_n = 0$$

$$\vdots$$

$$\frac{\partial \varphi_m}{\partial x_1}(\boldsymbol{x}^0) \mathrm{d}x_1 + \frac{\partial \varphi_m}{\partial x_2}(\boldsymbol{x}^0) \mathrm{d}x_2 + \cdots + \frac{\partial \varphi_m}{\partial x_n}(\boldsymbol{x}^0) \mathrm{d}x_n = 0$$

定义集合

$$E_T = \left\{ \mathrm{d}\boldsymbol{x} = (\mathrm{d}x_1，\mathrm{d}x_2，\cdots，\mathrm{d}x_n) \,\middle|\, \frac{\partial \varphi_k}{\partial x_1}(\boldsymbol{x}^0) \mathrm{d}x_1 + \frac{\partial \varphi_k}{\partial x_2}(\boldsymbol{x}^0) \mathrm{d}x_2 + \right.$$

$$\left. \cdots + \frac{\partial \varphi_k}{\partial x_n}(\boldsymbol{x}^0) \mathrm{d}x_n = 0，k = 1，2，\cdots，m \right\}$$

所以在条件极值问题（10-23）、（10-24）中，$\mathrm{d}\boldsymbol{x} = (\mathrm{d}x_1，\mathrm{d}x_2，\cdots，\mathrm{d}x_n) \in E_T$.

**定理 10-22**　设函数 $f(\boldsymbol{x})$ 和 $\varphi_i(\boldsymbol{x})$，$i = 1，2，\cdots，m$ 在点 $\boldsymbol{x}^0$ 的邻域内存在二阶连续偏导数，在 $\boldsymbol{x}^0$ 处雅可比矩阵（10-30）的秩等于 $m$，再设 $(\boldsymbol{x}^0$，$\lambda_1^0$，$\lambda_2^0$，$\cdots$，$\lambda_m^0)$ 是拉格朗日函数的驻点，则有：

（1）若当 $\mathrm{d}\boldsymbol{x} \in E_T$ 时，$\mathrm{d}_{xx}^2 L(\boldsymbol{x}^0$，$\lambda_1^0$，$\lambda_2^0$，$\cdots$，$\lambda_m^0)$ 是正定的二次型，那么 $\boldsymbol{x}^0$ 是函数 $u = f(\boldsymbol{x})$ 的严格条件极小值点；

（2）若当 $\mathrm{d}\boldsymbol{x} \in E_T$ 时，$\mathrm{d}_{xx}^2 L(\boldsymbol{x}^0$，$\lambda_1^0$，$\lambda_2^0$，$\cdots$，$\lambda_m^0)$ 是负定的二次型，那么 $\boldsymbol{x}^0$ 是函数 $u = f(\boldsymbol{x})$ 的严格条件极大值点；

（3）若当 $\mathrm{d}\boldsymbol{x} \in E_T$ 时，$\mathrm{d}_{xx}^2 L(\boldsymbol{x}^0$，$\lambda_1^0$，$\lambda_2^0$，$\cdots$，$\lambda_m^0)$ 是不定的二次型，那么 $\boldsymbol{x}^0$ 不是函数 $u = f(\boldsymbol{x})$ 的条件极值点.

证　略.

**【例 10-68】**　试研究下列函数的条件极值.

（1）$u = xy^2z^3$，其中 $x$，$y$，$z$ 满足 $x + 2y + 3z = a(x > 0，y > 0，z > 0，a > 0)$

（2）$u = xy + yz$，其中 $x$，$y$，$z$ 满足 $x^2 + y^2 = 2$，$y + z = 2(x > 0，y > 0，z > 0)$

**解**　（1）记拉格朗日函数
$$L(x, y, z, \lambda) = \ln x + 2\ln y + 3\ln z + \lambda(x + 2y + 3z - a)$$

且解方程组
$$L_x' = \frac{1}{x} + \lambda = 0$$
$$L_y' = \frac{2}{y} + 2\lambda = 0$$
$$L_z' = \frac{3}{z} + 3\lambda = 0$$
$$L_\lambda' = x + 2y + 3z - a = 0$$

求得
$$\lambda = -\frac{6}{a}, \quad x = y = z = \frac{a}{6}$$

由于二阶全微分
$$d^2L\left(\frac{a}{6}, \frac{a}{6}, \frac{a}{6}, -\frac{6}{a}\right) = \left(-\frac{dx^2}{x^2} - 2\frac{dy^2}{y^2} - 3\frac{dz^2}{z^2}\right)\Bigg|_{\left(\frac{a}{6}, \frac{a}{6}, \frac{a}{6}, -\frac{6}{a}\right)}$$
$$= -\frac{36}{a^2}(dx^2 + 2dy^2 + 3dz^2) < 0$$

显然对任意的 $dx$, $dy$, $dz$, $d^2L\left(\frac{a}{6}, \frac{a}{6}, \frac{a}{6}, -\frac{6}{a}\right)$ 都是负定的,所以点 $\left(\frac{a}{6}, \frac{a}{6}, \frac{a}{6}\right)$ 是函数
$$v = \ln u = \ln x + 2\ln y + 3\ln z$$

在条件 $x + 2y + 3z = a$ 下的严格极大值点,又由函数 $\ln u$ 的单调性知,$u$ 也在 $\left(\frac{a}{6}, \frac{a}{6}, \frac{a}{6}\right)$ 取得

严格条件极大值,且极大值为 $u\left(\frac{a}{6}, \frac{a}{6}, \frac{a}{6}\right) = \left(\frac{a}{6}\right)^6$.

（2）记拉格朗日函数
$$L = xy + yz + \lambda_1(x^2 + y^2 - 2) + \lambda_2(y + z - 2)$$

且解方程组
$$L_x' = y + 2\lambda_1 x = 0$$
$$L_y' = x + z + 2\lambda_1 y + \lambda_2 = 0$$
$$L_z' = y + \lambda_2 = 0$$
$$L_{\lambda_1}' = x^2 + y^2 - 2 = 0$$
$$L_{\lambda_2}' = y + z - 2 = 0$$

求得
$$\lambda_1 = -\frac{1}{2}, \quad \lambda_2 = -1, \quad x_0 = y_0 = z_0 = 1$$

由于二阶全微分
$$d^2L\left(1, 1, 1, -\frac{1}{2}, -1\right) = -dx^2 - dy^2 + 2dx\,dy + 2dy\,dz$$

又由 $(dx, dy, dz) \in E_T$, 即 $2x_0dx + 2y_0dy = 0$, $dy + dz = 0$, 从而

$$\mathrm{d}^2 L\left(1,\ 1,\ 1,\ -\frac{1}{2},\ -1\right) = -\mathrm{d}x^2 - 3\mathrm{d}y^2 - 2\mathrm{d}z^2 < 0$$

显然 $\mathrm{d}^2 L\left(1,\ 1,\ 1,\ -\dfrac{1}{2},\ -1\right)$ 都是负定的，所以点（1，1，1）是函数 $u$ 的严格条件极大值点，且极大值为 $u(1,\ 1,\ 1)=2$.

【**例 10-69**】 假设在 $xOy$ 平面上给定一平面图形 $G$，它由 $x=0$，$y=0$ 与抛物线 $y+x^2-3=0(0\leqslant x\leqslant\sqrt{3})$ 围成，试求面积最大的内接于 $G$ 的矩形 $OAMB$（见图 10-13）.

**解** 设 $(x,\ y)$ 是点 $M$ 的坐标，则矩形的面积

$$S = xy$$

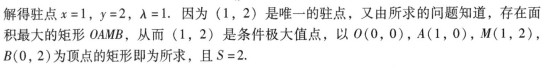

图　10-13

其次，因点 $M$ 在抛物线上，所以点 $(x,\ y)$ 满足方程 $y+x^2-3=0$. 从而所求问题转化为求函数 $S=xy$ 在条件 $y+x^2-3=0$ 下的约束条件极值.

构造拉格朗日函数

$$L(x,\ y,\ \lambda) = xy - \lambda(y + x^2 - 3)$$

并解方程组

$$L'_x = y - 2\lambda x = 0$$
$$L'_y = x - \lambda = 0$$
$$L'_\lambda = y + x^2 - 3 = 0$$

解得驻点 $x=1$，$y=2$，$\lambda=1$. 因为（1，2）是唯一的驻点，又由所求的问题知道，存在面积最大的矩形 $OAMB$，从而（1，2）是条件极大值点，以 $O(0,\ 0)$，$A(1,\ 0)$，$M(1,\ 2)$，$B(0,\ 2)$ 为顶点的矩形即为所求，且 $S=2$.

【**例 10-70**】 要做一个全面积等于 $2a$ 的长方体小盒，问怎么做才能使其容积最大？

**解** 设长方体小盒的长、宽、高分别为 $x$、$y$、$z$，则它的体积为

$$V = xyz(x,\ y,\ z > 0)$$

它的表面积为

$$2xy + 2yz + 2zx = 2a,\ \ 即\ xy + yz + zx - a = 0$$

记拉格朗日函数

$$L = xyz + \lambda(xy + yz + zx - a)$$

并解方程组

$$L'_x = yz + \lambda(y + z) = 0$$
$$L'_y = zx + \lambda(z + x) = 0$$
$$L'_z = xy + \lambda(x + y) = 0$$
$$L'_\lambda = xy + yz + zx - a = 0$$

得驻点 $x=y=z=\sqrt{\dfrac{a}{3}}$. 由于 $\left(\sqrt{\dfrac{a}{3}},\ \sqrt{\dfrac{a}{3}},\ \sqrt{\dfrac{a}{3}}\right)$ 是唯一的驻点，又由于小盒的最大容积是存在的，所以当边长为 $\sqrt{\dfrac{a}{3}}$ 时，其容积为最大.

【**例 10-71**】 在半径为 $a$ 的半球内求一个体积为最大的内接长方体.

**解**　设内接长方体的体积为 $V$，长、宽、高分别为 $2x$、$2y$、$z$，则

$$V = 4xyz, \ 0 < x < a, \ 0 < y < a, \ 0 < z < a$$

约束条件

$$x^2 + y^2 + z^2 = a^2$$

记拉格朗日函数

$$L = 4xyz + \lambda(x^2 + y^2 + z^2 - a^2)$$

并解方程组

$$L'_x = 4yz + 2\lambda x = 0$$
$$L'_y = 4zx + 2\lambda y = 0$$
$$L'_z = 4xy + 2\lambda z = 0$$
$$L'_\lambda = x^2 + y^2 + z^2 - a^2 = 0$$

10.10　习题答案

得驻点 $x = y = z = \dfrac{a}{\sqrt{3}}$. 由于 $\left(\dfrac{a}{\sqrt{3}}, \dfrac{a}{\sqrt{3}}, \dfrac{a}{\sqrt{3}}\right)$ 是唯一的驻点，又由所求问题知体积最大值存在，

所以 $\left(\dfrac{a}{\sqrt{3}}, \dfrac{a}{\sqrt{3}}, \dfrac{a}{\sqrt{3}}\right)$ 为极大值点，也是最大值点，$\dfrac{2a}{\sqrt{3}}$，$\dfrac{2a}{\sqrt{3}}$，$\dfrac{a}{\sqrt{3}}$ 为所求长方体的长、宽、高.

**练习**

8. 在椭球面 $\dfrac{x^2}{5^2} + \dfrac{y^2}{3^2} + \dfrac{z^2}{2^2} = 1$ 位于第一卦限的部分上求一点 $P$，使椭球面在点 $P$ 的切平面与三个坐标平面所围成的四面体的体积最小.

9. 求坐标原点 $O$ 到曲线 $C: \begin{cases} x^2 + y^2 - z^2 = 1 \\ 2x - y - z = 1 \end{cases}$ 的最短距离.

10. 求函数 $z = x^2 + y^2$ 在条件 $\dfrac{x}{a} + \dfrac{y}{b} = 1$ 下的极值.

11. 求三维空间的一点 $(a, b, c)$ 到平面 $Ax + By + Cz + D = 0$ 的距离.

12. 已知某直角三角形的斜边长为 $l$，试问什么时候此直角三角形的周长最大？

13. 将周长为 $2l$ 的矩形绕它的一边旋转而构成一个圆柱体，问矩形的边长各为多少时，圆柱体的体积最大？

## 10.11　综合解法举例

**【例 10-72】** 投 $z = f(u, v, w) + g(u, w)$，$u = u(x, y)$，$v = v(x, y)$，$w = w(x)$，且 $f$，$g$，$u$，$v$ 及 $w$ 均可微，试求 $\dfrac{\partial z}{\partial x}$.

**解**

$$\frac{\partial z}{\partial x} = \frac{\partial f}{\partial u}\frac{\partial u}{\partial x} + \frac{\partial f}{\partial v}\frac{\partial v}{\partial x} + \frac{\partial f}{\partial w}\frac{\mathrm{d}w}{\mathrm{d}x} + \frac{\partial g}{\partial u}\frac{\partial u}{\partial x} + \frac{\partial g}{\partial w}\frac{\mathrm{d}w}{\mathrm{d}x}$$

$$= \left(\frac{\partial f}{\partial u} + \frac{\partial g}{\partial u}\right)\frac{\partial u}{\partial x} + \frac{\partial f}{\partial v}\frac{\partial v}{\partial x} + \left(\frac{\partial f}{\partial w} + \frac{\partial g}{\partial w}\right)\frac{\mathrm{d}w}{\mathrm{d}x}$$

10.11　思维导图

**【例 10-73】** 设 $z = \mathrm{e}^{xy^2}$，$x = \dfrac{\xi}{\sqrt{1 + \eta^2}}$，$y = \sqrt{\xi}\sin\eta$，求 $\dfrac{\partial z}{\partial \xi}$，$\dfrac{\partial z}{\partial \eta}$.

**解**

$$\frac{\partial z}{\partial \xi} = \frac{\partial z}{\partial x}\frac{\partial x}{\partial \xi} + \frac{\partial z}{\partial y}\frac{\partial y}{\partial \xi} = y^2 e^{xy^2}\frac{1}{\sqrt{1+\eta^2}} + 2xye^{xy^2}\frac{\sin\eta}{2\sqrt{\xi}}$$

$$= \frac{2\xi\sin^2\eta}{\sqrt{1+\eta^2}}e^{\frac{\xi^2\sin^2\eta}{\sqrt{1+\eta^2}}}$$

$$\frac{\partial z}{\partial \eta} = \frac{\partial z}{\partial x}\frac{\partial x}{\partial \eta} + \frac{\partial z}{\partial y}\frac{\partial y}{\partial \eta} = y^2 e^{xy^2}\frac{-\xi\eta}{\sqrt{(1+\eta^2)^3}} + 2xye^{xy^2}\sqrt{\xi}\cos\eta$$

$$= \xi^2\left[\frac{\sin 2\eta}{\sqrt{1+\eta^2}} - \frac{\eta\sin^2\eta}{(1+\eta^2)^{\frac{3}{2}}}\right]e^{\frac{\xi^2\sin^2\eta}{\sqrt{1+\eta^2}}}$$

**【例 10-74】** 设 $\dfrac{1}{z} + \dfrac{1}{y} = x^3 f\left(\dfrac{1}{x} + \dfrac{1}{y}\right)$，试求 $\dfrac{\partial z}{\partial x}$，$\dfrac{\partial z}{\partial y}$，其中 $f$ 是可微函数.

**解** 方程的两边分别对 $x$，$y$ 求导，得

$$-\frac{1}{z^2}\frac{\partial z}{\partial x} = 3x^2 f\left(\frac{1}{x}+\frac{1}{y}\right) + x^3 f'\left(\frac{1}{x}+\frac{1}{y}\right)\left(-\frac{1}{x^2}\right) - \frac{1}{z^2}\frac{\partial z}{\partial y} - \frac{1}{y^2}$$

$$= x^3 f'\left(\frac{1}{x}+\frac{1}{y}\right)\left(-\frac{1}{y^2}\right)$$

整理，得

$$\frac{\partial z}{\partial x} = xz^2 f'\left(\frac{1}{x}+\frac{1}{y}\right) - 3x^2 z^2 f\left(\frac{1}{x}+\frac{1}{y}\right), \quad \frac{\partial z}{\partial y} = \frac{x^3 z^2}{y^2}f'\left(\frac{1}{x}+\frac{1}{y}\right) - \frac{z^2}{y^2}$$

**【例 10-75】** 设 $z = xf\left(\dfrac{y}{x}\right) + yg\left(\dfrac{x}{y}\right)$，其中 $f(u)$，$g(v)$ 是二阶可微函数，试求 $\dfrac{\partial^2 z}{\partial x\,\partial y}$.

**解**

$$\frac{\partial z}{\partial x} = f\left(\frac{y}{x}\right) + xf'\left(\frac{y}{x}\right)\left(-\frac{y}{x^2}\right) + yg'\left(\frac{x}{y}\right)\frac{1}{y}$$

$$= f\left(\frac{y}{x}\right) - \frac{y}{x}f'\left(\frac{y}{x}\right) + g'\left(\frac{x}{y}\right)$$

$$\frac{\partial^2 z}{\partial x\,\partial y} = \frac{1}{x}f'\left(\frac{y}{x}\right) - \frac{1}{x}f'\left(\frac{y}{x}\right) - \frac{y}{x}f''\left(\frac{y}{x}\right)\frac{1}{x} + g''\left(\frac{x}{y}\right)\left(-\frac{x}{y^2}\right)$$

$$= -\frac{y}{x^2}f''\left(\frac{y}{x}\right) - \frac{x}{y^2}g''\left(\frac{x}{y}\right)$$

**【例 10-76】** 设 $u = u(\xi, \eta)$ 满足拉普拉斯方程 $\dfrac{\partial^2 u}{\partial \xi^2} + \dfrac{\partial^2 u}{\partial \eta^2} = 0$，试证：

$$w = w(x, y) = u(x^2 - y^2, 2xy)$$

也满足此方程，即

$$\frac{\partial^2 w}{\partial x^2} + \frac{\partial^2 w}{\partial y^2} = 0$$

**证** 容易计算

$$\frac{\partial w}{\partial x} = 2xu_1' + 2yu_2',$$

$$\frac{\partial^2 w}{\partial x^2} = 2u_1' + 4x^2 u_{11}'' + 4xyu_{12}'' + 4xyu_{21}'' + 4y^2 u_{22}''$$

$$\frac{\partial w}{\partial y} = -2yu_1' + 2xu_2'$$

$$\frac{\partial^2 w}{\partial y^2} = -2u_1' + 4y^2 u_{11}'' - 4xy u_{12}'' - 4xy u_{21}'' + 4x^2 u_{22}''$$

所以　　　　　　　　　　　　$$\frac{\partial^2 w}{\partial x^2} + \frac{\partial^2 w}{\partial y^2} = 0$$

【例 10-77】　设 $x^2 = vw$, $y^2 = uw$, $z^2 = uv$ 且 $f(x, y, z) = F(u, v, w)$, $x$, $y$, $z$ 均大于零.
试证:

$$xf_x' + yf_y' + zf_z' = uF_u' + vF_v' + wF_w'$$

证　根据条件得 $F(u, v, w) = f(\sqrt{vw}, \sqrt{uw}, \sqrt{uv})$, 两边分别关于 $u$, $v$, $w$ 求导, 得

$$F_u' = f_y' \frac{w}{2\sqrt{uw}} + f_z' \frac{v}{2\sqrt{uv}}$$

$$F_v' = f_x' \frac{w}{2\sqrt{vw}} + f_z' \frac{u}{2\sqrt{uv}}$$

$$F_w' = f_x' \frac{v}{2\sqrt{vw}} + f_y' \frac{u}{2\sqrt{uw}}$$

将上式依次乘以 $u$, $v$, $w$, 然后相加, 得

$$uF_u' + vF_v' + wF_w'$$

$$= f_y' \frac{uw}{2\sqrt{uw}} + f_z' \frac{uv}{2\sqrt{uv}} + f_x' \frac{vw}{2\sqrt{vw}} + f_z' \frac{uv}{2\sqrt{uv}} + f_x' \frac{vw}{2\sqrt{vw}} + f_y' \frac{uw}{2\sqrt{uw}}$$

$$= xf_x' + yf_y' + zf_z'$$

【例 10-78】　已知函数 $z = z(x, y)$ 由等式 $z^3 - 3xyz = a^3$ 确定, 试求函数 $z = z(x, y)$ 的一阶偏导数和二阶偏导数.

解　等式两边分别关于 $x$, $y$ 求导, 得

$$3z^2 \frac{\partial z}{\partial x} - 3yz - 3xy \frac{\partial z}{\partial x} = 0, \quad 3z^2 \frac{\partial z}{\partial y} - 3xz - 3xy \frac{\partial z}{\partial y} = 0$$

从中解得 $\dfrac{\partial z}{\partial x} = \dfrac{yz}{z^2 - xy}$, $\dfrac{\partial z}{\partial y} = \dfrac{xz}{z^2 - xy}$ ($z^2 \neq xy$). 上面所得两个等式两边再分别关于 $x$, $y$ 求导, 得

$$6z \left(\frac{\partial z}{\partial x}\right)^2 + 3z^2 \frac{\partial^2 z}{\partial x^2} - 3y \frac{\partial z}{\partial x} - 3y \frac{\partial z}{\partial x} - 3xy \frac{\partial^2 z}{\partial x^2} = 0$$

$$6z \frac{\partial z}{\partial y} \frac{\partial z}{\partial x} + 3z^2 \frac{\partial^2 z}{\partial x \partial y} - 3z - 3y \frac{\partial z}{\partial y} - 3x \frac{\partial z}{\partial x} - 3xy \frac{\partial^2 z}{\partial x \partial y} = 0$$

$$6z \frac{\partial z}{\partial x} \frac{\partial z}{\partial y} + 3z^2 \frac{\partial^2 z}{\partial y \partial x} - 3z - 3x \frac{\partial z}{\partial x} - 3y \frac{\partial z}{\partial y} - 3xy \frac{\partial^2 z}{\partial y \partial x} = 0$$

$$6z \left(\frac{\partial z}{\partial y}\right)^2 + 3z^2 \frac{\partial^2 z}{\partial y^2} - 3x \frac{\partial z}{\partial y} - 3x \frac{\partial z}{\partial y} - 3xy \frac{\partial^2 z}{\partial y^2} = 0$$

从中解得

$$\frac{\partial^2 z}{\partial x^2} = \frac{2y \dfrac{\partial z}{\partial x} - 2z \left(\dfrac{\partial z}{\partial x}\right)^2}{z^2 - xy}$$

$$\frac{\partial^2 z}{\partial x\,\partial y} = \frac{z + y\,\frac{\partial z}{\partial y} + x\,\frac{\partial z}{\partial x} - 2z\,\frac{\partial z}{\partial y}\,\frac{\partial z}{\partial x}}{z^2 - xy} = \frac{\partial^2 z}{\partial y\,\partial x}$$

$$\frac{\partial^2 z}{\partial y^2} = \frac{2x\,\frac{\partial z}{\partial y} - 2z\left(\frac{\partial z}{\partial y}\right)^2}{z^2 - xy}$$

再将 $\dfrac{\partial z}{\partial x} = \dfrac{yz}{z^2 - xy}$，$\dfrac{\partial z}{\partial y} = \dfrac{xz}{z^2 - xy}$ 代入上面的二阶偏导数，得

$$\frac{\partial^2 z}{\partial x^2} = -\frac{2xy^3 z}{(z^2 - xy)^3}$$

$$\frac{\partial^2 z}{\partial x\,\partial y} = \frac{\partial^2 z}{\partial y\,\partial x} = \frac{z(z^4 - 2z^2 xy - x^2 y^2)}{(z^2 - xy)^3} \quad (z^2 \neq xy)$$

$$\frac{\partial^2 z}{\partial y^2} = -\frac{2x^3 yz}{(z^2 - xy)^3}$$

**【例 10-79】** 已知函数 $u = u(x)$ 由方程组

$$\begin{cases} u = f(x,\ y,\ z) \\ g(x,\ y,\ z) = 0 \\ h(x,\ z) = 0 \end{cases}$$

所确定，其中函数 $f$，$g$，$h$ 均可微，且 $\dfrac{\partial g}{\partial y} \neq 0$，$\dfrac{\partial h}{\partial z} \neq 0$，求 $\dfrac{\mathrm{d}u}{\mathrm{d}x}$．

**解** 设 $y = y(x)$，$z = z(x)$ 为由两等式 $g(x,\ y,\ z) = 0$，$h(x,\ z) = 0$ 所确定的隐函数，对两等式的两边关于 $x$ 求导，得

$$g_x' + g_y'\,\frac{\mathrm{d}y}{\mathrm{d}x} + g_z'\,\frac{\mathrm{d}z}{\mathrm{d}x} = 0, \quad h_x' + h_z'\,\frac{\mathrm{d}z}{\mathrm{d}x} = 0$$

从中解得

$$\frac{\mathrm{d}z}{\mathrm{d}x} = -\frac{h_x'}{h_z'}$$

$$\frac{\mathrm{d}y}{\mathrm{d}x} = -\frac{g_x' + g_z'\,\dfrac{\mathrm{d}z}{\mathrm{d}x}}{g_y'} = -\frac{g_x' h_z' - g_z' h_x'}{g_y' h_z'}$$

从而

$$\frac{\mathrm{d}u}{\mathrm{d}x} = f_x' + f_y'\,\frac{\mathrm{d}y}{\mathrm{d}x} + f_z'\,\frac{\mathrm{d}z}{\mathrm{d}x} = f_x' - f_y'\left(\frac{g_x' h_z' - g_z' h_x'}{g_y' h_z'}\right) - f_z'\,\frac{h_x'}{h_z'}$$

**【例 10-80】** 已知：$\dfrac{x}{z} = \ln\dfrac{z}{y} + 1$，求全微分 $\mathrm{d}z$ 和二阶全微分 $\mathrm{d}^2 z$．

**解** 考虑到 $z = z(x,\ y)$，将已知等式微分，得

$$\frac{z\,\mathrm{d}x - x\,\mathrm{d}z}{z^2} = \frac{y}{z}\,\frac{y\,\mathrm{d}z - z\,\mathrm{d}y}{y^2}$$

即

$$yz\,\mathrm{d}x - xy\,\mathrm{d}z - yz\,\mathrm{d}z + z^2\,\mathrm{d}y = 0 \tag{10-31}$$

由此得

$$\mathrm{d}z = \frac{z(y\,\mathrm{d}x + z\,\mathrm{d}y)}{y(x + z)} \quad (x \neq -z)$$

对方程（10-31）两边取微分并简化，得
$$y(x+z)\,\mathrm{d}^2z = z\,\mathrm{d}x\,\mathrm{d}y + (z\,\mathrm{d}y - x\,\mathrm{d}y)\mathrm{d}z - y\,\mathrm{d}z^2$$
将 $\mathrm{d}z$ 的表达式代入，得
$$\mathrm{d}^2z = -\frac{z^2(y\,\mathrm{d}x - x\,\mathrm{d}y)^2}{y^2(x+z)^3}\quad(x\neq -z)$$

【例 10-81】 已知：$u = f(\sqrt{x^2+y^2})$，求二阶全微分 $\mathrm{d}^2u$.

**解** 把 $u$ 作为复合函数来微分，得
$$\mathrm{d}u = f'(\sqrt{x^2+y^2}) = f'\frac{x\,\mathrm{d}x + y\,\mathrm{d}y}{\sqrt{x^2+y^2}},$$
$$\mathrm{d}^2u = \mathrm{d}(f')\frac{x\,\mathrm{d}x + y\,\mathrm{d}y}{\sqrt{x^2+y^2}} + f'\mathrm{d}\left(\frac{x\,\mathrm{d}x + y\,\mathrm{d}y}{\sqrt{x^2+y^2}}\right)$$

因
$$\mathrm{d}(f') = f''\frac{x\,\mathrm{d}x + y\,\mathrm{d}y}{\sqrt{x^2+y^2}},\ \mathrm{d}\left(\frac{x\,\mathrm{d}x + y\,\mathrm{d}y}{\sqrt{x^2+y^2}}\right) = \frac{(y\,\mathrm{d}x - x\,\mathrm{d}y)^2}{\sqrt{(x^2+y^2)^3}}$$

所以有
$$\mathrm{d}^2u = f''\frac{(x\,\mathrm{d}x + y\,\mathrm{d}y)^2}{x^2+y^2} + f'\frac{(y\,\mathrm{d}x - x\,\mathrm{d}y)^2}{\sqrt{(x^2+y^2)^3}}\quad(x^2+y^2\neq 0)$$

【例 10-82】 试在曲面 $2x^2+y^2-z^2-2xy+1=0$ 上求一点，使得它到原点的距离最短.

**解** 设 $(x,y,z)$ 为已知曲面上的任意一点，则该点到原点的距离的平方
$$d^2 = x^2 + y^2 + z^2$$
记拉格朗日函数
$$L = x^2 + y^2 + z^2 + \lambda(2x^2+y^2-z^2-2xy+1)$$
并解方程组
$$L_x' = 2x + 4\lambda x - 2\lambda y = 0$$
$$L_y' = 2y + 2\lambda y - 2\lambda x = 0$$
$$L_z' = 2z - 2\lambda z = 0$$
$$L_\lambda' = 2x^2 + y^2 - z^2 - 2xy + 1 = 0$$
得驻点 $(0,0,-1)$ 和 $(0,0,1)$. 从而得到曲面到原点距离最小的点 $(0,0,-1)$ 和 $(0,0,1)$.

【例 10-83】 求旋转椭球面 $\frac{x^2}{96}+y^2+z^2=1$ 上，距离平面 $3x+4y+12z=288$ 最近和最远的点.

**解** 设 $(x,y,z)$ 为椭球面上的任意一点，则该点到平面的距离
$$d = \frac{|3x+4y+12z-288|}{\sqrt{3^2+4^2+12^2}} = \frac{1}{13}|3x+4y+12z-288|$$
记拉格朗日函数
$$L = (13d)^2 + \lambda(x^2+96y^2+96z^2-96) = (3x+4y+12z-288)^2 + \lambda(x^2+96y^2+96z^2-96)$$

并解方程组

$$L'_x = 6(3x + 4y + 12z - 288) + 2\lambda x = 0$$

$$L'_y = 8(3x + 4y + 12z - 288) + 192\lambda y = 0$$

$$L'_z = 24(3x + 4y + 12z - 288) + 192\lambda z = 0$$

$$L'_\lambda = x^2 + 96y^2 + 96z^2 - 96 = 0$$

得驻点 $\left(9, \dfrac{1}{8}, \dfrac{3}{8}\right)$ 和 $\left(-9, -\dfrac{1}{8}, -\dfrac{3}{8}\right)$. 因为

$$d\left(9, \frac{1}{8}, \frac{3}{8}\right) = \frac{256}{13}$$

$$d\left(-9, -\frac{1}{8}, -\frac{3}{8}\right) = \frac{320}{13}$$

所以 $\left(9, \dfrac{1}{8}, \dfrac{3}{8}\right)$ 为最近点，$\left(-9, -\dfrac{1}{8}, -\dfrac{3}{8}\right)$ 为最远点.

**【例 10-84】**　试求过点 $(2, 1, 1)$ 的平面方程，使其被第一卦限所截下的四面体体积最小.

**解**　设所求平面方程为

$$\frac{x}{a} + \frac{y}{b} + \frac{z}{c} = 1$$

则所得四面体的体积为

$$V = \frac{1}{6}abc$$

因为点 $(2, 1, 1)$ 在该平面上，所以有

$$\frac{2}{a} + \frac{1}{b} + \frac{1}{c} = 1$$

记拉格朗日函数

$$L = \frac{1}{6}abc + \lambda\left(\frac{2}{a} + \frac{1}{b} + \frac{1}{c} - 1\right)$$

并解方程组

$$L'_a = \frac{1}{6}bc - \frac{2\lambda}{a^2} = 0$$

$$L'_b = \frac{1}{6}ac - \frac{\lambda}{b^2} = 0$$

$$L'_c = \frac{1}{6}ab - \frac{\lambda}{c^2} = 0$$

$$L'_\lambda = \frac{2}{a} + \frac{1}{b} + \frac{1}{c} - 1 = 0$$

得驻点 $a = 6$，$b = c = 3$，从而所求平面方程为

$$\frac{x}{6} + \frac{y}{3} + \frac{z}{3} = 1$$

10.11　习题答案

# 习 题 10

1. 设 $f(x)$，$g(x)$ 二阶可导，证明：函数

$$u(x, y, z, t) = \frac{f(t+r)}{r} - \frac{g(t-r)}{r} \ (r = \sqrt{x^2 + y^2 + z^2})$$

满足方程

习题 10 答案

$$\frac{\partial^2 u}{\partial x^2} + \frac{\partial^2 u}{\partial y^2} + \frac{\partial^2 u}{\partial z^2} = \frac{\partial^2 u}{\partial t^2}.$$

2. 设 $u = g(r)$，其中 $r = \sqrt{x^2 + y^2 + z^2}$，证明：如果 $\frac{\partial^2 u}{\partial x^2} + \frac{\partial^2 u}{\partial y^2} + \frac{\partial^2 u}{\partial z^2} = 0$，则 $u = \frac{a}{r} + b$（其中 $a$，$b$ 为常数）.

3. 对于变换 $\begin{cases} u = \varphi(\xi, \eta) \\ v = \psi(\xi, \eta) \end{cases}$，$\begin{cases} \xi = f(x) \\ \eta = g(y) \end{cases}$，假设满足所需可导性条件，试证明：

$$\frac{\partial(u, v)}{\partial(x, y)} = f'(x) g'(y) \frac{\partial(u, v)}{\partial(\xi, \eta)}.$$

4. 如果两曲面在其交线上各点处法线互相垂直，就称两曲面是正交的. 证明：曲面 $S_1 : F_1(x, y, z) = 0$ 和曲面 $S_2 : F_2(x, y, z) = 0$ 正交的充要条件是，对交线上的每一点 $(x, y, z)$ 满足

$$\frac{\partial F_1}{\partial x} \frac{\partial F_2}{\partial x} + \frac{\partial F_1}{\partial y} \frac{\partial F_2}{\partial y} + \frac{\partial F_1}{\partial z} \frac{\partial F_2}{\partial z} = 0.$$

5. 已知：$\begin{cases} u = f(ux, v+y) \\ v = g(u-x, v^2 y) \end{cases}$，其中 $f$，$g$ 具有一阶连续偏导数，求 $\frac{\partial u}{\partial x}$，$\frac{\partial v}{\partial x}$.

6. 求函数 $f(x, y) = \frac{1}{\alpha} x^\alpha + \frac{1}{\beta} y^\beta$，$x > 0$，$y > 0$，$\alpha > 1$，$\frac{1}{\alpha} + \frac{1}{\beta} = 1$，在约束条件 $xy = 1$ 下的最小值，并

证明不等式

$$xy \le \frac{1}{\alpha} x^\alpha + \frac{1}{\beta} y^\beta$$

7. 试求函数 $f(x, y, z) = \ln x + \ln y + 3\ln z$ 在约束条件
$$x^2 + y^2 + z^2 = 5r^2 \ (x > 0, y > 0, z > 0)$$
下的极大值，并由此结果证明：对任何正实数 $a$，$b$，$c$ 都有不等式

$$abc^3 \le 27 \left(\frac{a+b+c}{5}\right)^5$$

8. 设有一小山，其底面位于 $xOy$ 坐标面且区域为 $D = \{(x, y) \mid x^2 + y^2 - xy \le 75\}$，小山的高度函数为 $h(x, y) = 75 - x^2 - y^2 + xy$.

(1) 设 $M(x_0, y_0) \in D$，求 $\mathbf{grad}\, h(x, y)\big|_{(x_0, y_0)}$；

(2) 试在 $D$ 的边界上找一点，使得 $\mathbf{grad}\, h(x, y)$ 的模为最大.

9. 求原点到曲线 $\begin{cases} x^2 + y^2 = z \\ x + y + z = 1 \end{cases}$ 的最长距离和最短距离.

10. 求函数 $f(u, v)$ 在点 $P(x_0, y_0, z_0)$ 处函数值增加最快的方向和速度，其中 $u = u(x, y, z)$，$v = v(x, y, z)$.

(1) $f = u + v$，$u = xyz$，$v = x^2 + y^2 + z^2$，$P(1, 1, 1)$；

(2) $f = uv$，$u = x^3 y^2 z$，$v = x^2 - 2y^2 - 3z^2$，$P(1, 1, 2)$.

# 第 11 章

# 重 积 分

重积分是多元函数积分学的一部分，是定积分思想和理论在多元函数情形的直接推广．本章将介绍二重积分和三重积分的定义、性质、计算方法及一些简单应用．最后，给出 $n$ 重积分概念的引例．

## 11.1 二重积分的定义与性质

### 11.1.1 两个引例

前面我们从计算曲边梯形的面积入手，引入了定积分的概念．与此类似，在这一节里我们从计算平面薄板的质量和计算曲顶柱体的体积入手，引出二重积分的概念．

**引例 1　平面薄板的质量**

设有一个平面薄板占有 $xOy$ 坐标平面上的有界闭区域 $\sigma$，它在点 $(x,y)$ 处的面密度是非负连续函数 $\mu(x,y)$，求此平面薄板的质量 $m$．

由于面密度不是常数，所以不能直接用面密度乘以面积来计算此平面薄板的质量．与前面计算曲边梯形的面积相类似，我们可以用分割、作积、求和、取极限的方法来解决这个问题，现详述如下：

（1）**分割**　用一组曲线把平面区域 $\sigma$ 任意地分割成 $n$ 个小闭区域 $\Delta\sigma_1,\Delta\sigma_2,\cdots,\Delta\sigma_n$，也就是把一个平面薄板任意地分割成 $n$ 个小薄板（见图 11-1）．

（2）**作积**　在每一个小闭区域 $\Delta\sigma_i$（其面积仍然用 $\Delta\sigma_i$ 表示）上任取一点 $(\xi_i,\eta_i)$，则由密度的连续性知小薄板 $\Delta\sigma_i$ 的质量

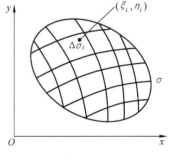

图　11-1

$$\Delta m_i \approx \mu(\xi_i,\eta_i)\Delta\sigma_i$$

简称以不变代变作积求 $\Delta m_i$ 的近似值．

（3）**求和**　整个平面薄板的质量可以近似地表示为

$$m = \sum_{i=1}^{n}\Delta m_i \approx \sum_{i=1}^{n}\mu(\xi_i,\eta_i)\Delta\sigma_i \tag{11-1}$$

（4）**取极限**　称 $\{\Delta\sigma_1,\Delta\sigma_2,\cdots,\Delta\sigma_n\}$ 为区域 $\sigma$ 的一个分法，简记为 $T$．称 $d(\Delta\sigma_i)=\sup\limits_{x,y\in\Delta\sigma_i}\rho(x,y)$ 为 $\Delta\sigma_i$ 的直径．称 $l(T)=\max\limits_{1\leqslant i\leqslant n}d(\Delta\sigma_i)$ 为分法 $T$ 的细度（或 $T$ 的直径）．现在，对式（11-1）两端同时令 $l(T)\to 0$ 取极限，就可以得到平面薄板质量的精确值，即

$$m = \lim_{l(T) \to 0} \sum_{i=1}^{n} \mu(\xi_i, \eta_i) \Delta \sigma_i \qquad (11\text{-}2)$$

**引例 2  曲顶柱体的体积**

所谓曲顶柱体，是指在空间直角坐标系中，以 $xOy$ 坐标平面上的有界闭区域 $\sigma$ 为底，以 $\sigma$ 的边界曲线为准线，以母线平行于 $z$ 轴的柱面为侧面，以曲面 $z = f(x,y)$（$f(x,y) \geq 0$ 是连续函数）为顶的立体.

与引例 1 类似，计算曲顶柱体的体积，仍然可以用分割、作积、求和、取极限的方法来解决，现详述如下：

（1）**分割**   用一组曲线把平面区域 $\sigma$ 任意地分割成 $n$ 个小片闭区域 $\Delta \sigma_1, \Delta \sigma_2, \cdots, \Delta \sigma_n$，并以这些小片闭区域为底，将原来的曲顶柱体分割成 $n$ 个细曲顶柱体（见图 11-2）.

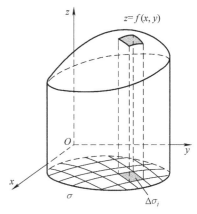

（2）**作积**   在每一个小片闭区域 $\Delta \sigma_i$（其面积也用 $\Delta \sigma_i$ 表示）上任取一点 $(\xi_i, \eta_i)$，则以 $\Delta \sigma_i$ 为底的细曲顶柱体的体积 $\Delta V_i$ 近似等于以 $\Delta \sigma_i$ 为底、以 $f(\xi_i, \eta_i)$ 为顶的平顶柱体的体积（因为 $f(x,y)$ 连续），故

$$\Delta V_i \approx f(\xi_i, \eta_i) \Delta \sigma_i$$

简称以不变代变作积求 $\Delta V_i$ 的近似值.

（3）**求和**   整个曲顶柱体的体积可近似地表示为

$$V = \sum_{i=1}^{n} \Delta V_i \approx \sum_{i=1}^{n} f(\xi_i, \eta_i) \Delta \sigma_i$$

图   11-2

（4）**取极限**   用 $l(T)$ 表示 $n$ 个小片闭区域的直径的最大值. 对上式两端同时令 $l(T) \to 0$ 取极限，就可以得到曲顶柱体的体积的精确值，即

$$V = \lim_{l(T) \to 0} \sum_{i=1}^{n} f(\xi_i, \eta_i) \Delta \sigma_i \qquad (11\text{-}3)$$

除了以上两个引例之外，还有很多实际问题都可以归结为求形如式（11-2）、式（11-3）的极限，这种类型的极限称为二重积分.

## 11.1.2   二重积分的定义

**定义 11-1**   设 $\sigma$ 是 $xOy$ 坐标平面上的有界闭区域，$f(x,y)$ 是 $\sigma$ 上的有界函数. 用一组曲线把平面区域 $\sigma$ 任意地分割成 $n$ 个小片闭区域 $\Delta \sigma_1, \Delta \sigma_2, \cdots, \Delta \sigma_n$，并用 $l(T)$ 表示这种分法的细度. 在每一个小片闭区域 $\Delta \sigma_i$（其面积也用 $\Delta \sigma_i$ 表示）上任取一点 $(\xi_i, \eta_i)$，并作和 $\sum_{i=1}^{n} f(\xi_i, \eta_i) \Delta \sigma_i$（称为黎曼和）. 如果当 $l(T) \to 0$ 时该黎曼和的极限总存在，则称此极限值为函数 $f(x,y)$ 在有界闭区域 $\sigma$ 上的二重积分，记作 $\displaystyle\iint_{\sigma} f(x,y) \mathrm{d}\sigma$，即

$$\iint_{\sigma} f(x,y) \mathrm{d}\sigma = \lim_{l(T) \to 0} \sum_{i=1}^{n} f(\xi_i, \eta_i) \Delta \sigma_i \qquad (11\text{-}4)$$

其中，$f(x,y)$ 称为被积函数，$f(x,y)\mathrm{d}\sigma$ 称为被积表达式，$\mathrm{d}\sigma$ 称为面积元素，$\sigma$ 称为积分区域，$x$ 与 $y$ 称为积分变量.

根据这个定义，引例 1 中平面薄板的质量为

$$m = \iint\limits_{\sigma} \mu(x,y)\mathrm{d}\sigma$$

引例 2 中曲顶柱体的体积为

$$V = \iint\limits_{\sigma} f(x,y)\mathrm{d}\sigma$$

这就是二重积分的几何意义.

在二重积分的定义中，对积分区域 $\sigma$ 的分割是任意的. 如果用平行于坐标轴的直线网格分割 $\sigma$，则除了包含边界点的一些不规则小区域外，其余的小区域均为矩形区域. 设矩形区域 $\Delta\sigma_i$ 的边长分别为 $\Delta x_j$ 和 $\Delta y_k$，则 $\Delta\sigma_i$ 的面积 $\Delta\sigma_i = \Delta x_j \Delta y_k$. 因此，在直角坐标系中有时把面积元素 $\mathrm{d}\sigma$ 记为 $\mathrm{d}x\mathrm{d}y$，并把二重积分记为

$$\iint\limits_{\sigma} f(x,y)\mathrm{d}x\mathrm{d}y$$

其中，$\mathrm{d}x\mathrm{d}y$ 称为直角坐标系中的面积元素.

如果函数 $f(x,y)$ 在有界闭区域 $\sigma$ 上的二重积分 $\iint\limits_{\sigma} f(x,y)\mathrm{d}\sigma$ 存在，则称函数 $f(x,y)$ 在有界闭区域 $\sigma$ 上黎曼可积（简称为可积）.

用 $<\varepsilon-\delta>$ 语言叙述可使定义 11-1 更加精确化.

**定义 11-2**　$\left\{ \iint\limits_{\sigma} f(x,y)\mathrm{d}\sigma = I \right\} \Leftrightarrow \{ \exists I \in \mathbf{R} : \forall \varepsilon > 0, \exists \delta(\varepsilon) > 0 : \forall T, (lT) < \delta, \forall \boldsymbol{\xi} =$

$[(\xi_i,\eta_i) \in \Delta\sigma_i, i = 1,2,\cdots,n] \rightarrow |\ \sigma_T(\boldsymbol{\xi},f)\ -\ I\ | = \left| \sum\limits_{i=1}^{n} f(\xi_i,\eta_i)\Delta\sigma_i - I \right| < \varepsilon \}$

**定理 11-1**　（可积的充分条件）

如果函数 $f(x,y)$ 在有界闭区域 $\sigma$ 上连续，则二重积分 $\iint\limits_{\sigma} f(x,y)\mathrm{d}\sigma$ 必存在，即 $f(x,y)$ 在 $\sigma$ 上可积.

## 11.1.3　二重积分的性质

二重积分的性质与定积分的性质完全类似. 由二重积分的定义，容易证明以下几个性质（假设以下二重积分都存在）.

**性质 1**　$\iint\limits_{\sigma} 1\mathrm{d}\sigma = \iint\limits_{\sigma} \mathrm{d}\sigma = \sigma$ 的面积.

**性质 2**　$\iint\limits_{\sigma} cf(x,y)\mathrm{d}\sigma = c\iint\limits_{\sigma} f(x,y)\mathrm{d}\sigma$，其中 $c$ 是任意常数.

**性质 3**　$\iint\limits_{\sigma} [f(x,y) \pm g(x,y)]\mathrm{d}\sigma = \iint\limits_{\sigma} f(x,y)\mathrm{d}\sigma \pm \iint\limits_{\sigma} g(x,y)\mathrm{d}\sigma$

**性质 4**（可加性）　如果 $\sigma$ 可以划分成两个有界闭区域 $\sigma_1$ 和 $\sigma_2$，且 $\sigma_1$ 和 $\sigma_2$ 没有公共

的内点，则

$$\iint_{\sigma} f(x,y)\mathrm{d}\sigma = \iint_{\sigma_1} f(x,y)\mathrm{d}\sigma + \iint_{\sigma_2} f(x,y)\mathrm{d}\sigma$$

**性质 5**（保号性）　如果 $f(x,y) \geqslant 0, (x,y) \in \sigma$，则

$$\iint_{\sigma} f(x,y)\mathrm{d}\sigma \geqslant 0$$

**性质 6**（保序性）　如果 $f(x,y) \geqslant g(x,y), (x,y) \in \sigma$，则

$$\iint_{\sigma} f(x,y)\mathrm{d}\sigma \geqslant \iint_{\sigma} g(x,y)\mathrm{d}\sigma$$

**性质 7**　如果 $m \leqslant f(x,y) \leqslant M, (x,y) \in \sigma$，则

$$m\sigma \leqslant \iint_{\sigma} f(x,y)\mathrm{d}\sigma \leqslant M\sigma$$

其中，不等式两端的 $\sigma$ 表示积分区域的面积.

**性质 8**

$$\left| \iint_{\sigma} f(x,y)\mathrm{d}\sigma \right| \leqslant \iint_{\sigma} \left| f(x,y) \right| \mathrm{d}\sigma$$

**性质 9**（对称奇偶性）　若区域 $\sigma$ 关于 $y$ 轴（即直线 $x=0$）对称，而 $\sigma_+ = \{(x,y)|(x,y) \in \sigma, x \geqslant 0\}$，则

$$\iint_{\sigma} f(x,y)\mathrm{d}\sigma = \begin{cases} 0 & \text{当} f(-x,y) = -f(x,y) \text{ 时} \\ 2\iint_{\sigma_+} f(x,y)\mathrm{d}\sigma & \text{当} f(-x,y) = f(x,y) \text{ 时} \end{cases}$$

若区域 $\sigma$ 关于 $x$ 轴（即直线 $y=0$）对称，而 $\sigma^+ = \{(x,y)|(x,y) \in \sigma, y \geqslant 0\}$，则

$$\iint_{\sigma} f(x,y)\mathrm{d}\sigma = \begin{cases} 0 & \text{当} f(x,-y) = -f(x,y) \text{ 时} \\ 2\iint_{\sigma^+} f(x,y)\mathrm{d}\sigma & \text{当} f(x,-y) = f(x,y) \text{ 时} \end{cases}$$

**性质 10**（二重积分的中值定理）　如果函数 $f(x,y)$ 在有界闭区域 $\sigma$ 上连续，则至少存在一点 $(\xi,\eta) \in \sigma$，使得

$$\iint_{\sigma} f(x,y)\mathrm{d}\sigma = f(\xi,\eta) \cdot \sigma \tag{11-5}$$

其中，等式右端的 $\sigma$ 表示积分区域的面积.

## 11.2　二重积分的计算

### 11.2.1　二重积分在直角坐标系下的计算

利用二重积分的定义来计算二重积分

$$\iint_{\sigma} f(x,y)\mathrm{d}x\,\mathrm{d}y$$

11.2　思维导图

是十分困难的，其解决办法就是将二重积分化为二次积分（即两次定积分）来计算.

为了方便起见，首先考虑如下两种特殊类型的积分区域 $\sigma$：

（1）$\sigma = \{(x,y) \mid a \leqslant x \leqslant b, \varphi_1(x) \leqslant y \leqslant \varphi_2(x)\}$，称这类区域为 $X$ – 型区域．其特点是，穿过区域 $\sigma$ 的内部并且垂直于 $x$ 轴的直线与 $\sigma$ 的边界曲线至多交于两点（见图 11-3）．

（2）$\sigma = \{(x,y) \mid c \leqslant y \leqslant d, \psi_1(y) \leqslant x \leqslant \psi_2(y)\}$，称这类区域为 $Y$ – 型区域．其特点是，穿过区域 $\sigma$ 的内部并且垂直于 $y$ 轴的直线与 $\sigma$ 的边界曲线至多交于两点（见图 11-4）．

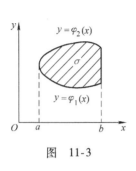

图 11-3

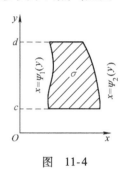

图 11-4

下面利用二重积分的几何意义来推导二重积分的计算公式．

首先，假设 $f(x,y)$ 是 $X$ – 型区域

$$\sigma = \{(x,y) \mid a \leqslant x \leqslant b, \varphi_1(x) \leqslant y \leqslant \varphi_2(x)\}$$

上的非负连续函数，则二重积分

$$\iint\limits_{\sigma} f(x,y)\,\mathrm{d}x\,\mathrm{d}y$$

的值就是以有界闭区域 $\sigma$ 为底，以曲面 $z = f(x,y)$ 为顶的曲顶柱体的体积．现在用平行于 $yOz$ 坐标面的平面 $x = x_i (x_i \in [a,b])$ 去截此曲顶柱体，则截面 $A(x_i)$ 是在平面 $x = x_i$ 上以 $z = f(x_i,y)$ 为曲边，以 $y_1 = \varphi_1(x_i)$，$y_2 = \varphi_2(x_i)$，$z = 0$ 为直边的曲边梯形（见图 11-5），其面积可用定积分表示为

$$A(x_i) = \int_{\varphi_1(x_i)}^{\varphi_2(x_i)} f(x_i,y)\,\mathrm{d}y$$

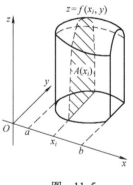

其中 $x_i$ 是常数．因此，曲顶柱体的体积

$$V = \int_a^b A(x)\,\mathrm{d}x = \int_a^b \left[ \int_{\varphi_1(x)}^{\varphi_2(x)} f(x,y)\,\mathrm{d}y \right] \mathrm{d}x$$

图 11-5

综上所述，对于 $X$ – 型区域 $\sigma$ 有计算公式

$$\iint\limits_{\sigma} f(x,y)\,\mathrm{d}x\,\mathrm{d}y = \int_a^b \left[ \int_{\varphi_1(x)}^{\varphi_2(x)} f(x,y)\,\mathrm{d}y \right] \mathrm{d}x$$

习惯上，将上式记作

$$\iint\limits_{\sigma} f(x,y)\,\mathrm{d}x\,\mathrm{d}y = \int_a^b \mathrm{d}x \int_{\varphi_1(x)}^{\varphi_2(x)} f(x,y)\,\mathrm{d}y \tag{11-6}$$

这样，式（11-6）左侧的二重积分便化为右侧的逐次积分（称为先对 $y$ 后对 $x$ 的二次积分），也就是先将 $f(x,y)$ 中的 $x$ 看作常数，对 $y$ 从 $\varphi_1(x)$ 到 $\varphi_2(x)$ 计算定积分，然后再将这个结果作为被积函数在 $[a,b]$ 上对 $x$ 计算定积分．

**注意** 在上面的推导过程中我们假设了 $f(x,y)$ 是区域 $\sigma$ 上的非负函数，这只是为了几

何上说明方便. 事实上, 式 (11-6) 的成立不受这个假设条件的限制.

按照同样的推导方法, 对于 $Y$ – 型区域

$$\sigma = \{ (x,y) \mid c \leqslant y \leqslant d,\ \psi_1(y) \leqslant x \leqslant \psi_2(y) \}$$

有计算公式

$$\iint\limits_{\sigma} f(x,y)\,\mathrm{d}x\,\mathrm{d}y = \int_c^d \left[ \int_{\psi_1(y)}^{\psi_2(y)} f(x,y)\,\mathrm{d}x \right] \mathrm{d}y$$

习惯上, 将上式记作

$$\iint\limits_{\sigma} f(x,y)\,\mathrm{d}x\,\mathrm{d}y = \int_c^d \mathrm{d}y \int_{\psi_1(y)}^{\psi_2(y)} f(x,y)\,\mathrm{d}x \tag{11-7}$$

**注意** 如果积分区域 $\sigma$ 既不是 $X$ – 型区域, 也不是 $Y$ – 型区域, 则可以把区域 $\sigma$ 划分成有限个没有公共内点的 $X$ – 型区域或 $Y$ – 型区域, 此时区域 $\sigma$ 上的二重积分等于各部分区域上的二重积分之和.

**【例 11-1】** 设 $\sigma$ 为 $y = cx$, $x = a$, $x = b$ 及 $x$ 轴所围成的区域 (参见图 11-6), 其中 $c > 0$, $b > a > 0$, 试计算 $\iint\limits_{\sigma} (x + y)\,\mathrm{d}\sigma$.

**解法 1** 这时 $\sigma$ 显然可表示为

$$\begin{cases} a \leqslant x \leqslant b \\ 0 \leqslant y \leqslant cx \end{cases}$$

这是 $X$ – 型区域, 故按式 (11-6), 有

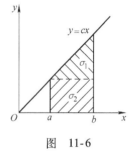

图 11-6

$$\begin{aligned} \iint\limits_{\sigma} (x + y)\,\mathrm{d}\sigma &= \int_a^b \mathrm{d}x \int_0^{cx} (x + y)\,\mathrm{d}y \\ &= \int_a^b \left[ xy + \frac{y^2}{2} \right]_0^{cx} \mathrm{d}x \\ &= \int_a^b \left( \frac{2c + c^2}{2} \right) x^2\,\mathrm{d}x \\ &= \frac{1}{6}(2c + c^2)(b^3 - a^3) \end{aligned}$$

**解法 2** 过点 $(a, ca)$ 作直线 $y = ca$, 分 $\sigma$ 为上、下两部分 $\sigma_1$, $\sigma_2$, 它们分别为 $Y$ – 型区域

$$\sigma_1 : \begin{cases} ca \leqslant y \leqslant cb \\ \dfrac{y}{c} \leqslant x \leqslant b \end{cases}, \qquad \sigma_2 : \begin{cases} 0 \leqslant y \leqslant ca \\ a \leqslant x \leqslant b \end{cases}$$

于是按式 (11-7), 有

$$\begin{aligned} \iint\limits_{\sigma} (x + y)\,\mathrm{d}\sigma &= \iint\limits_{\sigma_1} (x + y)\,\mathrm{d}\sigma + \iint\limits_{\sigma_2} (x + y)\,\mathrm{d}\sigma \\ &= \int_{ca}^{cb} \mathrm{d}y \int_{\frac{y}{c}}^{b} (x + y)\,\mathrm{d}x + \int_0^{ca} \mathrm{d}y \int_a^b (x + y)\,\mathrm{d}x \\ &= \int_{ca}^{cb} \left[ \frac{x^2}{2} + xy \right]_{\frac{y}{c}}^{b} \mathrm{d}y + \int_0^{ca} \left[ \frac{x^2}{2} + xy \right]_a^b \mathrm{d}y \\ &= \frac{1}{6}(2c + c^2)(b^3 - a^3) \end{aligned}$$

由此例可见在借助逐次积分计算二重积分时，首先应分析积分区域的形状，由此决定所选取的逐次积分顺序，次序选得是否得当常决定计算量的大小（甚至决定计算成功或失败），在计算时应充分注意.

【**例 11-2**】 计算 $\iint\limits_{\sigma} xy \, \mathrm{d}\sigma$，其中 $\sigma$ 为曲线 $y = x^2$，$y^2 = x$ 所围成的区域（参见图11-7）.

**解** 当逐次积分的上、下限明确时，可以略去 $\sigma$ 的不等式表示. 用式（11-6），得

$$\iint\limits_{\sigma} xy \, \mathrm{d}\sigma = \int_0^1 \mathrm{d}x \int_{x^2}^{\sqrt{x}} xy \, \mathrm{d}y$$

$$\int_0^1 \left[ x \frac{y^2}{2} \right]_{x^2}^{\sqrt{x}} \mathrm{d}x = \int_0^1 \frac{x}{2}(x - x^4) \, \mathrm{d}x = \frac{1}{12}$$

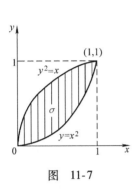

图 11-7

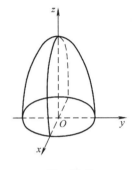

图 11-8

【**例 11-3**】 求椭圆抛物面（见图 11-8）

$$z = 1 - \frac{x^2}{a^2} - \frac{y^2}{b^2} \quad (a > 0, \ b > 0)$$

与 $xOy$ 平面所围成的体积.

**解** 此抛物面与 $xOy$ 平面的交线是椭圆

$$\frac{x^2}{a^2} + \frac{y^2}{b^2} = 1$$

将此椭圆在第一象限内的区域记作 $\sigma$，则由图 11-8 的对称性知所求的体积为

$$V = 4 \iint\limits_{\sigma} \left( 1 - \frac{x^2}{a^2} - \frac{y^2}{b^2} \right) \mathrm{d}\sigma$$

$$= 4 \int_0^b \mathrm{d}y \int_0^{\frac{a}{b}\sqrt{b^2 - y^2}} \left( 1 - \frac{x^2}{a^2} - \frac{y^2}{b^2} \right) \mathrm{d}x$$

$$= 4 \int_0^b \frac{2a}{3b^3} (b^2 - y^2)^{\frac{3}{2}} \mathrm{d}y$$

$$= \frac{8ab}{3} \int_0^{\frac{\pi}{2}} \cos^4 \theta \, \mathrm{d}\theta = \frac{\pi}{2} ab$$

【**例 11-4**】 计算 $\iint\limits_{\sigma} \mathrm{e}^{x^2} \mathrm{d}\sigma$，其中 $\sigma$ 是由 $y = x$，$y = 0$，$x = 1$ 所围成的区域.

**解** 用式（11-6），有

$$\iint\limits_{\sigma} e^{x^2} d\sigma = \int_0^1 dx \int_0^x e^{x^2} dy = \int_0^1 x e^{x^2} dx$$

$$= \frac{1}{2} e^{x^2} \Big|_0^1 = \frac{1}{2}(e - 1)$$

若采用式（11-7），有

$$\iint\limits_{\sigma} e^{x^2} d\sigma = \int_0^1 dy \int_y^1 e^{x^2} dx$$

其中，$\int_y^1 e^{x^2} dx$ 是不能用初等方法计算出来的. 从这个例子也可以看到式（11-6）与式（11-7），不仅有计算量多与少之分，而且还有能做出与不能做出之分. 因此，学会两个公式之间的互相换算，即交换逐次积分的次序，也是非常必要的.

【例 11-5】　交换逐次积分 $\int_a^b dx \int_a^x f(x,y) dy$ 的积分次序，其中 $0 < a < b$.

**解**　首先，要由所给逐次积分画出其所对应的二重积分的积分区域 $\sigma$，如图 11-9 所示.

$$\sigma: \begin{cases} a \leqslant x \leqslant b \\ a \leqslant y \leqslant x \end{cases}$$

表为 $Y$ – 型区域，则

$$\sigma: \begin{cases} a \leqslant y \leqslant b \\ y \leqslant x \leqslant b \end{cases}$$

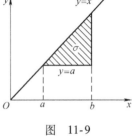

图　11-9

于是得

$$\int_a^b dx \int_a^x f(x,y) dy = \iint\limits_{\sigma} f(x,y) d\sigma = \int_a^b dy \int_y^b f(x,y) dx$$

这个公式称为狄利克雷公式.

【例 11-6】　试交换逐次积分

$$\int_0^1 dx \int_0^x f(x,y) dy + \int_1^2 dx \int_0^{2-x} f(x,y) dy$$

的积分次序.

**解**　由于所给两个逐次积分的函数是同一个，所以我们可以依次画出所对应的二重积分的积分区域 $\sigma_1$ 与 $\sigma_2$（参见图 11-10），并将其合并成为一个区域 $\sigma$，从而有

$$\int_0^1 dx \int_0^x f(x,y) dy + \int_1^2 dx \int_0^{2-x} f(x,y) dy$$

$$= \iint\limits_{\sigma} f(x,y) d\sigma = \int_0^1 dy \int_y^{2-y} f(x,y) dx$$

【例 11-7】　交换逐次积分

$$\int_0^{2a} dx \int_{\sqrt{2ax-x^2}}^{\sqrt{2ax}} f(x,y) dy, a > 0$$

的积分次序.

**解**　先由所给逐次积分画出其所对应的二重积分的积分区域 $\sigma$（参见图 11-11），由此知欲交换逐次积分次序，需将区域 $\sigma$ 分为三部分：$\sigma_1$，$\sigma_2$，$\sigma_3$，于是有

$$\int_0^{2a} dx \int_{\sqrt{2ax-x^2}}^{\sqrt{2ax}} f(x,y) dy$$

$$= \int_0^a dy \int_{\frac{y^2}{2a}}^{a-\sqrt{a^2-y^2}} f(x,y) dx + \int_0^a dy \int_{a+\sqrt{a^2-y^2}}^{2a} f(x,y) dx + \int_a^{2a} dy \int_{\frac{y^2}{2a}}^{2a} f(x,y) dx$$

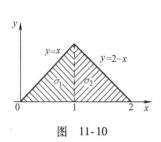

图　11-10

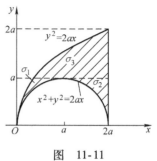

图　11-11

## 11.2.2　二重积分在极坐标系下的计算

与一元函数定积分的换元积分法一样，计算二重积分也有换元积分公式.

**定理 11-2**　设函数 $f(x,y)$ 在 $xOy$ 平面上的有界闭区域 $\sigma_{xy}$ 上连续，利用变量代换公式

$$x = x(u,v),\ y = y(u,v)$$

将 $uOv$ 坐标平面上的有界闭区域 $\sigma_{uv}$ 一对一地变为 $\sigma_{xy}$，并满足：

（1）$x = x(u,v)$，$y = y(u,v)$ 在 $\sigma_{uv}$ 上具有连续的一阶偏导数；

（2）雅可比行列式

$$J = \frac{\partial(x,y)}{\partial(u,v)} = \begin{vmatrix} \dfrac{\partial x}{\partial u} & \dfrac{\partial x}{\partial v} \\[2mm] \dfrac{\partial y}{\partial u} & \dfrac{\partial y}{\partial v} \end{vmatrix}$$

在 $\sigma_{uv}$ 内处处不等于零，或只是在 $\sigma_{uv}$ 内个别点或曲线上等于零，而在其他点上不等于零，则有二重积分的换元积分公式

$$\iint\limits_{\sigma_{xy}} f(x,y) dx\, dy = \iint\limits_{\sigma_{uv}} f(x(u,v),y(u,v)) \left| \frac{\partial(x,y)}{\partial(u,v)} \right| du\, dv \tag{11-8}$$

证明略.

当积分区域 $\sigma$ 是圆形、环形、圆扇形，被积函数是 $x^2+y^2$，$x^2-y^2$ 或 $xy$ 之一的复合函数时，用极坐标变换计算二重积分是比较方便的. 为此，引进极坐标 $(r,\theta)$ 如图 11-12 所示，则有关系式

$$\begin{cases} x = r\cos\theta \\ y = r\sin\theta \end{cases}$$

现将其视为变量 $x$，$y$ 与变量 $r$，$\theta$ 之间的一种变换，则雅可比行列式

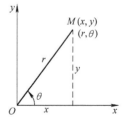

图　11-12

$$J = \frac{\partial(x,y)}{\partial(r,\theta)} = \begin{vmatrix} \dfrac{\partial x}{\partial r} & \dfrac{\partial x}{\partial \theta} \\[2mm] \dfrac{\partial y}{\partial r} & \dfrac{\partial y}{\partial \theta} \end{vmatrix} = r \geqslant 0$$

因此，由二重积分的换元积分公式（11-8），得

$$\iint\limits_{\sigma} f(x,y)\mathrm{d}x\,\mathrm{d}y = \iint\limits_{\sigma} f(r\cos\theta, r\sin\theta)r\,\mathrm{d}r\,\mathrm{d}\theta \tag{11-9}$$

这就是二重积分在极坐标系下的计算公式.

下面再用二重积分的定义推导上面的计算公式（11-9）.

假定从极点 $O$ 出发而且穿过闭区域 $\sigma$ 内部的射线与 $\sigma$ 的边界曲线最多有两个交点. 现在用从极点 $O$ 出发的一组射线：$\theta =$ 常数，以及以极点 $O$ 为圆心的一组同心圆：$r =$ 常数，把积分区域 $\sigma$ 分割成 $n$ 个小闭区域 $\Delta\sigma_i(i = 1,2,\cdots,n)$（见图 11-13），则除了包含边界点的一些小闭区域之外，其余的小闭区域 $\Delta\sigma_i$ 的面积都可以近似地表示为

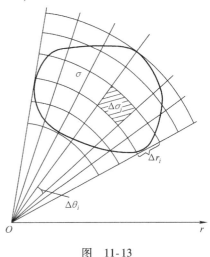

图　11-13

$$\begin{aligned} \Delta\sigma_i &= \frac{1}{2}(r_i + \Delta r_i)^2\Delta\theta_i - \frac{1}{2}r_i^2\Delta\theta_i \\ &= \frac{1}{2}(2r_i + \Delta r_i)\Delta r_i\Delta\theta_i \\ &= \frac{r_i + (r_i + \Delta r_i)}{2}\Delta r_i\Delta\theta_i \\ &= \bar{r}_i\Delta r_i\Delta\theta_i \end{aligned}$$

其中，$\bar{r}_i$ 表示相邻两个圆弧的半径的平均值. 在小闭区域 $\Delta\sigma_i$ 内取一点 $(\bar{r}_i,\bar{\theta}_i)$，该点的直角坐标设为 $(\xi_i,\eta_i)$，于是由直角坐标与极坐标之间的关系，得 $\xi_i = \bar{r}_i\cos\bar{\theta}_i$，$\eta_i = \bar{r}_i\sin\bar{\theta}_i$，因此由二重积分的定义，得

$$\begin{aligned} \iint\limits_{\sigma} f(x,y)\mathrm{d}x\,\mathrm{d}y &= \lim_{l(T)\to 0}\sum_{i=1}^{n} f(\xi_i,\eta_i)\Delta\sigma_i \\ &= \lim_{l(T)\to 0}\sum_{i=1}^{n} f(\bar{r}_i\cos\bar{\theta}_i, \bar{r}_i\sin\bar{\theta}_i)\bar{r}_i\Delta r_i\Delta\theta_i \\ &= \iint\limits_{\sigma} f(r\cos\theta, r\sin\theta)r\,\mathrm{d}r\,\mathrm{d}\theta \end{aligned}$$

这就是二重积分在极坐标系下的计算公式（11-9）.

与在直角坐标系中化 $\iint\limits_{\sigma} f(x,y)\mathrm{d}x\,\mathrm{d}y$ 为逐次积分公式（11-6）与式（11-7）一样，也可化式（11-9）的右端为先对 $r$ 后对 $\theta$ 的逐次积分. 因为这时可以视 $f(r\cos\theta, r\sin\theta)r$ 为其被积函数，且 $(r,\theta)$ 构成的极坐标系也可视为正交的直角坐标系，只要积分区域 $\sigma$ 可以表示成（见图 11-14）

$$\sigma = \{(r,\theta) \mid \alpha \leqslant \theta \leqslant \beta, \ r_1(\theta) \leqslant r \leqslant r_2(\theta)\}$$

就有

$$\iint\limits_{\sigma} f(x,y)\,\mathrm{d}x\,\mathrm{d}y = \iint\limits_{\sigma} f(r\cos\theta, r\sin\theta)r\,\mathrm{d}r\,\mathrm{d}\theta \tag{11-10}$$

$$= \int_{\alpha}^{\beta}\mathrm{d}\theta \int_{r_1(\theta)}^{r_2(\theta)} f(r\cos\theta, r\sin\theta)r\,\mathrm{d}r$$

特别地，当极点 $O$ 包含在积分区域 $\sigma$ 的内部，且 $\sigma$ 的边界曲线方程为 $r = r(\theta)$，$0 \leqslant \theta \leqslant 2\pi$（见图 11-15）时，积分区域 $\sigma$ 可以表示成

$$\sigma = \{(r,\theta) \mid 0 \leqslant \theta \leqslant 2\pi, \ 0 \leqslant r \leqslant r(\theta)\}$$

所以有

$$\iint\limits_{\sigma} f(r\cos\theta, r\sin\theta)r\,\mathrm{d}r\,\mathrm{d}\theta = \int_0^{2\pi}\mathrm{d}\theta \int_0^{r(\theta)} f(r\cos\theta, r\sin\theta)r\,\mathrm{d}r \tag{11-11}$$

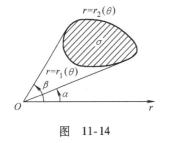

图　11-14

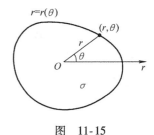

图　11-15

【例 11-8】　计算 $\iint\limits_{\sigma} x^2\mathrm{d}x\,\mathrm{d}y$，其中：

（1）$\sigma$ 是由上半圆 $y = \sqrt{1-x^2}$ 和 $x$ 轴所围成的区域；

（2）$\sigma$ 是由圆 $x^2 + y^2 = 1$ 和 $x^2 + y^2 = 4$ 所围成的环形区域.

**解**　（1）积分区域 $\sigma$ 是半圆形区域（见图 11-16a），在极坐标系下

$$\sigma = \{(r,\theta) \mid 0 \leqslant \theta \leqslant \pi, \ 0 \leqslant r \leqslant 1\}$$

因此，利用极坐标计算该积分，得

$$\iint\limits_{\sigma} x^2\mathrm{d}x\,\mathrm{d}y = \iint\limits_{\sigma} (r\cos\theta)^2 r\,\mathrm{d}r\,\mathrm{d}\theta = \int_0^{\pi}\mathrm{d}\theta \int_0^1 r^3\cos^2\theta\,\mathrm{d}r$$

$$= \int_0^{\pi}\frac{1}{4}\cos^2\theta\,\mathrm{d}\theta = \frac{\pi}{8}$$

（2）积分区域 $\sigma$ 的边界是两个圆（见图 11-16b），在极坐标系下

$$\sigma = \{(r,\theta) \mid 0 \leqslant \theta \leqslant 2\pi, \ 1 \leqslant r \leqslant 2\}$$

因此，利用极坐标计算该积分，得

$$\iint\limits_{\sigma} x^2\mathrm{d}x\,\mathrm{d}y = \iint\limits_{\sigma} (r\cos\theta)^2 r\,\mathrm{d}r\,\mathrm{d}\theta = \int_0^{2\pi}\mathrm{d}\theta \int_1^2 r^3\cos^2\theta\,\mathrm{d}r$$

$$= \int_0^{2\pi}\frac{15}{4}\cos^2\theta\,\mathrm{d}\theta = \frac{15}{4}\pi$$

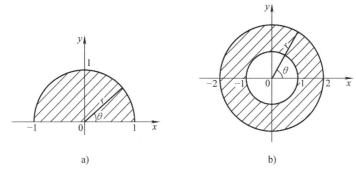

图　11-16

**【例 11-9】**　求半径为 $R$ 的球被半径为 $a$（$a < R$）的圆柱所割下部分的体积，其中假设圆柱的轴通过球的中心.

**解**　取球心为原点，圆柱的轴为 $z$ 轴，则

$$V = 2 \iint\limits_{\sigma} \sqrt{R^2 - x^2 - y^2} \, \mathrm{d}x \, \mathrm{d}y$$

此时 $\sigma$ 应是中心在原点，半径为 $a$ 的圆域，今改用极坐标有

$$V = 2 \iint\limits_{\sigma} \sqrt{R^2 - r^2} r \, \mathrm{d}r \, \mathrm{d}\theta = 2 \int_0^{2\pi} \mathrm{d}\theta \int_0^a \sqrt{R^2 - r^2} r \, \mathrm{d}r$$

$$= \frac{4}{3} \pi \left[ R^3 - (R^2 - a^2)^{\frac{3}{2}} \right]$$

**【例 11-10】**　求既属于半径为 $a$ 的球面内部，也属于通过球心，半径为 $\frac{a}{2}$ 的正圆柱面内部的几何体的体积（见图 11-17）.

**解**　取球心为原点，通过球心垂直于圆柱的平面作为 $xOy$ 面，取通过球心与圆柱的轴和 $xOy$ 面的交点的连线为 $x$ 轴，根据图形的对称性，可知所求的体积是界于 $zOx$、$xOy$ 以及上半球之间的部分圆柱体的体积的四倍.

球面的方程是 $x^2 + y^2 + z^2 = a^2$，按二重积分知，所求的体积为

$$V = 4 \iint\limits_{\sigma} \sqrt{a^2 - x^2 - y^2} \, \mathrm{d}\sigma$$

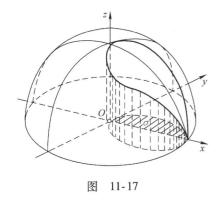

图　11-17

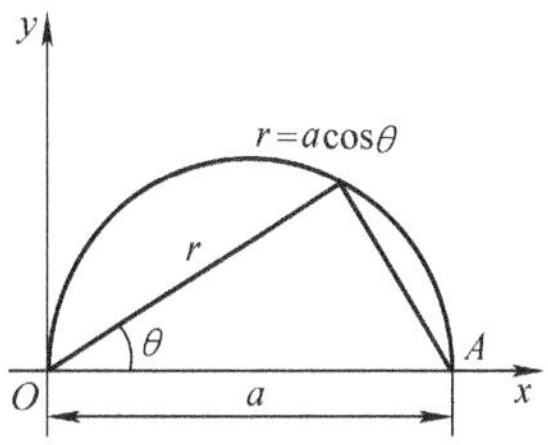

图　11-18

积分区域 $\sigma$ 为圆柱的半个底，其周界是由半圆周 $r = a \cos \theta$ 和 $x$ 轴上的线段 $OA$ 所组成，其中 $\theta$ 由 $0$ 变到 $\dfrac{\pi}{2}$（参见图 11-18），改用极坐标，则

$$V = 4\int_0^{\frac{\pi}{2}} \mathrm{d}\theta \int_0^{a\cos\theta} \sqrt{a^2 - r^2}\, r\mathrm{d}r = \int_0^{\frac{\pi}{2}} \left[ -\frac{4}{3}(a^2 - r^2)^{\frac{2}{3}} \right]_0^{a\cos\theta} \mathrm{d}\theta$$

$$= \frac{4}{3}\int_0^{\frac{\pi}{2}} \left[ a^3 - a^3\sin^3\theta \right]\mathrm{d}\theta = \frac{4}{3}a^3 \left[ \theta + \cos\theta - \frac{1}{3}\cos^3\theta \right]_0^{\frac{\pi}{2}}$$

$$= \frac{4}{3}a^3\left( \frac{\pi}{2} - \frac{2}{3} \right)$$

11.2　习题答案

## 11.3　二重积分例题选解

【例 11-11】　试交换下列逐次积分的积分次序：

（1）$I = \displaystyle\int_0^2 \mathrm{d}x \int_{x-2}^{4-x^2} f(x,y)\,\mathrm{d}y = \int_0^4 \mathrm{d}y \int_0^{\sqrt{4-y}} f(x,y)\,\mathrm{d}x + \int_{-2}^0 \mathrm{d}y \int_0^{y+2} f(x,y)\,\mathrm{d}x$

11.3　思维导图

（2）$I = \displaystyle\int_{-1}^1 \mathrm{d}x \int_{-\sqrt{1-x^2}}^{\sqrt{1-x^2}} f(x,y)\,\mathrm{d}y$

$\qquad = \displaystyle\int_0^1 \mathrm{d}y \int_{-\sqrt{1-y^2}}^{\sqrt{1-y^2}} f(x,y)\,\mathrm{d}x + \int_{-1}^0 \mathrm{d}y \int_{-\sqrt{1-y^2}}^{\sqrt{1-y^2}} f(x,y)\,\mathrm{d}x$

（3）$I = \displaystyle\int_{-1}^0 \mathrm{d}y \int_{1-\sqrt{1-y^2}}^{y+2} f(x,y)\,\mathrm{d}x + \int_0^1 \mathrm{d}y \int_{1-\sqrt{1-y^2}}^{1+\sqrt{1-y^2}} f(x,y)\,\mathrm{d}x$

$\qquad = \displaystyle\int_0^1 \mathrm{d}x \int_{-\sqrt{2x-x^2}}^{\sqrt{2x-x^2}} f(x,y)\,\mathrm{d}y + \int_1^2 \mathrm{d}x \int_{x-2}^{\sqrt{2x-x^2}} f(x,y)\,\mathrm{d}y$

（4）$I = \displaystyle\int_0^1 \mathrm{d}y \int_{\frac{y^2}{2}}^{\sqrt{3-y^2}} f(x,y)\,\mathrm{d}x$

$\qquad = \displaystyle\int_0^{\frac{1}{2}} \mathrm{d}x \int_0^{\sqrt{2x}} f(x,y)\,\mathrm{d}y + \int_{\frac{1}{2}}^{\sqrt{2}} \mathrm{d}x \int_0^1 f(x,y)\,\mathrm{d}y +$

$\qquad\quad \displaystyle\int_{\sqrt{2}}^{\sqrt{3}} \mathrm{d}x \int_0^{\sqrt{3-x^2}} f(x,y)\,\mathrm{d}y$

【例 11-12】　变换下面积分为极坐标系下的积分.

$$I = \int_0^1 \mathrm{d}x \int_{1-x}^{\sqrt{1-x^2}} f(x,y)\,\mathrm{d}y = \int_0^{\frac{\pi}{2}} \mathrm{d}\theta \int_{\frac{1}{\cos\theta + \sin\theta}}^1 f(r\cos\theta, r\sin\theta)\, r\,\mathrm{d}r$$

【例 11-13】　计算下列二重积分：

（1）$I = \displaystyle\iint\limits_{|x|+|y|\leqslant 1} (x+y)^2 \mathrm{d}x\,\mathrm{d}y$

$\qquad = \displaystyle\int_{-1}^0 \mathrm{d}x \int_{-x-1}^{x+1} (x+y)^2 \mathrm{d}y + \int_0^1 \mathrm{d}x \int_{x-1}^{1-x} (x+y)^2 \mathrm{d}y$

$\qquad = \displaystyle\frac{1}{3}\int_{-1}^0 \left[ (2x+1)^3 + 1 \right]\mathrm{d}x + \frac{1}{3}\int_0^1 \left[ 1 - (2x-1)^3 \right]\mathrm{d}x$

$\qquad = \displaystyle\frac{1}{3}\left( \frac{1}{8} - \frac{1}{8} + 1 \right) + \frac{1}{3}\left( 1 - \frac{1}{8} + \frac{1}{8} \right) = \frac{2}{3}$

(2) $I = \iint\limits_{D} \sin \sqrt{x^2 + y^2}\, \mathrm{d}x\, \mathrm{d}y \quad (D: \pi^2 \leqslant x^2 + y^2 \leqslant 4\pi^2)$

$\quad = \int_0^{2\pi} \mathrm{d}\theta \int_{\pi}^{2\pi} r \sin r\, \mathrm{d}r = 2\pi [-r\cos r + \sin r]_{\pi}^{2\pi} = -6\pi^2$

(3) $I = \iint\limits_{D} \sqrt{\dfrac{1 - x^2 - y^2}{1 + x^2 + y^2}}\, \mathrm{d}x\, \mathrm{d}y \quad (D: x^2 + y^2 \leqslant 1, x \geqslant 0, y \geqslant 0)$

$\quad = \int_0^{\frac{\pi}{2}} \mathrm{d}\theta \int_0^1 \sqrt{\dfrac{1 - r^2}{1 + r^2}}\, r\, \mathrm{d}r = \dfrac{\pi}{2} \times \dfrac{1}{2} \int_0^1 \sqrt{\dfrac{1 - t}{1 + t}}\, \mathrm{d}t$

$\quad = \dfrac{\pi}{4} \int_0^1 \dfrac{1 - t}{\sqrt{1 - t^2}}\, \mathrm{d}t = \dfrac{\pi}{4} \Big[ \int_0^1 \dfrac{\mathrm{d}t}{\sqrt{1 - t^2}} - \int_0^1 \dfrac{t}{\sqrt{1 - t^2}}\, \mathrm{d}t \Big]$

$\quad = \dfrac{\pi}{4} \Big[ \arcsin t + \sqrt{1 - t^2} \Big]_0^1$

$\quad = \dfrac{\pi}{8}(\pi - 2)$

(4) $I = \iint\limits_{|x| \leqslant 1, 0 \leqslant y \leqslant 1} |y - x^2|\, \mathrm{d}x\, \mathrm{d}y$

$\quad = \int_{-1}^1 \mathrm{d}x \int_{x^2}^1 (y - x^2)\, \mathrm{d}y + \int_{-1}^1 \mathrm{d}x \int_0^{x^2} (x^2 - y)\, \mathrm{d}y = \dfrac{11}{15}$

(5) $I = \iint\limits_{\substack{0 \leqslant x \leqslant \frac{\pi}{2} \\ 0 \leqslant y \leqslant \frac{\pi}{2}}} |\cos(x + y)|\, \mathrm{d}x\, \mathrm{d}y$

$\quad = \int_0^{\frac{\pi}{2}} \mathrm{d}x \int_0^{\frac{\pi}{2}-x} \cos(x + y)\, \mathrm{d}y - \int_0^{\frac{\pi}{2}} \mathrm{d}x \int_{\frac{\pi}{2}-x}^{\frac{\pi}{2}} \cos(x + y)\, \mathrm{d}y = \pi - 2$

(6) 试将二重积分

$$I = \iint\limits_{D} f(x, y)\, \mathrm{d}x\, \mathrm{d}y$$

其中，$D = \Big\{ (x, y) \in \mathbf{R}^2 \mid -a \leqslant x \leqslant a, \dfrac{x^2}{a} \leqslant y \leqslant a \Big\}$ 化

为极坐标系中的二次积分.

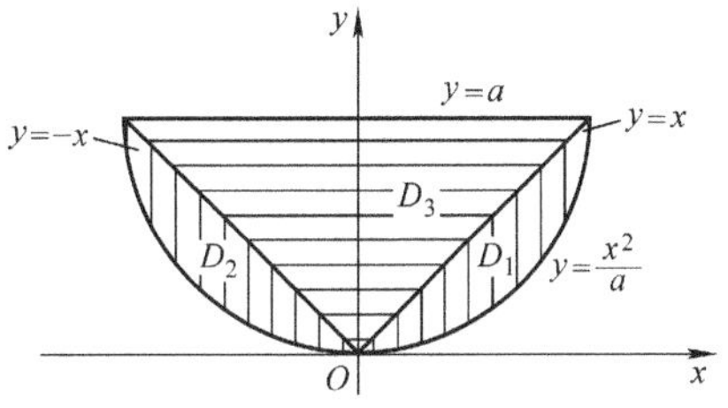

**解**　用直线 $y = x$ 与 $y = -x$，$y > 0$ 把积分区域 $D$

分成三个区域（见图11-19）

图　11-19

$\quad D_1 = \Big\{ (x, y) \in \mathbf{R}^2 \mid 0 \leqslant x \leqslant a, \dfrac{x^2}{a} \leqslant y \leqslant x \Big\}$

$\quad\quad D_2 = \Big\{ (x, y) \in \mathbf{R}^2 \mid -a \leqslant x \leqslant 0, \dfrac{x^2}{a} \leqslant y \leqslant -x \Big\}$

$\quad\quad D_3 = \{ (x, y) \in \mathbf{R}^2 \mid -a \leqslant x \leqslant a, |x| \leqslant y \leqslant a \}$

有

$$I = \sum_{j=1}^{3} \iint\limits_{D_j} f(x, y)\, \mathrm{d}x\, \mathrm{d}y$$

令 $x = r\cos\theta$, $y = r\sin\theta$, 则

$$I = \int_0^{\frac{\pi}{4}}\mathrm{d}\theta\int_0^{\frac{a\sin\theta}{\cos^2\theta}}f(r\cos\theta,r\sin\theta)r\,\mathrm{d}r + \int_{\frac{\pi}{4}}^{\frac{3\pi}{4}}\mathrm{d}\theta\int_0^{a\csc\theta}f(r\cos\theta,r\sin\theta)r\,\mathrm{d}r +$$

$$\int_{\frac{3\pi}{4}}^{\pi}\mathrm{d}\theta\int_0^{\frac{a\sin\theta}{\cos^2\theta}}f(r\cos\theta,r\sin\theta)r\,\mathrm{d}r$$

（7）计算二重积分

$$\iint\limits_{D}(x+y)\,\mathrm{d}x\,\mathrm{d}y$$

其中，$D$ 的边界为 $y^2 = 2x$, $x+y = 4$, $x+y = 12$.

**解** 解方程组

$$\begin{cases} y^2 = 2x \\ x+y = 4 \end{cases} \quad 与 \quad \begin{cases} y^2 = 2x \\ x+y = 12 \end{cases}$$

得 $x_1 = 2$, $x_2 = 8$ 与 $x_1 = 8$, $x_2 = 18$, 所以 $D = D_1 \cup D_2$, 其中

$$D_1 = \{(x,y) \in \mathbf{R}^2 \mid 2 \leqslant x \leqslant 8, 4-x \leqslant y \leqslant \sqrt{2x}\}$$

$$D_2 = \{(x,y) \in \mathbf{R}^2 \mid 8 \leqslant x \leqslant 18, -\sqrt{2x} \leqslant y \leqslant 12-x\}$$

$$I = \iint\limits_{D_1}(x+y)\,\mathrm{d}x\,\mathrm{d}y + \iint\limits_{D_2}(x+y)\,\mathrm{d}x\,\mathrm{d}y$$

$$= \int_2^8\mathrm{d}x\int_{4-x}^{\sqrt{2x}}(x+y)\,\mathrm{d}y + \int_8^{18}\mathrm{d}x\int_{-\sqrt{2x}}^{12-x}(x+y)\,\mathrm{d}y$$

$$= \frac{1}{2}\int_2^8(x+y)^2\Big|_{y=4-x}^{y=\sqrt{2x}}\mathrm{d}x + \frac{1}{2}\int_8^{18}(x+y)^2\Big|_{y=-\sqrt{2x}}^{y=2-x}\mathrm{d}x$$

$$= \int_2^8\left(\frac{x^2}{2} + \sqrt{2}x^{\frac{3}{2}} + x - 8\right)\mathrm{d}x + \int_8^{18}\left(72 - \frac{x^2}{2} + \sqrt{2}x^{\frac{3}{2}} - x\right)\mathrm{d}x$$

$$= 543\frac{11}{15}$$

（8）计算二重积分

$$I = \iint\limits_{\sigma}\sin(x^2y)\,\mathrm{d}x\,\mathrm{d}y$$

其中，$\sigma = \{(x,y) \in \mathbf{R}^2 \mid x^{\frac{2}{3}} + y^{\frac{2}{3}} \leqslant a^{\frac{2}{3}}\}$.

**解** 直接计算这个二重积分是很困难的。注意到被积函数是变量 $y$ 的奇函数，而积分区域 $\sigma$ 关于 $y = 0$（即 $x$ 轴）具有对称性，因此由重积分的对称奇偶性得知该积分值等于零，即 $I = 0$.

（9）试求四叶玫瑰线 $(x^2+y^2)^3 = a^2(x^2-y^2)^2$（其中 $a > 0$）所围成的平面区域 $\sigma$ 的面积。

**解** 在极坐标系下，四叶玫瑰线方程为

$$r = |a\cos 2\theta|, \quad 0 \leqslant \theta \leqslant 2\pi$$

注意到四叶玫瑰线的对称性（见图 11-20），所求面积 $A$

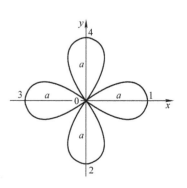

图　11-20

是区域 $\sigma_1$ 的面积的 8 倍，其中

$$\sigma_1 : \begin{cases} 0 \leqslant r \leqslant a\cos 2\theta \\ 0 \leqslant \theta \leqslant \dfrac{\pi}{4} \end{cases}$$

因此

$$A = \iint\limits_{\sigma} \mathrm{d}x\,\mathrm{d}y = 8\iint\limits_{\sigma_1} \mathrm{d}x\,\mathrm{d}y$$

$$= 8\iint\limits_{\sigma_1} r\,\mathrm{d}r\,\mathrm{d}\theta = 8\int_0^{\frac{\pi}{4}} \mathrm{d}\theta \int_0^{a\cos 2\theta} r\,\mathrm{d}r$$

$$= 4\int_0^{\frac{\pi}{4}} a^2 \cos^2 2\theta\,\mathrm{d}\theta = \frac{\pi}{2} a^2$$

（10）计算二重积分

$$I = \iint\limits_{D} \sqrt{\mid y - x^2 \mid}\,\mathrm{d}x\,\mathrm{d}y$$

其中，$D = \{(x,y) \in \mathbf{R}^2 \mid |x| \leqslant 1, 0 \leqslant y \leqslant 2\}$.

**解** 被积函数去掉绝对值符号，需考虑两个区域

$$D_1 = \{(x,y) \in \mathbf{R}^2 \mid |x| \leqslant 1, x^2 \leqslant y \leqslant 2\}$$
$$D_2 = \{(x,y) \in \mathbf{R}^2 \mid |x| \leqslant 1, 0 \leqslant y \leqslant x^2\}$$

且 $D = D_1 \cup D_2$，所以

$$I = \iint\limits_{D_1} \sqrt{y - x^2}\,\mathrm{d}x\,\mathrm{d}y + \iint\limits_{D_2} \sqrt{x^2 - y}\,\mathrm{d}x\,\mathrm{d}y$$

$$= \int_{-1}^1 \mathrm{d}x \int_{x^2}^2 \sqrt{y - x^2}\,\mathrm{d}y + \int_{-1}^1 \mathrm{d}x \int_0^{x^2} \sqrt{x^2 - y}\,\mathrm{d}y$$

$$= \frac{2}{3}\int_{-1}^1 \left[ (y - x^2)^{\frac{3}{2}} \Big|_{y=x^2}^{y=2} + (x^2 - y)^{\frac{3}{2}} \Big|_{y=x^2}^{y=0} \right]\mathrm{d}x$$

$$= \frac{1}{3} + \frac{2}{3}\int_{-1}^1 (2 - x^2)^{\frac{3}{2}}\mathrm{d}x$$

令 $t = \arcsin\dfrac{x}{\sqrt{2}}$，最后得

$$I = \frac{1}{3} + \int_{-\frac{\pi}{4}}^{\frac{\pi}{4}} \left( \frac{3}{2} + 2\cos 2t + \frac{\cos 4t}{2} \right)\mathrm{d}t$$

$$= \frac{\pi}{2} + \frac{5}{3}$$

（11）试求由曲线 $(x - y)^2 + x^2 = a^2\,(a > 0)$ 所围成的平面区域的面积.

**解** 设所求面积为 $p$，则

$$p = \iint\limits_{D} \mathrm{d}x\,\mathrm{d}y = \int_{-a}^a \mathrm{d}x \int_{x-\sqrt{a^2-x^2}}^{x+\sqrt{a^2-x^2}} \mathrm{d}y$$

$$= 2\int_{-a}^a \sqrt{a^2 - x^2}\,\mathrm{d}x = 4\int_0^a \sqrt{a^2 - x^2}\,\mathrm{d}x$$

令 $t = \arcsin \dfrac{x}{a}$, 得

$$p = 4a^2 \int_0^{\frac{\pi}{2}} \cos^2 t \, dt = 2a^2 \int_0^{\frac{\pi}{2}} (1 + \cos 2t) \, dt$$

$$= 2a^2 \left( t + \frac{\sin 2t}{2} \right) \Big|_0^{\frac{\pi}{2}} = \pi a^2$$

（12）试求由下列曲面

$$z = x^2 + y^2, y = x^2, y = 1, z = 0$$

围成的空间区域的体积.

**解** 由已知曲面所围成的空间区域, 为

$$T = \{ (x, y, z) \in \mathbf{R}^3 \mid -1 \leqslant x \leqslant 1, x^2 \leqslant y \leqslant 1, 0 \leqslant z \leqslant x^2 + y^2 \}$$

所以 $T$ 的体积为

$$V = \iint\limits_{D} (x^2 + y^2) \, dx \, dy$$

$$D = \{ (x, y) \in \mathbf{R}^2 \mid |x| \leqslant 1, x^2 \leqslant y \leqslant 1 \}$$

因此

$$V = \int_{-1}^{1} dx \int_{x^2}^{1} (x^2 + y^2) \, dy$$

$$= \int_{-1}^{1} \left( x^2 - x^4 + \frac{1}{3} - \frac{x^6}{3} \right) dx = \frac{88}{105}$$

（13）试求由曲面 $z = x^2 + y^2$, $z = x + y$ 所围成的空间区域的体积.

**解** 旋转抛物面 $z = x^2 + y^2$ 与平面 $z = x + y$ 的交线在 $xOy$ 平面上的投影方程为

$$\left( x - \frac{1}{2} \right)^2 + \left( y - \frac{1}{2} \right)^2 = \frac{1}{2}$$

所以

$$T = \left\{ (x, y, z) \in \mathbf{R}^3 \,\middle|\, \left( x - \frac{1}{2} \right)^2 + \left( y - \frac{1}{2} \right)^2 \leqslant \frac{1}{2}, x^2 + y^2 \leqslant z \leqslant x + y \right\}$$

$$V = \iint\limits_{D} (x + y - x^2 - y^2) \, dx \, dy$$

$$D = \left\{ (x, y) \in \mathbf{R}^2 \,\middle|\, \left( x - \frac{1}{2} \right)^2 + \left( y - \frac{1}{2} \right)^2 \leqslant \frac{1}{2} \right\}$$

做变量代换

$$x - \frac{1}{2} = r \cos \theta, \quad y - \frac{1}{2} = r \sin \theta$$

得

$$V = \int_0^{2\pi} d\theta \int_0^{\frac{1}{\sqrt{2}}} \left( \frac{r}{2} - r^3 \right) dr = \frac{\pi}{8}$$

（14）计算二重积分 $\iint\limits_{\Omega} y^3 dx \, dy$, 其中 $\Omega$ 是由两条抛物线 $y = x^2$, $y = 2x^2$ 与两条双曲线

$xy=1$ 与 $xy=2$ 所围成的区域（见图 11-21）.

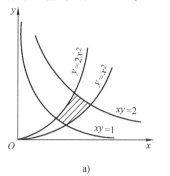
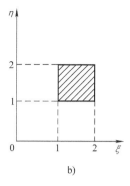

图 11-21

**解** 考虑当 $x \geq 0$ 时的连续可微映射 $F$：

$$\xi = \frac{y}{x^2}, \quad \eta = xy$$

它将闭区域 $\Omega$ 映射成正方形 $\omega = \{(\xi, \eta) \mid 1 \leq \xi \leq 2, 1 \leq \eta \leq 2\}$. 映射 $F$ 是一一映射，且可解得

$$x = \xi^{-\frac{1}{3}} \eta^{\frac{1}{3}}, \qquad y = \xi^{\frac{1}{3}} \eta^{\frac{2}{3}}$$

计算雅可比行列式

$$J = \begin{vmatrix} \dfrac{\partial x}{\partial \xi} & \dfrac{\partial x}{\partial \eta} \\ \dfrac{\partial y}{\partial \xi} & \dfrac{\partial y}{\partial \eta} \end{vmatrix} = -\frac{1}{3\xi}, |J| = \frac{1}{3|\xi|}$$

因 $y^3 = \xi \eta^2$，故有

$$\iint_{\Omega} y^3 \mathrm{d}x \, \mathrm{d}y = \iint_{\omega} \xi \eta^2 \mid J(\xi, \eta) \mid \mathrm{d}\xi \, \mathrm{d}\eta = \frac{1}{3} \iint_{\omega} \eta^2 \mathrm{d}\xi \, \mathrm{d}\eta$$

$$= \frac{1}{3} \int_1^2 \mathrm{d}\xi \int_1^2 \eta^2 \mathrm{d}\eta = \frac{7}{9}$$

**典型计算题 1**

试求由下列曲线所围成的平面图形的面积，画出草图.

1. $y = \sqrt{x}$，$y = \dfrac{1}{x}$，$x = 16$

2. $x = 27 - y^2$，$-x = 6y$

3. $y = \sin x$，$y = \cos x$（$x \leq 0$）

4. $y = 3\sqrt{x}$，$y = \dfrac{3}{x}$，$x = 9$

5. $y = \dfrac{1}{x}$，$y = 6\mathrm{e}^x$，$y = 1$，$y = 6$

6. $y = 11 - x^2$，$y = -10x$

7. $y = \dfrac{2}{x}$，$y = 7\mathrm{e}^x$，$y = 2$，$y = 7$

8. $y = \dfrac{2}{x}$, $y = 5\mathrm{e}^x$, $y = 2$, $y = 5$

9. $y = 20 - x^2$, $y = -8x$

10. $xy = 4$, $x + y = 5$

11. $y = \sqrt{x}$, $y = 2\sqrt{x}$, $x = 4$

12. $y^2 = 4ax + 4a^2$, $x + y = 2a$ （$a > 0$）

13. $y = \dfrac{3}{x}$, $y = 4\mathrm{e}^x$, $y = 3$, $y = 4$

14. $x = 1$, $y = \sqrt[3]{x}$, $y = -x^3$

15. $x = 1$, $y = x^3$, $y = -\sqrt{x}$

16. $x = \sqrt{36 - y^2}$, $x = 6 - \sqrt{36 - y^2}$

17. $x = 8 - y^2$, $x = -2y$

18. $y = \dfrac{1}{2\sqrt{x}}$, $y = \dfrac{1}{2x}$, $x = 16$

19. $x = 5 - y^2$, $x = -4y$

20. $y = \dfrac{3}{2}\sqrt{x}$, $y = \dfrac{3}{2x}$, $x = 9$

21. $x^2 + y^2 = 4x$, $x^2 + y^2 = 8x$, $y = 0$, $y = \dfrac{x}{\sqrt{3}}$

22. $x^2 + y^2 = 8y$, $x^2 + y^2 = 10y$, $y = \dfrac{x}{\sqrt{3}}$, $y = \sqrt{3}x$

23. $x^2 + y^2 = 10y$, $x^2 + y^2 = 6y$, $y = x$, $x = 0$

24. $(x^2 + y^2)^2 = 2a^2(x^2 - y^2)$ （$a > 0$）

25. $x^2 + y^2 = 4y$, $x^2 + y^2 = 8y$, $y = \sqrt{3}x$, $x = 0$

26. $(x^2 + y^2)^3 = x^4 + y^4$

27. $x^2 + y^2 = 6x$, $x^2 - 10x + y^2 = 0$, $y = \dfrac{x}{\sqrt{3}}$, $y = \sqrt{3}x$

28. $(x^2 + y^2)^2 = a^2xy$ （$a > 0$）

29. $(x^2 + y^2)^2 = a^2(y^2 - x^2)$ （$a > 0$）

30. $(x^2 + y^2)^5 = a^4x^4y^2$

**典型计算题 2**

试求下列曲线所围成的平面薄片的质量，其中 $\mu$ 是面密度.

1. $(x^2 + y^2)^2 = 4xy$；$\mu = 1$

2. $(x^2 + y^2)^2 = 2ax^3$ （$a > 0$）；$\mu = 1$

3. $x^2 + y^2 = 1$, $x^2 + y^2 = 4$, $x = 0$, $y = 0$ （$x \geq 0$, $y \geq 0$）；$\mu = \dfrac{x + y}{x^2 + y^2}$

4. $x^2 + y^2 = 4y$, $x^2 + y^2 = 8y$, $y = \sqrt{3}x$, $x = 0$；$\mu = 1$

5. $x^2 + y^2 = 4$, $x^2 + y^2 = 25$, $x = 0$, $y = 0$ （$x \geq 0$, $y \leq 0$）；$\mu = \dfrac{2x - 3y}{x^2 + y^2}$

6. $x^2 + y^2 = 4$，$x^2 + y^2 = 9$，$x = 0$，$y = 0$ $(x \leqslant 0,\ y \geqslant 0)$；$\mu = \dfrac{y - 2x}{x^2 + y^2}$

7. $(x^2 + y^2)^3 = a^2 y^4$；$\mu = 1$

8. $(x^2 + y^2)^5 = a^6 x^3 y$；$\mu = 1$

9. $(x^2 + y^2)^3 = 4x^2 y^2$；$\mu = 1$

10. $x^2 + y^2 = 1$，$x^2 + y^2 = 9$，$y = \dfrac{x}{\sqrt{3}}$，$y = \sqrt{3}x$ $(x > 0,\ y > 0)$；$\mu = \arctan \dfrac{y}{x}$

11. $(x^2 + y^2)^3 = 2x^2 y^2$；$\mu = 1$

12. $x^2 + y^2 = 1$，$x^2 + y^2 = 25$，$x = 0$，$y = 0$ $(x \geqslant 0,\ y \leqslant 0)$；$\mu = \dfrac{x - 4y}{x^2 + y^2}$

13. $x^2 + y^2 = 4$，$x^2 + y^2 = 16$，$x = 0$，$y = 0$ $(x \geqslant 0,\ y \leqslant 0)$；$\mu = \dfrac{3x - y}{x^2 + y^2}$

14. $x^2 + y^2 = 4y$，$x^2 + y^2 = 10y$，$y = \dfrac{x}{\sqrt{3}}$，$y = \sqrt{3}x$；$\mu = 1$

15. $x^2 + y^2 = 2y$，$x^2 + y^2 = 6y$，$y = \dfrac{x}{\sqrt{3}}$，$x = 0$；$\mu = 1$

16. $x^2 + y^2 = 9$，$x^2 + y^2 = 25$，$x = 0$，$y = 0$ $(x \leqslant 0,\ y \geqslant 0)$；$\mu = \dfrac{y - 2x}{x^2 + y^2}$

17. $x^2 + y^2 = 2y$，$x^2 + y^2 = 6y$，$y = \dfrac{x}{\sqrt{3}}$，$x = 0$ $(x \geqslant 0,\ y \geqslant 0)$；$\mu = \dfrac{x + 2y}{x^2 + y^2}$

18. $x^2 + y^2 = 2x$，$x^2 + y^2 = 4x$，$y = \dfrac{x}{\sqrt{3}}$，$y = \sqrt{3}x$；$\mu = 1$

19. $x^2 + y^2 = 1$，$x^2 + y^2 = 9$，$x = 0$，$y = 0$ $(x \geqslant 0,\ y \leqslant 0)$；$\mu = \dfrac{x - y}{x^2 + y^2}$

20. $x^2 + y^2 = 4$；$\mu = \ln(1 + x^2 + y^2)$

21. $x = 1$，$y = 0$，$y^2 = 4x$ $(y \geqslant 0)$；$\mu = 7x^2 + y$

22. $x = 2$，$y = 0$，$y^2 = \dfrac{x}{2}$ $(y \geqslant 0)$；$\mu = 7x^2 + 6y$

23. $x = 1$，$y = 0$，$y^2 = x$ $(y \geqslant 0)$；$\mu = 3x + 6y^2$

24. $x = \dfrac{1}{2}$，$y = 0$，$y^2 = 8x$ $(y \geqslant 0)$；$\mu = 7x + 3y^2$

25. $y = x^2$，$y = \sqrt{x}$；$\mu = x + 2y$

26. $x^2 = 4y$，$y = 1$，$x = 0$ $(x > 0)$；$\mu = 4 + y$

27. $x^2 + y^2 = 2y$，$x + y = 2$ $(x > 0,\ y > 0)$；$\mu = xy$

28. $x = 2$，$y = 0$，$y^2 = 2x$ $(y \geqslant 0)$；$\mu = 7x^2 + y$

29. $x = \dfrac{1}{4}$，$y = 0$，$y^2 = 16x$ $(y \geqslant 0)$；$\mu = 16x + 9y^2$

30. $y = x^2$，$x + y = 2$，$x = 0$ $(x > 0,\ y > 0)$；$\mu = 2xy^2$

**典型计算题 3**

试求由下列曲面围成的体积.

1. $x^2+y^2=2$，$y=\sqrt{x}$，$y=0$，$z=0$，$z=15x$

2. $x^2+y^2=2y$，$z=x^2+y^2$，$z=0$

3. $x+y=2$，$y=\sqrt{x}$，$z=12y$，$z=0$

4. $x^2+y^2=6x$，$x^2+y^2=9x$，$z=\sqrt{x^2+y^2}$，$z=0$，$y=0$ $(y\leqslant 0)$

5. $x^2+y^2=2$，$x=\sqrt{y}$，$x=0$，$z=0$，$z=30y$

6. $x^2+y^2=4x$，$z=10-y^2$，$z=0$

7. $x^2+y^2=8\sqrt{2}y$，$z=x^2+y^2$，$z=0$

8. $y=6\sqrt{3x}$，$y=\sqrt{3x}$，$z=0$，$x+z=8$

9. $x+y=4$，$x=\sqrt{2y}$，$z=\dfrac{3}{5}x$，$z=0$

10. $x+y=6$，$y=\sqrt{3x}$，$z=4y$，$z=0$

11. $y=\sqrt{x}$，$y=2\sqrt{x}$，$z=0$，$x+z=6$

12. $2x+3y-12=0$，$z=\dfrac{1}{2}y^2$，$x=0$，$y=0$，$z=0$

13. $z=4-x^2$，$2x+y=4$，$x=0$，$y=0$，$z=0$ $(x\geqslant 0)$

14. $2y^2=x$，$x+2y+z=4$，$z=0$

15. $y=\dfrac{x^2}{2}$，$z=0$，$z=4-y^2$

16. $z=x^2-y^2$，$z=0$，$x=3$

17. $\dfrac{x^2}{4}+y^2=1$，$z=12-3x-4y$，$z=1$

18. $z=xy$，$x+y=2$，$z=0$

19. $z=x^2+y^2$，$y=x^2$，$x+y=2$，$z=0$

20. $x^2+y^2=3y$，$x^2+y^2=6y$，$z=\sqrt{x^2+y^2}$，$z=0$

11.3　习题答案

11.4　思维导图

# 11.4　三重积分的定义、计算及应用

## 11.4.1　三重积分的定义

将二重积分的概念完全类似地推广到三维欧氏空间 $\mathbf{R}^3$ 中，就得到以下三重积分的概念.

**定义 11-3**　设 $V$ 是 $\mathbf{R}^3$ 中的有界闭区域，$f(x,y,z)$ 是 $V$ 上的有界函数. 将 $V$ 任意地分割成 $n$ 个小块闭区域 $\Delta V_1,\Delta V_2,\cdots,\Delta V_n$，并用 $l(T)$ 表示 $n$ 个小块闭区域的直径的最大值. 在每一个小块闭区域 $\Delta V_i$（其体积也用 $\Delta V_i$ 表示）上任取一点$(\xi_i,\eta_i,\varsigma_i)$，并作和 $\displaystyle\sum_{i=1}^{n} f(\xi_i,\eta_i,\varsigma_i)\Delta V_i$（称为**黎曼和**）. 如果当 $l(T)\to 0$ 时该黎曼和的极限总存在，则称此极限值为函数 $f(x,y,z)$ 在有界闭区域 $V$ 上的**三重积分**，记作 $\displaystyle\iiint\limits_{V} f(x,y,z)\mathrm{d}V$，即

$$\iiint\limits_V f(x,y,z)\mathrm{d}V = \lim_{l(T)\to 0}\sum_{i=1}^{n} f(\xi_i,\eta_i,\varsigma_i)\Delta V_i \tag{11-12}$$

其中，$f(x,y,z)$ 称为**被积函数**，$f(x,y,z)\mathrm{d}V$ 称为**被积表达式**，$\mathrm{d}V$ 称为**体积元素**，$V$ 称为**积分区域**，$x$、$y$、$z$ 称为**积分变量**.

**思考题** 试用 $<\varepsilon - \delta>$ 语言叙述定义 11-3.

在三重积分的定义中，对积分区域 $V$ 的分割是任意的. 如果用平行于坐标面的平面来分割 $V$，则除了包含边界点的一些不规则小块闭区域外，其余的小块闭区域均为长方体区域. 因此，在直角坐标系中有时把体积元素 $\mathrm{d}V$ 记为 $\mathrm{d}x\,\mathrm{d}y\,\mathrm{d}z$，并把三重积分记为

$$\iiint\limits_V f(x,y,z)\mathrm{d}x\,\mathrm{d}y\,\mathrm{d}z$$

其中，$\mathrm{d}x\,\mathrm{d}y\,\mathrm{d}z$ 称为直角坐标系中的体积元素.

由式（11-12）易知，当 $f(x,y,z)\equiv 1$ 时，$\iiint\limits_V f(x,y,z)\mathrm{d}V$ 的值等于积分区域 $V$ 的体积，即

$$\iiint\limits_V 1\,\mathrm{d}V = \iiint\limits_V \mathrm{d}V = V\text{ 的体积}$$

如果函数 $f(x,y,z)$ 表示物体 $V$ 的体密度，则 $\iiint\limits_V f(x,y,z)\mathrm{d}V$ 的值等于该物体 $V$ 的质量 $m$，即

$$m = \iiint\limits_V f(x,y,z)\mathrm{d}V$$

**定理 11-3**（可积的充分条件） 如果函数 $f(x,y,z)$ 在有界闭区域 $V$ 上连续，则三重积分 $\iiint\limits_V f(x,y,z)\mathrm{d}V$ 必存在.

因为三重积分的性质与二重积分的性质完全类似，故这里不再重述.

## 11.4.2 三重积分在直角坐标系下的计算

在直角坐标系下计算三重积分 $\iiint\limits_V f(x,y,z)\mathrm{d}x\,\mathrm{d}y\,\mathrm{d}z$ 时，首先要把它化成一个定积分与一个二重积分的逐次积分形式，然后再进行具体计算.

**1. 投影法**（先一后二法）

若积分区域 $V$ 可以表示为

$$V = \{(x,y,z)\,|\,h(x,y)\leqslant z\leqslant g(x,y),(x,y)\in\sigma_{xy}\}$$

其中，$\sigma_{xy}$ 是 $xOy$ 坐标平面上的有界闭区域（即积分区域 $V$ 在 $xOy$ 坐标平面上的投影区域），$h(x,y)$ 和 $g(x,y)$ 在 $\sigma_{xy}$ 的内部是单值函数，即平行于 $z$ 轴且穿过积分区域 $V$ 内部的直线与 $V$ 的边界曲面的交点不多于两个（见图 11-22），则有计算公式

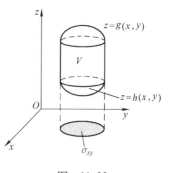

图 11-22

$$\iiint\limits_{V} f(x,y,z)\, dx\, dy\, dz = \iint\limits_{\sigma_{xy}} \left[ \int_{h(x,y)}^{g(x,y)} f(x,y,z)\, dz \right] dx\, dy \qquad (11\text{-}13)$$

其计算次序是，先计算定积分 $\int_{h(x,y)}^{g(x,y)} f(x,y,z)\, dz$ 得到二元函数 $A(x,y)$，再计算二重积分 $\iint\limits_{\sigma_{xy}} A(x,y)\, dx\, dy$.

若 $\sigma_{xy}$ 是 $X$–型区域，即

$$\sigma_{xy} = \{(x,y) \mid a \leqslant x \leqslant b, \varphi_1(x) \leqslant y \leqslant \varphi_2(x)\}$$

则式（11-13）可进一步化为三次积分

$$\iiint\limits_{V} f(x,y,z)\, dx\, dy\, dz = \int_a^b dx \int_{\varphi_1(x)}^{\varphi_2(x)} dy \int_{h(x,y)}^{g(x,y)} f(x,y,z)\, dz \qquad (11\text{-}14)$$

若 $\sigma_{xy}$ 是 $Y$–型区域，即

$$\sigma_{xy} = \{(x,y) \mid c \leqslant y \leqslant d, \psi_1(y) \leqslant x \leqslant \psi_2(y)\}$$

则式（11-13）可进一步化为三次积分

$$\iiint\limits_{V} f(x,y,z)\, dx\, dy\, dz = \int_c^d dy \int_{\psi_1(y)}^{\psi_2(y)} dx \int_{h(x,y)}^{g(x,y)} f(x,y,z)\, dz \qquad (11\text{-}15)$$

与上类似，若平行于 $x$ 轴或 $y$ 轴且穿过积分区域 $V$ 内部的直线与 $V$ 的边界曲面的交点不多于两个，那么也可以把积分区域 $V$ 投影到 $yOz$ 坐标平面或 $xOz$ 坐标平面上，从而得到与上不同计算次序的计算公式.

另外，若平行于坐标轴且穿过积分区域 $V$ 内部的直线与 $V$ 的边界曲面的交点多于两个，则可以把积分区域 $V$ 划分成有限个没有公共内点的子区域，其中每一个子区域上的三重积分都可以用上面的方法计算，那么 $V$ 上的三重积分等于各子区域上的三重积分之和.

【例 11-14】 计算三重积分

$$I = \iiint\limits_{V} (x+y)\sin z\, dV$$

其中，$V$ 是由平面 $x+y=1$，$y=x$，$y=0$，$z=0$，$z=\pi$ 所围成的有界闭区域.

**解** 积分区域 $V$ 是以平面 $x+y=1$，$y=x$，$y=0$ 为侧面，以 $z=0$ 为底，以 $z=\pi$ 为顶的三棱柱体. 由投影法计算公式（11-13），有

$$I = \iint\limits_{\sigma_{xy}} \left[ \int_0^\pi (x+y)\sin z\, dz \right] dx\, dy$$

$$= \iint\limits_{\sigma_{xy}} 2(x+y)\, dx\, dy = \int_0^{\frac{1}{2}} dy \int_y^{1-y} 2(x+y)\, dx = \frac{1}{3}$$

【例 11-15】 计算三重积分

$$I = \iiint\limits_{V} (x+y-z)\, dV$$

其中，$V$ 是由平面 $x+y+z=1$ 与三个坐标平面所围成的有界闭区域.

**解** 积分区域 $V$ 是四面体（见图 11-23），由投影法计算公式（11-13），有

$$I = \iint\limits_{\sigma_{xy}} \left[ \int_0^{1-x-y} (x + y - z)\,\mathrm{d}z \right]\mathrm{d}x\,\mathrm{d}y$$

$$= \iint\limits_{\sigma_{xy}} \left[ 2(x + y) - \frac{3}{2}(x + y)^2 - \frac{1}{2} \right]\mathrm{d}x\,\mathrm{d}y$$

$$= \int_0^1 \mathrm{d}x \int_0^{1-x} \left[ 2(x + y) - \frac{3}{2}(x + y)^2 \right]\mathrm{d}y - \frac{1}{2}\sigma_{xy}$$

$$= \int_0^1 \left( \frac{1}{2} - x^2 + \frac{1}{2}x^3 \right)\mathrm{d}x - \frac{1}{4}$$

$$= \frac{1}{24}$$

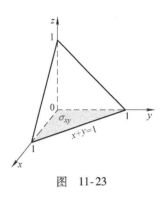

图 11-23

**【例 11-16】** 计算三重积分

$$I = \iiint\limits_{V} \frac{y \sin x}{x}\,\mathrm{d}V$$

其中, $V$ 是由平面 $x + z = \frac{\pi}{2}$, $y = 0$, $z = 0$ 和曲面 $y = \sqrt{x}$ 所围成的有界闭区域.

**解** 积分区域 $V$ 是以平面 $y = 0$ 和曲面 $y = \sqrt{x}$ 为侧面, 以平面 $x + z = \frac{\pi}{2}$ 为顶的曲顶柱体. 由投影法计算公式 (11-13), 有

$$I = \iint\limits_{\sigma_{xy}} \left( \int_0^{\frac{\pi}{2}-x} \frac{y \sin x}{x}\mathrm{d}z \right)\mathrm{d}x\,\mathrm{d}y$$

$$= \iint\limits_{\sigma_{xy}} \frac{y \sin x}{x}\left( \frac{\pi}{2} - x \right)\mathrm{d}x\,\mathrm{d}y = \int_0^{\frac{\pi}{2}} \mathrm{d}x \int_0^{\sqrt{x}} \frac{y \sin x}{x}\left( \frac{\pi}{2} - x \right)\mathrm{d}y$$

$$= \frac{\pi}{4} - \frac{1}{2}$$

**【例 11-17】** 计算三重积分

$$I = \iiint\limits_{V} y \cos(xy^2 z^3)\,\mathrm{d}V$$

其中, $V$ 是单位球体 $x^2 + y^2 + z^2 \leqslant 1$.

**解** 由于被积函数是关于变量 $y$ 的奇函数, 而积分区域 $V$ 关于坐标平面 $y = 0$ 对称, 所以由对称奇偶性知 $I = 0$.

**2. 截面法**（先二后一法）

若积分区域 $V$ 可以表示为

$$V = \{ (x, y, z) \mid (x, y) \in D_z, c \leqslant z \leqslant d \}$$

其中, $D_z$ 是竖坐标为 $z$ 的平面截积分区域 $V$ 所得到的平面闭区域 (见图 11-24), 则有计算公式

$$\iiint\limits_{V} f(x, y, z)\,\mathrm{d}x\,\mathrm{d}y\,\mathrm{d}z = \int_c^d \left[ \iint\limits_{D_z} f(x, y, z)\,\mathrm{d}x\,\mathrm{d}y \right]\mathrm{d}z \qquad (11\text{-}16)$$

其计算次序是, 先计算二重积分 $\iint\limits_{D_z} f(x, y, z)\,\mathrm{d}x\,\mathrm{d}y$, 得一元函数

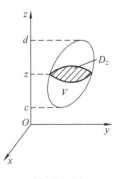

图 11-24

$S(z)$，再计算定积分 $\int_c^d S(z)\,\mathrm{d}z$.

**【例 11-18】** 设 $V$ 是单位球体 $x^2 + y^2 + z^2 \leqslant 1$ 的上半部分（见图 11-25），计算三重积分

$$I = \iiint\limits_V z\,\mathrm{d}V$$

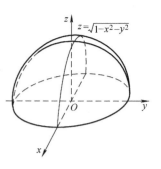

**解** 由截面法计算公式（11-16），得

$$I = \iiint\limits_V z\,\mathrm{d}V$$

$$= \int_0^1 \left( \iint\limits_{x^2+y^2\leqslant 1-z^2} z\,\mathrm{d}x\,\mathrm{d}y \right)\mathrm{d}z$$

图  11-25

$$= \int_0^1 \left( z \iint\limits_{x^2+y^2\leqslant 1-z^2} \mathrm{d}x\,\mathrm{d}y \right)\mathrm{d}z$$

$$= \int_0^1 z \cdot \pi(1-z^2)\,\mathrm{d}z = \frac{\pi}{4}$$

**【例 11-19】** 求由旋转抛物面 $z = \dfrac{x^2 + y^2}{a}$（$a > 0$）和平面 $z = a$ 所围立体的质量 $m$，假定其上各点的密度与该点到 $z$ 轴的距离成正比.

**解** 由题设知物体在各点处的密度为

$$\mu(x, y, z) = k\sqrt{x^2 + y^2},\ k\ \text{为比例常数}$$

而物体的形状 $V$ 如图 11-26 所示. 于是有

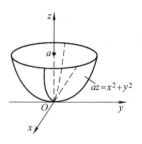

图  11-26

$$m = \iiint\limits_V k\sqrt{x^2 + y^2}\,\mathrm{d}V$$

$$= \int_0^a \left( \iint\limits_{x^2+y^2\leqslant az} k\sqrt{x^2 + y^2}\,\mathrm{d}x\,\mathrm{d}y \right)\mathrm{d}z$$

$$= \int_0^a \mathrm{d}z \int_0^{2\pi} \mathrm{d}\theta \int_0^{\sqrt{az}} kr^2\,\mathrm{d}r$$

$$= \frac{4}{15}k\pi a^4$$

### 11.4.3　三重积分的换元积分公式

设给定变量代换公式

$$\begin{cases} x = x(u, v, w) \\ y = y(u, v, w) \\ z = z(u, v, w) \end{cases} \tag{11-17}$$

则有三重积分的换元积分公式

$$\iiint\limits_{V_{xyz}} f(x,y,z)\,\mathrm{d}x\,\mathrm{d}y\,\mathrm{d}z$$

$$= \iiint\limits_{V_{uvw}} f(x(u,v,w),y(u,v,w),z(u,v,w))\left|\frac{\partial(x,y,z)}{\partial(u,v,w)}\right|\mathrm{d}u\,\mathrm{d}v\,\mathrm{d}w \tag{11-18}$$

其中

$$\frac{\partial(x,y,z)}{\partial(u,v,w)}=\begin{vmatrix}\dfrac{\partial x}{\partial u}&\dfrac{\partial x}{\partial v}&\dfrac{\partial x}{\partial w}\\[2mm]\dfrac{\partial y}{\partial u}&\dfrac{\partial y}{\partial v}&\dfrac{\partial y}{\partial w}\\[2mm]\dfrac{\partial z}{\partial u}&\dfrac{\partial z}{\partial v}&\dfrac{\partial z}{\partial w}\end{vmatrix}$$

称为变量代换公式（11-17）的雅可比行列式. 三重积分的换元积分公式（11-18）成立的条件完全类似于二重积分的换元积分公式（11-8）成立的条件（见定理 11-2）.

【例 11-20】　计算椭球面 $\dfrac{x^2}{a^2}+\dfrac{y^2}{b^2}+\dfrac{z^2}{c^2}=1$（$a>0$, $b>0$, $c>0$）围成的体积.

**解**　取

$$\begin{cases}x=a\rho\sin\varphi\cos\theta\\y=b\rho\sin\varphi\sin\theta,\\z=c\rho\cos\varphi\end{cases}\quad 此时\frac{\partial(x,y,z)}{\partial(\rho,\theta,\varphi)}=abc\rho^2\sin\varphi$$

相应于椭球内有 $0\leqslant\rho\leqslant1$, $0\leqslant\theta\leqslant2\pi$, $0\leqslant\varphi\leqslant\pi$, 于是根据式（11-18），有

$$\iiint\limits_V\mathrm{d}V=\iiint\limits_V\left|\frac{\partial(x,y,z)}{\partial(\rho,\theta,\varphi)}\right|\mathrm{d}\rho\,\mathrm{d}\theta\,\mathrm{d}\varphi$$

$$=\iiint\limits_V abc\rho^2\sin\varphi\,\mathrm{d}\rho\,\mathrm{d}\theta\,\mathrm{d}\varphi$$

$$=abc\int_0^{2\pi}\mathrm{d}\theta\int_0^\pi\sin\varphi\,\mathrm{d}\varphi\int_0^1\rho^2\mathrm{d}\rho=\frac{4}{3}\pi abc$$

### 11.4.4　三重积分在柱坐标系下的计算

三重积分的变量代换最常见的一种就是在 $Oxyz$ 直角坐标系中引进柱坐标 $(r,\theta,z)$，参见图 11-27，这时对空间一点 $M$ 或表示为直角坐标 $M(x,y,z)$ 或表示为柱坐标 $(r,\theta,z)$，而二者之间的关系为

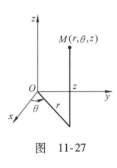

图　11-27

$$\begin{cases}x=r\cos\theta&0\leqslant r<+\infty\\y=r\sin\theta&0\leqslant\theta\leqslant2\pi\\z=z&-\infty<z<+\infty\end{cases}\tag{11-19}$$

柱坐标的三组坐标面各为

$r=$ 常数，以 $z$ 轴为轴的圆柱面族.

$\theta=$ 常数，过 $z$ 轴的半平面族.

$z=$ 常数，平行于 $xOy$ 平面的平面族.

这时变量代换（11-19）的雅可比行列式为

$$\frac{\partial(x,y,z)}{\partial(r,\theta,z)} = \begin{vmatrix} \dfrac{\partial x}{\partial r} & \dfrac{\partial x}{\partial \theta} & \dfrac{\partial x}{\partial z} \\[2mm] \dfrac{\partial y}{\partial r} & \dfrac{\partial y}{\partial \theta} & \dfrac{\partial y}{\partial z} \\[2mm] \dfrac{\partial z}{\partial r} & \dfrac{\partial z}{\partial \theta} & \dfrac{\partial z}{\partial z} \end{vmatrix} = \begin{vmatrix} \cos\theta & -r\sin\theta & 0 \\ \sin\theta & r\cos\theta & 0 \\ 0 & 0 & 1 \end{vmatrix} = r$$

引用式（11-18）便有

$$\iiint\limits_{V_{xyz}} f(x,y,z)\mathrm{d}x\,\mathrm{d}y\,\mathrm{d}z = \iiint\limits_{V_{r\theta z}} f(r\cos\theta, r\sin\theta, z)r\,\mathrm{d}r\,\mathrm{d}\theta\,\mathrm{d}z \qquad (11\text{-}20)$$

对上式右端的三重积分仍然可将 $f(r\cos\theta, r\sin\theta, z)r$ 视为被积函数，并可按关于 $V_{r\theta z}$ 所等价的联立不等式化为对 $z$、对 $r$、对 $\theta$ 的逐次积分.

柱坐标又称为空间极坐标，特别是当积分区域 $V$ 在 $xOy$ 平面上的投影域为圆域、扇形域或环域时，一般宜采用柱坐标来计算 $\displaystyle\iiint\limits_V f(x,y,z)\mathrm{d}V$.

**【例 11-21】** 计算积分 $\displaystyle\iiint\limits_V z\sqrt{x^2+y^2}\,\mathrm{d}V$，其中 $V$ 是圆柱面 $x^2+y^2-2x=0$，$y\geqslant 0$，$z=0$，$z=a>0$ 所围的区域（见图 11-28）.

**解** 采用柱坐标系，则所给积分区域 $V$ 与联立不等式

$$0\leqslant\theta\leqslant\frac{\pi}{2},\ 0\leqslant r\leqslant 2\cos\theta,\ 0\leqslant z\leqslant a$$

等价，因此，按式（11-20）有

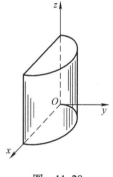

图 11-28

$$\iiint\limits_V z\sqrt{x^2+y^2}\,\mathrm{d}V = \iiint\limits_V zr^2\,\mathrm{d}r\,\mathrm{d}\theta\,\mathrm{d}z = \int_0^{\frac{\pi}{2}}\mathrm{d}\theta\int_0^{2\cos\theta}r^2\,\mathrm{d}r\int_0^a z\,\mathrm{d}z$$

$$= \frac{a^2}{2}\int_0^{\frac{\pi}{2}}\left[\frac{r^3}{3}\right]_0^{2\cos\theta}\mathrm{d}\theta = \frac{4a^2}{3}\int_0^{\frac{\pi}{2}}\cos^3\theta\,\mathrm{d}\theta = \frac{8}{9}a^2$$

**【例 11-22】** 计算抛物面 $z=x^2+y^2$ 与平面 $z=c(c>0)$ 所围成的体积（见图 11-29）.

**解** 体积 $V=\displaystyle\iiint\limits_V \mathrm{d}x\,\mathrm{d}y\,\mathrm{d}z$，其中 $V$ 是抛物面 $z=x^2+y^2$ 和平面 $z=c(c>0)$ 所围成的区域，$V$ 在 $xOy$ 平面上的投影是圆：$x^2+y^2\leqslant c$，因此

$$V = \int_0^{2\pi}\mathrm{d}\theta\int_0^{\sqrt{c}}r\,\mathrm{d}r\int_{r^2}^c\mathrm{d}z = 2\pi\int_0^{\sqrt{c}}r(c-r^2)\mathrm{d}r$$

$$= 2\pi\left(\frac{c^2}{2}-\frac{c^2}{4}\right) = \frac{\pi c^2}{2}$$

**【例 11-23】** 计算球面 $x^2+y^2+z^2=a^2$ 与柱面 $\left(x-\dfrac{a}{2}\right)^2+y^2=\left(\dfrac{a}{2}\right)^2$ 所围成的体积（见图 11-30），其中 $a>0$.

**解** $\dfrac{1}{4}V = \displaystyle\iiint\limits_V \mathrm{d}x\,\mathrm{d}y\,\mathrm{d}z$

其中，$\dfrac{1}{4}V$ 是所围体积在第一卦限的部分，因此

$$\frac{1}{4}V = \int_0^{\frac{\pi}{2}} \mathrm{d}\theta \int_0^{a\cos\theta} r\,\mathrm{d}r \int_0^{\sqrt{a^2-r^2}} \mathrm{d}z$$

$$= \int_0^{\frac{\pi}{2}} \mathrm{d}\theta \int_0^{a\cos\theta} \sqrt{a^2-r^2}\,r\,\mathrm{d}r = \frac{a^2}{3} \int_0^{\frac{\pi}{2}} (1-\sin^3\theta)\,\mathrm{d}\theta = \frac{a^3}{3}\left(\frac{\pi}{2} - \frac{2}{3}\right)$$

因此

$$V = \frac{4}{3} a^3 \left(\frac{\pi}{2} - \frac{2}{3}\right)$$

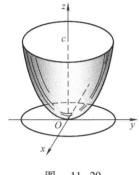

图　11-29

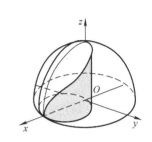

图　11-30

### 11.4.5　三重积分在球坐标系下的计算

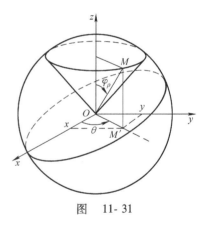

图　11-31

三重积分的另一种最常见的变量代换是在 $Oxyz$ 直角坐标系中引进球坐标 $(\rho,\theta,\varphi)$，参见图 11-31，这时，对空间一点 $M$ 或表示为直角坐标 $M(x,y,z)$ 或表示为球坐标 $M(\rho,\theta,\varphi)$，而二者之间的关系为

$$\begin{cases} x = \rho\sin\varphi\cos\theta \\ y = \rho\sin\varphi\sin\theta \\ z = \rho\cos\varphi \end{cases}$$

并规定其中 $\rho = |OM| \geqslant 0$，$0 \leqslant \theta \leqslant 2\pi$，$0 \leqslant \varphi \leqslant \pi$.

球坐标的三组坐标面族各为

$\rho$ = 常数，以原点为共同中心的同心球面族.

$\theta$ = 常数，过 $z$ 轴的半平面族.

$\varphi$ = 常数，以原点为顶点，$z$ 为轴的圆锥面族.

引用式（11-18），得

$$\iiint\limits_{V_{xyz}} f(x,y,z)\,\mathrm{d}x\,\mathrm{d}y\,\mathrm{d}z = \iiint\limits_{V_{\rho\theta\varphi}} f(\rho\sin\varphi\cos\theta,\rho\sin\varphi\sin\theta,\rho\cos\varphi)\rho^2\sin\varphi\,\mathrm{d}\rho\,\mathrm{d}\theta\,\mathrm{d}\varphi$$

$$(11\text{-}21)$$

对右端的三重积分，仍可按 $V$ 关于 $\rho$，$\theta$，$\varphi$ 的等价联立不等式化为逐次积分，特别当积分区域 $V$ 是由球面或锥面所限定时，一般宜采用球面坐标计算之.

若 $V$ 与联立不等式

$$\begin{cases} \alpha \leqslant \varphi \leqslant \beta \\ \theta_1(\varphi) \leqslant \theta \leqslant \theta_2(\varphi) \\ \rho_1(\theta,\varphi) \leqslant \rho \leqslant \rho_2(\theta,\varphi) \end{cases}$$

等价时，则有

$$\iiint\limits_{V} f(x,y,z)\,\mathrm{d}x\,\mathrm{d}y\,\mathrm{d}z = \int_{\alpha}^{\beta}\mathrm{d}\varphi\int_{\theta_1(\varphi)}^{\theta_2(\varphi)}\mathrm{d}\theta\int_{\rho_1(\theta,\varphi)}^{\rho_2(\theta,\varphi)}F(\rho,\theta,\varphi)\rho^2\sin\varphi\,\mathrm{d}\rho \qquad (11\text{-}22)$$

其中 $F(\rho,\theta,\varphi) = f(\rho\sin\varphi\cos\theta,\rho\sin\varphi\sin\theta,\rho\cos\varphi)$.

特别地，当坐标原点含在积分区域 $V$ 内时，则有

$$\iiint\limits_{V} f(x,y,z)\,\mathrm{d}x\,\mathrm{d}y\,\mathrm{d}z = \int_{0}^{\pi}\mathrm{d}\varphi\int_{0}^{2\pi}\mathrm{d}\theta\int_{0}^{\rho(\theta,\varphi)}F(\rho,\theta,\varphi)\rho^2\sin\varphi\,\mathrm{d}\rho \qquad (11\text{-}23)$$

【例 11-24】 求半径为 $R$ 的球体的体积.

**解**　$V = \iiint\limits_{V}\mathrm{d}x\,\mathrm{d}y\,\mathrm{d}z = \int_{0}^{\pi}\mathrm{d}\varphi\int_{0}^{2\pi}\mathrm{d}\theta\int_{0}^{R}\rho^2\sin\varphi\,\mathrm{d}\rho = 2\pi\dfrac{R^3}{3}\left[-\cos\varphi\right]_{0}^{\pi} = \dfrac{4\pi R^3}{3}$

【例 11-25】 计算积分 $I = \iiint\limits_{V}\sqrt{x^2+y^2+z^2}\,\mathrm{d}x\,\mathrm{d}y\,\mathrm{d}z$，其中 $V$ 是

球面 $x^2+y^2+z^2 = 2Rz$ 所限定的区域.

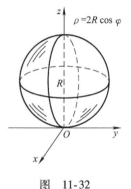

图 11-32

**解**　先化球面方程 $x^2+y^2+z^2 = 2Rz$，它在球坐标系下的方程为 $\rho = 2R\cos\varphi$，且如图 11-32 所示，有

$$I = \iiint\limits_{V}\sqrt{x^2+y^2+z^2}\,\mathrm{d}V$$

$$= \int_{0}^{\frac{\pi}{2}}\mathrm{d}\varphi\int_{0}^{2\pi}\mathrm{d}\theta\int_{0}^{2R\cos\varphi}\rho^3\sin\varphi\,\mathrm{d}\rho = 2\pi\int_{0}^{\frac{\pi}{2}}\left(\sin\varphi\frac{16R^4\cos^4\varphi}{4}\right)\mathrm{d}\varphi$$

$$= -8\pi R^4\int_{0}^{\frac{\pi}{2}}\cos^4\varphi\,\mathrm{d}(\cos\varphi) = -8\pi R^4\frac{\cos^5\varphi}{5}\bigg|_{0}^{\frac{\pi}{2}} = \frac{8}{5}\pi R^4$$

### 11.4.6　利用轮换对称性计算三重积分

在定积分的计算中有一个很重要的结论，就是定积分的值与积分变量用什么字母表示并没有关系. 对于重积分，也有同样的性质.

对于三重积分 $\iiint\limits_{V_{xyz}} f(x,y,z)\,\mathrm{d}x\,\mathrm{d}y\,\mathrm{d}z$，进行变量代换 $x = u$，$y = v$，$z = w$，则 $\dfrac{\partial(x,y,z)}{\partial(u,v,w)} = 1$，因此由变量代换公式（11-18），得

$$\iiint\limits_{V_{xyz}} f(x,y,z)\,\mathrm{d}x\,\mathrm{d}y\,\mathrm{d}z = \iiint\limits_{V_{uvw}} f(u,v,w)\,\mathrm{d}u\,\mathrm{d}v\,\mathrm{d}w \qquad (11\text{-}24)$$

式（11-24）表明，将三重积分 $\iiint\limits_{V_{xyz}} f(x,y,z)\,\mathrm{d}x\,\mathrm{d}y\,\mathrm{d}z$ 中的积分变量 $x$、$y$、$z$ 分别换成新的变量 $u$、$v$、$w$，并不改变该三重积分的值. 需要注意的是，在更换积分变量时，被积函数 $f(x,y,z)$ 和积分区域 $V_{xyz}$ 中的变量 $x$、$y$、$z$ 都要同时换成新的变量 $u$、$v$、$w$.

如果对三重积分 $\iiint\limits_{V_{uvw}} f(u,v,w)\,\mathrm{d}u\,\mathrm{d}v\,\mathrm{d}w$，再进行一次变量代换 $u=y$，$v=z$，$w=x$，则由变量代换公式（11-18），又得

$$\iiint\limits_{V_{uvw}} f(u,v,w)\,\mathrm{d}u\,\mathrm{d}v\,\mathrm{d}w = \iiint\limits_{V_{yzx}} f(y,z,x)\,\mathrm{d}y\,\mathrm{d}z\,\mathrm{d}x \tag{11-25}$$

由式（11-24）和式（11-25），得

$$\iiint\limits_{V_{xyz}} f(x,y,z)\,\mathrm{d}x\,\mathrm{d}y\,\mathrm{d}z = \iiint\limits_{V_{yzx}} f(y,z,x)\,\mathrm{d}y\,\mathrm{d}z\,\mathrm{d}x \tag{11-26}$$

式（11-26）相当于将左端积分变量 $x$、$y$、$z$ 轮换成 $y$、$z$、$x$. 进而，若将式（11-26）右端积分变量 $y$、$z$、$x$ 再轮换成 $z$、$x$、$y$，便有

$$\iiint\limits_{V_{yzx}} f(y,z,x)\,\mathrm{d}y\,\mathrm{d}z\,\mathrm{d}x = \iiint\limits_{V_{zxy}} f(z,x,y)\,\mathrm{d}z\,\mathrm{d}x\,\mathrm{d}y \tag{11-27}$$

综上所述，有轮换积分变量公式

$$\iiint\limits_{V_{xyz}} f(x,y,z)\,\mathrm{d}x\,\mathrm{d}y\,\mathrm{d}z = \iiint\limits_{V_{yzx}} f(y,z,x)\,\mathrm{d}y\,\mathrm{d}z\,\mathrm{d}x = \iiint\limits_{V_{zxy}} f(z,x,y)\,\mathrm{d}z\,\mathrm{d}x\,\mathrm{d}y \tag{11-28}$$

如果式（11-28）中的三个积分区域是相等的（通常不相等），即积分区域满足 $V_{xyz} = V_{yzx} = V_{zxy} = V$，则称积分区域 $V_{xyz}$ 关于变量 $x$、$y$、$z$ 具有轮换对称性. 此时，式（11-28）成为

$$\iiint\limits_{V} f(x,y,z)\,\mathrm{d}x\,\mathrm{d}y\,\mathrm{d}z = \iiint\limits_{V} f(y,z,x)\,\mathrm{d}x\,\mathrm{d}y\,\mathrm{d}z = \iiint\limits_{V} f(z,x,y)\,\mathrm{d}x\,\mathrm{d}y\,\mathrm{d}z \tag{11-29}$$

当积分区域具有轮换对称性时，利用式（11-29）有可能简化三重积分的计算过程.

【例 11-26】　计算积分 $\iiint\limits_{V} y^2\,\mathrm{d}x\,\mathrm{d}y\,\mathrm{d}z$，其中 $V$ 是球体 $x^2 + y^2 + z^2 \leqslant R^2$，$R > 0$.

**解**　因为积分区域 $V$：$x^2 + y^2 + z^2 \leqslant R^2$ 关于变量 $x$、$y$、$z$ 具有轮换对称性，所以由式（11-29），得

$$\begin{aligned}
\iiint\limits_{V} y^2\,\mathrm{d}x\,\mathrm{d}y\,\mathrm{d}z &= \iiint\limits_{V} z^2\,\mathrm{d}x\,\mathrm{d}y\,\mathrm{d}z = \iiint\limits_{V} x^2\,\mathrm{d}x\,\mathrm{d}y\,\mathrm{d}z \\
&= \frac{1}{3}\iiint\limits_{V}(x^2 + y^2 + z^2)\,\mathrm{d}x\,\mathrm{d}y\,\mathrm{d}z \\
&= \frac{1}{3}\int_0^{2\pi}\mathrm{d}\theta\int_0^{\pi}\mathrm{d}\varphi\int_0^{R}\rho^4\sin\varphi\,\mathrm{d}\rho \\
&= \frac{4}{15}\pi R^5
\end{aligned}$$

值得一提的是，前面讲过的二重积分和下一章要讲的第一型曲线（面）积分，只要积分区域具有轮换对称性，就都有类似于式（11-29）的计算公式.

例如，对于二重积分利用轮换对称性，就有

$$\iint\limits_{x^2+y^2\leqslant 1} x^2 \mathrm{d}x\,\mathrm{d}y = \iint\limits_{x^2+y^2\leqslant 1} y^2 \mathrm{d}x\,\mathrm{d}y$$

$$= \frac{1}{2}\iint\limits_{x^2+y^2\leqslant 1}(x^2+y^2)\mathrm{d}x\,\mathrm{d}y$$

$$= \frac{1}{2}\int_0^{2\pi}\mathrm{d}\theta\int_0^1 r^3\,\mathrm{d}r$$

$$= \frac{\pi}{4}$$

11.4 习题答案

又如例 11-8 中的（2）问，也可利用轮换对称性进行计算，请读者自己练习.

**练习**

1. 计算 $\iiint\limits_V xy\,\mathrm{d}V$，其中 $V$ 是由 $1\leqslant x\leqslant 2$，$-2\leqslant y\leqslant 1$，$0\leqslant z\leqslant\dfrac{1}{2}$ 所限定的区域.

2. 计算 $\iiint\limits_V (x+y+z)\mathrm{d}V$，其中 $V$ 是由 $0\leqslant x\leqslant a$，$0\leqslant y\leqslant b$，$0\leqslant z\leqslant c$ 所限定的区域.

3. 计算 $\iiint\limits_V z^2\mathrm{d}x\,\mathrm{d}y\,\mathrm{d}z$，其中 $V$ 是由 $\dfrac{x}{a}+\dfrac{y}{b}+\dfrac{z}{c}=1$，$x=0$，$y=0$，$z=0$ 所围成的区域 $(a>0,\ b>0,\ c>0)$.

4. 计算 $\iiint\limits_V xy^2z^3\mathrm{d}x\,\mathrm{d}y\,\mathrm{d}z$，其中 $V$ 是由曲面 $z=xy$，$y=x$，$x=1$，$z=0$ 所限定的区域.

5. 计算 $\iiint\limits_V y\cos(x+z)\mathrm{d}x\,\mathrm{d}y\,\mathrm{d}z$，其中 $V$ 是由柱面 $y=\sqrt{x}$ 和平面 $y=0$，$z=0$，$x+z=\dfrac{\pi}{2}$ 所限定的区域.

6. 计算 $\int_0^a \mathrm{d}x\int_0^x \mathrm{d}y\int_0^y xyz\,\mathrm{d}z$，并绘出该积分区域的图形.

7. 用柱面坐标或球面坐标，计算三重积分.

(1) 求 $\iiint\limits_V z\sqrt{x^2+y^2}\,\mathrm{d}V$，其中 $V$ 为柱面 $y=\sqrt{2x-x^2}$ 及平面 $z=0$，$z=a$，$y\geqslant 0$ 所限定的区域.

(2) 求 $\iiint\limits_V \dfrac{1}{1+x^2+y^2}\mathrm{d}V$，其中 $V$ 为锥面 $x^2+y^2=z^2$ 及平面 $z=1$ 所限定的区域.

(3) 求 $\iiint\limits_V (x^2+y^2)\mathrm{d}V$，其中 $V$ 是由两个半球面 $z=\sqrt{A^2-x^2-y^2}$，$z=\sqrt{a^2-x^2-y^2}$ $(A>a)$ 及平面 $z=0$ 所围成.

8. 求抛物面 $x=\sqrt{y-z^2}$ 与抛物柱面 $\dfrac{1}{2}\sqrt{y}=x$ 及平面 $y=1$ 所围成的立体体积.

9. 求由曲面 $az=x^2+y^2$，$2az=a^2-x^2-y^2$ 所围成的立体体积 $(a>0)$.

10. 求球面 $x^2+y^2+z^2-2z=0$ 所围的体积.

## 11.5 三重积分例题选解

【**例 11-27**】 计算 $I=\iiint\limits_\Omega z\,\mathrm{d}x\,\mathrm{d}y\,\mathrm{d}z$，$\Omega$：$0\leqslant x\leqslant\dfrac{1}{2}$，$x\leqslant y\leqslant 2x$，$0\leqslant z\leqslant\sqrt{4-x^2-y^2}$.

11.5 思维导图

**解**  $I = \int_0^{\frac{1}{2}} \mathrm{d}x \int_x^{2x} \mathrm{d}y \int_0^{\sqrt{4-x^2-y^2}} z \, \mathrm{d}z$

$\qquad = \frac{1}{2} \int_0^{\frac{1}{2}} \mathrm{d}x \int_x^{2x} (4 - x^2 - y^2) \mathrm{d}y$

$\qquad = \frac{1}{2} \int_0^{\frac{1}{2}} \left( 4y - x^2 y - \frac{y^3}{3} \right) \Big|_{y=x}^{y=2x} \mathrm{d}x$

$\qquad = \frac{1}{2} \int_0^{\frac{1}{2}} \left( 4x - \frac{10}{3} x^3 \right) \mathrm{d}x = \frac{43}{192}$

【**例 11-28**】  $I = \iiint\limits_{V} \sqrt{x^2 + y^2} \, \mathrm{d}x \, \mathrm{d}y \, \mathrm{d}z \, (V \, \text{由} \, x^2 + y^2 = z^2, \, z = 1 \, \text{围成})$

$\qquad = \int_0^{2\pi} \mathrm{d}\theta \int_0^1 \rho^2 \, \mathrm{d}\rho \int_\rho^1 \mathrm{d}z = 2\pi \int_0^1 \rho^2 (1 - \rho) \mathrm{d}\rho = \frac{\pi}{6}$

【**例 11-29**】  设 $\Omega$ 是由 $x^2 + y^2 = 2z$, $z = 1$, $z = 2$ 围成的区域, $f$ 在 $\Omega$ 上连续, 利用柱坐标将三重积分 $I = \iiint\limits_{\Omega} f(x, y, z) \mathrm{d}x \, \mathrm{d}y \, \mathrm{d}z$ 化为三次积分.

**解**  $I = \int_1^2 \mathrm{d}z \int_0^{2\pi} \mathrm{d}\theta \int_0^{\sqrt{2z}} f(r \cos\theta, r \sin\theta, z) r \, \mathrm{d}r$

【**例 11-30**】  求由曲面 $az = x^2 + y^2$, $z = \sqrt{x^2 + y^2}$, $a > 0$ 围成的空间区域的体积.

**解**  $V = \left\{ (x, y, z) \, \middle| \, -a \leqslant x \leqslant a, \, -\sqrt{a^2 - x^2} \leqslant y \leqslant \sqrt{a^2 - x^2}, \, \frac{x^2 + y^2}{a} \leqslant z \leqslant \sqrt{x^2 + y^2} \right\}$ 引入柱坐标且注意对称性, 有

$$V = 4 \int_0^{\frac{\pi}{2}} \mathrm{d}\theta \int_0^a r \, \mathrm{d}r \int_{\frac{\rho^2}{a}}^\rho \mathrm{d}z = 2\pi \int_0^a \left( r^2 - \frac{r^3}{a} \right) \mathrm{d}r = \frac{\pi a^3}{6}$$

【**例 11-31**】

$$I = \int_{-1}^1 \mathrm{d}x \int_0^{\sqrt{1-x^2}} \mathrm{d}y \int_1^{1+\sqrt{1-x^2-y^2}} \frac{\mathrm{d}z}{\sqrt{x^2 + y^2 + z^2}}$$

$$= \int_0^\pi \mathrm{d}\theta \int_0^{\frac{\pi}{4}} \sin\varphi \, \mathrm{d}\varphi \int_{\frac{1}{\cos\varphi}}^{2\cos\varphi} \rho \, \mathrm{d}\rho$$

$$= \frac{\pi}{2} \int_0^{\frac{\pi}{4}} \left( 4\cos^2\varphi - \frac{1}{\cos^2\varphi} \right) \sin\varphi \, \mathrm{d}\varphi = \frac{\pi}{3} \left( \frac{7}{2} - 2\sqrt{2} \right)$$

【**例 11-32**】  试求由曲面 $x^2 + y^2 + z^2 = 16$, $x^2 + y^2 + z^2 = 1$, $x^2 + y^2 = z^2$, $x \geqslant 0$, $y \geqslant 0$, $z \geqslant 0$ 所围成的圆锥面以上部分的体积 $V$.

**解**  $V = \int_0^{\frac{\pi}{2}} \mathrm{d}\theta \int_0^{\frac{\pi}{4}} \sin\varphi \, \mathrm{d}\varphi \int_1^4 \rho^2 \mathrm{d}\rho$

$\qquad = \frac{\pi}{6} \int_0^{\frac{\pi}{4}} (64 - 1) \sin\varphi \, \mathrm{d}\varphi = \frac{21\pi}{2} \left( 1 - \frac{\sqrt{2}}{2} \right)$

【例 11-33】　$I = \iiint\limits_{V} (x^2 + y^2 + z^2)\mathrm{d}V$　$(V = \{(x,y,z) \mid x^2 + y^2 + z^2 \leqslant a^2\})$

$$= \int_0^{2\pi} \mathrm{d}\theta \int_0^{\pi} \sin\varphi\,\mathrm{d}\varphi \int_0^a \rho^4 \mathrm{d}\rho = \frac{4}{5}\pi a^5$$

【例 11-34】　计算 $I = \iiint\limits_{V} z\sqrt{x^2 + y^2 + z^2}\,\mathrm{d}x\,\mathrm{d}y\,\mathrm{d}z$，其中，$V$ 是由曲面 $x^2 + y^2 + z^2 = 4$ 与 $z = \sqrt{3}\ (x^2 + y^2)$ 所围成的空间区域.

**解**　用球坐标：$V = \left\{(\rho,\varphi,\theta) \mid 0 \leqslant \theta \leqslant 2\pi,\ 0 \leqslant \varphi \leqslant \dfrac{\pi}{6},\ 0 \leqslant \rho \leqslant 2\right\}$

$$I = \int_0^{2\pi} \mathrm{d}\theta \int_0^{\frac{\pi}{6}} \cos\varphi\,\sin\varphi\,\mathrm{d}\varphi \int_0^2 \rho^4 \mathrm{d}\rho = \frac{8\pi}{5}$$

【例 11-35】　求椭圆抛物面 $z = \dfrac{x^2}{3} + \dfrac{y^2}{4}$ 与平面 $z = 2$ 所围成立体的体积.

**解**　由 $\dfrac{x^2}{3z} + \dfrac{y^2}{4z} = 1$，得

$$s(z) = \pi\sqrt{3z}\cdot\sqrt{4z} = 2\sqrt{3}\pi z,\ 0 \leqslant z \leqslant 2$$

$$V = \int_0^2 s(z)\,\mathrm{d}z = \int_0^2 2\sqrt{3}\pi z \mathrm{d}z = 4\sqrt{3}\pi$$

【例 11-36】　计算 $I = \iiint\limits_{V} z^2 \mathrm{d}V$，其中 $V$ 是球体：$x^2 + y^2 + z^2 \leqslant 2z$.

**解**　$I = \int_0^2 z^2 \mathrm{d}z \iint\limits_{D_z} \mathrm{d}x\,\mathrm{d}y$

$$= \int_0^2 z^2 \pi(2z - z^2)\,\mathrm{d}z = \pi\left(\frac{1}{2}z^4 - \frac{1}{5}z^5\right)\Big|_0^2 = \frac{8}{5}\pi$$

【例 11-37】　$I = \iiint\limits_{V} z\,\mathrm{d}V$　$(V: x^2 + y^2 \leqslant z, 1 \leqslant z \leqslant 4)$

$$= \int_1^4 z\pi(\sqrt{z})^2 \mathrm{d}z = \int_1^4 \pi z^2 \mathrm{d}z = 21\pi$$

【例 11-38】　计算 $\iiint\limits_{\Omega} z^2 \mathrm{d}x\,\mathrm{d}y\,\mathrm{d}z$，其中 $\Omega$ 是由椭球面 $\dfrac{x^2}{a^2} + \dfrac{y^2}{b^2} + \dfrac{z^2}{c^2} = 1$ 所围区域 $(a,b,c > 0)$.

**解**　$I = \int_{-c}^c z^2 \mathrm{d}z \iint\limits_{D_z} \mathrm{d}x\,\mathrm{d}y = \pi ab \int_{-c}^c \left(1 - \dfrac{z^2}{c^2}\right)z^2 \mathrm{d}z = \dfrac{4}{15}\pi abc^3$

【例 11-39】　计算 $I = \iiint\limits_{\Omega} z^2 \mathrm{d}x\,\mathrm{d}y\,\mathrm{d}z$，其中 $\Omega$ 是两球：$x^2 + y^2 + z^2 \leqslant R^2$ 和 $x^2 + y^2 + z^2 \leqslant 2Rz$ 的公共部分 $(R > 0)$.

**解**　$I = \int_0^{\frac{R}{2}} z^2 \pi(2Rz - z^2)\,\mathrm{d}z + \int_{\frac{R}{2}}^R z^2 \pi(R^2 - z^2)\,\mathrm{d}z$（由截面法）

$$= \pi\left[2R\,\frac{z^4}{4} - \frac{z^5}{5}\right]_0^{\frac{R}{2}} + \pi\left[\frac{z^3}{3}R^2 - \frac{z^5}{5}\right]_{\frac{R}{2}}^R$$

$$= \pi \times 2R \times \frac{\left(\frac{R}{2}\right)^4}{4} + \pi\left[\left(\frac{R^5}{3} - \frac{R^5}{5}\right) - \frac{\left(\frac{R}{2}\right)^3}{3}R^2\right] = \frac{59}{480}\pi R^5$$

**典型计算题 4**

试求由下列曲面所围成的体积.

1. $z = 4 - y^2$, $z = y^2 + 2$, $x = -1$, $x = 1$

2. $z = \sqrt{9 - x^2 - y^2}$, $\frac{9}{2}z = x^2 + y^2$

3. $z = x^2 + y^2$, $z = 2(x^2 + y^2)$, $y = x$, $y = 2x$, $z = 1$

4. $z = x^2 + y^2$, $z = 2x^2 + 2y^2$, $y = x^2$, $y = x$

5. $z = 9\sqrt{x^2 + y^2}$, $z = 22 - x^2 - y^2$

6. $z = \frac{3}{2}(x^2 + y^2)^{\frac{1}{2}}$, $z = \frac{5}{2} - x^2 - y^2$

7. $(x-1)^2 + y^2 = z$, $2x + z = 2$

8. $z = x^2 + y^2$, $z = x + y$

9. $x^2 + y^2 + z^2 = 4$, $x^2 + y^2 = 3z$

10. $z = (49 - x^2 - y^2)^{\frac{1}{2}}$, $z = 3$, $x^2 + y^2 = 33$（柱面内部）

11. $z = x^2 + y^2$, $z^2 = xy$

12. $(x^2 + y^2 + z^2)^2 = a^3 x \, (a > 0)$

13. $(x^2 + y^2 + z^2)^2 = axyz \, (a > 0)$

14. $(x^2 + y^2 + z^2)^2 = a^2 z^3$

15. $z = (36 - x^2 - y^2)^{\frac{1}{2}}$, $9z = x^2 + y^2$

16. $z = (144 - x^2 - y^2)^{\frac{1}{2}}$, $18z = x^2 + y^2$

17. $z = \frac{15}{2}(x^2 + y^2)^{\frac{1}{2}}$, $z = \frac{17}{2} - x^2 - y^2$

18. $z = 3(x^2 + y^2)$, $z = 10 - x^2 - y^2$

19. $z = (100 - x^2 - y^2)^{\frac{1}{2}}$, $z = 6$, $x^2 + y^2 = 51$

20. $z = (16 - x^2 - y^2)^{\frac{1}{2}}$, $6z = x^2 + y^2$

21. $y = x$, $y = 0$, $x = 2$, $z = xy$, $z = 0$

22. $y = x$, $y = 0$, $x = 1$, $z = 3x^2 + 2y^2$, $z = 0$

23. $x^2 + y^2 = z^2$, $x^2 + y^2 = 6 - z$, $z \geqslant 0$

24. $y = x^2$, $x^2 = 4 - 3y$, $z = 0$, $z = 9$

25. $z = 1 - x^2$, $z = 0$, $y = 0$, $y = 3 - x$

26. $z = x^2 + 3y^2$, $x + y = 1$, $x = 0$, $y = 0$, $z = 0$

27. $z = 1 - y^2$, $x = y^2$, $x = 2y^2 + 1$, $z = 0$

28. $z = (64 - x^2 - y^2)^{\frac{1}{2}}$, $12z = x^2 + y^2$

29. $z = 12(x^2 + y^2)^{\frac{1}{2}}$, $z = 28 - x^2 - y^2$

30. $z = 3(x^2 + y^2)^{\frac{1}{2}}$, $z = 10 - x^2 - y^2$

11.5　习题答案　　　　11.6　思维导图

## 11.6　重积分的应用

### 11.6.1　求非均匀物体的重心

根据力学知识我们知道：平面上 $n$ 个离散的质点，它们的重心坐标是

$$\xi = \frac{\sum_{i=1}^{n} m_i x_i}{\sum_{i=1}^{n} m_i}, \quad \eta = \frac{\sum_{i=1}^{n} m_i y_i}{\sum_{i=1}^{n} m_i}$$

类似地，对空间 $n$ 个离散的质点，我们也可以导出它们的重心坐标是

$$\xi = \frac{\sum_{i=1}^{n} m_i x_i}{\sum_{i=1}^{n} m_i}, \quad \eta = \frac{\sum_{i=1}^{n} m_i y_i}{\sum_{i=1}^{n} m_i}, \quad \zeta = \frac{\sum_{i=1}^{n} m_i z_i}{\sum_{i=1}^{n} m_i}$$

其中，$(x_i, y_i, z_i)$ 及 $m_i$ 分别表示第 $i$ 个质点所在的位置和质量.

现考虑一连续刚体 $V$，其密度为 $f(x, y, z)$，则其重心的坐标

$$\xi = \frac{\iiint\limits_{V} x f(x, y, z) \, \mathrm{d}V}{\iiint\limits_{V} f(x, y, z) \, \mathrm{d}V} = \frac{\iiint\limits_{V} x f(x, y, z) \, \mathrm{d}V}{m}$$

其中，$m$ 表示 $V$ 的全质量，同理可得

$$\eta = \frac{\iiint\limits_{V} y f(x, y, z) \, \mathrm{d}V}{m}, \quad \zeta = \frac{\iiint\limits_{V} z f(x, y, z) \, \mathrm{d}V}{m}$$

【例 11-40】　设有半球体 $0 \leqslant z \leqslant \sqrt{R^2 - x^2 - y^2}$，它在任一点处的密度与到坐标原点的距离的平方成正比，求此半球体的重心.

**解**　由题意，密度函数 $f(x, y, z) = k(x^2 + y^2 + z^2)$，其中 $k$ 为常数，从而半球体的质量

$$m = k \iiint\limits_{V} (x^2 + y^2 + z^2) \, \mathrm{d}V$$

$$= k \int_0^{2\pi} \mathrm{d}\theta \int_0^{\frac{\pi}{2}} \mathrm{d}\varphi \int_0^{R} \rho^4 \sin \varphi \, \mathrm{d}\rho$$

$$= k \times 2\pi \times 1 \times \frac{R^5}{5} = \frac{2}{5} k \pi R^5$$

由于半球体对于 $xOz$ 平面及 $yOz$ 平面为对称，因此

$$\xi = \eta = 0$$

而

$$\zeta = \frac{k}{m}\iiint\limits_V z(x^2 + y^2 + z^2)\,\mathrm{d}V$$

$$= \frac{k}{m}\int_0^{2\pi}\mathrm{d}\theta\int_0^{\frac{\pi}{2}}\mathrm{d}\varphi\int_0^R \rho\cos\varphi\,\rho^2\rho^2\sin\varphi\,\mathrm{d}\rho$$

$$= \frac{k}{m}2\pi\times\frac{1}{2}\frac{R^6}{6} = \frac{k}{m}\frac{\pi R^6}{6} = \frac{5}{12}R$$

【例 11-41】　求图 11-33 所示均匀球底锥的重心.

**解**　设密度 $\mu$ 为常数，重心为 $(0, 0, \zeta)$，则

$$\zeta = \frac{\mu\iiint\limits_V z\,\mathrm{d}V}{\mu V} = \frac{\iiint\limits_V z\,\mathrm{d}V}{V}$$

设球的半径为 $a$，锥的半顶角为 $\beta$，则

$$V = \int_0^{2\pi}\mathrm{d}\theta\int_0^{\beta}\sin\varphi\,\mathrm{d}\varphi\int_0^a \rho^2\mathrm{d}\rho = \frac{2\pi a^3}{3}(1 - \cos\beta)$$

又

$$\iiint\limits_V z\,\mathrm{d}V = \int_0^{2\pi}\mathrm{d}\theta\int_0^{\beta}\sin\varphi\,\mathrm{d}\varphi\int_0^a \rho\cos\varphi\,\rho^2\mathrm{d}\rho$$

$$= 2\pi\int_0^{\beta}\sin\varphi\cos\varphi\,\mathrm{d}\varphi\int_0^a \rho^3\mathrm{d}\rho$$

$$= \frac{\pi a^4}{8}(1 - \cos 2\beta)$$

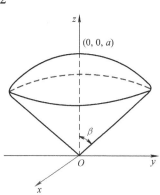

图　11-33

于是得

$$\zeta = \frac{3a}{16}\frac{1 - \cos 2\beta}{1 - \cos\beta} = \frac{3a}{8}(1 + \cos\beta) = \frac{3}{8}(2a - h)$$

其中，$h = a(1 - \cos\beta)$.

## 11.6.2　求物体的转动惯量

力学中规定：$n$ 个质点对一定轴（或定点）的转动惯量为

$$\sum_{i=1}^n r_i^2 m_i$$

其中，$m_i$ 为第 $i$ 个质点的质量，$r_i$ 表示第 $i$ 个质点所在的位置至定轴（或点）的距离，现在，不难将其推广至求质量连续分布刚体的转动惯量.

设用 $I$ 表示某物体对一定轴（点）的转动惯量，$V$ 为物体的体积，$f(x,y,z)$ 表示密度，今将物体分为 $n$ 个小块，其体积为 $\Delta V_i(i = 1, 2, \cdots, n)$，$r_i$ 表示由 $\Delta V_i$ 内任一点 $(x_i, y_i, z_i)$ 至定轴（点）的距离，则该物体对定轴（点）的转动惯量可近似地表示为

$$I = \sum_{i=1}^{n} r_i^2 \Delta m_i \approx \sum_{i=1}^{n} r_i^2 f(x_i, y_i, z_i) \Delta V_i$$

取极限，得

$$I = \lim_{\lambda \to 0} \sum_{i=1}^{n} r_i^2 f(x_i, y_i, z_i) \Delta V_i = \iiint\limits_{V} r^2 f(x, y, z)\, \mathrm{d}V$$

若所取的定轴是 $z$ 轴，则 $r^2 = x^2 + y^2$，于是关于 $z$ 轴的转动惯量可写为

$$I = \iiint\limits_{V} (x^2 + y^2) f(x, y, z)\, \mathrm{d}V$$

同样也可写出关于 $x$ 轴或 $y$ 轴的转动惯量.

**【例 11-42】** 设有一半径为 $R$ 的均匀物质的球体，求它关于一直径的转动惯量（见图 11-34）.

**解** 取球心为原点，定轴为 $z$ 轴，密度 $\mu = 1$，则

$$I_z = \iiint\limits_{V} (x^2 + y^2)\, \mathrm{d}V$$

利用轮换对称性和球坐标变换，有

$$
\begin{aligned}
I_z &= \iiint\limits_{V} (x^2 + y^2)\, \mathrm{d}V \\
&= \frac{2}{3} \iiint\limits_{V} (x^2 + y^2 + z^2)\, \mathrm{d}V \\
&= \frac{2}{3} \int_0^{2\pi} \mathrm{d}\theta \int_0^{\pi} \mathrm{d}\varphi \int_0^{R} \rho^2 \rho^2 \sin\varphi\, \mathrm{d}\rho = \frac{8}{15}\pi R^5
\end{aligned}
$$

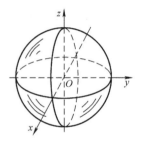

图 11-34

**【例 11-43】** 求密度均匀的椭球体 $\dfrac{x^2}{a^2} + \dfrac{y^2}{b^2} + \dfrac{z^2}{c^2} \leq 1$ 关于各坐标面、各坐标轴以及原点的转动惯量（$a$，$b$，$c > 0$）.

**解** 现在密度函数 $f(x, y, z) = \mu$（常数），所以

$$I_{xOy} = \mu \iiint\limits_{V} z^2\, \mathrm{d}V$$

若取

$$
\begin{cases}
x = a\rho \sin\varphi \cos\theta \\
y = b\rho \sin\varphi \sin\theta, \\
z = c\rho \cos\varphi
\end{cases}
\quad 此时 \frac{\partial(x, y, z)}{\partial(\rho, \theta, \varphi)} = abc\rho^2 \sin\varphi
$$

于是

$$
\begin{aligned}
I_{xOy} &= \mu \iiint\limits_{V} c^2 \rho^2 \cos^2\varphi\ abc\rho^2 \sin\varphi\, \mathrm{d}\theta\, \mathrm{d}\rho\, \mathrm{d}\varphi \\
&= \mu abc^3 \int_0^1 \rho^4 \mathrm{d}\rho \int_0^{\pi} \cos^2\varphi\, \mathrm{d}\cos\varphi \int_0^{2\pi} (-1)\, \mathrm{d}\theta \\
&= \frac{4}{15}\pi\mu abc^3 = \frac{1}{5} \times \frac{4}{3}\pi\mu abcc^2 \\
&= \frac{1}{5}mc^2 \qquad \left(m = \frac{4}{3}\pi\mu abc\right)
\end{aligned}
$$

同理可得

$$I_{yOz} = \frac{1}{5}ma^2, \ I_{zOx} = \frac{1}{5}mb^2$$

$$I_x = I_{xOy} + I_{zOx} = \frac{1}{5}m(b^2 + c^2), \ I_y = \frac{1}{5}m(c^2 + a^2),$$

$$I_z = \frac{1}{5}m(a^2 + b^2)$$

而

$$I_O = I_{xOy} + I_{yOz} + I_{zOx} = \frac{1}{5}m(a^2 + b^2 + c^2)$$

特别地，当 $a = b = c$ 时，得均匀球体关于它直径的转动惯量为

$$I_{直径} = \frac{2}{5}ma^2$$

**练习**

1. 求锥面 $y^2 + z^2 = x^2$ 与球面 $x^2 + y^2 + z^2 = a^2$ 所围物体的质量（假设密度 $\mu = 1$，$a > 0$）.

2. 求曲面 $x^2 + y^2 - z^2 = 0$ 与 $z = h$ 所围物体的质量，假设已知物体每一点的密度等于该点的纵坐标 $z$.

3. 试求 $x^2 + y^2 + z^2 = a^2$ 及 $x^2 + y^2 + z^2 = 4a^2$ 所夹球壳的质量，已知它每一点的密度与该点到原点的距离成反比.

4. 求由抛物面 $z = x^2 + y^2$ 及平面 $z = 1$ 所围成的立体的重心（假设密度 $\mu = 1$）.

5. 求抛物柱面 $y = \sqrt{x}$，$y = 2\sqrt{x}$ 及平面 $z = 0$，$x + z = 6$ 所围成立体的重心（$\mu = 1$）.

6. 求半径为 $r$、高为 $h$ 的均匀圆柱体绕过中心而平行于母线的轴的转动惯量（$\mu = 1$）.

7. 已知平面域 $D$ 为 $x^2 + y^2 \leq 2ax$ 与 $x^2 + y^2 \leq 2ay$ 的公共部分，其上各点的密度为 $\mu(x,y) = \sqrt{x^2 + y^2}$，试求其质量（$a > 0$）.

### 11.6.3　多重积分的应用引例

多重积分在实际中的应用问题往往更复杂，简单的、二重的、三重的积分还不能完全满足应用以及数学分析本身的需要.

下面利用二体引力问题来说明. 用 $(x_1, y_1, z_1)$ 表示第一个立体 $V_1$ 内点的坐标，用 $(x_2, y_2, z_2)$ 表示第二个立体 $V_2$ 内点的坐标；并且对应点的体密度分别记为 $\rho_1 = \rho_1(x_1, y_1, z_1)$ 和 $\rho_2 = \rho_2(x_2, y_2, z_2)$. 如果在每一个立体中分别取出质量元素 $\Delta m_1 = \rho_1 dx_1 dy_1 dz_1$ 和 $\Delta m_2 = \rho_2 dx_2 dy_2 dz_2$，则由牛顿万有引力定律得第二个立体微元引力

$$\Delta F = k\frac{\Delta m_1 \cdot \Delta m_2}{r_{12}^2} = k\frac{\rho_1 \rho_2 dx_1 dy_1 dz_1 dx_2 dy_2 dz_2}{r_{12}^2}$$

作用于第一个立体微元上，其中 $r_{12} = \sqrt{(x_2 - x_1)^2 + (y_2 - y_1)^2 + (z_2 - z_1)^2}$，$k$ 是万有引力常数. 因为这个引力 $\Delta F$ 从点 $(x_1, y_1, z_1)$ 朝向点 $(x_2, y_2, z_2)$，故它的三个方向余弦分别为

$$\frac{x_2 - x_1}{r_{12}}, \ \frac{y_2 - y_1}{r_{12}}, \ \frac{z_2 - z_1}{r_{12}}$$

因此，第二个立体微元对第一个立体微元的引力 $\Delta F$ 在 $x$ 轴上的投影等于

$$\Delta F_x = \Delta F \cdot \frac{x_2 - x_1}{r_{12}} = k\frac{\rho_1\rho_2(x_2 - x_1)\,\mathrm{d}x_1\,\mathrm{d}y_1\,\mathrm{d}z_1\,\mathrm{d}x_2\,\mathrm{d}y_2\,\mathrm{d}z_2}{r_{12}^3}$$

第二个立体吸引第一个立体的总的引力 $F$ 在 $x$ 轴上的投影 $F_x$ 可由上式求和得到．这时，得到一个六重积分

$$F_x = \iiiiii k\frac{\rho_1\rho_2(x_2 - x_1)}{r_{12}^3}\mathrm{d}x_1\,\mathrm{d}y_1\,\mathrm{d}z_1\,\mathrm{d}x_2\,\mathrm{d}y_2\,\mathrm{d}z_2$$

它是展布在点 $(x_1,\ y_1,\ z_1,\ x_2,\ y_2,\ z_2)$ 的六维区域上的，其中 $(x_1,\ y_1,\ z_1)$ 取自第一个立体 $V_1$，而 $(x_2,\ y_2,\ z_2)$ 取自第二个立体 $V_2$．引力 $F$ 在其他坐标轴上的投影 $F_y$ 和 $F_z$ 可用类似的六重积分表示．

如果考虑三体或四体的引力问题，就需要更多重的积分．因此，有必要引进 $n$ 重积分

$$\overbrace{\iint\cdots\int}^{n\text{个}}f(x_1,x_2,\cdots,x_n)\,\mathrm{d}x_1\,\mathrm{d}x_2\cdots\mathrm{d}x_n$$

的概念．由于其定义与性质完全类似于二重及三重积分的情形，故不再赘述．

## 习　题　11

1. 试交换逐次积分

$$\int_0^a \mathrm{d}x \int_{\frac{a^2-x^2}{2a}}^{\sqrt{a^2-x^2}} f(x,y)\,\mathrm{d}y$$

的积分次序．

2. 计算二重积分

$$I = \iint\limits_D |\sin(x+y)|\,\mathrm{d}x\,\mathrm{d}y$$

11.6　习题答案
习题 11 答案

其中，$D = \{(x,\ y) \in \mathbf{R}^2 \mid 0 \leqslant x \leqslant \pi,\ 0 \leqslant y \leqslant \pi\}$．

3. 设 $f(t)$ 连续，试证：

$$\iint\limits_D f(x-y)\,\mathrm{d}\sigma = \int_{-A}^{A} f(t)(A - |t|)\,\mathrm{d}t$$

其中，$A$ 为正的常数，$D = \left\{(x,y)\ \middle|\ |x| \leqslant \frac{A}{2},\ |y| \leqslant \frac{A}{2}\right\}$．

4. 设函数 $f(x)$ 在区间 $[0,1]$ 上连续，并设 $\int_0^1 f(x)\,\mathrm{d}x = A$，求 $\int_0^1 \mathrm{d}x \int_x^1 f(x)f(y)\,\mathrm{d}y$．

5. 求抛物面 $z = x^2 + y^2 + 1$ 的一个切平面，使得它与该抛物面及圆柱面 $(x-1)^2 + y^2 = 1$ 所围成的立体体积最小，并求出这个最小的体积．

6. 设函数 $f(u)$ 连续，$f(0) = 0$，且 $f'(0)$ 存在，求极限

$$I = \lim_{t \to 0^+} \frac{1}{\pi t^4} \iiint\limits_{x^2+y^2+z^2 \leqslant t^2} f(\sqrt{x^2+y^2+z^2})\,\mathrm{d}x\,\mathrm{d}y\,\mathrm{d}z$$

7. 试证：

$$\iiint\limits_{x^2+y^2+z^2 \leqslant 1} f(z)\,\mathrm{d}x\,\mathrm{d}y\,\mathrm{d}z = \pi\int_{-1}^1 f(u)(1-u^2)\,\mathrm{d}u$$

并利用这个式子计算

$$\iiint\limits_{x^2+y^2+z^2\leqslant 1} (z^4 + z^2\sin^3 z)\,dx\,dy\,dz$$

8. 已知函数 $F(t) = \iiint\limits_{\Omega} f(x^2 + y^2 + z^2)\,dx\,dy\,dz$，其中 $f$ 为可微函数，积分域 $\Omega$ 为球体 $x^2 + y^2 + z^2 \leqslant t^2$ $(t > 0)$，求 $F'(t)$.

9. 设函数 $f(t)$ 在 $[0, +\infty)$ 上连续，且满足方程

$$f(t)\,\mathrm{e}^{4\pi t^2} - \iint\limits_{x^2+y^2\leqslant 4t^2} f\left(\frac{1}{2}\sqrt{x^2 + y^2}\right)dx\,dy = f(t)$$

求 $f(t)$.

# 第 12 章
## 曲线积分与曲面积分

## 12.1 第一型曲线积分

### 12.1.1 第一型曲线积分的定义与性质

在给出第一型曲线积分的定义之前，首先考虑如下实例.

**引例 平面曲线型构件的质量** 设有一个平面曲线型构件，它在 $xOy$ 坐标平面上所占的位置是光滑曲线段 $L$，它的两个端点分别为 $A$ 和 $B$（见图 12-1），它在 $L$ 上任一点 $(x,y)$ 处的线密度 $\mu(x,y)$ 是连续函数，求此曲线型构件的质量 $m$.

如果曲线型构件的线密度是常数，那么其质量等于它的线密度乘以它的长度. 现在，曲线型构件的线密度是变量，不能直接用上述方法求质量. 此时，还可以用类似前面的分割、作积、求和、取极限的方法来求质量，现详述如下：

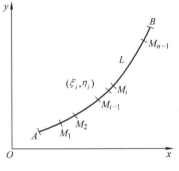

图 12-1

（1）**分割** 将 $L$ 任意地分割成 $n$ 个小弧段，分点分别为 $M_1, M_2, \cdots, M_{n-1}$. 记 $M_0 = A, M_n = B$，第 $i$ 个小弧段的弧长记为 $\Delta s_i$，并记 $l(T) = \max\limits_{1 \leqslant i \leqslant n} \{\Delta s_i\}$.

（2）**作积** 当线密度 $\mu(x,y)$ 连续变化时，只要每一个小弧段的长度很小，就可以把每一个小弧段的密度近似地看成是均匀的，因此第 $i$ 个小弧段的质量 $\Delta m_i$ 近似地等于 $\mu(\xi_i, \eta_i)\Delta s_i$，其中 $(\xi_i, \eta_i)$ 是第 $i$ 个小弧段上的任一点，即以不变代变作积，得

$$\Delta m_i \approx \mu(\xi_i, \eta_i)\Delta s_i, \ i = 1, 2, \cdots, n$$

（3）**求和** 整个曲线型构件的质量

$$m = \sum_{i=1}^{n} \Delta m_i \approx \sum_{i=1}^{n} \mu(\xi_i, \eta_i)\Delta s_i$$

（4）**取极限** 对于上式两端同时令 $l(T) \to 0$ 取极限，就可以得到整个曲线型构件质量的精确值，即

$$m = \lim_{l(T) \to 0} \sum_{i=1}^{n} \mu(\xi_i, \eta_i)\Delta s_i$$

很多实际问题的计算都可以归结为形如上式的极限，这种极限称为第一型曲线积分. 下面给出一般的定义.

**定义 12-1** 设函数 $f(x,y)$ 在 $xOy$ 坐标平面上的光滑曲线段 $L$ 上有界，将 $L$ 任意地分

割成 $n$ 个小弧段, 分点分别为 $M_1$, $M_2$, $\cdots$, $M_{n-1}$. 第 $i$ 个小弧段的弧长记为 $\Delta s_i$, 并记 $l(T) = \max\limits_{1 \leq i \leq n}\{\Delta s_i\}$. 在第 $i$ 个小弧段上任意取一点 $(\xi_i, \eta_i)$, 并求黎曼和 $\sum\limits_{i=1}^{n} f(\xi_i, \eta_i)\Delta s_i$. 如果当 $l(T) \to 0$ 时该黎曼和的极限总存在, 则称函数 $f(x,y)$ 在 $L$ 上**可积**, 并称此极限值为 $f(x,y)$ 在 $L$ 上的**第一型曲线积分**或**对弧长的曲线积分**, 记为 $\int_L f(x,y)\mathrm{d}s$, 即

$$\int_L f(x,y)\mathrm{d}s = \lim_{l(T) \to 0} \sum_{i=1}^{n} f(\xi_i, \eta_i)\Delta s_i \tag{12-1}$$

其中, $f(x,y)$ 称为**被积函数**, $f(x,y)\mathrm{d}s$ 称为**被积表达式**, $\mathrm{d}s$ 称为**弧长元素**或**弧微分**, $L$ 称为**积分曲线**.

**思考题** 试用 $<\varepsilon - \delta>$ 语言叙述定义 12-1.

根据这个定义, 引例中的曲线型构件的质量为

$$m = \int_L \mu(x,y)\mathrm{d}s$$

定义 12-1 可以完全类似地推广到积分曲线为空间曲线段 $\Gamma$ 的情形, 即函数 $f(x,y,z)$ 在光滑曲线段 $\Gamma$ 上的第一型曲线积分或对弧长的曲线积分定义为

$$\int_\Gamma f(x,y,z)\mathrm{d}s = \lim_{l(T) \to 0} \sum_{i=1}^{n} f(\xi_i, \eta_i, \zeta_i)\Delta s_i$$

如果 $L$ (或 $\Gamma$) 是分段光滑的, 即 $L$ (或 $\Gamma$) 可以分成有限个光滑的曲线段, 则规定函数在 $L$ (或 $\Gamma$) 上的第一型曲线积分等于函数在光滑的各曲线段上的第一型曲线积分之和. 例如, 设 $L$ 可以分成两段光滑曲线段 $L_1$ 和 $L_2$ (记为 $L = L_1 + L_2$), 则规定

$$\int_L f(x,y)\mathrm{d}s = \int_{L_1} f(x,y)\mathrm{d}s + \int_{L_2} f(x,y)\mathrm{d}s$$

如果 $L$ 是闭曲线, 则还可以将 $\int_L f(x,y)\mathrm{d}s$ 记为 $\oint_L f(x,y)\mathrm{d}s$.

为了简单起见, 下面主要讨论平面曲线的情形, 空间曲线情况与之类似.

**定理 12-1** (可积的充分条件) 如果函数 $f(x,y)$ 在光滑曲线段 $L$ 上连续, 则 $f(x,y)$ 在 $L$ 上可积.

根据第一型曲线积分的定义, 容易证明以下几个性质.

**性质 1** 当被积函数为常数 1 时, 第一型曲线积分的值等于积分曲线的长度, 即

$$\int_L 1\mathrm{d}s = L \text{ 的长度}$$

**性质 2** 设 $\alpha$ 和 $\beta$ 是任意常数, 则

$$\int_L [\alpha f(x,y) + \beta g(x,y)]\mathrm{d}s = \alpha\int_L f(x,y)\mathrm{d}s + \beta\int_L g(x,y)\mathrm{d}s$$

**性质 3** 如果在 $L$ 上有 $f(x,y) \leq g(x,y)$ 成立, 则

$$\int_L f(x,y)\mathrm{d}s \leq \int_L g(x,y)\mathrm{d}s$$

**性质 4** $\left|\int_L f(x,y)\mathrm{d}s\right| \leq \int_L \left|f(x,y)\right|\mathrm{d}s$

**性质 5** 如果曲线 $L$ 关于 $x = 0$ 对称, 而 $L_+ = \{(x,y) | (x,y) \in L, x \geq 0\}$, 则

$$\int_L f(x,y)\,\mathrm{d}s = \begin{cases} 0 & \text{当} f(-x,y) = -f(x,y) \text{ 时} \\ 2\displaystyle\int_{L_+} f(x,y)\,\mathrm{d}s & \text{当} f(-x,y) = f(x,y) \text{ 时} \end{cases}$$

如果曲线 $L$ 关于 $y=0$ 对称，而 $L^+ = \{(x,y)\,|\,(x,y)\in L, y\geqslant 0\}$，则

$$\int_L f(x,y)\,\mathrm{d}s = \begin{cases} 0 & \text{当} f(x,-y) = -f(x,y) \text{ 时} \\ 2\displaystyle\int_{L_+} f(x,y)\,\mathrm{d}s & \text{当} f(x,-y) = f(x,y) \text{ 时} \end{cases}$$

下面对平面上的第一型曲线积分附给它几何意义．设在直角坐标系 $Oxy$ 中，$l_{\overset{\frown}{AB}}$ 为 $xOy$ 平面上的一个曲线段（参见图 12-2）．今设想在其上每一点 $(x,y)$ 均竖起一个高度为 $f(x,y)$ 的直杆，这些直杆的终端连成一空间曲线 $L_{\overset{\frown}{A'B'}}$，从而构成一个在 $l_{\overset{\frown}{AB}}$ 之上，$L_{\overset{\frown}{A'B'}}$ 之下的有限柱面，而 $\displaystyle\int_{l_{\overset{\frown}{AB}}} f(x,y)\,\mathrm{d}s$ 的值，显然就是这有限柱面的面积．

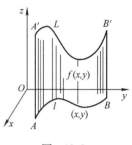

图　12-2

## 12.1.2　第一型曲线积分的计算

**定理 12-2**　设函数 $f(x,y)$ 在平面光滑曲线段 $L: x=x(t), y=y(t), \alpha\leqslant t\leqslant\beta$ 上有定义而且连续，则有计算公式

$$\int_L f(x,y)\,\mathrm{d}s = \int_\alpha^\beta f(x(t),y(t))\sqrt{x'^2(t)+y'^2(t)}\,\mathrm{d}t \tag{12-2}$$

**证**　对区间 $[\alpha,\beta]$ 进行分割：$\alpha=t_0<t_1<\cdots<t_{n-1}<t_n=\beta$．将坐标为 $(x(t_i),y(t_i))$ 的点记为 $M_i$，则 $M_0, M_1, \cdots, M_n$ 把曲线 $L$ 分割成 $n$ 个小弧段．记第 $i$ 个小弧段的弧长为 $\Delta s_i$，并记 $\Delta t_i = t_i - t_{i-1}$，则由光滑曲线的弧长计算公式，得

$$\Delta s_i = \int_{t_{i-1}}^{t_i} \sqrt{x'^2(t)+y'^2(t)}\,\mathrm{d}t$$

再应用定积分中值定理，得

$$\Delta s_i = \sqrt{x'^2(\tau_i)+y'^2(\tau_i)}\,\Delta t_i, \ \tau_i\in[t_{i-1},t_i]$$

由第一型曲线积分的定义，有

$$\int_L f(x,y)\,\mathrm{d}s = \lim_{l(T)\to 0} \sum_{i=1}^n f(\xi_i,\eta_i)\Delta s_i$$

因为 $f(x,y)$ 在光滑曲线段 $L$ 上连续，所以由定理 12-1 知 $f(x,y)$ 在 $L$ 上可积，故可以取 $(\xi_i,\eta_i)=(x(\tau_i),y(\tau_i))$，因此

$$\sum_{i=1}^n f(\xi_i,\eta_i)\Delta s_i = \sum_{i=1}^n f(x(\tau_i),y(\tau_i))\sqrt{x'^2(\tau_i)+y'^2(\tau_i)}\,\Delta t_i$$

记 $l(T)=\max_{1\leqslant i\leqslant n}\{\Delta s_i\}$，$\mu=\max_{1\leqslant i\leqslant n}\{\Delta t_i\}$．显然，当 $l(T)\to 0$ 时，$\mu\to 0$．故

$$\int_L f(x,y)\,\mathrm{d}s = \lim_{l(T)\to 0}\sum_{i=1}^n f(\xi_i,\eta_i)\Delta s_i$$

$$= \lim_{\mu\to 0}\sum_{i=1}^n f(x(\tau_i),y(\tau_i))\sqrt{x'^2(\tau_i)+y'^2(\tau_i)}\,\Delta t_i$$

$$= \int_\alpha^\beta f(x(t),y(t))\sqrt{x'^2(t)+y'^2(t)}\,\mathrm{d}t$$

**说明**　（1）在定理证明中小弧段的长度 $\Delta s_i$ 总是非负的，因而 $\Delta t_i$ 也必须是非负的，所以计算公式（12-2）右端定积分的下限一定要小于上限.

（2）如果曲线 $L$ 的方程是 $y = y(x)$，$a \leqslant x \leqslant b$，则式（12-2）成为

$$\int_L f(x,y)\,\mathrm{d}s = \int_a^b f(x, y(x)) \sqrt{1 + y'^2(x)}\,\mathrm{d}x \tag{12-3}$$

（3）如果曲线 $L$ 的方程是由极坐标方程 $r = r(\theta)$，$\alpha \leqslant \theta \leqslant \beta$ 给出，则式（12-2）成为

$$\int_L f(x,y)\,\mathrm{d}s = \int_\alpha^\beta f(r(\theta)\cos\theta, r(\theta)\sin\theta) \sqrt{r^2(\theta) + r'^2(\theta)}\,\mathrm{d}\theta \tag{12-4}$$

（4）将计算公式（12-2）推广到空间曲线段

$$\Gamma : x = x(t), y = y(t), z = z(t), t \in [\alpha, \beta]$$

得计算公式

$$\int_\Gamma f(x,y,z)\,\mathrm{d}s = \int_\alpha^\beta f(x(t), y(t), z(t)) \sqrt{x'^2(t) + y'^2(t) + z'^2(t)}\,\mathrm{d}t \tag{12-5}$$

其中，$x'(t), y'(t), z'(t)$，以及 $f(x,y,z)$ 均为连续函数.

**【例 12-1】**　若 $L$ 是单位圆在第一象限的部分，试求 $\int_L xy\,\mathrm{d}s$.

**解**　引用单位圆 $L$ 的参数方程

$$x = \cos t, y = \sin t, 0 \leqslant t \leqslant \frac{\pi}{2}$$

则有

$$\int_L xy\,\mathrm{d}s = \int_0^{\frac{\pi}{2}} \cos t \sin t \sqrt{(-\sin t)^2 + (\cos t)^2}\,\mathrm{d}t$$

$$= \int_0^{\frac{\pi}{2}} \cos t \sin t\,\mathrm{d}t = \frac{1}{2}$$

也可引用单位圆 $L$ 的直角坐标方程

$$y = \sqrt{1 - x^2},\ 0 \leqslant x \leqslant 1$$

于是有

$$\int_L xy\,\mathrm{d}s = \int_0^1 x\sqrt{1-x^2} \sqrt{1 + \frac{x^2}{1-x^2}}\,\mathrm{d}x = \int_0^1 x\,\mathrm{d}x = \frac{1}{2}$$

**【例 12-2】**　试求曲线 $y = \ln x$ 在以 $x_1 = 1$ 及 $x_2 = 2$ 为横坐标的两点间的质量，已知曲线密度等于该点横坐标的平方.

**解**　由题设知密度函数为 $f(x,y) = x^2$，$L$ 的方程为 $y = \ln x (1 \leqslant x \leqslant 2)$，则

$$m = \int_L x^2\,\mathrm{d}s = \int_1^2 x^2 \sqrt{1 + \left(\frac{1}{x}\right)^2}\,\mathrm{d}x$$

$$= \int_1^2 x\sqrt{1+x^2}\,\mathrm{d}x = \frac{1}{3}(1+x^2)^{\frac{3}{2}}\Big|_1^2 = \frac{1}{3}(5\sqrt{5} - 2\sqrt{2})$$

**【例 12-3】**　计算 $I = \int_{l_{\overset{\frown}{AB}}} (x^2 + y^2)\,\mathrm{d}s$，其中 $l_{\overset{\frown}{AB}}$ 为 $x^2 + y^2 = 2Rx$ 的上半部分（$R > 0$）.

**解**　设 $l_{\overset{\frown}{AB}}$ 的参数方程为

$$x = R(1 + \cos t),\ y = R\sin t\ (0 \leqslant t \leqslant \pi)$$

$$\mathrm{d}s = \sqrt{(\mathrm{d}x)^2 + (\mathrm{d}y)^2} = R\,\mathrm{d}t$$

于是有

$$I = \int_{l_{\widehat{AB}}} (x^2 + y^2)\,\mathrm{d}s = \int_0^\pi \left[ R^2(1+\cos t)^2 + R^2\sin^2 t \right] R\,\mathrm{d}t$$

$$= 2R^3 \int_0^\pi (1+\cos t)\,\mathrm{d}t = 2R^3 \left[ t + \sin t \right]_0^\pi = 2\pi R^3$$

【例 12-4】 计算 $\int_{l_{\widehat{AB}}} x\,|\,y\,|\,\mathrm{d}s$，其中 $l_{\widehat{AB}}$ 是椭圆 $x = a\cos t$，$y = b\sin t$（$a > b > 0$）的右半部分.

**解** 现在

$$\mathrm{d}s = \sqrt{(\mathrm{d}x)^2 + (\mathrm{d}y)^2} = \sqrt{a^2\sin^2 t + b^2\cos^2 t}\,\mathrm{d}t$$

点 $A$ 与点 $B$ 对应的参数 $t$ 的值分别为 $-\dfrac{\pi}{2}$ 与 $\dfrac{\pi}{2}$，且当 $t$ 由 $-\dfrac{\pi}{2}$ 变到 $+\dfrac{\pi}{2}$ 时，所对应的点恰好画出椭圆的右半部分，于是

$$\int_{l_{\widehat{AB}}} x\,|\,y\,|\,\mathrm{d}s = \int_{-\frac{\pi}{2}}^{\frac{\pi}{2}} a\cos t\,|\,b\sin t\,|\,\sqrt{a^2\sin^2 t + b^2\cos^2 t}\,\mathrm{d}t$$

$$= 2ab\int_0^{\frac{\pi}{2}} \sin t\cos t\,\sqrt{a^2 - (a^2-b^2)\cos^2 t}\,\mathrm{d}t$$

$$= ab\int_0^{\frac{\pi}{2}} \sqrt{a^2 - (a^2-b^2)\cos^2 t}\,\mathrm{d}\left[ a^2 - (a^2-b^2)\cos^2 t \right]\frac{1}{a^2-b^2}$$

$$= ab\,\frac{2}{3}\left[ a^2 - (a^2-b^2)\cos^2 t \right]^{\frac{3}{2}} \Big|_0^{\frac{\pi}{2}} \frac{1}{a^2-b^2}$$

$$= \frac{2ab}{3(a+b)}(a^2 + ab + b^2)$$

【例 12-5】 计算 $\int_{l_{\widehat{AB}}} xyz\,\mathrm{d}s$，其中 $l_{\widehat{AB}}$ 是 $x = t, y = \dfrac{2t}{3}\sqrt{2t}, z = \dfrac{t^2}{2}$ 在 $0 \leqslant t \leqslant 1$ 时所确定的.

**解** 依式(12-5)有

$$\int_{l_{\widehat{AB}}} xyz\,\mathrm{d}s = \int_0^1 t\cdot\frac{2}{3}t\sqrt{2t}\cdot\frac{1}{2}t^2\cdot\sqrt{1+2t+t^2}\,\mathrm{d}t$$

$$= \int_0^1 \frac{\sqrt{2}}{3}t^{\frac{9}{2}}(1+t)\,\mathrm{d}t = \frac{16\sqrt{2}}{143}$$

【例 12-6】 求螺旋线 $x = a\cos t$，$y = a\sin t$，$z = bt$ 一周（即 $t$ 从 0 到 $2\pi$）之长 $L$.

**解** 依式（12-5）有

$$L = \int_L \mathrm{d}s = \int_0^{2\pi} \sqrt{a^2\sin^2 t + a^2\cos^2 t + b^2}\,\mathrm{d}t$$

$$= \int_0^{2\pi} \sqrt{a^2+b^2}\,\mathrm{d}t = 2\pi\sqrt{a^2+b^2}$$

【例 12-7】 计算 $I = \int_C (x^2+y^2)\,\mathrm{d}s$，其中 $C: \begin{cases} x = a(\cos t + t\sin t) \\ y = a(\sin t - t\cos t) \end{cases}$，$0 \leqslant t \leqslant 2\pi, a > 0$.

**解**　$x^2 + y^2 = a^2(1 + t^2)$，$\mathrm{d}s = at\,\mathrm{d}t$

$$I = \int_0^{2\pi} a^2(1 + t^2) at\,\mathrm{d}t$$

$$= a^3 \int_0^{2\pi} (t + t^3)\,\mathrm{d}t = a^3 \left[\frac{t^2}{2} + \frac{t^4}{4}\right]_0^{2\pi}$$

$$= 2\pi^2 a^3 (1 + 2\pi^2)$$

【例 12-8】　计算 $I = \int_C y^2 \mathrm{d}s$，其中 $C$ 为摆线：$x = a(t - \sin t)$，$y = a(1 - \cos t)$，$0 \le t \le 2\pi$，$a > 0$.

**解**　$\mathrm{d}x = a(1 - \cos t)\,\mathrm{d}t$，$\mathrm{d}y = a\sin t\,\mathrm{d}t$，$\mathrm{d}s = a\sqrt{2(1 - \cos t)}\,\mathrm{d}t = 2a\sin\frac{t}{2}\,\mathrm{d}t$

$$I = \int_0^{2\pi} a^2(1 - \cos t)^2 \cdot 2a\sin\frac{t}{2}\,\mathrm{d}t$$

$$= 8a^3 \int_0^{2\pi} \sin^5 \frac{t}{2}\,\mathrm{d}t = 16a^3 \int_0^{\pi} \sin^5 u\,\mathrm{d}u$$

$$= 32a^3 \frac{4 \times 2}{5 \times 3} = \frac{256}{15} a^3$$

【例 12-9】　计算 $I = \oint_C |x|^{\frac{2}{3}} \mathrm{d}s$，其中 $C$ 为 $x^{\frac{2}{3}} + y^{\frac{2}{3}} = 1$ 的一周.

**解**　设 $x = \cos^3 t$，$y = \sin^3 t$

$$I = \int_0^{2\pi} |\cos t| \cdot 3\sqrt{\sin^2 t \cos^2 t}\,\mathrm{d}t$$

$$= 3\int_0^{2\pi} \cos^2 t |\sin t|\,\mathrm{d}t$$

$$= 3\left(\int_0^{\pi} \cos^2 t \sin t\,\mathrm{d}t - \int_{\pi}^{2\pi} \cos^2 t \sin t\,\mathrm{d}t\right) = 4$$

【例 12-10】　计算 $I = \oint_C \sqrt{x^2 + y^2}\,\mathrm{d}s$，其中 $C$ 为圆周 $x^2 + y^2 = ax$.

**解**　$C$ 的极坐标方程为 $r = a\cos\theta$，$\mathrm{d}s = \sqrt{r^2 + r'^2}\,\mathrm{d}\theta = a\,\mathrm{d}\theta$

$$I = \int_{-\frac{\pi}{2}}^{\frac{\pi}{2}} ra\,\mathrm{d}\theta = a^2 \int_{-\frac{\pi}{2}}^{\frac{\pi}{2}} \cos\theta\,\mathrm{d}\theta = 2a^2$$

【例 12-11】　计算 $I = \int_C |y|\,\mathrm{d}s$，其中 $C$ 为双纽线 $(x^2 + y^2)^2 = a^2(x^2 - y^2)$ 的弧.

**解**　双纽线的极坐标方程为 $r^2 = a^2 \cos 2\theta$，用隐函数求导法得

$$r' = \frac{-a^2 \sin 2\theta}{r},\mathrm{d}s = \sqrt{r^2 + r'^2}\,\mathrm{d}\theta = \sqrt{r^2 + \frac{a^4 \sin^2 2\theta}{r^2}}\,\mathrm{d}\theta = \frac{a^2}{r}\,\mathrm{d}\theta$$

$$I = 4\int_0^{\frac{\pi}{4}} r\sin\theta \cdot \frac{a^2}{r}\,\mathrm{d}\theta$$

$$= 4a^2 \int_0^{\frac{\pi}{4}} \sin\theta\,\mathrm{d}\theta$$

$$= (4 - 2\sqrt{2})a^2$$

【例 12-12】 计算 $I = \oint_C e^{\sqrt{x^2+y^2}} ds$，其中 $C$ 是由曲线 $r = a$，$\theta = 0$，$\theta = \dfrac{\pi}{4}$（$r$，$\theta$ 为极坐标）所围成的凸曲线.

**解**
$$I = \left\{ \int_{C_1} + \int_{C_2} + \int_{C_3} \right\} e^{\sqrt{x^2+y^2}} ds$$
$$= \int_0^a e^x \, dx + \int_0^{\frac{\pi}{4}} e^a a \, d\theta + \int_0^{\frac{a}{\sqrt{2}}} e^{\sqrt{2}x} \sqrt{2} \, dx$$
$$= 2(e^a - 1) + \frac{\pi}{4} a e^a$$

【例 12-13】 计算 $I = \oint_C x^2 ds$，其中 $C$ 为圆周 $\begin{cases} x^2 + y^2 + z^2 = a^2 \\ x + y + z = 0 \end{cases}$ $(a > 0)$.

**解** 由 $\begin{cases} x^2 + y^2 + z^2 = a^2 \\ x + y + z = 0 \end{cases}$ 消去 $y$，得
$$\left( z + \frac{x}{2} \right)^2 = \frac{1}{4} (2a^2 - 3x^2)$$

令 $x = \sqrt{\dfrac{2}{3}} a \cos t$，则
$$z = -\frac{x}{2} + \frac{1}{2}\sqrt{2a^2 - 3x^2} = \frac{\sqrt{2}}{2} a \left( \sin t - \frac{1}{\sqrt{3}} \cos t \right)$$
$$y = -(x + z) = -\frac{\sqrt{2}}{2} a \left( \sin t + \frac{1}{\sqrt{3}} \cos t \right)$$

从而得圆周的参数方程 $ds = a \, dt$

故
$$I = \int_0^{2\pi} \frac{2}{3} a^2 \cos^2 t \, a \, dt$$
$$= \frac{2a^3}{3} \int_0^{2\pi} \frac{1 + \cos 2t}{2} \, dt = \frac{2}{3} \pi a^3$$

如果用轮换对称性计算本题则很简单，请读者自己做练习.

**典型计算题 1**

试求下列曲线 $L$ 的质量，其中 $\mu = \mu(x, y, z)$ 为 $L$ 的线密度函数.

1. $L$：$\dfrac{x}{a} + \dfrac{y}{b} = 1$ $(0 \leqslant x \leqslant a)$，$\mu = x$

2. $L$：$y^2 = 2px$ $\left( 0 \leqslant x \leqslant \dfrac{p}{2} \right)$，$\mu = |y|$

3. $L$：$x = a \cos t$，$y = a \sin t$ $(0 \leqslant t \leqslant 2\pi)$，$\mu = |y|$

4. $L$：$x = a \cos^3 t$，$y = a \sin^3 t$，$\mu = |xy|$ $(a > 0)$

5. $L$：$r = a(1 + \cos \varphi)$，$\mu = k\sqrt{r}$

6. $L$：$r^2 = a^2 \cos 2\varphi$，$\mu = kr$

7. $L$：$x^2 + y^2 = r^2$ $(y > 0)$，$\mu = \beta y^3$

8. $L$：$x^2 + y^2 = r^2$ $(x > 0, y > 0)$，$\mu = \alpha x$

9. $L$：$y = \ln x$ $(x_1 < x < x_2)$，$\mu = x^2$

10. $L$：$y = \dfrac{a}{2}(\mathrm{e}^{\frac{x}{a}} + \mathrm{e}^{-\frac{x}{a}})$ $(0 \leqslant x \leqslant a)$，$\mu = \dfrac{1}{y}$

11. $L$：$y^2 = 2px$ $(0 \leqslant x \leqslant 2p)$，$\mu = y$ $(y \geqslant 0)$

12. $L$：$x = a(t - \sin t)$，$y = a(1 - \cos t)$ $(0 \leqslant t \leqslant 2\pi)$，$\mu = \sqrt{2y}$

13. $L$：$(x^2 + y^2)^2 = a^2(x^2 - y^2)$ $(x \geqslant 0)$，$\mu = x$

14. $L$：$x = a\cos t$，$y = a\sin t$，$z = at$ $(0 \leqslant t \leqslant 2\pi)$，$\mu = \dfrac{z^2}{x^2 + y^2}$

15. $L$：$(x^2 + y^2)^2 = a^2(x^2 - y^2)$，$\mu = |y|$

### 典型计算题 2

计算下列第一型曲线积分.

1. $\displaystyle\int_L (x + y)\,\mathrm{d}l$，$L$：是以 $O(0,0)$，$A(1,0)$，$B(0,1)$ 为顶点的三角形回路

2. $\displaystyle\int_L (x^{\frac{4}{3}} + y^{\frac{4}{3}})\,\mathrm{d}l$，$L$：$x^{\frac{2}{3}} + y^{\frac{2}{3}} = a^{\frac{2}{3}}$ $(a > 0)$

3. $\displaystyle\int_L (x^2 + y^2)^{\frac{1}{2}}\,\mathrm{d}l$，$L$：$x^2 + y^2 = ax$ $(a > 0)$

4. $\displaystyle\int_L x^2 y\,\mathrm{d}l$，$L$：$x^2 + y^2 = R^2$

5. $\displaystyle\int_L (x - y)\,\mathrm{d}l$，$L$：$x^2 + y^2 = 2ax$ $(a > 0)$

6. $\displaystyle\int_L (x^2 + y^2 + z^2)\,\mathrm{d}l$，$L$：$\begin{cases} x^2 + y^2 + z^2 = R^2 \\ x + y + z = 0 \end{cases}$ $(R > 0)$

7. $\displaystyle\int_L (x^2 + y^2 + z^2)\,\mathrm{d}l$，$L$：$x = a\cos t$，$y = a\sin t$，$z = bt$，$0 \leqslant t \leqslant 2\pi$

8. $\displaystyle\int_L z\,\mathrm{d}l$，$x = t\cos t$，$y = t\sin t$，$z = t$，$0 \leqslant t \leqslant \pi$

9. $\displaystyle\int_L xyz\,\mathrm{d}l$，$L$：$\begin{cases} x^2 + y^2 + z^2 = a^2 \\ x^2 + y^2 = \dfrac{a^2}{4} \end{cases}$

10. $\displaystyle\int_L \dfrac{\mathrm{d}l}{x - y}$，$L$：$x - 2y = 4$，$0 \leqslant x \leqslant 4$

11. $\displaystyle\int_L (4\sqrt[3]{x} - 3\sqrt{y})\,\mathrm{d}l$，$L$：$y = x + 1$，$-1 \leqslant x \leqslant 0$

12. $\displaystyle\int_L xy\,\mathrm{d}l$，$L$：是以 $A(-1,0)$，$B(1,0)$，$C(0,1)$ 为顶点的三角形回路

13. $\displaystyle\int_L xy\,\mathrm{d}l$，$L$：是以 $O(0,0)$，$A(4,0)$，$B(4,2)$，$C(0,2)$ 为顶点的矩形回路

14. $\displaystyle\int_L xy\,\mathrm{d}l$，$L$：$\dfrac{x^2}{a^2} + \dfrac{y^2}{b^2} = 1$ $(x \geqslant 0, y \geqslant 0)(a > b > 0)$

15. $\displaystyle\int_L y\,\mathrm{d}l$，$L$：$y = 2\sqrt{x}$，$0 \leqslant x \leqslant 1$

16. $\displaystyle\int_L (x^2 + y^2)^m\,\mathrm{d}l$，$L$：$x = a\cos t$，$y = a\sin t$ $(a > 0)$

12.1　习题答案

115

17. $\int_L \sqrt{2y}\,\mathrm{d}l, L:x = a(t - \sin t), y = a(1 - \cos t), 0 \leqslant t \leqslant 2\pi(a > 0)$

18. $\int_L x(x^2 - y^2)^{\frac{1}{2}}\,\mathrm{d}l, L:(x^2 + y^2)^2 = a^2(x^2 - y^2), x \geqslant 0(a > 0)$

19. $\int_L \arctan \dfrac{y}{x}\,\mathrm{d}l, L:\rho = 2\varphi$ 位于 $x^2 + y^2 = R^2$ 的部分$(R > 0)$

20. $\int_L (x + y)\,\mathrm{d}l, L:\begin{cases} x^2 + y^2 + z^2 = R^2 \\ y = x \end{cases}$ 位于第一卦限部分$(R > 0)$

12.2　思维导图

## 12.2　第二型曲线积分

### 12.2.1　第二型曲线积分的定义与性质

在给出第二型曲线积分的定义之前，首先还是考虑如下实例.

**引例　变力沿曲线所做的功**　设 $xOy$ 坐标平面内的一个质点在连续变力 $\boldsymbol{F}(x,y) = P(x, y)\boldsymbol{i} + Q(x,y)\boldsymbol{j}$ 的作用下，从点 $A$ 沿着有向光滑曲线 $L$ 移动到点 $B$，求变力 $\boldsymbol{F}(x,y)$ 所做的功.

如果力 $\boldsymbol{F}$ 是不变的，而 $L$ 是直线，那么力 $\boldsymbol{F}$ 所做的功等于 $\boldsymbol{F}$ 和向量 $\overrightarrow{AB}$ 的数量积. 现在，力 $\boldsymbol{F}(x,y)$ 是变量，$L$ 是有向曲线，故不能直接用数量积来求变力所做的功. 此时，与上一节类似，仍然可以用分割、作数量积、求和、取极限的方法来求变力所做的功，现详述如下：

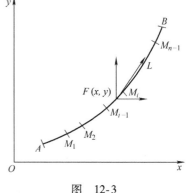

图　12-3

（1）**分割**　将 $L$ 任意地分割成 $n$ 个有向小弧段，分点依次为 $M_1$，$M_2$，$\cdots$，$M_{n-1}$. 记 $M_0 = A$，$M_n = B$（见图 12-3），则第 $i$ 个有向小弧段为 $\Delta L_i = \widehat{M_{i-1}M_i}$.

（2）**作数量积**　因为每一个有向小弧段 $\Delta L_i$ 都光滑而且很短，所以可用有向线段 $\overrightarrow{M_{i-1}M_i}$ 近似代替 $\Delta L_i$. 记 $\Delta x_i = x_i - x_{i-1}$，$\Delta y_i = y_i - y_{i-1}$，则

$$\overrightarrow{M_{i-1}M_i} = (\Delta x_i)\boldsymbol{i} + (\Delta y_i)\boldsymbol{j}$$

因为 $\boldsymbol{F}(x,y)$ 在 $L$ 上连续，所以当 $\Delta L_i$ 的长度很小时，可以用任一点 $(\xi_i, \eta_i) \in \Delta L_i$ 处的力 $\boldsymbol{F}(\xi_i, \eta_i)$ 来近似代替 $\Delta L_i$ 上各点处的力. 即以不变代变，以直代曲. 这样，变力 $\boldsymbol{F}(x,y)$ 沿着有向小弧段 $\Delta L_i$ 所做的功可近似地表示为数量积

$$\Delta W_i \approx \boldsymbol{F}(\xi_i, \eta_i) \cdot \overrightarrow{M_{i-1}M_i} = P(\xi_i, \eta_i)\Delta x_i + Q(\xi_i, \eta_i)\Delta y_i$$

（3）**求和**　变力 $\boldsymbol{F}(x,y)$ 沿着有向光滑曲线 $L$ 所做的功可近似地表示为

$$W = \sum_{i=1}^{n} \Delta W_i \approx \sum_{i=1}^{n} \left[ P(\xi_i, \eta_i)\Delta x_i + Q(\xi_i, \eta_i)\Delta y_i \right]$$

（4）**取极限**　用 $\lambda$ 表示 $n$ 个小弧段长度的最大值. 对于上式，两端同时令 $\lambda \to 0$ 取极限，就可以得到变力 $\boldsymbol{F}(x,y)$ 沿着有向光滑曲线 $L$ 所做的功的精确值，即

$$W = \lim_{\lambda \to 0} \sum_{i=1}^{n} \left[ P(\xi_i, \eta_i)\Delta x_i + Q(\xi_i, \eta_i)\Delta y_i \right]$$

很多实际问题的计算都可以归结为形如上式的极限，这种极限称为第二型曲线积分.
下面给出一般的定义.

**定义 12-2**　设 $L$ 是 $xOy$ 坐标平面上由点 $A$ 到点 $B$ 的一条有向光滑曲线段，向量函数
$\boldsymbol{F}(x, y) = P(x, y)\boldsymbol{i} + Q(x, y)\boldsymbol{j}$ 在 $L$ 上有界. 用 $L$ 上的点
$$A = M_0, M_1, M_2, \cdots, M_{n-1}, M_n = B$$
将 $L$ 任意地分割成 $n$ 个小弧段. 设 $M_i(x_i, y_i)$，$\Delta x_i = x_i - x_{i-1}$，$\Delta y_i = y_i - y_{i-1}$. 在每一个有
向小弧段 $\Delta L_i = \widehat{M_{i-1}M_i}$ 上任意取一点 $(\xi_i, \eta_i)$，并求和
$$\sum_{i=1}^{n} \boldsymbol{F}(\xi_i, \eta_i) \cdot \overrightarrow{M_{i-1}M_i} = \sum_{i=1}^{n} \left[ P(\xi_i, \eta_i)\Delta x_i + Q(\xi_i, \eta_i)\Delta y_i \right]$$
第 $i$ 个小弧段的弧长记为 $\Delta s_i$，并记 $\lambda = \max\limits_{1 \leq i \leq n}\{\Delta s_i\}$. 如果当 $\lambda \to 0$ 时上面和式的极限总存
在，则称向量函数 $\boldsymbol{F}(x, y)$ 在 $L$ 上可积，并称此极限值为 $\boldsymbol{F}(x, y)$ 在 $L$ 上的**第二型曲线积分**
或**对坐标的曲线积分**，记为
$$\int_L \boldsymbol{F} \cdot \mathrm{d}\boldsymbol{s} \quad \text{或} \quad \int_L P(x, y)\mathrm{d}x + Q(x, y)\mathrm{d}y$$
其中，$\mathrm{d}\boldsymbol{s} = \mathrm{d}x\boldsymbol{i} + \mathrm{d}y\boldsymbol{j}$，即
$$\int_L P(x, y)\mathrm{d}x + Q(x, y)\mathrm{d}y = \lim_{\lambda \to 0} \sum_{i=1}^{n} \left[ P(\xi_i, \eta_i)\Delta x_i + Q(\xi_i, \eta_i)\Delta y_i \right] \tag{12-6}$$
称
$$\int_L P(x, y)\mathrm{d}x = \lim_{\lambda \to 0} \sum_{i=1}^{n} P(\xi_i, \eta_i)\Delta x_i \tag{12-7}$$
为函数 $P(x, y)$ 沿着有向光滑曲线段 $L$ 对坐标 $x$ 的曲线积分.
称
$$\int_L Q(x, y)\mathrm{d}y = \lim_{\lambda \to 0} \sum_{i=1}^{n} Q(\xi_i, \eta_i)\Delta y_i \tag{12-8}$$
为函数 $Q(x, y)$ 沿着有向光滑曲线段 $L$ 对坐标 $y$ 的曲线积分.

根据这个定义，引例中变力 $\boldsymbol{F}(x, y)$ 所做的功为
$$W = \int_L \boldsymbol{F} \cdot \mathrm{d}\boldsymbol{s} = \int_L P(x, y)\mathrm{d}x + Q(x, y)\mathrm{d}y$$

**说明**　这里可记功的微元 $\mathrm{d}\overline{W} = \boldsymbol{F} \cdot \mathrm{d}\boldsymbol{s} = P(x,y)\boldsymbol{i} + Q(x,y)\boldsymbol{j}$，其中 $\mathrm{d}\boldsymbol{s} = \mathrm{d}x\boldsymbol{i} + \mathrm{d}y\boldsymbol{j}$ 是与 $\Delta s$
（介于 $(x, y)$ 与 $(x + \Delta x, y + \Delta y)$ 之间的小弧段）相对应的在点 $(x, y)$ 处的有向切向量.

定义 12-2 可以完全类似地推广到积分曲线为空间有向曲线段 $\varGamma$ 的情形，即向量函数
$\boldsymbol{F}(x, y, z) = P(x, y, z)\boldsymbol{i} + Q(x, y, z)\boldsymbol{j} + R(x, y, z)\boldsymbol{k}$ 在有向光滑曲线段 $\varGamma$ 上的第二型曲线积
分或对坐标的曲线积分
$$\int_\varGamma \boldsymbol{F} \cdot \mathrm{d}\boldsymbol{s} = \int_\varGamma P(x, y, z)\mathrm{d}x + Q(x, y, z)\mathrm{d}y + R(x, y, z)\mathrm{d}z \tag{12-9}$$
其中，$\mathrm{d}\boldsymbol{s} = \mathrm{d}x\,\boldsymbol{i} + \mathrm{d}y\,\boldsymbol{j} + \mathrm{d}z\,\boldsymbol{k}$，而

$$\int_{\Gamma} P(x, y, z) \, dx = \lim_{\lambda \to 0} \sum_{i=1}^{n} P(\xi_i, \eta_i, \varsigma_i) \Delta x_i$$

$$\int_{\Gamma} Q(x, y, z) \, dy = \lim_{\lambda \to 0} \sum_{i=1}^{n} Q(\xi_i, \eta_i, \varsigma_i) \Delta y_i$$

$$\int_{\Gamma} R(x, y, z) \, dz = \lim_{\lambda \to 0} \sum_{i=1}^{n} R(\xi_i, \eta_i, \varsigma_i) \Delta z_i$$

如果 $L$（或 $\Gamma$）是有向分段光滑的，即 $L$（或 $\Gamma$）可以分成有限个有向光滑的曲线段，则规定向量函数在 $L$（或 $\Gamma$）上的第二型曲线积分等于它在各有向光滑曲线段上的第二型曲线积分之和. 例如，设 $L$ 可以分成两段有向光滑曲线段 $L_1$ 和 $L_2$（记为 $L = L_1 + L_2$），则规定

$$\int_L \boldsymbol{F} \cdot d\boldsymbol{s} = \int_{L_1} \boldsymbol{F} \cdot d\boldsymbol{s} + \int_{L_2} \boldsymbol{F} \cdot d\boldsymbol{s} \tag{12-10}$$

如果 $L$ 是闭曲线，则还可以将 $\int_L \boldsymbol{F} \cdot d\boldsymbol{s}$ 记为 $\oint_L \boldsymbol{F} \cdot d\boldsymbol{s}$.

为了简单起见，下面仍主要讨论平面曲线的情形，空间曲线情况类似.

**定理 12-3**　（可积的充分条件）　如果向量函数 $\boldsymbol{F}(x, y)$ 在有向光滑曲线段 $L$ 上连续，则 $\boldsymbol{F}(x, y)$ 在 $L$ 上的第二型曲线积分存在.

根据第二型曲线积分的定义，容易证明以下几个性质.

**性质 1**　设 $L$ 是有向曲线段，$-L$ 是 $L$ 的负向（即相反方向）曲线段，则

$$\int_{-L} \boldsymbol{F} \cdot d\boldsymbol{s} = -\int_L \boldsymbol{F} \cdot d\boldsymbol{s}$$

**性质 2**　设 $\alpha$ 和 $\beta$ 是任意常数，$\boldsymbol{F}$ 和 $\boldsymbol{G}$ 是 $L$ 上的可积向量函数，则

$$\int_L (\alpha \boldsymbol{F} + \beta \boldsymbol{G}) \cdot d\boldsymbol{s} = \alpha \int_L \boldsymbol{F} \cdot d\boldsymbol{s} + \beta \int_L \boldsymbol{G} \cdot d\boldsymbol{s}$$

**性质 3**　$\int_{\widehat{AB}} \boldsymbol{F} \cdot d\boldsymbol{s} = \int_{\widehat{AC}} \boldsymbol{F} \cdot d\boldsymbol{s} + \int_{\widehat{CB}} \boldsymbol{F} \cdot d\boldsymbol{s}$　（点 $C$ 位于 $\widehat{AB}$ 上）

## 12.2.2　第二型曲线积分的计算

**定理 12-4**　设平面有向曲线段 $L = \widehat{AB}$ 的参数方程为

$$x = x(t), \; y = y(t), \; t \text{ 介于 } \alpha \text{ 和 } \beta \text{ 之间}$$

当参数 $t$ 单调地由 $\alpha$ 变到 $\beta$ 时，动点 $M(x, y)$ 从 $L$ 的起点 $A$ 沿 $L$ 移动到终点 $B$，$x'(t)$ 和 $y'(t)$ 在以 $\alpha$ 和 $\beta$ 为端点的闭区间上连续，且 $x'^2(t) + y'^2(t) \neq 0$，即曲线 $L$ 光滑. 若函数 $P(x, y)$ 和 $Q(x, y)$ 在 $L$ 上连续，则有

$$\int_L P(x, y) \, dx + Q(x, y) \, dy$$

$$= \int_{\alpha}^{\beta} \left[ P(x(t), y(t)) x'(t) + Q(x(t), y(t)) y'(t) \right] dt \tag{12-11}$$

**证**　设定义 12-2 中的分点 $M_i$ 对应参数 $t = t_i$，由微分中值定理，得

$$\Delta x_i = x_i - x_{i-1} = x(t_i) - x(t_{i-1}) = x'(\theta_i)(t_i - t_{i-1}), \; \theta_i \text{ 介于 } t_{i-1} \text{ 和 } t_i \text{ 之间}$$

因此由式（12-7），得

$$\int_L P(x, y)\mathrm{d}x = \lim_{\lambda \to 0}\sum_{i=1}^{n} P(\xi_i, \eta_i)\Delta x_i$$

$$= \lim_{\lambda \to 0}\sum_{i=1}^{n} P(x(\theta_i), y(\theta_i))x'(\theta_i)(t_i - t_{i-1})$$

因为当 $\lambda \to 0$ 时必然有 $\max\limits_{1\leqslant i\leqslant n}|t_i - t_{i-1}|\to 0$，所以上式右端和式的极限就是函数 $P(x(t),$ $y(t))x'(t)$ 在 $\alpha$ 到 $\beta$ 上的定积分，故

$$\int_L P(x, y)\mathrm{d}x = \int_\alpha^\beta P(x(t), y(t))x'(t)\mathrm{d}t \tag{12-12}$$

类似地，可以证明

$$\int_L Q(x, y)\mathrm{d}y = \int_\alpha^\beta Q(x(t), y(t))y'(t)\mathrm{d}t \tag{12-13}$$

**说明**　（1）类似于定理 12-4，设空间有向曲线段 $\Gamma = \overset{\frown}{AB}$ 的参数方程为

$$x = x(t), y = y(t), z = z(t), t \text{ 介于 } \alpha \text{ 和 } \beta \text{ 之间}$$

参数 $t = \alpha$ 对应起点 $A$，$t = \beta$ 对应终点 $B$，则

$$\int_\Gamma P(x, y, z)\mathrm{d}x + Q(x, y, z)\mathrm{d}y + R(x, y, z)\mathrm{d}z$$
$$= \int_\alpha^\beta [P(x(t), y(t), z(t))x'(t) + Q(x(t), y(t), z(t))y'(t) +$$
$$R(x(t), y(t), z(t))z'(t)]\mathrm{d}t \tag{12-14}$$

（2）在计算第二型曲线积分时，只需将曲线的参数方程代入到被积表达式中，把起点所对应的参数值作为积分下限，把终点所对应的参数值作为积分上限，计算此定积分即可.

【例 12-14】　求 $\int_{l_{\overset{\frown}{AB}}}(x + y)\mathrm{d}x + (x - y)\mathrm{d}y$，$l_{\overset{\frown}{AB}}$ 是（1）单位圆弧；（2）折线 $AOB$（见图 12-4）.

**解**　（1）圆弧的方程是

$$x = \cos t, y = \sin t \quad \left(0\leqslant t\leqslant \frac{\pi}{2}\right)$$

所以

$$\int_{l_{\overset{\frown}{AB}}}(x + y)\mathrm{d}x + (x - y)\mathrm{d}y$$
$$= \int_0^{\frac{\pi}{2}}[(\cos t + \sin t)(-\sin t) + (\cos t - \sin t)\cos t]\mathrm{d}t$$
$$= \int_0^{\frac{\pi}{2}}(\cos 2t - \sin 2t)\mathrm{d}t = -1$$

（2）$AO$ 的方程是 $y = 0$（$0\leqslant x\leqslant 1$），$OB$ 的方程是 $x = 0$（$0\leqslant y\leqslant 1$），于是

$$\int_{AOB}(x + y)\mathrm{d}x + (x - y)\mathrm{d}y = \int_{AO}(x + y)\mathrm{d}x + \int_{OB}(x - y)\mathrm{d}y$$
$$= \int_1^0 x\mathrm{d}x + \int_0^1(-y)\mathrm{d}y = -\frac{1}{2} - \frac{1}{2} = -1$$

【例 12-15】　设 $l$ 是抛物线 $y^2 = x$ 上从 $A(1, -1)$ 至 $B(1, 1)$ 的一段弧（见图 12-5），计算 $\int_l xy\mathrm{d}x$.

**解**　若把 $x$ 视为参变量计算这个积分，应注意到：当点沿 $l$ 由 $A$ 到 $B$ 时，它的横坐标 $x$ 先由 $1$ 变到 $0$，然后又由 $0$ 回到 $1$，因此，必须分两部分计算，即

$$\int_l xy\,\mathrm{d}x = \int_{\overset{\frown}{AO}} xy\,\mathrm{d}x + \int_{\overset{\frown}{OB}} xy\,\mathrm{d}x$$

而 $\overset{\frown}{AO}$ 的方程是 $y = -\sqrt{x}$，$\overset{\frown}{OB}$ 的方程是 $y = \sqrt{x}$. 因此

$$\int_{\overset{\frown}{AO}} xy\,\mathrm{d}x = -\int_1^0 x\sqrt{x}\,\mathrm{d}x = \int_0^1 x^{\frac{3}{2}}\,\mathrm{d}x = \frac{2}{5}$$

$$\int_{\overset{\frown}{OB}} xy\,\mathrm{d}x = \int_0^1 x\sqrt{x}\,\mathrm{d}x = \int_0^1 x^{\frac{3}{2}}\,\mathrm{d}x = \frac{2}{5}$$

$$\int_l xy\,\mathrm{d}x = \frac{2}{5} + \frac{2}{5} = \frac{4}{5}$$

若把 $y$ 视为参变量，则

$$\int_l xy\,\mathrm{d}x = \int_{-1}^1 y^2 y 2y\,\mathrm{d}y = 2\int_{-1}^1 y^4\,\mathrm{d}y = \frac{2}{5}y^5\Big|_{-1}^1 = \frac{4}{5}$$

这显然简便得多. 因此，当 $l$ 是由直角坐标方程给定时，所要计算的积分可将 $x$ 视为参变量，也可将 $y$ 视为参变量，但有繁简之差别，应加以选择.

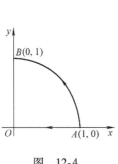

图　12-4

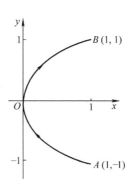

图　12-5

**【例 12-16】**　计算 $\displaystyle\int_{l_{\overset{\frown}{AB}}} x^2\,\mathrm{d}x + (y-x)\,\mathrm{d}y$，其中：

（1）$l_{\overset{\frown}{AB}}$ 是圆心在原点，半径为 $a$ 的上半圆周（见图 12-6）；

（2）$l_{\overset{\frown}{AB}}$ 是直径 $AOB$.

**解**　（1）$l_{\overset{\frown}{AB}}$ 的方程为

$$\begin{cases} x = a\cos t \\ y = a\sin t \end{cases}, \quad 0 \le t \le \pi$$

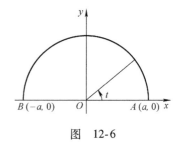

图　12-6

于是有

$$\int_{l_{\overset{\frown}{AB}}} x^2\,\mathrm{d}x + (y-x)\,\mathrm{d}y$$

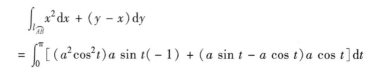

$$= \int_0^\pi \big[(a^2\cos^2 t)a\sin t(-1) + (a\sin t - a\cos t)a\cos t\big]\mathrm{d}t$$

$$= a^3 \left. \frac{\cos^3 t}{3} \right|_0^\pi + a^2 \left. \frac{\sin^2 t}{2} \right|_0^\pi - \frac{1}{2} a^2 \pi = -\frac{2a^3}{3} - \frac{\pi}{2} a^2$$

（2）$l_{AOB}$ 的方程为 $y = 0$，$-a \leqslant x \leqslant a$，于是有

$$\int_{l_{AOB}} x^2 \mathrm{d}x + (y - x) \mathrm{d}y = \int_a^{-a} x^2 \mathrm{d}x = -\frac{2}{3} a^3$$

【例 12-17】　计算 $I = \oint_C (x + y) \mathrm{d}x + (x - y) \mathrm{d}y$，其中 $C$ 为 $\dfrac{x^2}{a^2} + \dfrac{y^2}{b^2} = 1$，逆时针方向（$a$，$b > 0$）．

**解**　设 $x = a \cos t$，$y = b \sin t$，$0 \leqslant t \leqslant 2\pi$

$$I = \int_0^{2\pi} \left[ (a \cos t + b \sin t)(-a \sin t) + (a \cos t - b \sin t)(b \cos t) \right] \mathrm{d}t$$

$$= ab \int_0^{2\pi} (\cos^2 t - \sin^2 t) \mathrm{d}t - (a^2 + b^2) \int_0^{2\pi} \sin t \cos t \, \mathrm{d}t$$

$$= \frac{ab}{2} \sin 2t \Big|_0^{2\pi} - \frac{a^2 + b^2}{2} \sin^2 t \Big|_0^{2\pi} = 0$$

【例 12-18】　计算 $I = \int_C (2a - y) \mathrm{d}x + x \mathrm{d}y$　（$C: x = a(t - \sin t), y = a(1 - \cos t), 0 \leqslant t \leqslant 2\pi$）．

**解**　
$$I = \int_0^{2\pi} a^2 \left[ (1 + \cos t)(1 - \cos t) + (t - \sin t) \sin t \right] \mathrm{d}t$$

$$= a^2 \int_0^{2\pi} t \sin t \mathrm{d}t = -2\pi a^2$$

【例 12-19】　计算 $I = \oint_{\overset{\frown}{OmAnO}} \arctan \dfrac{y}{x} \mathrm{d}y - \mathrm{d}x$　（$\overset{\frown}{OmA}: y = x^2, \overset{\frown}{OnA}: y = x$）．

**解**　
$$I = \int_0^1 (2x \arctan x - 1) \mathrm{d}x + \int_1^0 (\arctan 1 - 1) \mathrm{d}x$$

$$= 2 \int_0^1 x \arctan x \, \mathrm{d}x - \frac{\pi}{4}$$

$$= \left[ x^2 \arctan x - x + \arctan x \right]_0^1 - \frac{\pi}{4} = \frac{\pi}{4} - 1$$

【例 12-20】　计算 $I = \int_C (x^2 + y^2) \mathrm{d}x + (x^2 - y^2) \mathrm{d}y (C: y = 1 - |1 - x|, 0 \leqslant x \leqslant 2)$．

**解**　$I = \int_0^1 (x^2 + x^2) \mathrm{d}x + \int_1^2 \{ x^2 + (2 - x)^2 + [x^2 - (2 - x)^2](-1) \} \mathrm{d}x = \dfrac{4}{3}$

【例 12-21】　计算 $I = \oint_C \dfrac{(x + y) \mathrm{d}x - (x - y) \mathrm{d}y}{x^2 + y^2}$（$C: x^2 + y^2 = a^2$，逆时针方向，$a > 0$）．

**解**　$I = \int_0^{2\pi} \dfrac{1}{a^2} [a(\cos t + \sin t)(-a \sin t) - a(\cos t - \sin t)(a \cos t)] \mathrm{d}t$

$$= -\int_0^{2\pi} (\cos^2 t + \sin^2 t) \mathrm{d}t = -2\pi$$

【例 12-22】　计算 $I = \int_L \dfrac{x \mathrm{d}x + y \mathrm{d}y + z \mathrm{d}z}{\sqrt{x^2 + y^2 + z^2 - x - y + 2z}}$，其中 $L$ 是从点 $(1, 1, 1)$ 到点 $(4, 4, 4)$ 的直线段．

**解** $L$ 的参数方程为

故
$$x = 1 + t, \ y = 1 + t, \ z = 1 + t, \ 0 \leqslant t \leqslant 3$$
$$I = \int_0^3 \frac{3(1+t)\,\mathrm{d}t}{\sqrt{3(1+t)^2}} = \sqrt{3}\int_0^3 \mathrm{d}t = 3\sqrt{3}$$

【例 12-23】 计算 $I = \int_C \frac{1}{2}x\,\mathrm{d}x + y\,\mathrm{d}y + z\,\mathrm{d}z$，$C$：圆 $\begin{cases} x^2 + y^2 + z^2 = 1 \\ y = z \end{cases}$ 从点 $(1, 0, 0)$ 按

正向（即从 $z$ 轴正向看上去为逆时针方向）到点 $\left(0, \dfrac{1}{\sqrt{2}}, \dfrac{1}{\sqrt{2}}\right)$ 的一段圆弧.

**解** 令

故
$$y = t, \ z = t, \ x = \sqrt{1 - 2t^2}, \ 0 \leqslant t \leqslant \frac{1}{\sqrt{2}}$$
$$I = \int_0^{\frac{1}{\sqrt{2}}} \left( \frac{1}{2}\sqrt{1 - 2t^2} \cdot \frac{-2t}{\sqrt{1 - 2t^2}} + t + t \right)\mathrm{d}t$$
$$= \int_0^{\frac{1}{\sqrt{2}}} t\,\mathrm{d}t = \frac{1}{4}$$

【例 12-24】 计算 $\oint_C xyz\,\mathrm{d}z$，$C$：圆 $\begin{cases} x^2 + y^2 + z^2 = 1 \\ y = z \end{cases}$ 从 $z$ 轴正向看上去按逆时针方向.

**解** 由 $\begin{cases} x^2 + y^2 + z^2 = 1 \\ y = z \end{cases}$，得

$$x^2 + 2y^2 = 1$$

令
$$x = \cos t, \ y = \frac{1}{\sqrt{2}}\sin t \ (0 \leqslant t \leqslant 2\pi), \ z = \frac{1}{\sqrt{2}}\sin t$$
$$I = \int_0^{2\pi} \cos t \left( \frac{1}{\sqrt{2}}\sin t \right)^2 \cdot \frac{1}{\sqrt{2}}\cos t\,\mathrm{d}t$$
$$= \frac{1}{2\sqrt{2}}\int_0^{2\pi} (\sin^2 t - \sin^4 t)\,\mathrm{d}t$$
$$= \sqrt{2}\left( \frac{1}{2} \times \frac{\pi}{2} - \frac{3}{4} \times \frac{1}{2} \times \frac{\pi}{2} \right) = \frac{\sqrt{2}}{16}\pi$$

【例 12-25】 计算 $I = \oint_\Gamma x\,\mathrm{d}x + y\,\mathrm{d}y - x\,\mathrm{d}z$，空间曲线 $\Gamma$：$\begin{cases} x^2 + y^2 = 4 \\ x + y + z = 1 \end{cases}$ 从 $z$ 轴正向看上去

为顺时针方向.

**解** 空间曲线 $\Gamma$ 的参数方程为
$$x = 2\cos t, \ y = 2\sin t, \ z = 1 - 2\cos t - 2\sin t$$
参数 $t$ 由 $t = 2\pi$ 单调递减取到 $t = 0$，故
$$I = \int_{2\pi}^0 \left[ (2\cos t)(-2\sin t) + (2\sin t)(2\cos t) - (2\cos t)(2\sin t - 2\cos t) \right]\mathrm{d}t$$
$$= \int_{2\pi}^0 (-4\cos t \sin t + 4\cos^2 t)\,\mathrm{d}t = -4\pi$$

### 12.2.3 化第二型曲线积分为第一型曲线积分

对平面上的曲线段 $l_{\widehat{AB}}$，由于在

$$\int_{l_{\widehat{AB}}} P(x,y)\,\mathrm{d}x + Q(x,y)\,\mathrm{d}y$$

中已经考虑了曲线 $l$ 的方向，如果我们约定曲线的方向也可以用来规定切线的方向，于是切线也就有了方向，设有方向的切线 $T$ 与 $x$ 轴、$y$ 轴的交角分别为 $\alpha$ 与 $\beta$（见图 12-7），则有

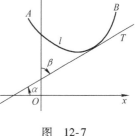

图　12-7

$$\frac{\mathrm{d}x}{\mathrm{d}s} = \cos\alpha, \quad \frac{\mathrm{d}y}{\mathrm{d}s} = \sin\alpha = \cos\beta$$

于是可化

$$\begin{aligned}
&\int_{l_{\widehat{AB}}} P(x,y)\,\mathrm{d}x + Q(x,y)\,\mathrm{d}y\\
&= \int_{l_{\widehat{AB}}} \big[ P(x,y)\cos\alpha + Q(x,y)\cos\beta \big]\,\mathrm{d}s
\end{aligned} \tag{12-15}$$

这就是化第二型曲线积分为第一型曲线积分的公式. 同样，对于空间第二型曲线积分我们也有

$$\int_{l_{\widehat{AB}}} P\,\mathrm{d}x + Q\,\mathrm{d}y + R\,\mathrm{d}z = \int_{l_{\widehat{AB}}} (P\cos\alpha + Q\cos\beta + R\cos\gamma)\,\mathrm{d}s$$

其中，$\cos\alpha$，$\cos\beta$，$\cos\gamma$ 为 $l$ 切线的方向余弦.

**思考题**　试问两类曲线积分能否利用定积分来定义? 为什么?

**典型计算题 3**

试求力 $\boldsymbol{F}$ 沿着曲线 $L$ 从点 $M$ 到点 $N$ 所做的功.

1. $\boldsymbol{F} = (x^2 - 2y)\boldsymbol{i} + (y^2 - 2x)\boldsymbol{j}$; $L$: 线段 $MN$，$M(-4,0)$，$N(0,2)$.

2. $\boldsymbol{F} = (x^2 + 2y)\boldsymbol{i} + (y^2 + 2x)\boldsymbol{j}$; $L: y = 2 - \dfrac{x^2}{8}$，$M(-4,0)$，$N(0,2)$.

3. $\boldsymbol{F} = x^2\boldsymbol{i} + y^3\boldsymbol{j}$; $L: x^2 + y^2 = 4 (x \geqslant 0, y \geqslant 0)$，$M(2,0)$，$N(0,2)$.

4. $\boldsymbol{F} = x^2 y\boldsymbol{i} - y\boldsymbol{j}$; $L$: 线段 $MN$，$M(-1,0)$，$N(0,1)$.

5. $\boldsymbol{F} = (x+y)\boldsymbol{i} + (x-y)\boldsymbol{j}$; $L: x^2 + \dfrac{y^2}{9} = 1 (x \geqslant 0, y \geqslant 0)$，$M(1,0)$，$N(0,3)$.

6. $\boldsymbol{F} = (x+y)\boldsymbol{i} + (x-y)\boldsymbol{j}$; $L: y = x^2$，$M(-1,1)$，$N(0,0)$.

7. $\boldsymbol{F} = (x^2 + 2y^2)\boldsymbol{i} + (x^2 + x)\boldsymbol{j}$; $L: x^2 + y^2 = 4 (y \geqslant 0)$，$M(2,0)$，$N(-2,0)$.

8. $\boldsymbol{F} = (2xy - y)\boldsymbol{i} + (x^2 + x)\boldsymbol{j}$; $L: x^2 + y^2 = 9 (y \geqslant 0)$，$M(3,0)$，$N(-3,0)$.

9. $\boldsymbol{F} = y\boldsymbol{i} - (2xy - x^2)\boldsymbol{j}$; $L: x^2 + y^2 = 1 (y \geqslant 0)$，$M(1,0)$，$N(-1,0)$.

10. $\boldsymbol{F} = (x^2 + y^2)\boldsymbol{i} + (x^2 - y^2)\boldsymbol{j}$; $L: y = \begin{cases} x & 0 \leqslant x \leqslant 1 \\ 2-x & 1 \leqslant x \leqslant 2 \end{cases}$，$M(2,0)$，$N(0,0)$.

11. $\boldsymbol{F} = xy\boldsymbol{i} + 2y\boldsymbol{j}$; $L: x^2 + y^2 = 1 (x \geqslant 0, y \geqslant 0)$，$M(1,0)$，$N(0,1)$.

12. $\boldsymbol{F} = (x^2 + y^2)(\boldsymbol{i} + 2\boldsymbol{j})$; $L: x^2 + y^2 = R^2 (y \geqslant 0)$，$M(R,0)$，$N(-R,0)$.

13. $\boldsymbol{F} = (x + y\sqrt{x^2+y^2})\boldsymbol{i} + (y - x\sqrt{x^2+y^2})\boldsymbol{j}$; $L: x^2 + y^2 = 1 (y \geqslant 0)$，$M(1,0)$，$N(-1,0)$.

14. $\boldsymbol{F} = x^2 y\boldsymbol{i} - xy\boldsymbol{j}$; $L: x^2 + y^2 = 4 (x \geqslant 0, y \geqslant 0)$，$M(2,0)$，$N(0,2)$.

15. $\boldsymbol{F} = (x + y\sqrt{x^2 + y^2})\boldsymbol{i} + (y - x\sqrt{x^2 + y^2})\boldsymbol{j}$; $L:x^2 + y^2 = 16(x \geqslant 0, y \geqslant 0)$, $M(4,0)$, $N(0,4)$

16. $\boldsymbol{F} = y^2\boldsymbol{i} - x^2\boldsymbol{j}$; $L:x^2 + y^2 = 9(y \geqslant 0)$, $M(3, 0)$, $N(-3, 0)$

17. $\boldsymbol{F} = (y^2 - 4)\boldsymbol{i} + (2xy + x)\boldsymbol{j}$; $L:x^2 + y^2 = 9(y \geqslant 0)$, $M(3, 0)$, $N(-3, 0)$

18. $\boldsymbol{F} = (xy - y^2)\boldsymbol{i} + x\boldsymbol{j}$; $L:y = 2x^2$, $M(0, 0)$, $N(1, 2)$

19. $\boldsymbol{F} = (xy - x)\boldsymbol{i}$; $L:y = 2\sqrt{x}$, $M(0, 0)$, $N(1, 2)$

20. $\boldsymbol{F} = (x^2 - y^2)\boldsymbol{i} + (x^2 + y^2)\boldsymbol{j}$; $L:\dfrac{x^2}{9} + \dfrac{y^2}{4} = 1(y \geqslant 0)$, $M(3, 0)$, $N(-3, 0)$

21. $\boldsymbol{F} = -x\boldsymbol{i} + y\boldsymbol{j}$; $L:x^2 + \dfrac{y^2}{9} = 1(x \geqslant 0, y \geqslant 0)$, $M(1, 0)$, $N(0, 3)$

22. $\boldsymbol{F} = x\boldsymbol{i} + y\boldsymbol{j}$; $L:\dfrac{x^2}{4} + \dfrac{y^2}{4} = 1(x \geqslant 0, y \geqslant 0)$, $M(2, 0)$, $N(0, 2)$

23. $\boldsymbol{F} = x^2\boldsymbol{j}$; $L:x^2 + y^2 = 9(x \geqslant 0, y \geqslant 0)$, $M(3, 0)$, $N(0, 3)$

24. $\boldsymbol{F} = xy\boldsymbol{i}$; $L:y = \sin x$, $M(\pi, 0)$, $N(0, 0)$

25. $\boldsymbol{F} = -y\boldsymbol{i} + x\boldsymbol{j}$; $L:y = x^3$, $M(0, 0)$, $N(2, 8)$

26. $\boldsymbol{F} = (xy - y^2)\boldsymbol{i} + (x^2 - y^2)\boldsymbol{j}$; $L:x^2 + y^2 = 4(y \geqslant 0)$, $M(-2, 0)$, $N(2, 0)$

27. $\boldsymbol{F} = (xy - y^2)\boldsymbol{i} + x\boldsymbol{j}$; $L:y = 2x^2$, $M(0, 0)$, $N(1, 2)$

28. $\boldsymbol{F} = (xy - x)\boldsymbol{i} + \dfrac{x^2}{2}\boldsymbol{j}$; $L:y = 2\sqrt{x}$, $M(1, 2)$, $N(0, 0)$

29. $\boldsymbol{F} = (xy - x)\boldsymbol{i} + (x - y)\boldsymbol{j}$; $L:x^2 + \dfrac{y^2}{9} = 1(x \geqslant 0, y \geqslant 0)$, $M(0, 3)$, $N(1, 0)$

30. $\boldsymbol{F} = x^2 y\boldsymbol{i} - y\boldsymbol{j}$; $L:y = x^2$, $M(-1, 1)$, $N(0, 0)$

**典型计算题 4**

计算下列第二型曲线积分，其中曲线方向对应于参数增加的方向.

1. $\displaystyle\int_L (x^2 - 2xy)\mathrm{d}x + (y^2 - 2xy)\mathrm{d}y$, $L:y = x^2$, $0 \leqslant x \leqslant 1$

2. $\displaystyle\int_L (x^2 + y^2)\mathrm{d}x + (x^2 - y^2)\mathrm{d}y$, $L:y = 1 - |1 - x|$, $0 \leqslant x \leqslant 2$

3. $\displaystyle\int_L (2a - y)\mathrm{d}x + x\,\mathrm{d}y$, $L:x = a(t - \sin t)$, $y = a(1 - \cos t)$, $0 \leqslant t \leqslant 2\pi$

4. $\displaystyle\int_L (x^2 + y^2)\mathrm{d}x$, $L:y = 2x^2$, $2 \leqslant x \leqslant 4$

5. $\displaystyle\int_L (x^2 - y^2)\mathrm{d}y$, $L:y = 2x^3$, $0 \leqslant x \leqslant 1$

6. $\displaystyle\int_L (x - y)\mathrm{d}x + (x + y)\mathrm{d}y$, $L:y = 2x^3$, $0 \leqslant x \leqslant 1$

7. $\displaystyle\int_L \dfrac{x\,\mathrm{d}x}{x^2 + y^2} - \dfrac{y\,\mathrm{d}y}{x^2 + y^2}$, $L:x = R\cos t$, $y = R\sin t$, $0 \leqslant t \leqslant 2\pi$

8. $\displaystyle\int_L \dfrac{y\,\mathrm{d}x + x\,\mathrm{d}y}{x^2 + y^2}$, $L:y = x$, $1 \leqslant x \leqslant 2$

9. $\displaystyle\int_L y\,\mathrm{d}x - x\,\mathrm{d}y$, $L:x = a\cos t$, $y = b\sin t$, $0 \leqslant t \leqslant 2\pi$

10. $\displaystyle\int_L (x^2 - y^2)\mathrm{d}x$, $L:y = x^2$, $0 \leqslant x \leqslant 2$

11. $\displaystyle\int_L (x^2 - y^2)\,\mathrm{d}y,\ L{:}\,y = x^2,\ 0 \leqslant x \leqslant 2$

12. $\displaystyle\int_L (x - y)\,\mathrm{d}x + (x + y)\,\mathrm{d}y,\ L{:}\,y = 2x - 1,\ 2 \leqslant x \leqslant 3$

13. $\displaystyle\int_L (x - y)\,\mathrm{d}x + (x + y)\,\mathrm{d}y,\ L{:}\,x = y^2,\ 端点\ O(0,\,0),\ A(4,\,2)$

14. $\displaystyle\int_L (2y - 6xy^3)\,\mathrm{d}x + (2x - 9x^2 y^2)\,\mathrm{d}y,\ L{:}\,4y = x^3,\ 0 \leqslant x \leqslant 2$

15. $\displaystyle\int_L y(x - y)\,\mathrm{d}x + x\,\mathrm{d}y,\ L{:}\,y = 2x,\ 0 \leqslant x \leqslant 1$

16. $\displaystyle\int_L y^2\,\mathrm{d}x + x^2\,\mathrm{d}y\ L{:}\,x = a\cos t,\ y = b\sin t\ (y \geqslant 0, a > 0, b > 0)$

17. $\displaystyle\int_L xy^2\,\mathrm{d}x + yz^2\,\mathrm{d}y - zx^2\,\mathrm{d}z,\ L{:}\,x = -2t,\ y = 4t,\ z = 5t,\ 0 \leqslant t \leqslant 1$

18. $\displaystyle\int_L y^2\,\mathrm{d}x + x^2\,\mathrm{d}y,\ L{:}\,y = 4 - x^2\ (y \geqslant 0)\ 按顺时针方向$

19. $\displaystyle\int_L x\,\mathrm{d}y + y\,\mathrm{d}x,\ L{:}\,y = \sqrt{x},\ 0 \leqslant x \leqslant 1$

20. $\displaystyle\int_L xy^2\,\mathrm{d}x + yz^2\,\mathrm{d}y - zx^2\,\mathrm{d}z,\ L{:}\begin{cases} x^2 + y^2 + z^2 = 45 \\ 2x + y = 0 \end{cases}$

12.2　习题答案

21. $\displaystyle\int_L (2y - 6xy^3)\,\mathrm{d}x + (2x - 9x^2 y^2)\,\mathrm{d}y,\ L{:}\,y = x,\ 0 \leqslant x \leqslant 2$

22. $\displaystyle\int_L (x^2 + y^2 + z^2)(x\,\mathrm{d}x + y\,\mathrm{d}y + z\,\mathrm{d}z),\ L{:}\begin{cases} x^2 + y^2 + z^2 = R^2 \\ x + y + z = 0 \end{cases}$

23. $\displaystyle\int_L x\,\mathrm{d}y,\ L{:}\,\dfrac{x}{a} + \dfrac{y}{b} = 1,\ 0 \leqslant x \leqslant a\,(a > 0)$

24. $\displaystyle\int_L (x - y^2)\,\mathrm{d}x + 2xy\,\mathrm{d}y,\ L{:}\,以\ O(0,\,0),\ A(1,\,0),\ B(1,\,1)\ 为顶点的三角形回路（按正向）$

25. $\displaystyle\int_L xy(y\,\mathrm{d}x + x\,\mathrm{d}y),\ L{:}\,是由\ x + y = 1\ 与坐标轴形成的三角形回路（按正向）$

26. $\displaystyle\int_L (x + y)\,\mathrm{d}x - (x - y)\,\mathrm{d}y,\ L{:}\,x^2 + y^2 = r^2$

27. $\displaystyle\int_L -x\cos y\,\mathrm{d}x + y\sin x\,\mathrm{d}y,\ L{:}\,y = 2x,\ 0 \leqslant x \leqslant \pi$

28. $\displaystyle\int_L \dfrac{x^2\,\mathrm{d}y - y^2\,\mathrm{d}x}{x^{\frac{5}{3}} + y^{\frac{5}{3}}},\ L{:}\,x = a\cos^3 t,\ y = a\sin^3 t,\ 从\,(a,\,0)\,到\,(0,\,a)$

29. $\displaystyle\int_L x\,\mathrm{d}x + y\,\mathrm{d}y + (x + y - 1)\,\mathrm{d}z,\ L{:}\,是从\ A(1,\,1,\,1)\ 到\ B(2,\,3,\,4)\ 的直线段$

30. $\displaystyle\int_L yz\,\mathrm{d}x + z\sqrt{a^2 - y^2}\,\mathrm{d}y + xy\,\mathrm{d}z,\ L{:}\,是\ x = a\cos t,\ y = a\sin t,\ z = \dfrac{bt}{2\pi}$ 从与 $z = 0$ 的
交点到与 $z = b$ 的交点的部分

## 12.3　格林公式　曲线积分与路径的无关性

### 12.3.1　格林公式

在这一节里要建立分布在某区域 $\sigma$ 上的二重积分与沿 $\sigma$ 的边界的曲线积分之间的一个关系式——格林（Green）公式，通过这个公式可以导出许多重要的结果.

由于以下的讨论将要涉及沿封闭路线的积分，因此，先谈一下关于封闭曲线的方向问题，若 $\sigma$ 的边界是由一条（见图 12-8a）或几条（见图 12-8b）简单闭曲线组成的，当一个观察者沿曲线环行时，若区域 $\sigma$ 总是位于观察者的左方时，则规定他的前进方向，是闭曲线的正向.

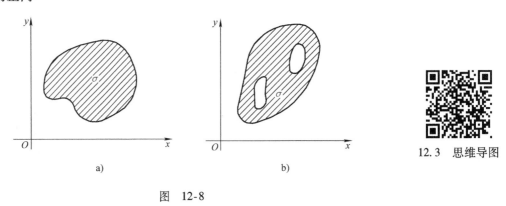

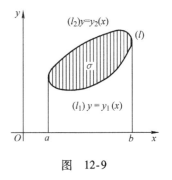

12.3　思维导图

图　12-8

像图 12-8a 那样的区域称为单连通域，图 12-8b 那样的区域称为复连通域. 因此，对单连通域图 12-8a 来说，其周界的正向是逆时针方向，而对于复连通域图 12-8b 来说，其外周界的正向是逆时针的，内周界的正向是顺时针的.

**定理 12-5**　设 $\sigma$ 为单连通域，函数 $P(x,y)$，$Q(x,y)$ 及其偏导数 $\dfrac{\partial Q}{\partial x}$、$\dfrac{\partial P}{\partial y}$ 在 $\sigma$ 内及它的周界 $l$ 上均连续，则

$$\oint_l P\,\mathrm{d}x + Q\,\mathrm{d}y = \iint\limits_{\sigma}\left(\frac{\partial Q}{\partial x} - \frac{\partial P}{\partial y}\right)\mathrm{d}\sigma \tag{12-16}$$

称式（12-16）为格林公式，其中左边的线积分是按 $l$ 的正向计算的.

**证**　1）先设闭区域 $\sigma$ 的边界 $l$ 与平行于坐标轴且穿过 $\sigma$ 内部的任何直线的交点不多于两个，如图 12-9 所示，于是，根据二重积分的计算法有

$$\iint\limits_{\sigma}\frac{\partial P}{\partial y}\,\mathrm{d}x\,\mathrm{d}y = \int_a^b\mathrm{d}x\int_{y_1(x)}^{y_2(x)}\frac{\partial P}{\partial y}\,\mathrm{d}y$$

$$= \int_a^b\left[P(x,y_2) - P(x,y_1)\right]\mathrm{d}x \tag{1}$$

其中，$y = y_1(x)$ 是 $l_1$ 的方程，$y = y_2(x)$ 是 $l_2$ 的方程，再根据曲线积分的计算法有

图　12-9

$$\oint_l P \, dx = \int_{l_1} P \, dx + \int_{l_2} P \, dx = \int_a^b P(x, y_1) \, dx + \int_b^a P(x, y_2) \, dx$$

$$= -\int_a^b P(x, y_2) \, dx + \int_a^b P(x, y_1) \, dx$$

$$= -\int_a^b \left[ P(x, y_2) - P(x, y_1) \right] dx \tag{2}$$

比较式（1）与式（2）有

$$\iint_\sigma \frac{\partial P}{\partial y} \, d\sigma = -\oint_l P(x, y) \, dx$$

同样可证

$$\iint_\sigma \frac{\partial Q}{\partial x} \, d\sigma = \oint_l Q(x, y) \, dy$$

将上两式相加就得所要证的格林公式（12-16）.

2）如果 $\sigma$ 的边界曲线 $l$ 与平行于坐标轴且穿过 $\sigma$ 内部的直线的交点多于两个时，可利用几条辅助曲线把 $\sigma$ 分为有限个部分区域，使得每个部分区域都属于 1）中所讲的那样形状. 例如，$\sigma$ 为图 12-10 所示的区域时，用辅助线 $AB$ 将 $\sigma$ 分为 $\sigma_1$ 与 $\sigma_2$，则根据重积分的性质有

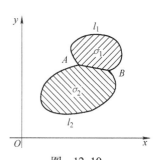

图 12-10

$$\iint_\sigma \left( \frac{\partial Q}{\partial x} - \frac{\partial P}{\partial y} \right) d\sigma = \iint_{\sigma_1} \left( \frac{\partial Q}{\partial x} - \frac{\partial P}{\partial y} \right) d\sigma + \iint_{\sigma_2} \left( \frac{\partial Q}{\partial x} - \frac{\partial P}{\partial y} \right) d\sigma \tag{12-17}$$

再根据 1）的结果

$$\iint_{\sigma_1} \left( \frac{\partial Q}{\partial x} - \frac{\partial P}{\partial y} \right) d\sigma = \int_{l_1} P \, dx + Q \, dy + \int_{AB} P \, dx + Q \, dy \tag{12-18}$$

$$\iint_{\sigma_2} \left( \frac{\partial Q}{\partial x} - \frac{\partial P}{\partial y} \right) d\sigma = \int_{l_2} P \, dx + Q \, dy + \int_{BA} P \, dx + Q \, dy$$

$$= \int_{l_2} P \, dx + Q \, dy - \int_{AB} P \, dx + Q \, dy \tag{12-19}$$

将式（12-18）、式（12-19）相加后代入式（12-17）便得式（12-16）.

由此可见，式（12-16）对于任何形状的单连通域都成立.

格林公式（12-16）还可以写成另外一种形式. 设 $t$ 为 $l$ 上的切线，其正向与 $l$ 的正向一致，$n$ 为 $l$ 的外向法线，将 $n$ 向逆时针方向转一直角即得 $t$. 于是，推知对于 $t$ 与 $n$ 同坐标轴组成的角：$<t, x>$，$<t, y>$ 及 $<n, x>$，$<n, y>$；参见图 12-11，有

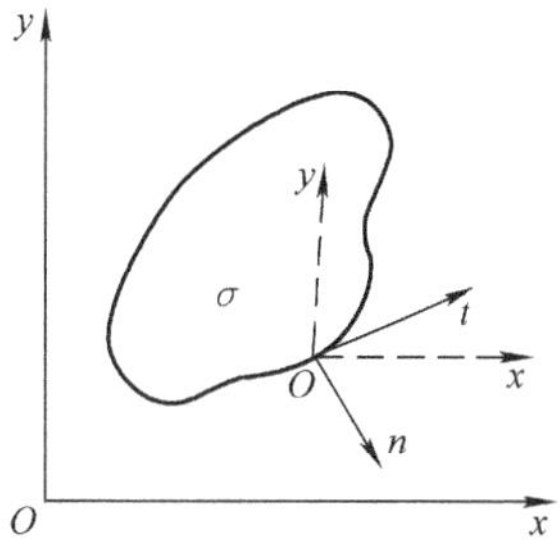

图 12-11

$$<t, x> = \pi - <n, y>, \quad <t, y> = <n, x>$$

于是由公式

$$\frac{dx}{ds} = \cos <t, x>, \quad \frac{dy}{ds} = \cos <t, y>$$

可得

$$dx = -\cos < n, y > ds$$
$$dy = \cos < n, x > ds$$

将上述结果代入格林公式，并将 $P$ 改写为 $Q$，$Q$ 改写为 $P$ 就得到

$$\iint_\sigma \left(\frac{\partial P}{\partial x} + \frac{\partial Q}{\partial y}\right) d\sigma = \oint_l [P \cos < n, x > + Q \cos < n, y >] ds \qquad (12\text{-}20)$$

注意上式右边的线积分是第一型的.

此外，我们再指出：当 $\sigma$ 为复连通域时，格林公式也成立，不过这时公式的左边则代表沿着 $\sigma$ 的边界的各个曲线按正向取得的积分的和. 这个事实作为练习，请读者自己证明它.

最后，介绍一个利用线积分计算由封闭曲线所围成的面积公式，在格林公式中令 $P = 0$，$Q = x$，则

$$\oint_L x\, dy = \iint_\sigma 1 d\sigma = \sigma \qquad (12\text{-}21)$$

【例 12-26】　利用式（12-21）计算椭圆的面积.

**解**　将椭圆的方程写成

$$x = a \cos t, y = b \sin t, 0 \leqslant t \leqslant 2\pi$$

则

$$\sigma = \oint_L x\, dy = \int_0^{2\pi} ab \cos^2 t\, dt = \pi ab$$

【例 12-27】　求 $\oint_l xy^2 dy - x^2 y\, dx$ 的值，其中 $l$ 为圆周 $x^2 + y^2 = 2x$ 的正向.

**解**　因 $l$ 是封闭曲线，故可用格林公式，令 $P = -x^2 y$，$Q = xy^2$，$\frac{\partial P}{\partial y} = -x^2$，$\frac{\partial Q}{\partial x} = y^2$，于是有

$$\oint_l xy^2 dy - x^2 y\, dx = \iint_\sigma (y^2 + x^2) d\sigma = \int_{-\frac{\pi}{2}}^{\frac{\pi}{2}} d\theta \int_0^{2\cos\theta} r^3 dr = \frac{3}{2}\pi$$

【例 12-28】　计算 $I = \oint_C y\, dx - (e^{y^2} + x) dy$，$C$ 是以 $(0, 0)$，$(1, 0)$，$(1, 1)$，$(0, 1)$ 为顶点的正向正方形边界.

**解**　$\frac{\partial P}{\partial y} = 1$，$\frac{\partial Q}{\partial x} = -1$，满足格林公式条件

$$I = \iint_D (-2) d\sigma = -2$$

【例 12-29】　计算 $I = \oint_L e^x [(1 - \cos y) dx - (y - \sin y) dy]$，$L$ 是区域 $\{(x, y)\,|\, 0 < x < \pi, 0 < y < \sin x\}$ 的正向围线.

**解**　$\frac{\partial P}{\partial y} = e^x \sin y$，$\frac{\partial Q}{\partial x} = e^x(\sin y - y)$，满足格林公式条件

$$I = \iint_D \left(\frac{\partial Q}{\partial x} - \frac{\partial P}{\partial y}\right) d\sigma = -\iint_D y e^x\, dx\, dy = -\int_0^\pi dx \int_0^{\sin x} y e^x\, dy$$

$$= -\frac{1}{2}\int_0^\pi e^x \sin^2 x\, dx = \frac{1}{4}\left[\frac{1}{5} e^x (\cos 2x + 2\sin 2x)\right]_0^\pi - \frac{1}{4}(e^\pi - 1)$$

$$= -\frac{1}{5}(e^\pi - 1)$$

【例 12-30】 计算 $I = \int_L (e^x \sin y - y) dx + (e^x \cos y - 1) dy$, $L$ 是由点

$A(a, 0)$ 至点 $O(0, 0)$ 的上半圆周（见图 12-12）.

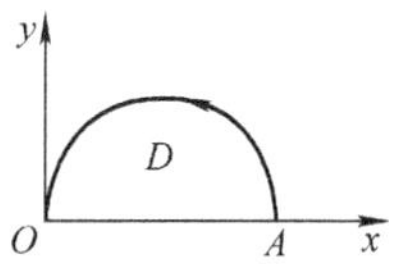

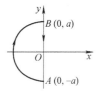

图 12-12

**解** $\dfrac{\partial P}{\partial y} = e^x \cos y - 1$, $\dfrac{\partial Q}{\partial x} = e^x \cos y$

满足格林公式条件

$$I = \iint\limits_D d\sigma - \int_{OA} (e^x \sin y - y) dx + (e^x \cos y - 1) dy$$

$$= \frac{\pi}{2} \left( \frac{a}{2} \right)^2 - 0 = \frac{\pi a^2}{8}$$

【例 12-31】 计算 $I = \int_C (e^x \sin y - y^3) dx + (e^x \cos y + x^3) dy$, $C$ 是沿半圆周 $x = -\sqrt{a^2 - y^2}$ 从点 $A(0, -a)$ 到点 $B(0, a)$ 的弧（见图 12-13）.

**解** $\dfrac{\partial P}{\partial y} = e^x \cos y - 3y^2$, $\dfrac{\partial Q}{\partial x} = e^x \cos y + 3x^2$, 满足格林公式条件.

$$I = -\iint\limits_D 3(x^2 + y^2) dx \, dy - \int_{BA} (e^x \sin y - y^3) dx + (e^x \cos y + x^3) dy$$

$$= -\int_{\frac{\pi}{2}}^{\frac{3\pi}{2}} d\theta \int_0^a 3\rho^3 d\rho - (-2\sin a) = 2\sin a - \frac{3}{4} \pi a^4$$

图 12-13

【例 12-32】 计算 $I = \int_C [y^2 + \sin^2(x + y)] dx - [x^2 + \cos^2(x + y)] dy$, $C$ 是沿 $x^2 + y^2 = 1$ 从点 $A(1, 0)$ 到点 $B(0, 1)$ 的最短一段圆弧（见图 12-14）.

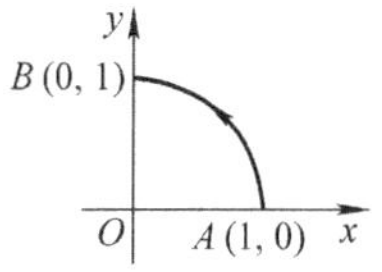

**解** $\dfrac{\partial P}{\partial y} = 2y + 2\sin(x + y) \cos(x + y)$

$$\frac{\partial Q}{\partial x} = -2x + 2\sin(x + y)\cos(x + y)$$

满足格林公式条件

$$I = \iint\limits_D [-2(x + y)] dx \, dy - \left\{ \int_{BO} + \int_{OA} \right\} [y^2 + \sin^2(x + y)] dx - [x^2 + \cos^2(x + y)] dy$$

$$= -2 \int_0^{\frac{\pi}{2}} d\theta \int_0^1 \rho(\cos\theta + \sin\theta)\rho \, dr - \int_1^0 (-\cos^2 y) dy - \int_0^1 \sin^2 x \, dx$$

$$= -\frac{4}{3} - \int_0^1 (\cos^2 x + \sin^2 x) dx = -\frac{7}{3}$$

图 12-14

## 12.3.2 平面上第二型曲线积分与路径的无关性

如果第二型曲线积分 $\int_{\overset{\frown}{AB}} P \, dx + Q \, dy$ 的值与积分路线 $\overset{\frown}{AB}$ 的形状无关，而只与其起点 $A$ 和终点 $B$ 的位置有关，则称该积分与路径无关，并可记为

$$\int_A^B P \, dx + Q \, dy$$

**定理 12-6**　设函数 $P(x, y)$ 和 $Q(x, y)$ 在单连通区域 $G$ 上有连续的一阶偏导数，则以下 4 个命题相互等价：

（1）$\dfrac{\partial Q}{\partial x} = \dfrac{\partial P}{\partial y}$ 在区域 $G$ 上处处成立；

（2）$\oint_L P\,\mathrm{d}x + Q\,\mathrm{d}y = 0$，其中 $L$ 是 $G$ 内的任意一条闭曲线；

（3）$\int_L P\,\mathrm{d}x + Q\,\mathrm{d}y$ 在 $G$ 内与路径无关；

（4）存在函数 $u(x, y)$，使得 $P\,\mathrm{d}x + Q\,\mathrm{d}y = \mathrm{d}u$ 在 $G$ 内成立.

**证**　下面循环证明该结论.

（1）$\Rightarrow$（2）. 若 $L$ 是 $G$ 内的任意一条简单闭曲线，则由格林公式可直接得

$$\oint_L P\,\mathrm{d}x + Q\,\mathrm{d}y = 0$$

若 $L$ 是 $G$ 内的任意一条非简单闭曲线（见图12-15），则可以把 $L$ 分割成两条简单闭曲线 $L_1$ 和 $L_2$，得

$$\oint_L P\,\mathrm{d}x + Q\,\mathrm{d}y = \oint_{L_1} P\,\mathrm{d}x + Q\,\mathrm{d}y + \oint_{L_2} P\,\mathrm{d}x + Q\,\mathrm{d}y = 0$$

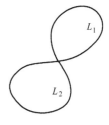

图　12-15

（2）$\Rightarrow$（3）. 设 $A$ 和 $B$ 是 $G$ 内的任意两个点，曲线 $L_1$ 和 $L_2$ 都是 $G$ 内的以 $A$ 为起点、以 $B$ 为终点的曲线段，则 $L = L_1 + (-L_2)$ 是 $G$ 内的闭曲线，因此由（2）知

$$\oint_L P\,\mathrm{d}x + Q\,\mathrm{d}y = 0$$

即

$$\oint_{L_1} P\,\mathrm{d}x + Q\,\mathrm{d}y = \oint_{L_2} P\,\mathrm{d}x + Q\,\mathrm{d}y$$

所以（3）成立.

（3）$\Rightarrow$（4）. 设 $M_0(x_0, y_0)$ 是 $G$ 内的任意固定点，$M(x, y)$ 是 $G$ 内的动点. 令

$$u(x, y) = \int_{M_0}^{M} P(x, y)\,\mathrm{d}x + Q(x, y)\,\mathrm{d}y \qquad (12\text{-}22)$$

则由分段积分、积分中值定理及 $P(x, y)$ 的连续性（见图12-16），得

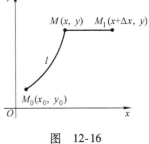

图　12-16

$$
\begin{aligned}
\frac{\partial u}{\partial x} &= \lim_{\Delta x \to 0} \frac{u(x + \Delta x, y) - u(x, y)}{\Delta x} \\
&= \lim_{\Delta x \to 0} \frac{1}{\Delta x}\Big[ \int_{M_0}^{M_1(x+\Delta x, y)} P\,\mathrm{d}x + Q\,\mathrm{d}y - \int_{M_0}^{M} P\,\mathrm{d}x + Q\,\mathrm{d}y \Big] \\
&= \lim_{\Delta x \to 0} \frac{1}{\Delta x} \int_{M}^{M_1} P\,\mathrm{d}x + Q\,\mathrm{d}y \\
&= \lim_{\Delta x \to 0} \frac{1}{\Delta x} \int_{x}^{x+\Delta x} P(x, y)\,\mathrm{d}x \\
&= \lim_{\Delta x \to 0} P(x + \theta \Delta x, y) = P(x, y)
\end{aligned}
$$

同理可证 $\dfrac{\partial u}{\partial y} = Q(x, y)$，因此 $P\,\mathrm{d}x + Q\,\mathrm{d}y = \mathrm{d}u$ 成立.

（4）$\Rightarrow$（1）．由（4）知 $\dfrac{\partial u}{\partial x} = P(x, y)$，$\dfrac{\partial u}{\partial y} = Q(x, y)$，故

$$\frac{\partial Q}{\partial x} = \frac{\partial^2 u}{\partial y\,\partial x},\ \frac{\partial P}{\partial y} = \frac{\partial^2 u}{\partial x\,\partial y}$$

又因为 $P(x, y)$ 和 $Q(x, y)$ 在单连通区域 $G$ 上有连续的一阶偏导数，所以 $\dfrac{\partial^2 u}{\partial y\,\partial x}$ 和 $\dfrac{\partial^2 u}{\partial x\,\partial y}$ 在 $G$ 上连续，因此在 $G$ 上 $\dfrac{\partial^2 u}{\partial y\,\partial x} = \dfrac{\partial^2 u}{\partial x\,\partial y}$，即 $\dfrac{\partial Q}{\partial x} = \dfrac{\partial P}{\partial y}$ 在区域 $G$ 上处处成立.

**说明**　（1）若函数 $u(x, y)$ 满足 $P\,\mathrm{d}x + Q\,\mathrm{d}y = \mathrm{d}u$，则称 $u(x, y)$ 是表达式 $P\,\mathrm{d}x + Q\,\mathrm{d}y$ 的一个原函数. 此时

$$\int_A^B P\,\mathrm{d}x + Q\,\mathrm{d}y = u(B) - u(A) \tag{12-23}$$

（2）式（12-22）给出了求原函数 $u(x, y)$ 的具体方法.

**【例 12-33】**　计算 $I = \displaystyle\int_{\widehat{AB}}(x^2 y \cos x + 2xy \sin x - y^2 \mathrm{e}^x)\,\mathrm{d}x + (x^2\sin x - 2y\mathrm{e}^x)\,\mathrm{d}y$，$\widehat{AB}$ 是沿椭圆 $\dfrac{x^2}{9} + \dfrac{y^2}{4} = 1$ 从点 $A(3,0)$ 到 $B\left(1, \dfrac{4\sqrt{2}}{3}\right)$ 的一段弧（见图 12-17）.

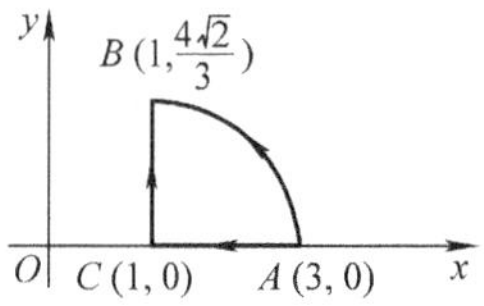

图　12-17

**解**　直接计算较麻烦，由

$$\frac{\partial P}{\partial y} = x^2\cos x + 2x\sin x - 2y\mathrm{e}^x = \frac{\partial Q}{\partial x}$$

且连续，得

$$I = \left\{\int_{AC} + \int_{CB}\right\}(x^2 y \cos x + 2xy \sin x - y^2\mathrm{e}^x)\,\mathrm{d}x + (x^2\sin x - 2y\mathrm{e}^x)\,\mathrm{d}y$$

$$= 0 + \int_0^{\frac{4\sqrt{2}}{3}}(\sin 1 - 2y\mathrm{e})\,\mathrm{d}y = \frac{4\sqrt{2}}{3}\sin 1 - \frac{32}{9}\mathrm{e}$$

**【例 12-34】**　计算 $I = \displaystyle\int_C(x^2 y + 3x\mathrm{e}^x)\,\mathrm{d}x + \left(\dfrac{1}{3}x^3 - y\sin y\right)\,\mathrm{d}y$，$C$ 是沿着摆线 $\begin{cases} x = t - \sin t \\ y = 1 - \cos t \end{cases}$ 从点 $O$ 到点 $A(\pi, 2)$ 的一段弧（见图 12-18）.

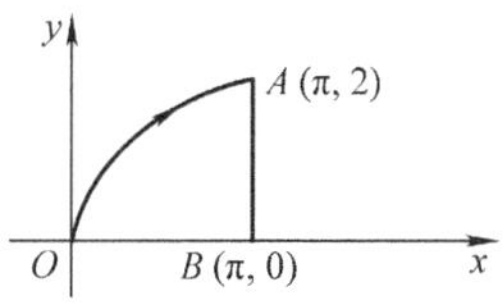

图　12-18

**解**　由 $\dfrac{\partial P}{\partial y} = x^2 = \dfrac{\partial Q}{\partial x}$ 且连续，得

$$I = \left\{\int_{OB} + \int_{BA}\right\}(x^2 y + 3x\mathrm{e}^x)\,\mathrm{d}x + \left(\frac{1}{3}x^3 - y\sin y\right)\,\mathrm{d}y$$

$$= \int_0^\pi 3x\mathrm{e}^x\,\mathrm{d}x + \int_0^2\left(\frac{\pi^3}{3} - y\sin y\right)\,\mathrm{d}y = 3\mathrm{e}^x(x-1)\Big|_0^\pi + \left(\frac{\pi^3}{3}y + y\cos y - \sin y\right)\Big|_0^2$$

$$= 3\mathrm{e}^\pi(\pi - 1) + 3 + \frac{2\pi^3}{3} + 2\cos 2 - \sin 2$$

**【例 12-35】**　验证：在整个 $xOy$ 平面内，$xy^2\,\mathrm{d}x + x^2 y\,\mathrm{d}y$ 是某个函数 $u(x, y)$ 的全微分，

并求 $u(x, y)$.

**解** 现在 $P = xy^2$, $Q = x^2y$, 且 $\dfrac{\partial P}{\partial y} = 2xy = \dfrac{\partial Q}{\partial x}$在整个 $xOy$ 平面内成

立, 因此在整个 $xOy$ 平面内, $xy^2\,\mathrm{d}x + x^2y\,\mathrm{d}y$ 是某个函数 $u(x, y)$ 的全
微分, 且这个函数 $u(x, y)$ 可由式 (12-22) 求得, 取 $M_0$ 为 (0,
0), 路线为折线 (见图 12-19)

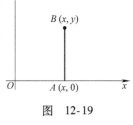

图 12-19

$$u(x, y) = \int_{(0,0)}^{(x,y)} xy^2\,\mathrm{d}x + x^2y\,\mathrm{d}y = \int_{OA} x \cdot 0^2\,\mathrm{d}x + \int_{AB} x^2y\,\mathrm{d}y$$

$$= \int_0^y x^2y\,\mathrm{d}y = \frac{x^2y^2}{2}$$

**【例 12-36】** 验证: $\dfrac{x\,\mathrm{d}y - y\,\mathrm{d}x}{x^2 + y^2}$ 在右半平面 $(x > 0)$ 内是某个函数 $u(x, y)$ 的全微分,
并求出 $u(x, y)$.

**解** 这里 $P = \dfrac{-y}{x^2 + y^2}$, $\quad Q = \dfrac{x}{x^2 + y^2}$, 因此有

$$\frac{\partial P}{\partial y} = \frac{y^2 - x^2}{(x^2 + y^2)^2} = \frac{\partial Q}{\partial x}, \quad (x, y) \neq (0, 0)$$

在右半平面 $(x > 0)$ 内恒成立, 即得证 $\dfrac{x\,\mathrm{d}y - y\,\mathrm{d}x}{x^2 + y^2}$ 在此区域内是

某一函数 $u(x, y)$ 的全微分, 而求 $u(x, y)$ 仍用式 (12-22) 且取
其路径为图 12-20 所示的折线 $ACB$, 得

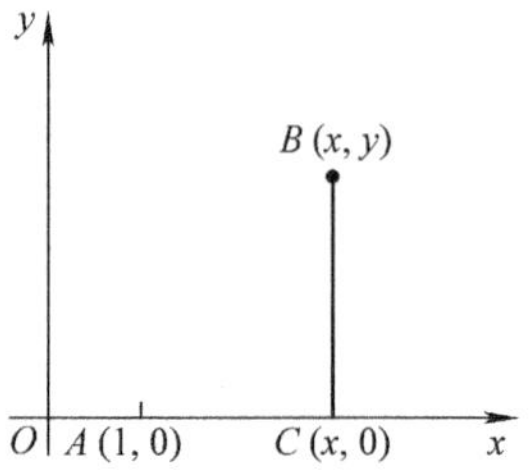

图 12-20

$$u(x, y) = \int_{(1,0)}^{(x,y)} \frac{x\,\mathrm{d}y - y\,\mathrm{d}x}{x^2 + y^2} = \int_{AC} \frac{0 - 0}{x^2}\mathrm{d}x + \int_{CB} \frac{x\,\mathrm{d}y}{x^2 + y^2}$$

$$= \int_0^y \frac{x\,\mathrm{d}y}{x^2 + y^2} = \left[\arctan \frac{y}{x}\right]_0^y = \arctan \frac{y}{x}$$

**【例 12-37】** 求 $u(x, y)$, 使 $\mathrm{d}u = P(x, y)\,\mathrm{d}x + Q(x, y)\,\mathrm{d}y$.

(1) $(y^2 e^{xy} - 3)\,\mathrm{d}x + e^{xy}(1 + xy)\,\mathrm{d}y$

**解** $\dfrac{\partial P}{\partial y} = 2ye^{xy} + xy^2 e^{xy} = \dfrac{\partial Q}{\partial x}$

$$u = \int_0^x (-3)\,\mathrm{d}x + \frac{1}{x}\int_0^y (e^{xy} + xye^{xy})\,\mathrm{d}(xy) + C = ye^{xy} - 3x + C$$

(2) $\left(2x + e^{\frac{x}{y}}\right)\mathrm{d}x + \left(1 - \dfrac{x}{y}\right)e^{\frac{x}{y}}\mathrm{d}y \,(y > 0)$

**解** $\dfrac{\partial P}{\partial y} = -\dfrac{x}{y^2}e^{\frac{x}{y}} = \dfrac{\partial Q}{\partial x}, \ y > 0$

$$u(x, y) = \int_1^y \mathrm{d}y + \int_0^x \left(2x + e^{\frac{x}{y}}\right)\mathrm{d}x + C = x^2 + ye^{\frac{x}{y}} + C$$

**【例 12-38】** 试求参数 $\lambda$, 使得在任何不包含 $y = 0$ 的区域上曲线积分

$$I = \int_C \frac{x}{y}(x^2 + y^2)^\lambda \mathrm{d}x - \frac{x^2}{y^2}(x^2 + y^2)^\lambda \mathrm{d}y$$

与路径无关, 并求

$$u(x, y) = \int_{(1,1)}^{(x,y)} \frac{x}{y}(x^2 + y^2)^\lambda \mathrm{d}x - \frac{x^2}{y^2}(x^2 + y^2)^\lambda \mathrm{d}y$$

**解**　$\dfrac{\partial P}{\partial y} = \dfrac{x}{y^2}\big[y\lambda(x^2+y^2)^{\lambda-1}\cdot 2y - (x^2+y^2)^{\lambda}\big]$

$\dfrac{\partial Q}{\partial x} = -\dfrac{1}{y^2}\big[2x(x^2+y^2)^{\lambda} + x^2\lambda(x^2+y^2)^{\lambda-1}\cdot 2x\big]$

由题意知 $\dfrac{\partial P}{\partial y} = \dfrac{\partial Q}{\partial x}$，即

$$2\lambda(x^2+y^2) = -(x^2+y^2),\lambda = -\dfrac{1}{2}$$

$$
\begin{aligned}
u(x,y) &= \int_{(1,1)}^{(x,y)} \frac{x}{y\sqrt{x^2+y^2}}\,\mathrm{d}x - \frac{x^2}{y^2\sqrt{x^2+y^2}}\,\mathrm{d}y \\
&= \int_1^x \frac{x}{\sqrt{1+x^2}}\,\mathrm{d}x - \int_1^y \frac{x^2}{y^2\sqrt{x^2+y^2}}\,\mathrm{d}y \\
&= \sqrt{1+x^2}\,\Big|_1^x + \frac{\sqrt{x^2+y^2}}{y}\,\Big|_1^y \\
&= \sqrt{1+x^2} - \sqrt{2} + \frac{\sqrt{x^2+y^2}}{y} - \sqrt{1+x^2} \\
&= \frac{\sqrt{x^2+y^2}}{y} - \sqrt{2}
\end{aligned}
$$

**【例 12-39】**　设 $P(x,y)$ 和 $Q(x,y)$ 及其偏导数在 $(0,0)$ 点之外处处连续，且

$$\frac{\partial Q}{\partial x} = \frac{\partial P}{\partial y}, \quad (x,y) \neq (0,0)$$

试证明：对任意两个含有 $(0,0)$ 点的同向分段光滑简单闭曲线 $L_1$ 与 $L_2$，都有

$$\oint_{L_1} P\,\mathrm{d}x + Q\,\mathrm{d}y = \oint_{L_2} P\,\mathrm{d}x + Q\,\mathrm{d}y$$

成立.

**证**　不妨设 $L_1$ 与 $L_2$ 都是逆时针方向的. 此时在 $L_1$ 与 $L_2$ 的内部作一小圆

$$C:x^2+y^2 = \varepsilon^2,\ 逆时针方向$$

并将闭曲线 $L_1$ 和小圆 $C$ 所围成的有界闭区域记为 $\sigma$
（见图 12-21），则

$$
\begin{aligned}
&\oint_{L_1} P\,\mathrm{d}x + Q\,\mathrm{d}y \\
&= \oint_{L_1+(-C)} P\,\mathrm{d}x + Q\,\mathrm{d}y + \oint_C P\,\mathrm{d}x + Q\,\mathrm{d}y \\
&= \iint_{\sigma} \Big(\frac{\partial Q}{\partial x} - \frac{\partial P}{\partial y}\Big)\mathrm{d}\sigma + \oint_C P\,\mathrm{d}x + Q\,\mathrm{d}y \\
&= 0 + \oint_C P\,\mathrm{d}x + Q\,\mathrm{d}y = \oint_C P\,\mathrm{d}x + Q\,\mathrm{d}y
\end{aligned}
$$

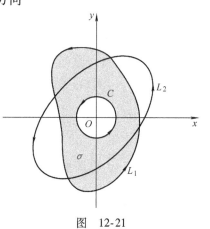

图　12-21

同理可证

$$\oint_{L_2} P\,\mathrm{d}x + Q\,\mathrm{d}y = \oint_C P\,\mathrm{d}x + Q\,\mathrm{d}y$$

所以，有

$$\oint_{L_1} P\,\mathrm{d}x + Q\,\mathrm{d}y = \oint_{L_2} P\,\mathrm{d}x + Q\,\mathrm{d}y$$

当 $L_1$ 与 $L_2$ 都是顺时针方向时证法类似.

**【例 12-40】** 计算 $I = \oint_L \dfrac{x\,\mathrm{d}y - y\,\mathrm{d}x}{x^2 + y^2}$，$L$ 是平面上任意一条正向简单闭曲线.

**解** 这里 $P = \dfrac{-y}{x^2 + y^2}$，$Q = \dfrac{x}{x^2 + y^2}$，因此有

$$\frac{\partial Q}{\partial x} = \frac{y^2 - x^2}{(x^2 + y^2)^2} = \frac{\partial P}{\partial y}, (x, y) \neq (0, 0)$$

当闭曲线 $L$ 不含有原点（0，0）时，由格林公式，得

$$I = \oint_L P\,\mathrm{d}x + Q\,\mathrm{d}y = \iint_\sigma \left( \frac{\partial Q}{\partial x} - \frac{\partial P}{\partial y} \right) \mathrm{d}\sigma = \iint_\sigma 0\,\mathrm{d}\sigma = 0$$

当闭曲线 $L$ 含有原点（0，0）时，不满足格林公式条件，故不能直接用格林公式进行计算. 此时在 $L$ 的内部作一小圆

$$C: x^2 + y^2 = \varepsilon^2，逆时针方向$$

则由例 12-39 知

$$I = \oint_L P\,\mathrm{d}x + Q\,\mathrm{d}y = \oint_C \frac{x\,\mathrm{d}y - y\,\mathrm{d}x}{x^2 + y^2}$$

$$= \frac{1}{\varepsilon^2} \oint_C x\,\mathrm{d}y - y\,\mathrm{d}x = \frac{1}{\varepsilon^2} \iint_{x^2 + y^2 \leqslant \varepsilon^2} 2\,\mathrm{d}x\,\mathrm{d}y = 2\pi$$

**注** 例 12-40 表明，定理 12-6 中要求 $G$ 单连通这一点很重要. 否则，定理结论未必成立.

**【例 12-41】** 计算 $I = \int_L \dfrac{x\,\mathrm{d}y - y\,\mathrm{d}x}{x^2 + y^2}$，$L$ 是沿 $y = x^2 - 2$ 从点 $A(-2, 2)$ 到点 $B(2, 2)$ 的一段弧.

**解法 1** 因为

$$\frac{\partial Q}{\partial x} = \frac{y^2 - x^2}{(x^2 + y^2)^2} = \frac{\partial P}{\partial y}, \quad (x, y) \neq (0, 0)$$

所以该积分在不含有原点（0，0）的单连通区域 $G$（$G$ 是 $xOy$ 平面上去掉 $y$ 轴的正半轴以及原点的部分）内与路径无关，因此在 $G$ 内改变积分路径为圆周

$$L: \begin{cases} x = \sqrt{8}\cos t \\ y = \sqrt{8}\sin t \end{cases}$$

参数 $t$ 由 $t = \dfrac{3}{4}\pi$ 单调增加取到 $t = \dfrac{9}{4}\pi$（见图 12-22），

故

$$I = \int_L \frac{x\,\mathrm{d}y - y\,\mathrm{d}x}{x^2 + y^2} = \int_{\frac{3}{4}\pi}^{\frac{9}{4}\pi} \frac{8\cos^2 t + 8\sin^2 t}{8}\,\mathrm{d}t = \frac{3}{2}\pi$$

**解法 2** 补充线段 $AB$（见图 12-23），再用例 12-40 的结果，有

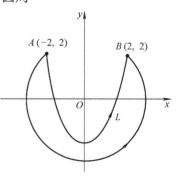

图　12-22

$$I = \int_L \frac{x\,\mathrm{d}y - y\,\mathrm{d}x}{x^2 + y^2}$$

$$= \oint_{L+BA} \frac{x\,\mathrm{d}y - y\,\mathrm{d}x}{x^2 + y^2} + \int_{AB} \frac{-2}{x^2 + 4}\mathrm{d}x$$

$$= 2\pi - \frac{\pi}{2} = \frac{3}{2}\pi$$

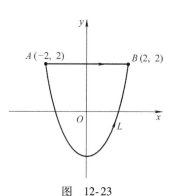

图 12-23

**典型计算题 5**

计算下列第二型曲线积分.

1. $\oint_L xy\,\mathrm{d}x + \cos y\,\mathrm{d}y$，$L$：$x^2 + y^2 = 1$，按逆时针方向

2. $\oint_L y^2\mathrm{d}x - 2xy\,\mathrm{d}y$，$L$：以 $A(-1,0)$，$B(1,0)$，$C(0,1)$ 为顶点的三角形回路（按逆时针方向）

3. $\oint_L \cos y\,\mathrm{d}x + (x^3 + y)\mathrm{d}y$，$L$：$\dfrac{x^2}{a^2} + \dfrac{y^2}{b^2} = 1$，按顺时针方向

4. $\oint_L \dfrac{\mathrm{d}x + \mathrm{d}y}{|x| + |y|}$，$L$：以 $A(1,0)$，$B(0,1)$，$C(-1,0)$，$D(0,-1)$ 为顶点的正方形区域的边界曲线（按逆时针方向）

5. $\oint_L \dfrac{e^{x^2} - x^2 y}{x^2 + y^2}\mathrm{d}x + \dfrac{xy^2 - \sin y^2}{x^2 + y^2}\mathrm{d}y$，$L$：$x^2 + y^2 = a^2$，按逆时针方向

6. $\int_L (y + 2xy)\mathrm{d}x + (x^2 + 2x + y^2)\mathrm{d}y$，$L$：$y = \sqrt{4x - x^2}$，从 $A(4,0)$ 到 $B(0,0)$

7. $\int_L (e^x - yx^2)\mathrm{d}x + (xy^2 + y^3)\mathrm{d}y$，$L$：$y = \sqrt{1 - x^2}$，从 $A(1,0)$ 到 $B(-1,0)$

8. $\int_L (x + y\sin x - 2)\mathrm{d}x + (ye^y + 1)\mathrm{d}y$，$L$：$y = 1 - x^2$，从 $A(-1,0)$ 到 $B(1,0)$

9. $\int_L (e^x - xy)\mathrm{d}x + (x^2 + 2xy)\mathrm{d}y$，$L$：$y = 1 - \sqrt{1 - x^2}$，从 $A(-1,1)$ 到 $B(1,1)$

10. $\int_L (x^3 + 1)\mathrm{d}x + (x^3 + y^2 + y^3)\mathrm{d}y$，$L$：$x = \sqrt{a^2 - y^2}\,(a > 0)$，从 $A(0,-a)$ 到 $B(0,a)$

11. $\int_L (x^3 - xy)\mathrm{d}x + (x + \cos y - 2)\mathrm{d}y$，$L$：$y = \sin x$，从 $A(\pi,0)$ 到 $O(0,0)$

12. $\int_L (y^2\cos x + x\sin x)\mathrm{d}x + (e^y + 2y\sin x + 1)\mathrm{d}y$，$L$：$y = \sqrt{2x - x^2}$，从 $O(0,0)$ 到 $A(2,0)$

13. $\int_L (ye^x + xy^2 + 2x)\mathrm{d}x + (e^x + x^2 y + y^4 + 1)\mathrm{d}y$，$L$：$y = \ln x$，从 $A(1,0)$ 到 $B(e,1)$

14. $\int_L (e^x\sin y - x - y)\mathrm{d}x + (e^x\cos y - x)\mathrm{d}y$，$L$：$y = \sqrt{2x - x^2}$，从 $A(2,0)$ 到 $B(0,0)$

15. $\int_L \dfrac{x - y}{x^2 + y^2}\mathrm{d}x + \dfrac{x + y}{x^2 + y^2}\mathrm{d}y$，$L$：$y = 2x^2 - 1$，从 $A(-1,1)$ 到 $B(1,1)$

16. $\oint_L \dfrac{x\,\mathrm{d}x + y\,\mathrm{d}y}{x^2 + y^2}$，$L$：$\dfrac{x^2}{a^2} + \dfrac{y^2}{b^2} = 1$，按顺时针方向

17. $\oint_L \dfrac{x\,\mathrm{d}y - y\,\mathrm{d}x}{4x^2 + y^2}$，$L$ 是包含有原点的分段光滑简单闭曲线，按逆时针方向

18. $\displaystyle\int_L \dfrac{xy + \mathrm{e}^y - y}{x^2 + y^2}\,\mathrm{d}x + \dfrac{x\mathrm{e}^y + y}{x^2 + y^2}\,\mathrm{d}y$，$L:y = \sqrt{4 - x^2}$，从 $A(-2, 0)$ 到 $B(2, 0)$

19. $\displaystyle\int_L \dfrac{y^2}{\sqrt{x^2 + 1}}\,\mathrm{d}x + 2y\ln(x + \sqrt{x^2 + 1})\,\mathrm{d}y$，$L:x = \sqrt{1 - y^2}$，从 $A(0, -1)$ 到 $B(0, 1)$

20. $\displaystyle\int_L (x + 4xy)\,\mathrm{d}x + (x^2 + \cos y)\,\mathrm{d}y$，$L:y = x^2 - x$，从 $A(0, 0)$ 到 $B(2, 2)$

## 典型计算题 6

验证下列各式是某个函数 $u(x, y)$ 的全微分，并求出 $u(x, y)$.

1. $x^2\,\mathrm{d}x + y^2\,\mathrm{d}y$

2. $[y + \ln(x + 1)]\,\mathrm{d}x + (x + 1 - \mathrm{e}^y)\,\mathrm{d}y$

3. $\left(\dfrac{1}{x} + \dfrac{1}{y}\right)\mathrm{d}x + \left(\dfrac{2}{y} - \dfrac{x}{y^2}\right)\mathrm{d}y$ $(x > 0, y > 0)$

4. $[\mathrm{e}^{x+y} + \cos(x - y)]\,\mathrm{d}x + [\mathrm{e}^{x+y} - \cos(x - y) + 2]\,\mathrm{d}y$

5. $(1 - \mathrm{e}^{x-y} + \cos x)\,\mathrm{d}x + (\mathrm{e}^{x-y} + \cos y)\,\mathrm{d}y$

6. $(x^2 - 2xy^2 + 3)\,\mathrm{d}x + (y^2 - 2x^2y + 3)\,\mathrm{d}y$

7. $(2x - 3xy^2 + 2y)\,\mathrm{d}x + (2x - 3x^2y + 2y)\,\mathrm{d}y$

8. $(\sinh x + \cosh y)\,\mathrm{d}x + (x\sinh y + 1)\,\mathrm{d}y$

9. $(2x + 3x^2y)\,\mathrm{d}x + (x^3 - 3y^2)\,\mathrm{d}y$

10. $2xy\,\mathrm{d}x + (x^2 - y^2)\,\mathrm{d}y$

11. $\mathrm{e}^{-y}\,\mathrm{d}x - (2y + x\mathrm{e}^{-y})\,\mathrm{d}y$

12. $\dfrac{3x^2 + y^2}{y^2}\,\mathrm{d}x - \dfrac{2x^3 + 5y}{y^3}\,\mathrm{d}y$ $(y > 0)$

13. $(2x - 3y^2 + 1)\,\mathrm{d}x + (2 - 6xy)\,\mathrm{d}y$

14. $(\mathrm{e}^{xy} + 5)(x\,\mathrm{d}y + y\,\mathrm{d}x)$

15. $(1 - \sin 2x)\,\mathrm{d}y - (3 + 2y\cos 2x)\,\mathrm{d}x$

16. $(3x^2y + 1)\,\mathrm{d}x + (x^3 - 1)\,\mathrm{d}y$

17. $\cos x\cos y\,\mathrm{d}x - \sin y(\sin x + 4\cos y)\,\mathrm{d}y$

18. $[1 + \cos(xy)](y\,\mathrm{d}x + x\,\mathrm{d}y)$

19. $(y^2\mathrm{e}^{xy} - 3)\,\mathrm{d}x + \mathrm{e}^{xy}(1 + xy)\,\mathrm{d}y$

20. $\dfrac{x\,\mathrm{d}y - y\,\mathrm{d}x}{x^2 + y^2}$ $(x > 0, y > 0)$

21. $\dfrac{(x + 2y)\,\mathrm{d}x + y\,\mathrm{d}y}{(x + y)^2}$ $(x + y > 0)$

22. $\left[\dfrac{y^2}{(x - y)^2} - \dfrac{1}{x}\right]\mathrm{d}x + \left[\dfrac{1}{y} - \dfrac{x^2}{(x - y)^2}\right]\mathrm{d}y$ $(x > y > 0)$

23. $[\sin 2x - 2\cos(x + y)]\,\mathrm{d}x - 2\cos(x + y)\,\mathrm{d}y$

24. $(\sin y + y\cos x)\,\mathrm{d}x + (x\cos y + \sin x)\,\mathrm{d}y$

25. $\dfrac{y}{x}\,\mathrm{d}x + (y^3 + \ln x)\,\mathrm{d}y$

26. $(2x + y)\,dx + (x + 2y)\,dy$

27. $(10xy - 8y + 1)\,dx + (5x^2 - 8x + 3)\,dy$

28. $\left(2x + e^{\frac{x}{y}}\right)dx + \left(1 - \frac{x}{y}\right)e^{\frac{x}{y}}dy \ (y > 0)$

29. $2x\cos^2 y\,dx + (2y - x^2\sin 2y)\,dy$

30. $\left(\dfrac{1}{y} - \dfrac{y}{x^2}\right)dx + \left(\dfrac{1}{x} - \dfrac{x}{y^2}\right)dy \ (x > 0,\ y > 0)$

### 12.3.3　全微分方程

一阶微分方程

$$\frac{dy}{dx} = -\frac{P(x, y)}{Q(x, y)}$$

可以写成

$$P(x, y)\,dx + Q(x, y)\,dy = 0 \tag{12-24}$$

如果微分方程（12-24）的左端恰好是某一个函数 $u(x, y)$ 的全微分，即

$$P(x, y)\,dx + Q(x, y)\,dy = d\,u(x, y)$$

则称微分方程（12-24）是全微分方程．此时微分方程（12-24）成为

$$d\,u(x, y) = 0$$

于是，$u(x, y) = C$ 就是微分方程（12-24）的隐式通解．

由定理 12-6 可知，当函数 $P(x, y)$ 和 $Q(x, y)$ 在单连通区域 $G$ 内有连续的一阶偏导数时，微分方程（12-24）在 $G$ 内成为全微分方程的充要条件是

$$\frac{\partial Q}{\partial x} = \frac{\partial P}{\partial y}$$

在 $G$ 内恒成立．此时，全微分方程（12-24）在 $G$ 内的通解为 $u(x, y) = C$，其中

$$u(x, y) = \int_{(x_0, y_0)}^{(x, y)} P(x, y)\,dx + Q(x, y)\,dy$$

$(x_0,\ y_0)$ 是区域 $G$ 内的任意固定点．

【例 12-42】　求微分方程

$$(2 + ye^x)\,dx + e^x\,dy = 0$$

的通解.

**解**　这里 $P = 2 + ye^x$，$Q = e^x$，因为 $\dfrac{\partial Q}{\partial x} = e^x = \dfrac{\partial P}{\partial y}$ 在整个 $xOy$ 平面（是单连通区域）内成立，所以该微分方程在整个 $xOy$ 平面内是全微分方程，且

$$u(x, y) = \int_{(0, 0)}^{(x, y)} (2 + ye^x)\,dx + e^x\,dy$$

$$= \int_0^x 2\,dx + \int_0^y e^x\,dy = 2x + ye^x$$

故该微分方程在整个 $xOy$ 平面内的隐式通解为

$$2x + ye^x = C$$

由此进一步解得显式通解

$$y = e^{-x}(C - 2x)$$

【例 12-43】　求解微分方程

$$(2x + y)\,dx + (x + 3y^2)\,dy = 0$$

**解**　这里 $P = 2x + y$，$Q = x + 3y^2$，因为 $\dfrac{\partial Q}{\partial x} = 1 = \dfrac{\partial P}{\partial y}$ 在整个 $xOy$ 平面（是单连通区域）内成立，所以该微分方程在整个 $xOy$ 平面内是全微分方程，且

$$u(x, y) = \int_{(0,0)}^{(x,y)} (2x + y)\,dx + (x + 3y^2)\,dy$$

$$= \int_0^x 2x\,dx + \int_0^y (x + 3y^2)\,dy = x^2 + xy + y^3$$

故该微分方程在整个 $xOy$ 平面内的隐式通解为

$$x^2 + xy + y^3 = C$$

【例 12-44】　求解微分方程

$$(e^x + 3y^2)\,dx + 2xy\,dy = 0$$

**解**　$P = e^x + 3y^2$，$Q = 2xy$．因为 $\dfrac{\partial P}{\partial y} = 6y$ 和 $\dfrac{\partial Q}{\partial x} = 2y$ 不相等，所以该方程不是全微分方程．对于该方程两端同时乘以函数 $\mu = x^2$，则得全微分方程

$$(x^2 e^x + 3x^2 y^2)\,dx + 2x^3 y\,dy = 0$$

容易求得其通解

$$(x^2 - 2x + 2)e^x + x^3 y^2 = C$$

这也是原微分方程的通解．

　　**注**　如果微分方程（12-24）不是全微分方程，但是方程（12-24）两端同时乘上非零函数 $\mu(x, y)$ 之后

$$\mu(x, y) P(x, y)\,dx + \mu(x, y) Q(x, y)\,dy = 0$$

成为全微分方程，则称 $\mu(x, y)$ 是微分方程（12-24）的积分因子．例 12-44 中的函数 $\mu = x^2$ 就是该方程的积分因子．

**练习**

解下列微分方程．

1. $(3x^2 y + \sin x)\,dx + (x^3 - \cos y)\,dy = 0$

2. $3x^2(1 + \ln y)\,dx = \left(2y - \dfrac{x^3}{y}\right)dy$

3. $\left(\dfrac{2x}{\sin y} + 2\right)dx + \dfrac{(x^2 + 1)\cos y}{\cos^2 y - 1}dy = 0$　　$(0 < y < \pi)$

4. $\left(y + \dfrac{2}{x^2}\right)dx + \left(x - \dfrac{3}{y^2}\right)dy = 0$　　$(x > 0,\ y > 0)$

5. $(2x - y e^{-x})\,dx + e^{-x}\,dy = 0$

6. $2xy\,dx + (x^2 - y^2)\,dy = 0$

7. $\left(\dfrac{y}{x^2} + \dfrac{\ln x}{x^2}\right)dx - \dfrac{dy}{x} = 0$

8. $(x^2 + \sin^2 y)\,dx + x \sin 2y\,dy = 0$

12.3　习题答案

## 12.4　第一型曲面积分

### 12.4.1　第一型曲面积分的定义

在给出第一型曲面积分的定义之前，首先考虑如下实例.

**引例　曲面型构件的质量**　设有一个光滑的曲面型构件 $\Sigma$，它在任一点 $(x, y, z)$ 处的面密度 $\mu(x, y, z)$ 是连续函数，求此曲面型构件的质量 $m$.

12.4　思维导图

如果曲面型构件的面密度是常数，那么其质量等于它的面密度乘以它的面积. 现在，曲面型构件的面密度是变量，不能直接用上述方法求质量. 此时，还可以用类似前面的分割、作积、求和、取极限的方法来求质量，现详述如下：

（1）**分割**　将曲面 $\Sigma$ 任意地分割成 $n$ 个小块曲面，第 $i$ 个小块曲面记为 $\Delta\Sigma_i$（见图 12-24），其面积记为 $\Delta S_i$，并用 $\lambda$ 表示各小块曲面直径的最大值.

（2）**作积**　在面密度 $\mu(x, y, z)$ 连续变化时，只要每一个小块曲面的直径很小，就可以把它近似地看成是均匀的，即可以不变代变，因此第 $i$ 个小块曲面的质量 $\Delta m_i$ 近似地等于 $\mu(\xi_i, \eta_i, \varsigma_i)\Delta S_i$，其中 $P_i(\xi_i, \eta_i, \varsigma_i)$ 是第 $i$ 个小块曲面上的任一点，即

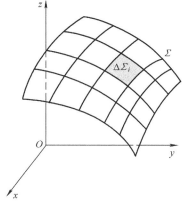

图　12-24

$$\Delta m_i \approx \mu(\xi_i, \eta_i, \varsigma_i)\Delta S_i, \quad i = 1, 2, \cdots, n$$

（3）**求和**　整个曲面型构件的质量

$$m = \sum_{i=1}^{n} \Delta m_i \approx \sum_{i=1}^{n} \mu(\xi_i, \eta_i, \varsigma_i)\Delta S_i$$

（4）**取极限**　对于上式两端同时令 $\lambda \to 0$ 取极限，就可以得到整个曲面型构件的质量的精确值，即

$$m = \lim_{\lambda \to 0} \sum_{i=1}^{n} \mu(\xi_i, \eta_i, \varsigma_i)\Delta S_i$$

很多实际问题的计算都可以归结为形如上式的极限，这种极限称为第一型曲面积分. 下面给出一般的定义.

**定义 12-3**　设函数 $f(x, y, z)$ 在光滑曲面 $\Sigma$ 上有界. 将曲面 $\Sigma$ 任意地分割成 $n$ 个小块曲面，第 $i$ 个小块曲面记为 $\Delta\Sigma_i$，其面积记为 $\Delta S_i$，并用 $\lambda$ 表示各小块曲面直径的最大值. 在第 $i$ 个小块曲面 $\Delta\Sigma_i$ 上任意取一点 $(\xi_i, \eta_i, \varsigma_i)$，并求黎曼和 $\sum_{i=1}^{n} f(\xi_i, \eta_i, \varsigma_i)\Delta S_i$. 如果当 $\lambda \to 0$ 时该黎曼和的极限总存在，则称函数 $f(x, y, z)$ 在 $\Sigma$ 上可积，并称此极限值为 $f(x, y, z)$ 在 $\Sigma$ 上的第一型曲面积分或对面积的曲面积分，记为 $\iint\limits_{\Sigma} f(x, y, z)\mathrm{d}S$，即

$$\iint\limits_{\Sigma} f(x, y, z)\mathrm{d}S = \lim_{\lambda \to 0} \sum_{i=1}^{n} f(\xi_i, \eta_i, \varsigma_i)\Delta S_i \tag{12-25}$$

其中，$f(x, y, z)$ 称为被积函数，$f(x, y, z)\mathrm{d}S$ 称为被积表达式，$\mathrm{d}S$ 称为面积元素，$\Sigma$ 称为

积分曲面.

　　函数 $f(x, y, z)$ 在曲面 $\Sigma$ 上存在第一型曲面积分的一个充分条件是，$f(x, y, z)$ 在曲面 $\Sigma$ 上连续.

　　根据定义 12-3，引例中的曲面型构件的质量为

$$m = \iint\limits_{\Sigma} \mu(x, y, z)\,\mathrm{d}S$$

　　如果 $\Sigma$ 是分片光滑的，即 $\Sigma$ 可以分成有限个光滑的曲面片，则规定函数在 $\Sigma$ 上的第一型曲面积分等于函数在光滑的各曲面片上的第一型曲面积分之和. 例如，设 $\Sigma$ 可以分成两个光滑曲面片 $\Sigma_1$ 和 $\Sigma_2$（记为 $\Sigma = \Sigma_1 + \Sigma_2$），则规定

$$\iint\limits_{\Sigma} f(x, y, z)\,\mathrm{d}S = \iint\limits_{\Sigma_1} f(x, y, z)\,\mathrm{d}S + \iint\limits_{\Sigma_2} f(x, y, z)\,\mathrm{d}S$$

　　如果 $\Sigma$ 是封闭的曲面，则可将 $\iint\limits_{\Sigma} f(x, y, z)\,\mathrm{d}S$ 记为 $\oiint\limits_{\Sigma} f(x, y, z)\,\mathrm{d}S$.

　　由定义 12-3 知，

$$\iint\limits_{\Sigma} 1\,\mathrm{d}S = \iint\limits_{\Sigma} \mathrm{d}S = \Sigma \text{ 的面积}$$

　　由于第一型曲面积分的性质完全类似于重积分和第一型曲线积分的性质，故这里不再重复.

## 12.4.2　第一型曲面积分的计算

　　**引理**　设光滑曲面 $\Sigma$ 的方程为

$$z = z(x, y), \quad (x, y) \in D_{xy}$$

其中，$D_{xy}$ 是曲面 $\Sigma$ 在 $xOy$ 坐标平面上的投影区域，则曲面 $\Sigma$ 的面积

$$S = \iint\limits_{D_{xy}} \sqrt{1 + z_x'^2(x, y) + z_y'^2(x, y)}\,\mathrm{d}x\mathrm{d}y \tag{12-26}$$

　　**证**　将 $xOy$ 坐标平面上的有界闭区域 $D_{xy}$ 任意地分成 $n$ 个小闭区域 $\Delta\sigma_i$（$i = 1, 2, \cdots, n$），并将 $\Delta\sigma_i$ 的面积也记为 $\Delta\sigma_i$，所有 $\Delta\sigma_i$ 的直径的最大值记为 $l(T)$. 现在以小闭区域 $\Delta\sigma_i$ 的边界曲线为准线作母线平行于 $z$ 轴的柱面 $\Phi_i$，曲面 $\Sigma$ 被柱面 $\Phi_i$ 所截下来的一小片曲面记为 $\Delta\Sigma_i$，并将 $\Delta\Sigma_i$ 的面积记为 $\Delta S_i$. 在小片曲面 $\Delta\Sigma_i$ 上任取一点 $P_i(\xi_i, \eta_i, z(\xi_i, \eta_i))$，过点 $P_i$ 作曲面 $\Sigma$ 的切平面 $\Pi$（见图 12-25），切平面 $\Pi$ 被柱面 $\Phi_i$ 所截下来的一小块平面的面积记为 $\Delta A_i$.

　　因为曲面 $\Sigma$ 是光滑的，所以当 $\Delta\sigma_i$ 的直径充分小时，可以用 $\Delta A_i$ 近似代替 $\Delta S_i$，即

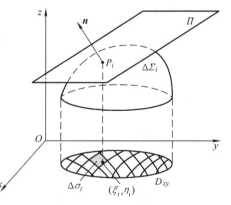

图　12-25

$$\Delta S_i \approx \Delta A_i$$

将曲面 $\Sigma$ 在点 $P_i$ 处指向 $z$ 轴正向的法向量 $\boldsymbol{n} = \{-z_x'(\xi_i, \eta_i), -z_y'(\xi_i, \eta_i), 1\}$ 与 $z$ 轴

正向的夹角记为 $\gamma$，则切平面 $\Pi$ 与 $xOy$ 坐标平面的夹角也等于 $\gamma$（见图 12-26），所以一小块切平面的面积 $\Delta A_i$ 与其投影区域的面积 $\Delta\sigma_i$ 之间存在关系

$$\Delta\sigma_i = \cos\gamma \cdot \Delta A_i$$

即

$$\Delta A_i = \frac{\Delta\sigma_i}{\cos\gamma}$$

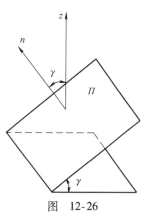

图 12-26

由曲面 $\Sigma$ 在点 $P_i$ 处的法向量 $\boldsymbol{n} = \{-z_x'(\xi_i, \eta_i), -z_y'(\xi_i, \eta_i), 1\}$ 求得其方向余弦 $\cos\gamma = \dfrac{1}{\sqrt{z_x'^2(\xi_i, \eta_i) + z_y'^2(\xi_i, \eta_i) + 1}}$，将其代入上式，得

$$\Delta A_i = \sqrt{z_x'^2(\xi_i, \eta_i) + z_y'^2(\xi_i, \eta_i) + 1} \cdot \Delta\sigma_i$$

所以曲面 $\Sigma$ 的面积

$$\begin{aligned}
S &= \sum_{i=1}^{n} \Delta S_i \approx \sum_{i=1}^{n} \Delta A_i \\
&= \sum_{i=1}^{n} \sqrt{1 + z_x'^2(\xi_i, \eta_i) + z_y'^2(\xi_i, \eta_i)} \cdot \Delta\sigma_i
\end{aligned}$$

上式两端同时令 $l(T) \to 0$ 取极限，则由二重积分的定义，得

$$\begin{aligned}
S &= \lim_{l(T)\to 0} \sum_{i=1}^{n} \sqrt{1 + z_x'^2(\xi_i, \eta_i) + z_y'^2(\xi_i, \eta_i)} \cdot \Delta\sigma_i \\
&= \iint\limits_{D_{xy}} \sqrt{1 + z_x'^2(x, y) + z_y'^2(x, y)}\, \mathrm{d}x\, \mathrm{d}y
\end{aligned}$$

证毕.

**定理 12-7**　设光滑曲面 $\Sigma$ 的方程为

$$z = z(x, y), \quad (x, y) \in D_{xy}$$

其中，$D_{xy}$ 是曲面 $\Sigma$ 在 $xOy$ 坐标平面上的投影区域. 如果函数 $f(x, y, z)$ 在曲面 $\Sigma$ 上连续，且 $z = z(x, y)$ 在 $D_{xy}$ 上有连续的一阶偏导数，则有计算公式

$$\iint\limits_{\Sigma} f(x, y, z)\,\mathrm{d}S = \iint\limits_{D_{xy}} f(x, y, z(x, y)) \sqrt{1 + z_x'^2 + z_y'^2}\, \mathrm{d}x\, \mathrm{d}y \tag{12-27}$$

**证**　将 $xOy$ 坐标平面上的闭区域 $D_{xy}$ 任意地分成 $n$ 个小闭区域 $\Delta\sigma_i(i = 1, 2, \cdots, n)$，并将 $\Delta\sigma_i$ 的面积也记为 $\Delta\sigma_i$，所有 $\Delta\sigma_i$ 的直径的最大值记为 $l(T)$. 现在以小闭区域 $\Delta\sigma_i$ 的边界曲线为准线作母线平行于 $z$ 轴的柱面 $\Phi_i$，曲面 $\Sigma$ 被柱面 $\Phi_i$ 所截下来的一小片曲面记为 $\Delta\Sigma_i$，所有 $\Delta\Sigma_i$ 的直径的最大值记为 $\lambda$，并将 $\Delta\Sigma_i$ 的面积记为 $\Delta S_i$，则由引理 1 得

$$\Delta S_i = \iint\limits_{\Delta\sigma_i} \sqrt{1 + z_x'^2(x, y) + z_y'^2(x, y)}\, \mathrm{d}x\, \mathrm{d}y$$

又因为 $z = z(x, y)$ 在 $\Delta\sigma_i$ 上有连续的一阶偏导数，所以由二重积分的中值定理，存在 $(x_i, y_i) \in \Delta\sigma_i$，使得

$$\Delta S_i = \sqrt{1 + z_x'^2(x_i, y_i) + z_y'^2(x_i, y_i)} \cdot \Delta\sigma_i$$

将其代入式（12-25），得

$$\iint\limits_{\Sigma} f(x, y, z)\,\mathrm{d}S = \lim_{\lambda \to 0} \sum_{i=1}^{n} f(\xi_i, \eta_i, \varsigma_i)\Delta S_i$$

$$= \lim_{\lambda \to 0} \sum_{i=1}^{n} f(\xi_i, \eta_i, \varsigma_i)\sqrt{1 + z_x'^2(x_i, y_i) + z_y'^2(x_i, y_i)} \cdot \Delta\sigma_i$$

因为曲面 $\Sigma$ 光滑，所以当 $\lambda \to 0$ 时 $l(T) \to 0$. 又因为上式极限值与曲面 $\Sigma$ 上点 $(\xi_i, \eta_i, \varsigma_i)$ 的取法无关，所以取 $(\xi_i, \eta_i, \varsigma_i) = (x_i, y_i, z(x_i, y_i))$，代入上式，得

$$\iint\limits_{\Sigma} f(x, y, z)\,\mathrm{d}S$$

$$= \lim_{l(T) \to 0} \sum_{i=1}^{n} f(x_i, y_i, z(x_i, y_i))\sqrt{1 + z_x'^2(x_i, y_i) + z_y'^2(x_i, y_i)} \cdot \Delta\sigma_i$$

$$= \iint\limits_{D_{xy}} f(x, y, z(x, y))\sqrt{1 + z_x'^2 + z_y'^2}\,\mathrm{d}x\mathrm{d}y$$

证毕.

计算公式（12-27）表明，在计算积分 $\iint\limits_{\Sigma} f(x, y, z)\,\mathrm{d}S$ 时，只要将被积函数中的 $z$ 换成曲面方程 $z(x, y)$，把面积元素 $\mathrm{d}S$ 换成 $\sqrt{1 + z_x'^2(x, y) + z_y'^2(x, y)}\,\mathrm{d}x\,\mathrm{d}y$，然后在投影区域 $D_{xy}$ 上计算二重积分就可以了.

若积分曲面 $\Sigma$ 的方程由 $x = x(y, z)$ 或 $y = y(x, z)$ 给出，则有类似的计算公式

$$\iint\limits_{\Sigma} f(x, y, z)\,\mathrm{d}S = \iint\limits_{D_{yz}} f(x(y, z), y, z)\sqrt{1 + x_y'^2 + x_z'^2}\,\mathrm{d}y\,\mathrm{d}z \tag{12-28}$$

$$\iint\limits_{\Sigma} f(x, y, z)\,\mathrm{d}S = \iint\limits_{D_{xz}} f(x, y(x, z), z)\sqrt{1 + y_x'^2 + y_z'^2}\,\mathrm{d}x\,\mathrm{d}z \tag{12-29}$$

此外，若积分曲面 $\Sigma$ 与平行于坐标轴的直线的交点多于一个时，应当把曲面 $\Sigma$ 分割成若干个曲面，使得每一个曲面的方程都由一个单值函数给出，然后再选用上面的公式进行计算.

**【例 12-45】** 计算 $I = \iint\limits_{\Sigma} \sqrt{1 + 4z}\,\mathrm{d}S$，其中 $\Sigma$ 为曲面 $z = x^2 + y^2$ 在平面 $z = 1$ 的以下部分.

**解** 曲面 $\Sigma$ 的方程是 $z = x^2 + y^2$，曲面 $\Sigma$ 在 $xOy$ 坐标平面上的投影区域 $D_{xy}$ 是单位圆 $x^2 + y^2 \leqslant 1$，因此由计算公式（12-27），得

$$I = \iint\limits_{\Sigma} \sqrt{1 + 4z}\,\mathrm{d}S$$

$$= \iint\limits_{D_{xy}} \sqrt{1 + 4(x^2 + y^2)} \cdot \sqrt{1 + 4x^2 + 4y^2}\,\mathrm{d}x\,\mathrm{d}y$$

$$= \int_0^{2\pi} \mathrm{d}\theta \int_0^1 (1 + 4r^2) r\,\mathrm{d}r = 3\pi$$

**【例 12-46】** 计算 $I = \oiint\limits_{\Sigma} (y^2 + z^2)\,\mathrm{d}S$，其中 $\Sigma$ 为球面 $x^2 + y^2 + z^2 = a^2$.

**解** 因为球面 $\Sigma$ 关于变量 $x$、$y$、$z$ 具有轮换对称性，所以

$$I = \oiint\limits_{\Sigma} (y^2 + z^2)\,\mathrm{d}S = \frac{2}{3}\oiint\limits_{\Sigma} (x^2 + y^2 + z^2)\,\mathrm{d}S$$

$$= \frac{2}{3}\oiint\limits_{\Sigma} a^2\,\mathrm{d}S = \frac{2}{3}a^2\oiint\limits_{\Sigma} \mathrm{d}S$$

$$= \frac{2}{3}a^2 \cdot 4\pi a^2 = \frac{8}{3}\pi a^4$$

**【例 12-47】** 求曲面 $z = xy$ 被圆柱面 $x^2 + y^2 = R^2 (R > 0)$ 所截下的位于第一卦限部分的面积.

**解** 由曲面的面积公式（12-26），得所求面积

$$S = \iint\limits_{D_{xy}} \sqrt{1 + z_x'^2(x, y) + z_y'^2(x, y)} \, \mathrm{d}x \, \mathrm{d}y$$

$$= \iint\limits_{D_{xy}} \sqrt{1 + y^2 + x^2} \, \mathrm{d}x \, \mathrm{d}y$$

$$= \int_0^{\frac{\pi}{2}} \mathrm{d}\theta \int_0^R r \sqrt{1 + r^2} \, \mathrm{d}r$$

$$= \frac{\pi}{6} \left[ (1 + R^2)^{\frac{3}{2}} - 1 \right]$$

**【例 12-48】** 计算 $I = \iint\limits_{\Sigma} (x + y + z) \mathrm{d}S$，其中 $\Sigma$ 为上半球面 $z = \sqrt{a^2 - x^2 - y^2}$ $(a > 0)$.

**解** 由于上半球面 $\Sigma$ 关于 $x = 0$ 和 $y = 0$ 对称，所以由对称奇偶性，得

$$I = \iint\limits_{\Sigma} (x + y + z) \mathrm{d}S = 0 + 0 + \iint\limits_{\Sigma} z \, \mathrm{d}S$$

$$= \iint\limits_{D_{xy}} \sqrt{a^2 - x^2 - y^2} \cdot \sqrt{1 + z_x'^2 + z_y'^2} \, \mathrm{d}x \, \mathrm{d}y$$

$$= \iint\limits_{D_{xy}} \sqrt{a^2 - x^2 - y^2} \frac{a}{\sqrt{a^2 - x^2 - y^2}} \, \mathrm{d}x \, \mathrm{d}y$$

$$= \iint\limits_{D_{xy}} a \, \mathrm{d}x \, \mathrm{d}y = \pi a^3$$

**【例 12-49】** 求球面 $x^2 + y^2 + z^2 = a^2$ 在圆柱面 $x^2 + y^2 = ax$ 以外部分的面积 $(a > 0)$.

**解** 解题思路是，所求面积等于整个球面面积减去圆柱面以内的球面面积. 设 $S_1$ 是上半球面 $z = \sqrt{a^2 - x^2 - y^2}$ 在圆柱面 $x^2 + y^2 = ax$ 以内部分的面积（见图 12-27），则由上、下对称性知所求面积

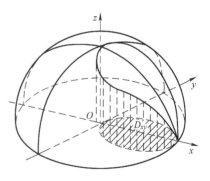

图　12-27

$$S = 4\pi a^2 - 2S_1 = 4\pi a^2 - 2\iint\limits_{S_1} \mathrm{d}S$$

$$= 4\pi a^2 - 2\iint\limits_{D_{xy}} \sqrt{1 + z_x'^2 + z_y'^2} \, \mathrm{d}x \, \mathrm{d}y$$

$$= 4\pi a^2 - 2\iint\limits_{D_{xy}} \frac{a}{\sqrt{a^2 - x^2 - y^2}} \, \mathrm{d}x \, \mathrm{d}y$$

$$= 4\pi a^2 - 2\int_{-\frac{\pi}{2}}^{\frac{\pi}{2}} \mathrm{d}\theta \int_0^{a\cos\theta} \frac{a}{\sqrt{a^2 - r^2}} r \, \mathrm{d}r$$

$$= 2\pi a^2 + 4a^2$$

【例12-50】 求圆锥面 $z^2 = x^2 + y^2$ 被抛物柱面 $z^2 = 2ay$（$a > 0$）所截下部分的面积.

**解** 由上、下对称性知所求面积 $S = 2S_1$，其中 $S_1$ 是圆锥面 $z = \sqrt{x^2 + y^2}$ 被抛物柱面 $z^2 = 2ay(a > 0)$ 所截下部分的面积. 因此

$$S = 2S_1 = 2\iint\limits_{S_1} \mathrm{d}S$$

$$= 2\iint\limits_{D_{xy}} \sqrt{1 + z_x'^2 + z_y'^2}\ \mathrm{d}x\,\mathrm{d}y \qquad (D_{xy}: x^2 + y^2 \leq 2ay)$$

$$= 2\iint\limits_{D_{xy}} \sqrt{1+1}\ \mathrm{d}x\,\mathrm{d}y = 2\sqrt{2}\cdot D_{xy} = 2\sqrt{2}\pi a^2$$

【例12-51】 求圆柱面 $x^2 + z^2 = a^2$ 与 $y^2 + z^2 = a^2$（$a > 0$）所围成立体的表面积.

**解** 由对称性知，所求面积 $S = 16S_1$（见图12-28），其中

$$S_1 : z = \sqrt{a^2 - x^2}, \quad (x, y) \in D$$

$$D : 0 \leq x \leq a, \quad 0 \leq y \leq x$$

故

$$S = 16S_1 = 16\iint\limits_{S_1} \mathrm{d}S$$

$$= 16\iint\limits_{D} \sqrt{1 + z_x'^2 + z_y'^2}\ \mathrm{d}x\,\mathrm{d}y$$

$$= 16\iint\limits_{D} \frac{a}{\sqrt{a^2 - x^2}}\ \mathrm{d}x\,\mathrm{d}y$$

$$= 16\int_0^a \mathrm{d}x \int_0^x \frac{a}{\sqrt{a^2 - x^2}}\ \mathrm{d}y$$

$$= 16a\int_0^a \frac{x}{\sqrt{a^2 - x^2}}\ \mathrm{d}x = 16a^2$$

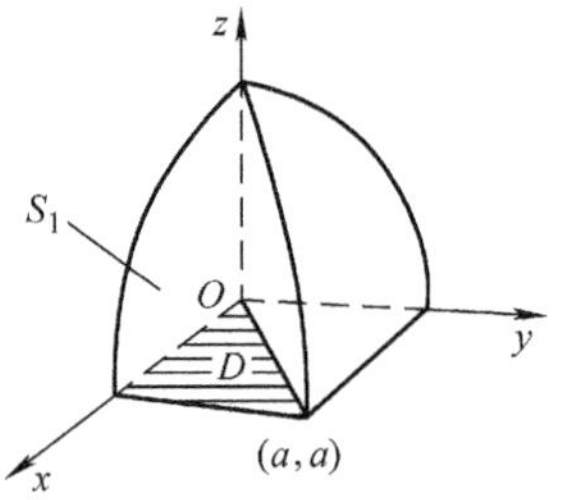

图 12-28

【例12-52】 已知：锥面 $z^2 = x^2 + y^2$，$0 \leq z \leq 1$ 上每一点的密度与该点到顶点的距离成正比，试求该锥面的质量 $m$.

**解** 锥面的密度函数为

$$\mu = k\sqrt{x^2 + y^2 + z^2} \quad (k\ 为常数)$$

$$z = \sqrt{x^2 + y^2}, \quad \mathrm{d}S = \sqrt{2}\ \mathrm{d}x\,\mathrm{d}y$$

$$m = k\iint\limits_{S} \sqrt{x^2 + y^2 + z^2}\ \mathrm{d}S$$

$$= \iint\limits_{D} k\sqrt{4(x^2 + y^2)}\ \mathrm{d}x\,\mathrm{d}y \qquad (D : x^2 + y^2 \leq 1)$$

$$= 2k\int_0^{2\pi} \mathrm{d}\theta \int_0^1 r^2\mathrm{d}r = \frac{4}{3}k\pi$$

**典型计算题7**

计算下列第一型曲面积分.

1. $\iint\limits_{S} z\ \mathrm{d}S$，$S$：球面 $x^2 + y^2 + z^2 = R^2$（$R > 0$）.

2. $\iint\limits_{S}(x+y+z)\mathrm{d}S$, $S:x^2+y^2+z^2=a^2$, $z\geqslant0(a>0)$.

3. $\iint\limits_{S}(x^2+y^2)\mathrm{d}S$, $S:$物体 $\sqrt{x^2+y^2}\leqslant z\leqslant1$ 的边界曲面.

4. $\iint\limits_{S}\sqrt{x^2+y^2}\mathrm{d}S$, $S:$锥面, 即 $\dfrac{x^2}{a^2}+\dfrac{y^2}{a^2}-\dfrac{z^2}{c^2}=0$, $0\leqslant z\leqslant b$ 的侧面 $(a,c>0)$.

5. $\iint\limits_{S}(x^2+y^2)\mathrm{d}S$, $S:$球面 $x^2+y^2+z^2=R^2(R>0)$.

6. $\iint\limits_{S}z\,\mathrm{d}S$, $S:$锥面 $z=\sqrt{x^2+y^2}$ 被平面 $z=1$ 截下部分.

7. $\iint\limits_{S}(6x+4y+3z)\mathrm{d}S$, $S:$平面 $x+2y+3z=6$ 位于第一卦限部分.

8. $\iint\limits_{S}[y+z(a^2-x^2)^{\frac{1}{2}}]\mathrm{d}S$, $S:$柱面 $x^2+y^2=a^2$ 介于 $z=0$ 与 $z=h$ 之间的部分.

9. $\iint\limits_{S}\mathrm{d}S$, $S:$平面 $x+y+z=a$ 位于第一卦限的部分 $(a>0)$.

10. $\iint\limits_{S}x\,\mathrm{d}S$, $S:$半球面 $z=(1-x^2-y^2)^{\frac{1}{2}}$.

11. $\iint\limits_{S}(x^2+y^2)\mathrm{d}S$, $S:$曲面 $x^2+y^2=2z$ 被平面 $z=1$ 截下部分.

12. $\iint\limits_{S}(x^2y^2+x^2z^2+y^2z^2)\mathrm{d}S$, $S:$锥面 $z=\sqrt{x^2+y^2}$ 被柱面 $x^2+y^2=2x$ 截下部分.

13. $\iint\limits_{S}\mathrm{d}S$, $S:$位于第一卦限介于平面 $x=2$, $y=4$ 之间的锥面 $z^2=2xy$ 的部分.

14. $\iint\limits_{S}\mathrm{d}S$, $S:$位于柱面 $x^2+y^2=Rx$ 内的球面 $x^2+y^2+z^2=R^2$ 的部分 $(R>0)$.

15. $\iint\limits_{S}\mathrm{d}S$, $S:$位于球面 $x^2+y^2+z^2=R^2$ 内的柱面 $x^2+y^2=Rx$ 的部分 $(R>0)$.

16. $\iint\limits_{S}\sqrt{x^2+y^2}\mathrm{d}S$, $S:$半球面 $z=(R^2-x^2-y^2)^{\frac{1}{2}}(R>0)$.

17. $\iint\limits_{S}z(x^2+y^2)^{\frac{1}{2}}\mathrm{d}S$, $S:$半球面 $z=(R^2-x^2-y^2)^{\frac{1}{2}}(R>0)$.

18. $\iint\limits_{S}x\,\mathrm{d}S$, $S:$曲面 $y^2+z^2=x$ 被平面 $x=10$ 截下的部分.

19. $\iint\limits_{S}\mathrm{d}S$, $S:$平面 $x+y+z=4a$ 位于柱面 $x^2+y^2=R^2$ 内的部分.

20. $\iint\limits_{S}\mathrm{d}S$, $S:$柱面 $y^2+z^2=a^2$ 含于柱面 $x^2+y^2=a^2$ 的部分.

21. $\iint\limits_{S}\mathrm{d}S$, $S:$球面 $x^2+y^2+z^2=3a^2$ 含于抛物面 $x^2+y^2=2az$ 的部分 $(a>0)$.

22. $\iint\limits_{S}(x^2+y^2)\mathrm{d}S$, $S:$曲面 $z^2=x^2+y^2$ 介于平面 $z=0$ 与 $z=1$ 的部分.

23. $\iint\limits_S (x^2 + y^2)\,\mathrm{d}S$，$S$：半球面 $z = (a^2 - x^2 - y^2)^{\frac{1}{2}}$．

24. $\iint\limits_S z^2\,\mathrm{d}S$，$S$：球面 $x^2 + y^2 + z^2 = R^2$．

25. $\iint\limits_S (xy + yz + zx)\,\mathrm{d}S$，$S$：曲面 $z = (x^2 + y^2)^{\frac{1}{2}}$ 被曲面 $x^2 + y^2 = 2ax$ 截下的部分 $(a > 0)$．

26. $\iint\limits_S z\,\mathrm{d}S$，$S$：旋转抛物面 $2z = x^2 + y^2$ 介于平面 $z = 0$，$z = 1$ 的部分．

27. $\iint\limits_S z\,\mathrm{d}S$，$S$：半球面 $z = (a^2 - x^2 - y^2)^{\frac{1}{2}}$ $(a > 0)$．

28. $\iint\limits_S z\,\mathrm{d}S$，$S$：平面 $x + y + z = a$，$x \geqslant 0$，$y \geqslant 0$，$z \geqslant 0\,(a > 0)$．

29. $\iint\limits_S z^2\,\mathrm{d}S$，$S$：平面 $x + y + z = 1$，$x \geqslant 0$，$y \geqslant 0$，$z \geqslant 0$．

12.4　习题答案

30. $\iint\limits_S (x^2 + y^2 + z^2)\,\mathrm{d}S$，$S$：立方体：$-a \leqslant x \leqslant a$，$-a \leqslant y \leqslant a$，$-a \leqslant z \leqslant a$ 的表面．

## 12.5　第二型曲面积分

### 12.5.1　有向曲面及其投影值

第二型曲面积分的定义与第二型曲线积分的定义相类似．众所周知，第二型曲线积分的值与积分曲线的方向有关，同样第二型曲面积分的值也与积分曲面的方向有关．因此，我们首先讨论曲面的方向问题．

设有一个有限的曲面片 $\Sigma$（例如一张纸片），它的一面是红色，另一面是黄色，若动点 $A$ 要从红色面上的点 $M$ 出发，在不离开和不穿过曲面的情况下连续移动到达黄色面上的点 $N$，则动点 $P$ 的运动轨迹必须越过曲面片 $\Sigma$ 的边界线，具有这种特点的曲面称之为双（两）侧曲面．通常我们所见到的曲面（例如黑板、纸币、门、气球、地板等）都是双侧曲面．

当然也有不是双侧曲面的例子．例如，取一个长方形的纸条 $ABCD$（见图 12-29a），捏住 $AB$ 端保持不动，而另一端（即 $CD$ 端）扭转 $180°$，使得 $C$ 角在下、$D$ 角在上，再把 $AB$ 端和 $DC$ 端黏合在一起，使 $A$ 点和 $D$ 点重合、$B$ 点和 $C$ 点重合，形成一个单侧曲面（见图 12-29b），称之为默比乌斯（Möbius）带．如果点 $M$ 和点 $N$ 是单侧曲面上的任意两个点，则动点 $P$ 从点 $M$ 出发，在不离开、不穿过曲面而且不越过曲面边界线的情况下可以连续移动到达点 $N$．

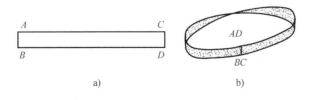

图　12-29

12.5　思维导图

以下我们所考虑的曲面都是双侧曲面，用其法向量的指向来确定曲面的侧. 例如，曲面 $\Sigma$ 的法向量 $n$ 的指向朝上（朝右或朝前）就表示曲面 $\Sigma$ 取上侧（右侧或前侧），封闭曲面 $\Sigma$ 的法向量 $n$ 的指向朝外就表示封闭曲面 $\Sigma$ 取外侧. 这种取定了法向量的指向（即选定了侧）的曲面叫作有向曲面.

对于有向曲面 $\Sigma$，如果将 $\Sigma$ 划分为上、下侧，则规定上侧为正方向、下侧为负方向；如果将 $\Sigma$ 划分为左、右侧，则规定右侧为正方向、左侧为负方向；如果将 $\Sigma$ 划分为前、后侧，则规定前侧为正方向、后侧为负方向；如果将封闭曲面 $\Sigma$ 划分为内、外侧，则规定外侧为正方向、内侧为负方向.

设由有向曲面 $\Sigma$ 的方程 $F(x,y,z)=0$ 所确定的隐函数是单值函数，$\Sigma$ 的面积为 $S$，$\Sigma$ 的法向量 $n$ 的方向角分别为 $\alpha$、$\beta$ 和 $\gamma$，则称数值

$$\Sigma_{yz}=S\cdot\cos\alpha,\ \Sigma_{zx}=S\cdot\cos\beta,\ \Sigma_{xy}=S\cdot\cos\gamma$$

为有向曲面 $\Sigma$ 在坐标平面 $yOz$，$zOx$，$xOy$ 上的投影（值），它们等于投影区域的面积附以正号或负号. 例如，当 $\gamma$ 为锐角时 $\Sigma_{xy}$ 的值是正的，当 $\gamma$ 为钝角时 $\Sigma_{xy}$ 的值是负的.

## 12.5.2　第二型曲面积分的定义及其性质

在给出第二型曲面积分的定义之前，首先考虑如下实例.

**引例　流向曲面一侧的流量**　设稳定流动（即速度与时间无关）的不可压缩流体的流速为 $v$，曲面 $\Sigma$ 是有向光滑曲面，求流体在单位时间内穿过曲面 $\Sigma$ 流向指定一侧的质量（假设流体的密度为 1），即流量 $\Phi$.

如果 $\Sigma$ 是平面闭区域，其面积为 $S$，单位法向量是 $n_0$，而流体的流速为常向量 $v$，则流体在单位时间内从 $\Sigma$ 的一侧流向另一侧的流量 $\Phi$ 在数值上等于底面积为 $S$、斜高为 $|v|$ 的斜柱体的体积（见图 12-30），即

$$\Phi=S|v|\cos\theta=(v\cdot n_0)S=v\cdot S$$

其中，$\theta$ 是向量 $n_0$ 和 $v$ 的夹角，$S=n_0S$.

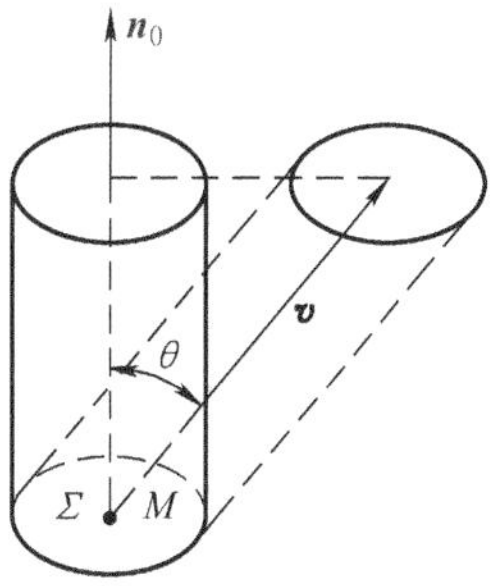

如果 $\Sigma$ 不是平面而是光滑曲面，而流体的流速为连续的向量函数

图　12-30

$$v(x,y,z)=P(x,y,z)i+Q(x,y,z)j+$$
$$R(x,y,z)k,(x,y,z)\in\Sigma$$

则可以用类似前面的分割、作积、求和、取极限的方法来求流量，现详述如下：

（1）**分割**　将曲面 $\Sigma$ 任意地分割成 $n$ 个小块曲面，第 $i$ 个小块曲面记为 $\Delta\Sigma_i$，其面积记为 $\Delta S_i$，并用 $\lambda$ 表示各小块曲面直径的最大值.

（2）**作积**　在流速连续变化时，只要每一个小块曲面的直径很小，则流体在单位时间内从 $\Delta\Sigma_i$ 的一侧流向另一侧的流量就可以不变代变作数量积，近似地表示为（见图12-31）

$$\Delta\Phi_i\approx[v(\xi_i,\eta_i,\varsigma_i)\cdot n_0(\xi_i,\eta_i,\varsigma_i)]\Delta S_i$$
$$=v(\xi_i,\eta_i,\varsigma_i)\cdot\Delta S_i$$

其中，$M_i(\xi_i,\eta_i,\varsigma_i)$ 是 $\Delta\Sigma_i$ 上的任一点，$\Delta S_i=n_0(\xi_i,\eta_i,\varsigma_i)\Delta S_i$.

（3）**求和**　流体在单位时间内穿过曲面 $\Sigma$ 流向指定一侧的总流量的近似值可表示为

$$\Phi = \sum_{i=1}^{n} \Delta\Phi_i \approx \sum_{i=1}^{n} v(\xi_i, \eta_i, \varsigma_i) \cdot \Delta S_i$$

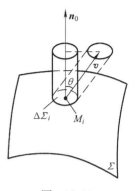

（4）**取极限**  对于上式两端同时令 $\lambda \to 0$ 取极限，就可以得到流体在单位时间内穿过曲面 $\Sigma$ 流向指定一侧的总流量的精确值，即

$$\Phi = \lim_{\lambda \to 0} \sum_{i=1}^{n} v(\xi_i, \eta_i, \varsigma_i) \cdot \Delta S_i$$

很多实际问题的计算都可以归结为形如上式的极限，这种极限称为第二型曲面积分．下面给出一般的定义．

图 12-31

**定义 12-4**  设向量函数

$$\boldsymbol{F}(x, y, z) = P(x,y,z)\boldsymbol{i} + Q(x,y,z)\boldsymbol{j} + R(x, y, z)\boldsymbol{k}$$

在有向光滑曲面 $\Sigma$ 上有界，$\boldsymbol{n}_0(x, y, z) = \{\cos\alpha, \cos\beta, \cos\gamma\}$ 是曲面 $\Sigma$ 上点 $M$ $(x, y, z)$ 处指定的单位法向量．将曲面 $\Sigma$ 任意地分割成 $n$ 个小块曲面，第 $i$ 个小块曲面记为 $\Delta\Sigma_i$，其面积记为 $\Delta S_i$，用 $(\Delta\Sigma_i)_{yz}, (\Delta\Sigma_i)_{zx}, (\Delta\Sigma_i)_{xy}$ 分别表示有向曲面块 $\Delta\Sigma_i$ 在坐标平面 $yOz, zOx$，$xOy$ 上的投影（值），并用 $\lambda$ 表示各小块曲面直径的最大值. 如果对 $\Delta\Sigma_i$ 上的任一点 $M_i(\xi_i,$ $\eta_i, \varsigma_i)$，当 $\lambda \to 0$ 时极限

$$\begin{aligned}
&\lim_{\lambda \to 0} \sum_{i=1}^{n} \boldsymbol{F}(\xi_i, \eta_i, \varsigma_i) \cdot \Delta S_i \\
&= \lim_{\lambda \to 0} \sum_{i=1}^{n} \boldsymbol{F}(M_i) \cdot \boldsymbol{n}_0(M_i) \Delta S_i \\
&= \lim_{\lambda \to 0} \sum_{i=1}^{n} [P(M_i)\cos\alpha_i + Q(M_i)\cos\beta_i + R(M_i)\cos\gamma_i] \Delta S_i \\
&= \lim_{\lambda \to 0} \sum_{i=1}^{n} [P(M_i)(\Delta\Sigma_i)_{yz} + Q(M_i)(\Delta\Sigma_i)_{zx} + R(M_i)(\Delta\Sigma_i)_{xy}]
\end{aligned} \tag{12-30}$$

总存在，则称此极限值为向量函数 $\boldsymbol{F}(x, y, z)$ 在有向曲面 $\Sigma$ 上沿指定侧的积分，记为

$$\iint_{\Sigma} \boldsymbol{F}(x, y, z) \cdot \mathrm{d}\boldsymbol{S} \tag{12-31}$$

或

$$\iint_{\Sigma} [P(x, y, z)\cos\alpha + Q(x, y, z)\cos\beta + R(x, y, z)\cos\gamma] \mathrm{d}S \tag{12-32}$$

其中，$\mathrm{d}\boldsymbol{S} = \boldsymbol{n}_0 \cdot \mathrm{d}S$ 称为有向曲面微元（或面积微元向量），$\Sigma$ 称为积分曲面．

引入记号

$$\mathrm{d}y\,\mathrm{d}z = \cos\alpha\,\mathrm{d}S, \quad \mathrm{d}z\,\mathrm{d}x = \cos\beta\,\mathrm{d}S, \quad \mathrm{d}x\,\mathrm{d}y = \cos\gamma\,\mathrm{d}S \tag{12-33}$$

则有

$$\begin{aligned}
&\iint_{\Sigma} \boldsymbol{F}(x, y, z) \cdot \mathrm{d}\boldsymbol{S} \\
&= \iint_{\Sigma} P(x, y, z)\mathrm{d}y\,\mathrm{d}z + Q(x, y, z)\mathrm{d}z\,\mathrm{d}x + R(x, y, z)\mathrm{d}x\,\mathrm{d}y
\end{aligned} \tag{12-34}$$

该积分又称为第二型曲面积分或对坐标的曲面积分．

<br>

通常，将以上积分简写成

$$\iint_{\Sigma} \boldsymbol{F} \cdot \mathrm{d}\boldsymbol{S} = \iint_{\Sigma} P \,\mathrm{d}y\,\mathrm{d}z + Q \,\mathrm{d}z\,\mathrm{d}x + R \,\mathrm{d}x\,\mathrm{d}y$$

$$= \iint_{\Sigma} (P\cos\alpha + Q\cos\beta + R\cos\gamma)\,\mathrm{d}S \qquad (12\text{-}35)$$

式（12-35）最后一个表达式是关于面积的积分（即第一型曲面积分），故式（12-35）给出了两种不同类型曲面积分之间的关系.

向量函数 $\boldsymbol{F}(x,y,z)$ 在有向曲面 $\Sigma$ 上沿指定侧的积分存在的一个充分条件是，它在曲面 $\Sigma$ 上连续.

根据定义 12-4，引例中的流体在单位时间内从 $\Sigma$ 的一侧流向另一侧的流量为

$$\Phi = \iint_{\Sigma} v(x,y,z) \cdot \mathrm{d}\boldsymbol{S} = \iint_{\Sigma} P \,\mathrm{d}y\,\mathrm{d}z + Q \,\mathrm{d}z\,\mathrm{d}x + R \,\mathrm{d}x\,\mathrm{d}y$$

如果 $\Sigma$ 是分片光滑的，即 $\Sigma$ 可以分成有限个光滑的曲面片，则规定向量函数 $\boldsymbol{F}(x,y,z)$ 在有向分片光滑曲面 $\Sigma$ 上的第二型曲面积分等于它在光滑的各有向曲面片上的第二型曲面积分之和. 本章考虑的积分曲面都是光滑曲面或分片光滑曲面.

如果 $\Sigma$ 是封闭曲面，则可将 $\iint_{\Sigma} \boldsymbol{F}(x,y,z) \cdot \mathrm{d}\boldsymbol{S}$ 记为 $\oiint_{\Sigma} \boldsymbol{F}(x,y,z) \cdot \mathrm{d}\boldsymbol{S}$.

第二型曲面积分的性质完全类似于第二型曲线积分的性质.

**性质 1**　$\iint_{\Sigma} (a\boldsymbol{F}_1 + b\boldsymbol{F}_2) \cdot \mathrm{d}\boldsymbol{S} = a\iint_{\Sigma} \boldsymbol{F}_1 \cdot \mathrm{d}\boldsymbol{S} + b\iint_{\Sigma} \boldsymbol{F}_2 \cdot \mathrm{d}\boldsymbol{S}, \ \forall a,b \in \mathbf{R}$

**性质 2**　$\iint_{\Sigma_1+\Sigma_2} \boldsymbol{F} \cdot \mathrm{d}\boldsymbol{S} = \iint_{\Sigma_1} \boldsymbol{F} \cdot \mathrm{d}\boldsymbol{S} + \iint_{\Sigma_2} \boldsymbol{F} \cdot \mathrm{d}\boldsymbol{S}$

**性质 3**　$\iint_{-\Sigma} \boldsymbol{F} \cdot \mathrm{d}\boldsymbol{S} = -\iint_{\Sigma} \boldsymbol{F} \cdot \mathrm{d}\boldsymbol{S}$，其中 $(-\Sigma)$ 是 $\Sigma$ 的反向曲面.

### 12.5.3　第二型曲面积分的计算

设曲面 $\Sigma$ 的方程 $z = z(x,y)$，$(x,y) \in \sigma_{xy}$ 是单值函数，取上侧曲面，则 $\Sigma$ 上任意一点处的法向量都是朝上的，因此投影值 $(\Delta\Sigma_i)_{xy} = (\Delta\sigma_i)_{xy} > 0$，其中 $(\Delta\sigma_i)_{xy}$ 是 $\Delta\Sigma_i$ 在 $xOy$ 坐标平面上的投影区域 $\Delta\sigma_i$ 的面积.

于是，由第二型曲面积分的定义和二重积分的定义知

$$\iint_{\Sigma(\text{上侧})} R(x,y,z)\,\mathrm{d}x\,\mathrm{d}y = \lim_{\lambda\to0}\sum_{i=1}^{n} R(\xi_i,\eta_i,\varsigma_i)(\Delta\Sigma_i)_{xy}$$

$$= \lim_{\lambda\to0}\sum_{i=1}^{n} R(\xi_i,\eta_i,z(\xi_i,\eta_i))(\Delta\sigma_i)_{xy} \quad (\text{注意}(\xi_i,\eta_i)\in\Delta\sigma_i)$$

$$= \iint_{\sigma_{xy}} R(x,y,z(x,y))\,\mathrm{d}x\,\mathrm{d}y \qquad (12\text{-}36)$$

类似地，还有另外两个计算公式

$$\iint_{\Sigma(\text{前侧})} P(x,y,z)\,\mathrm{d}y\,\mathrm{d}z = \iint_{\sigma_{yz}} P(x(y,z),y,z)\,\mathrm{d}y\,\mathrm{d}z \qquad (12\text{-}37)$$

$$\iint_{\Sigma(\text{右侧})} Q(x,y,z)\,\mathrm{d}z\,\mathrm{d}x = \iint_{\sigma_{zx}} Q(x,y(x,z),z)\,\mathrm{d}z\,\mathrm{d}x \qquad (12\text{-}38)$$

因此，在计算 $\iint\limits_{\Sigma} P\,\mathrm{d}y\,\mathrm{d}z + Q\,\mathrm{d}z\,\mathrm{d}x + R\,\mathrm{d}x\,\mathrm{d}y$ 时，可将其分成三个曲面积分，即

$$\iint\limits_{\Sigma} P\,\mathrm{d}y\,\mathrm{d}z + Q\,\mathrm{d}z\,\mathrm{d}x + R\,\mathrm{d}x\,\mathrm{d}y = \iint\limits_{\Sigma} P\,\mathrm{d}y\,\mathrm{d}z + \iint\limits_{\Sigma} Q\,\mathrm{d}z\,\mathrm{d}x + \iint\limits_{\Sigma} R\,\mathrm{d}x\,\mathrm{d}y$$

然后再分别计算三个不同坐标平面上的二重积分即可.

如果 $\Sigma$ 是垂直于 $xOy$（或 $yOz$ 或 $zOx$）坐标平面的柱面，则由定义易知

$$\iint\limits_{\Sigma} R(x,\,y,\,z)\,\mathrm{d}x\,\mathrm{d}y = 0 \quad \left(\text{或} \iint\limits_{\Sigma} P(x,\,y,\,z)\,\mathrm{d}y\,\mathrm{d}z = 0 \text{ 或} \iint\limits_{\Sigma} Q(x,\,y,\,z)\,\mathrm{d}z\,\mathrm{d}x = 0\right)$$

**思考题**　试问两类曲面积分能否利用二重积分来定义？为什么？

【**例 12-53**】　计算曲面积分 $I = \iint\limits_{\Sigma}(x+y-z)\,\mathrm{d}z\,\mathrm{d}x$，其中 $\Sigma$ 是平面 $x+y+z=1$ 在第一卦限部分的上侧.

**解**　曲面 $\Sigma$ 在 $zOx$ 坐标平面上的投影区域 $\sigma_{zx}$ 是由 $x=0$，$z=0$ 和 $x+z=1$ 所围成的三角形区域，因此由计算公式（12-38）得

$$I = \iint\limits_{\sigma_{xy}}(1-2z)\,\mathrm{d}z\,\mathrm{d}x = \int_0^1 \mathrm{d}x \int_0^{1-x}(1-2z)\,\mathrm{d}z = \frac{1}{6}$$

【**例 12-54**】　计算曲面积分 $I = \iint\limits_{\Sigma} xyz\,\mathrm{d}x\,\mathrm{d}y$，其中 $\Sigma$ 是球面 $x^2+y^2+z^2=1$ 在 $x\geqslant 0$，$y\geqslant 0$ 部分的外侧.

**解**　这个积分是关于坐标 $x$ 和 $y$ 的积分，需要将曲面 $\Sigma$ 在 $xOy$ 坐标平面上进行投影. 因为曲面 $\Sigma$ 在投影区域 $\sigma_{xy}$ 上不是单值的，因此将 $\Sigma$ 分割成上、下两个部分，得

$$\Sigma_1 : z = \sqrt{1-x^2-y^2}, \ (x,\,y) \in \sigma_{xy}, \text{上侧}$$
$$\Sigma_2 : z = -\sqrt{1-x^2-y^2}, \ (x,\,y) \in \sigma_{xy}, \text{下侧}$$

其中，$\sigma_{xy} = \{(x,\,y)\,|\,x^2+y^2\leqslant 1,\ x\geqslant 0,\ y\geqslant 0\}$. 因此，由计算公式（12-36），有

$$\begin{aligned}
I &= \iint\limits_{\Sigma} xyz\,\mathrm{d}x\,\mathrm{d}y = \iint\limits_{\Sigma_1} xyz\,\mathrm{d}x\,\mathrm{d}y + \iint\limits_{\Sigma_2} xyz\,\mathrm{d}x\,\mathrm{d}y \\
&= \iint\limits_{\sigma_{xy}} xy\sqrt{1-x^2-y^2}\,\mathrm{d}x\,\mathrm{d}y - \iint\limits_{\sigma_{xy}}\left(-xy\sqrt{1-x^2-y^2}\right)\mathrm{d}x\,\mathrm{d}y \\
&= 2\iint\limits_{\sigma_{xy}} xy\sqrt{1-x^2-y^2}\,\mathrm{d}x\,\mathrm{d}y \\
&= 2\int_0^{\frac{\pi}{2}}\mathrm{d}\theta\int_0^1 r^2\cos\theta\sin\theta\sqrt{1-r^2}\,r\,\mathrm{d}r \quad (\text{极坐标}) \\
&= \int_0^{\frac{\pi}{2}}\mathrm{d}\theta\int_0^1 u\cos\theta\sin\theta\sqrt{1-u}\,\mathrm{d}u \quad (\text{令 } u=r^2) \\
&= \int_0^{\frac{\pi}{2}}\cos\theta\sin\theta\,\mathrm{d}\theta\int_0^1 u\sqrt{1-u}\,\mathrm{d}u \\
&= \frac{1}{2}\times\frac{4}{15} = \frac{2}{15}
\end{aligned}$$

【**例 12-55**】　计算曲面积分 $I = \iint\limits_{\Sigma}(x+z^2)\,\mathrm{d}x\,\mathrm{d}y + x\,\mathrm{d}y\,\mathrm{d}z$，其中 $\Sigma$ 是上半球面

$z = \sqrt{R^2 - x^2 - y^2}$ 的下侧 $(R > 0)$.

**解**　这个积分由两部分组成，第一部分要化成 $xOy$ 坐标平面上的二重积分，第二部分要化成 $yOz$ 坐标平面上的二重积分，而且计算第二部分时还要把曲面 $\Sigma$ 分割成前、后两个部分，即

$$\Sigma_1 : x = \sqrt{R^2 - y^2 - z^2}, \ (y, z) \in \sigma_{yz}, \ 后侧$$

$$\Sigma_2 : x = -\sqrt{R^2 - y^2 - z^2}, \ (y, z) \in \sigma_{yz}, \ 前侧$$

其中，$\sigma_{yz} = \{(y, z) \mid y^2 + z^2 \leqslant R^2, z \geqslant 0\}$. 因此，由计算公式（12-36）和式（12-37），有

$$I = \iint\limits_{\Sigma(下侧)} (x + z^2) \mathrm{d}x\,\mathrm{d}y + \iint\limits_{\Sigma_1(后侧)} x\,\mathrm{d}y\,\mathrm{d}z + \iint\limits_{\Sigma_2(前侧)} x\,\mathrm{d}y\,\mathrm{d}z$$

$$= -\iint\limits_{\sigma_{xy}} (x + R^2 - x^2 - y^2)\mathrm{d}x\,\mathrm{d}y - 2\iint\limits_{\sigma_{yz}} \sqrt{R^2 - y^2 - z^2}\,\mathrm{d}y\,\mathrm{d}z$$

$$= 0 - R^2 \cdot \pi R^2 + \int_0^{2\pi}\mathrm{d}\theta\int_0^R r^3\mathrm{d}r - 2\int_0^\pi\mathrm{d}\theta\int_0^R \sqrt{R^2 - r^2}\,r\,\mathrm{d}r$$

$$= -\frac{\pi}{2}R^4 - \frac{2}{3}\pi R^3$$

【**例 12-56**】　计算曲面积分

$$I = \iint\limits_{\Sigma} y(x - z)\mathrm{d}y\,\mathrm{d}z + x^2\mathrm{d}z\,\mathrm{d}x + (y^2 + xz)\mathrm{d}x\,\mathrm{d}y$$

其中，$\Sigma$ 是图 12-32 中正立方体的外表面.

**解**　这个积分区域 $\Sigma$ 是由 6 个平面 $\Sigma_1$，$\Sigma_2$，…，$\Sigma_6$ 连接起来的，其中平面 $\Sigma_1$ 和 $\Sigma_3$ 在 $xOy$ 平面及 $zOx$ 平面上的投影等于零（投影区域成一线段，就面积而言是零），平面 $\Sigma_2$ 和 $\Sigma_4$ 在 $xOy$ 平面及 $yOz$ 平面上的投影等于零. 平面 $\Sigma_5$ 和 $\Sigma_6$ 在 $zOx$ 平面及 $yOz$ 平面上的投影等于零. 所以有

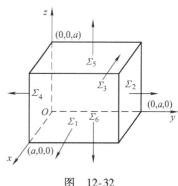

图　12-32

$$\iint\limits_{\Sigma} y(x - z)\mathrm{d}y\,\mathrm{d}z = \iint\limits_{\Sigma_1} y(x - z)\mathrm{d}y\,\mathrm{d}z + \iint\limits_{\Sigma_3} y(x - z)\mathrm{d}y\,\mathrm{d}z$$

$$= \int_0^a\int_0^a y(a - z)\mathrm{d}y\,\mathrm{d}z - \int_0^a\int_0^a y(0 - z)\mathrm{d}y\,\mathrm{d}z$$

$$= \frac{a^4}{4} + \frac{a^4}{4} = \frac{a^4}{2}$$

同理，有

$$\iint\limits_{\Sigma} x^2\mathrm{d}z\,\mathrm{d}x = \iint\limits_{\Sigma_2} x^2\mathrm{d}z\,\mathrm{d}x + \iint\limits_{\Sigma_4} x^2\mathrm{d}z\,\mathrm{d}x = \int_0^a\int_0^a x^2\mathrm{d}z\,\mathrm{d}x - \int_0^a\int_0^a x^2\mathrm{d}z\,\mathrm{d}x = 0$$

$$\iint\limits_{\Sigma} (y^2 + xz)\mathrm{d}x\,\mathrm{d}y = \iint\limits_{\Sigma_5} (y^2 + xz)\mathrm{d}x\,\mathrm{d}y + \iint\limits_{\Sigma_6} (y^2 + xz)\mathrm{d}x\,\mathrm{d}y$$

$$= \int_0^a\int_0^a (y^2 + ax)\mathrm{d}x\,\mathrm{d}y - \int_0^a\int_0^a (y^2 + 0x)\mathrm{d}x\,\mathrm{d}y$$

$$= \frac{5}{6}a^4 - \frac{a^4}{3} = \frac{a^4}{2}$$

故
$$I = \frac{a^4}{2} + 0 + \frac{a^4}{2} = a^4$$

**练习**

计算下列曲面积分.

1. $\iint\limits_{\Sigma}(z+1)\,\mathrm{d}x\,\mathrm{d}y$, $\Sigma:z=\sqrt{x^2+y^2}$, $0\leqslant z\leqslant 1$, 上侧.

2. $\iint\limits_{\Sigma}(x+z^2)\,\mathrm{d}x\,\mathrm{d}y$, $\Sigma:z=\sqrt{1-x^2-y^2}$, 下侧.

3. $\iint\limits_{\Sigma}x\,\mathrm{d}y\,\mathrm{d}z$, $\Sigma:z=\sqrt{1-x^2-y^2}$, 内侧.

4. $\iint\limits_{\Sigma}(x+z)\,\mathrm{d}x\,\mathrm{d}y+yz\,\mathrm{d}z\,\mathrm{d}x$, $\Sigma$ 是平面 $x+y+z=1$ 在第一卦限部分的下侧.

5. $\iint\limits_{\Sigma}z\,\mathrm{d}x\,\mathrm{d}y+x^2y\,\mathrm{d}y\,\mathrm{d}z$, $\Sigma:z=x^2+y^2$, $0\leqslant z\leqslant 1$, 上侧.

12.5　习题答案

12.6　思维导图

# 12.6　高斯公式　通量与散度

## 12.6.1　高斯公式

格林公式表示了平面有界闭区域上的二重积分与沿该区域边界的曲线积分的关系, 而高斯 (Gauss) 公式则是格林公式的推广, 它表达了空间有界闭区域上的三重积分与其边界曲面上的曲面积分之间的关系.

**定理 12-8**　设空间闭区域 $V$ 由分片光滑的闭曲面 $\Sigma$ 所围成, 函数 $P(x,y,z)$、$Q(x,y,z)$ 和 $R(x,y,z)$ 在闭区域 $V$ 上具有连续的一阶偏导数, 则有高斯公式

$$\oiint\limits_{\Sigma}P\,\mathrm{d}y\,\mathrm{d}z+Q\,\mathrm{d}z\,\mathrm{d}x+R\,\mathrm{d}x\,\mathrm{d}y=\iiint\limits_{V}\left(\frac{\partial P}{\partial x}+\frac{\partial Q}{\partial y}+\frac{\partial R}{\partial z}\right)\mathrm{d}V \qquad (12\text{-}39)$$

其中, 闭曲面 $\Sigma$ 取外侧.

**证**　首先, 假设闭区域 $V$ 是凸区域, 即穿过闭区域 $V$ 的内部且平行于坐标轴的直线与曲面 $\Sigma$ 的交点至多两个, 且区域 $V$ 可以表示为以下三种形式:

$$V:z_1(x,y)\leqslant z\leqslant z_2(x,y),\ (x,y)\in\sigma_{xy}$$
$$V:x_1(y,z)\leqslant x\leqslant x_2(y,z),\ (y,z)\in\sigma_{yz}$$
$$V:y_1(z,x)\leqslant y\leqslant y_2(z,x),\ (z,x)\in\sigma_{zx}$$

在区域 $V$ 的第一种表示形式下, 记区域 $V$ 的底部曲面为 $\Sigma_1$、顶部曲面为 $\Sigma_2$（见图 12-33）, 即

$$\Sigma_1:z=z_1(x,y),(x,y)\in\sigma_{xy}$$
$$\Sigma_2:z=z_2(x,y),(x,y)\in\sigma_{xy}$$

则由第二型曲面积分的计算公式, 有

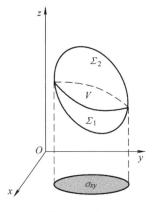

图　12-33

$$\oiint_{\Sigma} R(x,y,z)\,\mathrm{d}x\,\mathrm{d}y$$

$$= \iint_{\Sigma_1} R(x,y,z)\,\mathrm{d}x\,\mathrm{d}y + \iint_{\Sigma_2} R(x,y,z)\,\mathrm{d}x\,\mathrm{d}y$$

$$= -\iint_{\sigma_{xy}} R(x,y,z_1(x,y))\,\mathrm{d}x\,\mathrm{d}y + \iint_{\sigma_{xy}} R(x,y,z_2(x,y))\,\mathrm{d}x\,\mathrm{d}y$$

另一方面，由三重积分的计算公式，有

$$\iiint_{V} \frac{\partial R}{\partial z}\,\mathrm{d}V = \iint_{\sigma_{xy}}\left(\int_{z_1(x,y)}^{z_2(x,y)} \frac{\partial R}{\partial z}\,\mathrm{d}z\right)\mathrm{d}x\,\mathrm{d}y$$

$$= \iint_{\sigma_{xy}} \left[ R(x,y,z_2(x,y)) - R(x,y,z_1(x,y)) \right]\mathrm{d}x\,\mathrm{d}y$$

所以，有

$$\oiint_{\Sigma} R(x,y,z)\,\mathrm{d}x\,\mathrm{d}y = \iiint_{V} \frac{\partial R}{\partial z}\,\mathrm{d}V$$

同理可证

$$\oiint_{\Sigma} P(x,y,z)\,\mathrm{d}y\,\mathrm{d}z = \iiint_{V} \frac{\partial P}{\partial x}\,\mathrm{d}V$$

$$\oiint_{\Sigma} Q(x,y,z)\,\mathrm{d}z\,\mathrm{d}x = \iiint_{V} \frac{\partial Q}{\partial y}\,\mathrm{d}V$$

将以上三个等式相加，即得高斯公式（12-39）.

若闭区域 $V$ 不满足假设条件，则可以用若干个辅助平面将闭区域 $V$ 分割成若干个小块闭区域，且每一个小块闭区域都满足假设条件，因此在每一个小块闭区域上都有高斯公式成立，再将这些公式相加即得高斯公式（12-39）.

**注**　由两类曲面积分之间的关系式（12-35），高斯公式（12-39）还可以写成

$$\oiint_{\Sigma} (P\cos\alpha + Q\cos\beta + R\cos\gamma)\,\mathrm{d}S$$

$$= \iiint_{V}\left(\frac{\partial P}{\partial x} + \frac{\partial Q}{\partial y} + \frac{\partial R}{\partial z}\right)\mathrm{d}V \tag{12-40}$$

高斯公式为计算曲面积分提供了一种新的方法.

【**例 12-57**】　利用高斯公式，计算曲面积分

$$\oiint_{S} (y-z)x\,\mathrm{d}y\,\mathrm{d}z + (x-y)\,\mathrm{d}x\,\mathrm{d}y$$

其中，$S$ 为柱面 $x^2+y^2=1$ 及平面 $z=0$，$z=3$ 所围成的空间闭曲面的外侧.

**解**　这里 $P=x(y-z)$，$Q=0$，$R=x-y$，由高斯公式有

$$\oiint_{S} (y-z)x\mathrm{d}y\,\mathrm{d}z + (x-y)\,\mathrm{d}x\,\mathrm{d}y = \iiint_{V} (y-z+0)\,\mathrm{d}V$$

$$= \iiint_{V} (r\sin\theta - z)r\,\mathrm{d}r\,\mathrm{d}\theta\,\mathrm{d}z \quad（柱坐标）$$

$$= \int_0^{2\pi}\mathrm{d}\theta\int_0^1 r\,\mathrm{d}r\int_0^3 (r\sin\theta - z)\mathrm{d}z = -\frac{9}{2}\pi$$

【例 12-58】　试证明：若 $V$ 为封闭曲面 $S$ 所包围的体积，则有

$$V = \frac{1}{3} \oiint_{S} (x \cos \alpha + y \cos \beta + z \cos \gamma) \, \mathrm{d}S$$

其中，$\alpha$、$\beta$ 和 $\gamma$ 是闭曲面 $S$ 的外法向量的方向角.

　　证　在高斯公式中，取 $P = x$，$Q = y$，$R = z$，即得

$$\oiint_{S} (x \cos \alpha + y \cos \beta + z \cos \gamma) \, \mathrm{d}S = \iiint_{V} 3 \, \mathrm{d}V = 3V$$

于是得证

$$V = \frac{1}{3} \oiint_{S} (x \cos \alpha + y \cos \beta + z \cos \gamma) \, \mathrm{d}S$$

【例 12-59】　求曲面积分 $I = \oiint_{\Sigma} x^3 \mathrm{d}y \, \mathrm{d}z + y^3 \mathrm{d}z \, \mathrm{d}x + z^3 \mathrm{d}x \, \mathrm{d}y$，$\Sigma$ 是 $x^2 + y^2 + z^2 = R^2$ 的外侧 $(R > 0)$.

　　解　利用高斯公式，得

$$I = \iiint_{V} 3(x^2 + y^2 + z^2) \, \mathrm{d}x \, \mathrm{d}y \, \mathrm{d}z$$

$$= 3 \int_{0}^{2\pi} \mathrm{d}\theta \int_{0}^{\pi} \sin \varphi \, \mathrm{d}\varphi \int_{0}^{R} \rho^4 \mathrm{d}\rho = \frac{12}{5} \pi R^5$$

【例 12-60】　求 $I = \oiint_{\Sigma} x^2 \mathrm{d}y \, \mathrm{d}z + 2y^2 \mathrm{d}z \, \mathrm{d}x + (3z^2 - 4x^2 y^2) \mathrm{d}x \, \mathrm{d}y$，$\Sigma$ 是 $z = \sqrt{x^2 + y^2}$ 与 $z = 2$ 围成立体的表面外侧.

　　解　由高斯公式，得

$$I = \iiint_{V} (2x + 4y + 6z) \, \mathrm{d}x \, \mathrm{d}y \, \mathrm{d}z$$

$$= 0 + 0 + \int_{0}^{2} 6z \cdot \pi z^2 \mathrm{d}z = 24\pi$$

【例 12-61】　计算 $I = \iint_{\Sigma} xz^2 \mathrm{d}y \, \mathrm{d}z + (x^2 y - z^2) \mathrm{d}z \, \mathrm{d}x + (2xy + y^2 z) \mathrm{d}x \, \mathrm{d}y$，$\Sigma$ 是半球面 $z = \sqrt{a^2 - x^2 - y^2}$ 的上侧 $(a > 0)$.

　　解　设 $\Sigma_1$ 是 $z = 0$ $(x^2 + y^2 \leqslant a^2)$ 的下侧，则

$$I = \left\{ \oiint_{\Sigma + \Sigma_1} - \iint_{\Sigma_1} \right\} xz^2 \mathrm{d}y \, \mathrm{d}z + (x^2 y - z^2) \mathrm{d}z \, \mathrm{d}x + (2xy + y^2 z) \mathrm{d}x \, \mathrm{d}y$$

$$= \iiint_{V} (x^2 + y^2 + z^2) \, \mathrm{d}V + \iint_{D_{xy}} 2xy \, \mathrm{d}x \, \mathrm{d}y$$

$$= \int_{0}^{2\pi} \mathrm{d}\theta \int_{0}^{\frac{\pi}{2}} \sin \varphi \, \mathrm{d}\varphi \int_{0}^{a} \rho^4 \mathrm{d}\rho + \int_{0}^{2\pi} \mathrm{d}\theta \int_{0}^{a} 2r^2 (\sin \theta \cos \theta) r \mathrm{d}r$$

$$= \frac{2\pi a^5}{5} + 0 = \frac{2\pi a^5}{5}$$

【例 12-62】　计算 $I = \iint_{\Sigma} 2xz^2 \mathrm{d}y \, \mathrm{d}z + y(z^2 + 1) \mathrm{d}z \, \mathrm{d}x + (9 - z^3) \mathrm{d}x \, \mathrm{d}y$，$\Sigma$ 是曲面

$z = x^2 + y^2 + 1 \ (1 \leqslant z \leqslant 2)$ 的下侧.

**解** 设 $\Sigma_1$ 是 $z = 2 \ (x^2 + y^2 \leqslant 1)$ 的上侧，则

$$I = \left\{ \oiint_{\Sigma + \Sigma_1} - \iint_{\Sigma_1} \right\} 2xz^2 \mathrm{d}y\,\mathrm{d}z + y(z^2 + 1)\mathrm{d}z\,\mathrm{d}x + (9 - z^3)\mathrm{d}x\,\mathrm{d}y$$

$$= \iiint_V (2z^2 + z^2 + 1 - 3z^2)\mathrm{d}x\,\mathrm{d}y\,\mathrm{d}z - \iint_{\Sigma_1}(9 - z^3)\mathrm{d}x\,\mathrm{d}y$$

$$= \int_1^2 \pi(z - 1)\mathrm{d}z - \iint_{D_{xy}}(9 - 8)\mathrm{d}x\,\mathrm{d}y = \frac{\pi}{2} - \pi = -\frac{\pi}{2}$$

【例 12-63】 计算 $I = \iint_{\Sigma}(x^2 - yz)\mathrm{d}y\,\mathrm{d}z + (y^2 - xz)\mathrm{d}z\,\mathrm{d}x + 2z\,\mathrm{d}x\,\mathrm{d}y$，$\Sigma$ 是 $z = 1 - \sqrt{x^2 + y^2}$ $(0 \leqslant z \leqslant 1)$ 的上侧.

**解** 设 $\Sigma_1$ 是 $z = 0 \ (x^2 + y^2 \leqslant 1)$ 的下侧，利用高斯公式，得

$$I = 2\iiint_V (x + y + 1)\mathrm{d}V - 0$$

$$= 2\int_0^{2\pi}(\cos\theta + \sin\theta)\mathrm{d}\theta\int_0^1 r^2\mathrm{d}r\int_0^{1-r}\mathrm{d}z + 2\int_0^{2\pi}\mathrm{d}\theta\int_0^1 r\,\mathrm{d}r\int_0^{1-r}\mathrm{d}z$$

$$= 0 + \frac{2\pi}{3} = \frac{2\pi}{3}$$

【例 12-64】 计算 $I = \iint_{\Sigma} yz^2\mathrm{d}y\,\mathrm{d}z + x^2z\,\mathrm{d}z\,\mathrm{d}x + (x^2 + y^2)z\,\mathrm{d}x\,\mathrm{d}y$，其中，$\Sigma$ 为曲面 $z = 2 - x^2 - y^2 \ (1 \leqslant z \leqslant 2)$ 的上侧.

**解** 设 $\Sigma_1$ 是 $z = 1 \ (x^2 + y^2 \leqslant 1)$ 的下侧，利用高斯公式，得

$$I = \iiint_V (x^2 + y^2)\mathrm{d}V - \iint_{\Sigma_1} yz^2\mathrm{d}y\,\mathrm{d}z + x^2z\,\mathrm{d}z\,\mathrm{d}x + (x^2 + y^2)z\,\mathrm{d}x\,\mathrm{d}y$$

$$= \iiint_V (x^2 + y^2)\mathrm{d}V + \iint_{D_{xy}}(x^2 + y^2)\mathrm{d}x\,\mathrm{d}y$$

$$= \int_0^{2\pi}\mathrm{d}\theta\int_0^1 r^3\mathrm{d}r\int_1^{2-r^2}\mathrm{d}z + \int_0^{2\pi}\mathrm{d}\theta\int_0^1 r^3\mathrm{d}r$$

$$= 2\pi\int_0^1 r^3(1 - r^2)\mathrm{d}r + 2\pi \times \frac{1}{4} = \frac{2}{3}\pi$$

【例 12-65】 试计算曲面积分：$I = \oiint_{\Sigma} xy\,\mathrm{d}x\,\mathrm{d}z + xy^2\mathrm{d}y\,\mathrm{d}z$，其中 $\Sigma$ 是曲面 $x = y^2 + z^2$ 与平面 $y = 0$，$z = 0$ 及 $x = 1$ 所围立体表面的内侧.

**解** 利用高斯公式，且注意边界曲面的侧，得

$$I = -\iiint_V (y^2 + x)\mathrm{d}x\,\mathrm{d}y\,\mathrm{d}z$$

$$= -\int_0^{\frac{\pi}{2}}\mathrm{d}\theta\int_0^1 r\,\mathrm{d}r\int_{r^2}^1 (r^2\cos^2\theta + x)\mathrm{d}x$$

$$= -\int_0^{\frac{\pi}{2}}\mathrm{d}\theta\int_0^1 \left[ r^3\cos^2\theta(1 - r^2) + \frac{r}{2}(1 - r^4) \right]\mathrm{d}r$$

$$= -\int_0^{\frac{\pi}{2}}\left( \frac{1}{12}\cos^2\theta + \frac{1}{6} \right)\mathrm{d}\theta = -\frac{5}{48}\pi$$

155

**典型计算题 8**

计算下列第二型曲面积分.

1. $\iint\limits_{S} x\,dy\,dz + y\,dz\,dx + z\,dx\,dy$, $S$:球面 $x^2 + y^2 + z^2 = R^2$ 的外侧($R > 0$).

2. $\iint\limits_{S} (y - z)\,dy\,dz + (z - x)\,dz\,dx + (x - y)\,dx\,dy$, $S$:圆锥面 $x^2 + y^2 = z^2$, $0 \leqslant z \leqslant h$ 的外侧.

3. $\iint\limits_{S} x^2\,dy\,dz + y^2\,dz\,dx + z^2\,dx\,dy$, $S$:球面 $(x - x_0)^2 + (y - y_0)^2 + (z - z_0)^2 = a^2$ 的外侧 ($a > 0$).

4. $\iint\limits_{S} x\,dy\,dz + y\,dz\,dx + z\,dx\,dy$, $S$:柱面 $x^2 + y^2 = a^2$, $-H \leqslant z \leqslant H$ 的外侧($a > 0$).

5. $\iint\limits_{S} x^2\,dy\,dz + y^2\,dz\,dx + z^2\,dx\,dy$, $S$:锥面 $\dfrac{x^2}{a^2} + \dfrac{y^2}{a^2} - \dfrac{z^2}{c^2} = 0$, $0 \leqslant z \leqslant b$ 的外侧($a, c > 0$).

6. $\iint\limits_{S} \sqrt[4]{x^2 + y^2}\,dx\,dy$, $S$:圆 $x^2 + y^2 \leqslant R^2$, $z = 0$ 的下侧($R > 0$).

7. $\iint\limits_{S} z\,dx\,dy + y\,dz\,dx - x^2 z\,dy\,dz$, $S$:位于在第一卦限的椭球面 $4x^2 + y^2 + 4z^2 = 4$ 部分的外侧.

8. $\iint\limits_{S} y\,dx\,dz$, $S$:由平面 $x = 0$, $y = 0$, $z = 0$, $x + y + z = 1$ 所围成的四面体的表面(即外侧).

9. $\iint\limits_{S} (y^2 + z^2)\,dy\,dz$, $S$:被平面 $yOz$ 截下的抛物面 $x = a^2 - y^2 - z^2$ 的部分的外侧($a > 0$).

10. $\iint\limits_{S} z^2\,dx\,dy$, $S$:椭球面 $x^2 + y^2 + 2z^2 = 2$ 的外侧.

11. $\iint\limits_{S} z\,dx\,dy + y\,dz\,dx + x\,dy\,dz$, $S$:立方体 $0 \leqslant x \leqslant 1$, $0 \leqslant y \leqslant 1$, $0 \leqslant z \leqslant 1$ 的表面.

12. $\iint\limits_{S} (z + 1)\,dx\,dy$, $S$:球面 $x^2 + y^2 + z^2 = R^2$ 的外侧($R > 0$).

13. $\iint\limits_{S} xy\,dx\,dy + yz\,dy\,dz + zx\,dz\,dx$, $S$:球面 $x^2 + y^2 + z^2 = a^2$ 的外侧($a > 0$).

14. $\iint\limits_{S} z^2\,dx\,dy$, $S$:椭球面 $\dfrac{x^2}{a^2} + \dfrac{y^2}{b^2} + \dfrac{z^2}{c^2} = 1$ 的外侧($a, b, c > 0$).

15. $\iint\limits_{S} z^4\,dx\,dy$, $S$:椭球面 $\dfrac{x^2}{a^2} + \dfrac{y^2}{b^2} + \dfrac{z^2}{c^2} = 1$ 的外侧($a, b, c > 0$).

16. $\iint\limits_{S} z\,dx\,dy$, $S$:椭球面 $\dfrac{x^2}{a^2} + \dfrac{y^2}{b^2} + \dfrac{z^2}{c^2} = 1$ 的外侧($a, b, c > 0$).

17. $\iint\limits_{S} yz\,dy\,dz + xz\,dx\,dz + xy\,dx\,dy$, $S$:由平面 $x = 0$, $y = 0$, $z = 0$, $x + y + z = a$ 围成

的四面体的外侧$(a > 0)$.

18. $\iint\limits_S x^2 \mathrm{d}y\,\mathrm{d}z + y^2 \mathrm{d}z\,\mathrm{d}x + z^2 \mathrm{d}x\,\mathrm{d}y$，$S$：半球面 $x^2 + y^2 + z^2 = a^2$，$z \geqslant 0$ 的外侧$(a > 0)$.

19. $\iint\limits_S x^3 \mathrm{d}y\,\mathrm{d}z + y^3 \mathrm{d}z\,\mathrm{d}x + z^3 \mathrm{d}x\,\mathrm{d}y$，$S$：由平面 $x = 0$，$y = 0$，$z = 0$，$x + y + z = 1$ 围成的四面体的外侧.

20. $\iint\limits_S x^2 y^2 z\,\mathrm{d}x\,\mathrm{d}y$，$S$：半球面 $z = -(R^2 - x^2 - y^2)^{\frac{1}{2}}$ 的下侧$(R > 0)$.

21. $\iint\limits_S xz\,\mathrm{d}x\,\mathrm{d}y + xy\,\mathrm{d}y\,\mathrm{d}z + yz\,\mathrm{d}x\,\mathrm{d}z$，$S$：由平面 $x = 0$，$y = 0$，$z = 0$，$x + y + z = 1$ 围成的四面体的外侧.

22. $\iint\limits_S yz\,\mathrm{d}x\,\mathrm{d}y + xz\,\mathrm{d}y\,\mathrm{d}z + xy\,\mathrm{d}x\,\mathrm{d}z$，$S$：由柱面 $x^2 + y^2 = R^2$ 及平面 $x = 0$，$y = 0$，$z = 0$，$z = H$ 组成位于第一卦限的部分的外侧$(R > 0, H > 0)$.

23. $\iint\limits_S y^2 z\,\mathrm{d}x\,\mathrm{d}y + z^2 x\,\mathrm{d}y\,\mathrm{d}z + x^2 y\,\mathrm{d}x\,\mathrm{d}z$，$S$：由 $z = x^2 + y^2$，$x^2 + y^2 = 1$ 及 $x = 0$，$y = 0$，$z = 0$ 组成的位于第一卦限的部分的外侧.

24. $\iint\limits_S x^3 \mathrm{d}y\,\mathrm{d}z + y^3 \mathrm{d}z\,\mathrm{d}x + z^3 \mathrm{d}x\,\mathrm{d}y$，$S$：球面 $x^2 + y^2 + z^2 = R^2$ 的外侧$(R > 0)$.

25. $\iint\limits_S (z^n - y^n)\,\mathrm{d}y\,\mathrm{d}z + (x^n - z^n)\,\mathrm{d}z\,\mathrm{d}x + (y^n - x^n)\,\mathrm{d}x\,\mathrm{d}y$，$S$：半球面 $z = \sqrt{a^2 - x^2 - y^2}$ 的上侧$(a > 0)$.

26. $\iint\limits_S x^3 \mathrm{d}y\,\mathrm{d}z + y^3 \mathrm{d}z\,\mathrm{d}x + z^3 \mathrm{d}x\,\mathrm{d}y$，$S$：圆锥 $x^2 + y^2 = \dfrac{R^2}{h^2} z^2$，$0 \leqslant z \leqslant h$ 的外侧面$(R > 0)$.

27. $\iint\limits_S xy\,\mathrm{d}y\,\mathrm{d}z + yz\,\mathrm{d}z\,\mathrm{d}x + xz\,\mathrm{d}x\,\mathrm{d}y$，$S$：$x^2 + y^2 + z^2 = 1$ 的外侧.

28. $\iint\limits_S x\,\mathrm{d}y\,\mathrm{d}z + y\,\mathrm{d}z\,\mathrm{d}x + z\,\mathrm{d}x\,\mathrm{d}y$，$S$：$\dfrac{x^2}{a^2} + \dfrac{y^2}{b^2} + \dfrac{z^2}{c^2} = 1$ 的外侧$(a, b, c > 0)$.

29. $\iint\limits_S (z^2 - y^2)\,\mathrm{d}y\,\mathrm{d}z + (x^2 - z^2)\,\mathrm{d}z\,\mathrm{d}x + (y^2 - x^2)\,\mathrm{d}x\,\mathrm{d}y$，$S$：半球面 $x^2 + y^2 + z^2 = a^2$，$z \geqslant 0$ 的外侧$(a > 0)$.

30. $\iint\limits_S x\,\mathrm{d}y\,\mathrm{d}z + y\,\mathrm{d}x\,\mathrm{d}z + z\,\mathrm{d}x\,\mathrm{d}y$，$S$：柱面 $x^2 + y^2 = a^2$，$-h \leqslant z \leqslant h$ 的外侧$(a, h > 0)$.

## 12.6.2　通量与散度

由上一节引例可知，若流体的流速为连续的向量函数
$$v(x, y, z) = P(x, y, z)\boldsymbol{i} + Q(x, y, z)\boldsymbol{j} + R(x, y, z)\boldsymbol{k}$$
则该流体在单位时间内从 $\Sigma$ 的一侧流向另一侧的净流量为
$$\varPhi = \iint\limits_{\Sigma} v(x, y, z) \cdot \mathrm{d}\boldsymbol{S} = \iint\limits_{\Sigma} P\,\mathrm{d}y\,\mathrm{d}z + Q\,\mathrm{d}z\,\mathrm{d}x + R\,\mathrm{d}x\,\mathrm{d}y$$

其意义是：当 $\Phi > 0$ 时，穿过有向曲面 $\Sigma$ 到指定一侧的流量多于反向流动的量；当 $\Phi < 0$ 时，穿过 $\Sigma$ 到指定一侧的流量少于反向流动的量；当 $\Phi = 0$ 时，穿过 $\Sigma$ 到指定一侧的流量等于反向流动的量.

若 $\Sigma$ 是封闭的曲面，法向量指向外侧，则流量 $\Phi = \oiint\limits_{\Sigma} v \cdot \mathrm{d}S$ 的意义是：当 $\Phi > 0$ 时，流出多于流入，说明在 $\Sigma$ 所包围的区域 $V$ 内有产生流体的"源"（正源）；当 $\Phi < 0$ 时，流出少于流入，说明在 $V$ 内有吸收流体的"洞"（负源）；当 $\Phi = 0$ 时，流出等于流入，说明在 $V$ 内正源与负源强度相当.

将第二型曲面积分的上述物理意义推广到抽象的向量场，就有如下定义.

**定义 12-5**　设有向量场
$$A(x,y,z) = P(x,y,z)\boldsymbol{i} + Q(x,y,z)\boldsymbol{j} + R(x,y,z)\boldsymbol{k}$$
其中函数 $P$、$Q$、$R$ 都有连续的一阶偏导数，$S$ 是场内的有向曲面，则第二型曲面积分
$$\Phi = \iint\limits_{S} A(x,y,z) \cdot \mathrm{d}S = \iint\limits_{S} P\,\mathrm{d}y\,\mathrm{d}z + Q\,\mathrm{d}z\,\mathrm{d}x + R\,\mathrm{d}x\,\mathrm{d}y \tag{12-41}$$
称为向量场 $A = \{P, Q, R\}$ 穿过有向曲面 $S$ 到指定一侧的通量.

所谓向量场 $A = \{P, Q, R\}$ 的向量线是指这样的曲线，在它上面每一点处，场的向量都位于曲线在该点处的切线上. 例如，磁场的向量线是磁力线，静电场的向量线是电力线.

**定义 12-6**　设 $M(x, y, z)$ 是向量场
$$A(x,y,z) = P(x,y,z)\boldsymbol{i} + Q(x,y,z)\boldsymbol{j} + R(x,y,z)\boldsymbol{k}$$
内一点，$S$ 是场内包围点 $M$ 的任意闭曲面外侧，$V$ 是 $S$ 所包围立体的体积，$\lambda = \max\limits_{M_1 \in S}\{\rho(M, M_1)\}$，如果当 $\lambda \to 0$ 时，极限
$$\lim_{\lambda \to 0} \frac{1}{V} \oiint\limits_{S} A \cdot \mathrm{d}S$$
总存在，且极限值与曲面 $S$ 向点 $M$ 收缩的方式无关，则称此极限值为向量场 $A$ 在点 $M$ 处的散度，记为 $\operatorname{div} A(M)$，即
$$\operatorname{div} A(M) = \lim_{\lambda \to 0} \frac{1}{V} \oiint\limits_{S} A \cdot \mathrm{d}S \tag{12-42}$$

散度 $\operatorname{div} A(M)$ 是一个标量，是通量的体密度，它表示在点 $M$ 处发射或吸收向量线的能力. 当 $\operatorname{div} A(M) > 0$ 时，点 $M$ 为正源；当 $\operatorname{div} A(M) < 0$ 时，点 $M$ 为负源；当 $\operatorname{div} A(M) = 0$ 时，点 $M$ 不是源（或者说强度为零）.

若在某一向量场 $A(M)$ 中恒有 $\operatorname{div} A(M) = 0$，则称该向量场 $A(M)$ 是无源场.

**定理 12-9**　在直角坐标系下，向量场
$$A(x,y,z) = P(x,y,z)\boldsymbol{i} + Q(x,y,z)\boldsymbol{j} + R(x,y,z)\boldsymbol{k}$$
在点 $M$ 处的散度为
$$\operatorname{div} A(M) = \left( \frac{\partial P}{\partial x} + \frac{\partial Q}{\partial y} + \frac{\partial R}{\partial z} \right) \Bigg|_M \tag{12-43}$$

其中函数 $P$、$Q$、$R$ 都有连续的一阶偏导数.

**证**　设 $S$ 是场内包围点 $M$ 的任意闭曲面外侧，$V$ 是 $S$ 所包围立体及其体积，则由高斯公式，得

$$\oiint\limits_{S} \boldsymbol{A} \cdot \mathrm{d}\boldsymbol{S} = \iiint\limits_{V}\left(\frac{\partial P}{\partial x} + \frac{\partial Q}{\partial y} + \frac{\partial R}{\partial z}\right)\mathrm{d}V$$

进而

$$\frac{1}{V}\oiint\limits_{S} \boldsymbol{A} \cdot \mathrm{d}\boldsymbol{S} = \frac{1}{V}\iiint\limits_{V}\left(\frac{\partial P}{\partial x} + \frac{\partial Q}{\partial y} + \frac{\partial R}{\partial z}\right)\mathrm{d}V$$

由三重积分的中值定理，存在点 $(\xi,\ \eta,\ \varsigma) \in V$，使得

$$\frac{1}{V}\oiint\limits_{S} \boldsymbol{A} \cdot \mathrm{d}\boldsymbol{S} = \left.\left(\frac{\partial P}{\partial x} + \frac{\partial Q}{\partial y} + \frac{\partial R}{\partial z}\right)\right|_{(\xi,\eta,\varsigma)}$$

上式两端同时令 $\lambda = \max\limits_{M_1 \in S}\{\rho(M,\ M_1)\} \to 0$ 取极限，得

$$\lim_{\lambda \to 0}\frac{1}{V}\oiint\limits_{S} \boldsymbol{A} \cdot \mathrm{d}\boldsymbol{S} = \left.\left(\frac{\partial P}{\partial x} + \frac{\partial Q}{\partial y} + \frac{\partial R}{\partial z}\right)\right|_{M}$$

故式（12-43）得证.

**推论**　高斯公式可以写成

$$\oiint\limits_{S} \boldsymbol{A} \cdot \mathrm{d}\boldsymbol{S} = \iiint\limits_{V}\mathrm{div}\,\boldsymbol{A}\,\mathrm{d}V \tag{12-44}$$

表明通过有向闭曲面 $S$ 指向外侧的通量等于闭曲面 $S$ 所包围的区域 $V$ 内各点散度的体积分.

**【例 12-66】**　试证：常向量 $\boldsymbol{a} = \{a_1,\ a_2,\ a_3\}$ 通过任何封闭分段光滑曲面指向外侧的通量等于零.

**证**　设 $S$ 是任一封闭分段光滑曲面指向外侧，它所围成的空间区域记为 $V$，则通量

$$\varPhi = \oiint\limits_{S} \boldsymbol{a} \cdot \mathrm{d}\boldsymbol{S} = \iiint\limits_{V}\left(\frac{\partial a_1}{\partial x} + \frac{\partial a_2}{\partial y} + \frac{\partial a_3}{\partial z}\right)\mathrm{d}V$$

$$= \iiint\limits_{V}0\mathrm{d}V = 0$$

**【例 12-67】**　求向量场 $\boldsymbol{A} = \{x^2,\ y+z,\ y-2x\}$ 穿过曲面 $S$：$z = \sqrt{x^2+y^2}$（在平面 $z=1$ 以下部分的上侧）的通量.

**解**　所求通量

$$\varPhi = \iint\limits_{S}x^2\mathrm{d}y\,\mathrm{d}z + (y+z)\mathrm{d}z\,\mathrm{d}x + (y-2x)\mathrm{d}x\,\mathrm{d}y$$

补充曲面 $\varSigma$：$z=1$ $(x^2+y^2 \leqslant 1)$，取下侧，则

$$\varPhi = \left(\oiint\limits_{S+\varSigma} - \iint\limits_{\varSigma}\right)x^2\mathrm{d}y\,\mathrm{d}z + (y+z)\mathrm{d}z\,\mathrm{d}x + (y-2x)\mathrm{d}x\,\mathrm{d}y$$

$$= -\iiint\limits_{V}(2x+1)\mathrm{d}V - \iint\limits_{\varSigma}(y-2x)\mathrm{d}x\,\mathrm{d}y$$

$$= -\iiint\limits_{V}2x\,\mathrm{d}V - \iiint\limits_{V}1\mathrm{d}V + \iint\limits_{x^2+y^2\leqslant 1}(y-2x)\mathrm{d}x\,\mathrm{d}y$$

$$= 0 - \frac{\pi}{3} + 0 = -\frac{\pi}{3} \quad\text{（由对称奇偶性）}$$

1. 求下列向量场 $A$ 穿过有向曲面 $S$ 到指定一侧的通量.

(1) $A = \{x+y,\ y+z,\ z+x\}$，$S$：圆锥体 $\sqrt{x^2+y^2} \leqslant z \leqslant 1$ 的表面外侧.

(2) $A = \{x^2,\ y^2,\ z^2\}$，$S$：上半球面 $z = \sqrt{1-x^2-y^2}$ 的上侧.

(3) $A = \{x,\ y,\ z\}$，$S$：曲面 $z = x^2+y^2$ 在平面 $z=1$ 以下部分的上侧.

(4) $A = \{3x,\ -2z,\ y\}$，$S$：平面 $x+y+z=2$ 在第一卦限部分的下侧.

(5) $A = \{y,\ z,\ x\}$，$S$：平面 $x+y+z=1$ 在第一卦限部分下侧.

2. 求流速场 $v = (x+y+z)\boldsymbol{k}$ 在单位时间内向外法向量 $\boldsymbol{n}$ 所指的一侧（见图 12-34）穿过曲面 $x^2+y^2 = z(0 \leqslant z \leqslant h)$ 的流量.

3. 求 div$A$ 在给定点的值.

(1) $A = x^3\boldsymbol{i} + y^3\boldsymbol{j} + z^3\boldsymbol{k}$，在 $M(1,\ 0,\ -1)$ 处

(2) $A = 4xi - 2xyj + z^2\boldsymbol{k}$，在 $M(1,\ 1,\ 3)$ 处

(3) $A = xyz\boldsymbol{r}$ $(\boldsymbol{r} = x\boldsymbol{i}+y\boldsymbol{j}+z\boldsymbol{k})$，在 $M(1,\ 2,\ 3)$ 处

12.6 习题答案　　12.7 思维导图

# 12.7 斯托克斯公式　环量与旋度

## 12.7.1 斯托克斯公式

下面介绍空间闭曲线积分与曲面积分之间的关系.

**定理 12-10** 设 $\Sigma$ 是一个分片光滑的非封闭有向曲面，它的边界曲线 $\Gamma$ 分段光滑，$\Gamma$ 的方向与曲面 $\Sigma$ 的侧符合右手规则（即当右手除拇指外的四指依 $\Gamma$ 的方向绕行时，拇指所指的方向与曲面 $\Sigma$ 的法向量一致）（见图 12-34），且函数 $P(x,\ y,\ z)$、$Q(x,\ y,\ z)$、$R(x,\ y,\ z)$ 在包含 $\Sigma$ 的某区域内具有连续的一阶偏导数，则有斯托克斯公式

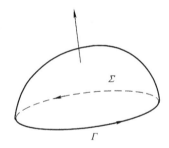

图　12-34

$$\oint_\Gamma P\,\mathrm{d}x + Q\,\mathrm{d}y + R\,\mathrm{d}z$$
$$= \iint_\Sigma \left(\frac{\partial R}{\partial y} - \frac{\partial Q}{\partial z}\right)\mathrm{d}y\,\mathrm{d}z + \left(\frac{\partial P}{\partial z} - \frac{\partial R}{\partial x}\right)\mathrm{d}z\,\mathrm{d}x + \left(\frac{\partial Q}{\partial x} - \frac{\partial P}{\partial y}\right)\mathrm{d}x\,\mathrm{d}y \tag{12-45}$$

**注** （1）为了便于记忆，常把斯托克斯公式（12-45）用行列式表示为

$$\oint_\Gamma P\,\mathrm{d}x + Q\,\mathrm{d}y + R\,\mathrm{d}z = \iint_\Sigma \begin{vmatrix} \mathrm{d}y\,\mathrm{d}z & \mathrm{d}z\,\mathrm{d}x & \mathrm{d}x\,\mathrm{d}y \\ \dfrac{\partial}{\partial x} & \dfrac{\partial}{\partial y} & \dfrac{\partial}{\partial z} \\ P & Q & R \end{vmatrix} \tag{12-46}$$

（2）利用两类曲面积分之间的关系，式（12-46）还可以写成

$$\oint_{\Gamma} P\,\mathrm{d}x + Q\,\mathrm{d}y + R\,\mathrm{d}z = \iint_{\Sigma} \begin{vmatrix} \cos\alpha & \cos\beta & \cos\gamma \\ \dfrac{\partial}{\partial x} & \dfrac{\partial}{\partial y} & \dfrac{\partial}{\partial z} \\ P & Q & R \end{vmatrix} \mathrm{d}S \qquad (12\text{-}47)$$

其中，$\cos\alpha$、$\cos\beta$、$\cos\gamma$ 是曲面 $\Sigma$ 的指定一侧法向量的方向余弦.

**【例 12-68】** 计算曲线积分 $\oint_{\Gamma} y\,\mathrm{d}x + z\,\mathrm{d}y + x\,\mathrm{d}z$，其中曲线 $\Gamma$ 是球面 $x^2+y^2+z^2=a^2$ 与平面 $x+y+z=0$ 的交线，从 $z$ 轴正向看取逆时针方向.

**解**　将平面 $x+y+z=0$ 在球面 $x^2+y^2+z^2=a^2$ 以内的部分作为 $\Sigma$，并取上侧，则 $\Sigma$ 在其上每一点处的法向量为 $\boldsymbol{n} = \{1,\ 1,\ 1\}$，故其方向余弦 $\cos\alpha = \cos\beta = \cos\gamma = \dfrac{1}{\sqrt{3}}$，因此由斯托克斯公式（12-47），有

$$\oint_{\Gamma} y\,\mathrm{d}x + z\,\mathrm{d}y + x\,\mathrm{d}z = \frac{1}{\sqrt{3}}\iint_{\Sigma} \begin{vmatrix} 1 & 1 & 1 \\ \dfrac{\partial}{\partial x} & \dfrac{\partial}{\partial y} & \dfrac{\partial}{\partial z} \\ y & z & x \end{vmatrix} \mathrm{d}S$$

$$= \frac{1}{\sqrt{3}}\iint_{\Sigma}(-3)\,\mathrm{d}S = -\sqrt{3}\pi a^2$$

下面的定理给出了空间曲线积分与路径无关的条件.

**定理 12-11**　设函数 $P(x,\ y,\ z)$、$Q(x,\ y,\ z)$、$R(x,\ y,\ z)$ 在空间单连通区域 $G$（其内任何闭曲线都有以它为边界的曲面完全属于该区域）内具有连续的一阶偏导数，则在 $G$ 内以下 4 个命题等价：

（1）$\dfrac{\partial Q}{\partial x} = \dfrac{\partial P}{\partial y}$，$\dfrac{\partial Q}{\partial z} = \dfrac{\partial R}{\partial y}$，$\dfrac{\partial R}{\partial x} = \dfrac{\partial P}{\partial z}$ 在区域 $G$ 内处处成立；

（2）$\oint_{\Gamma} P\,\mathrm{d}x + Q\,\mathrm{d}y + R\,\mathrm{d}z = 0$，其中 $\Gamma$ 是 $G$ 内的任意一条闭曲线；

（3）$\displaystyle\int_{\Gamma} P\,\mathrm{d}x + Q\,\mathrm{d}y + R\,\mathrm{d}z$ 在 $G$ 内与路径无关；

（4）存在函数 $u(x,\ y,\ z)$，使得 $P\,\mathrm{d}x + Q\,\mathrm{d}y + R\,\mathrm{d}z = \mathrm{d}u$ 在 $G$ 内成立，且

$$u(x,y,z) = \int_{(x_0,y_0,z_0)}^{(x,y,z)} P\,\mathrm{d}x + Q\,\mathrm{d}y + R\,\mathrm{d}z$$

其中，$(x_0,\ y_0,\ z_0)$ 是 $G$ 内的任意一个固定点.

## 12.7.2　环量与旋度

**定义 12-7**　在向量场 $\boldsymbol{A}(x,\ y,\ z) = \{P(x,\ y,\ z), Q(x,\ y,\ z), R(x,\ y,\ z)\}$ 中，设 $\Gamma$ 是一条分段光滑的有向闭曲线，则称曲线积分

$$\oint_{\Gamma} P\,\mathrm{d}x + Q\,\mathrm{d}y + R\,\mathrm{d}z$$

为向量场 $\boldsymbol{A}(x,\ y,\ z)$ 沿着有向闭曲线 $\Gamma$ 的环量.

在力场 $\boldsymbol{F}(x,\ y,\ z)$ 中，环量是质点沿着有向闭曲线 $\Gamma$ 运动一周时力场所做的功；在

流速场 $v(x, y, z)$ 中，环量是流体沿着有向闭曲线 $\Gamma$ 的流量.

**定义 12-8**　设有向量场
$$A(x,y,z) = \{P(x,y,z), Q(x,y,z), R(x,y,z)\}$$
其中，函数 $P(x, y, z)$、$Q(x, y, z)$、$R(x, y, z)$ 具有连续的一阶偏导数，则称向量
$$\left\{\frac{\partial R}{\partial y} - \frac{\partial Q}{\partial z}, \frac{\partial P}{\partial z} - \frac{\partial R}{\partial x}, \frac{\partial Q}{\partial x} - \frac{\partial P}{\partial y}\right\}$$
是向量场 $A(x,y,z)$ 的旋度，记为 **rot** $A$，即
$$\mathbf{rot}\, A = \left(\frac{\partial R}{\partial y} - \frac{\partial Q}{\partial z}\right)i + \left(\frac{\partial P}{\partial z} - \frac{\partial R}{\partial x}\right)j + \left(\frac{\partial Q}{\partial x} - \frac{\partial P}{\partial y}\right)k \tag{12-48}$$

为了便于记忆，常把旋度式（12-48）用行列式表示为
$$\mathbf{rot}\, A = \begin{vmatrix} i & j & k \\ \dfrac{\partial}{\partial x} & \dfrac{\partial}{\partial y} & \dfrac{\partial}{\partial z} \\ P & Q & R \end{vmatrix} \tag{12-49}$$

如果向量场 $A(x, y, z)$ 的旋度 **rot** $A$ 处处为零向量，则称该向量场 $A(x, y, z)$ 是无旋场. 无源且无旋的向量场称为调和场，它是物理学中一种重要的向量场.

有了旋度的概念，斯托克斯公式（12-45）可以写成
$$\oint_\Gamma P\,\mathrm{d}x + Q\,\mathrm{d}y + R\,\mathrm{d}z = \iint_\Sigma \mathbf{rot}\, A \cdot \mathrm{d}S \tag{12-50}$$
这个公式表明，沿着有向闭曲线 $\Gamma$ 的环量等于以 $\Gamma$ 为边界的任何有向曲面 $\Sigma$ 上各点处旋度向量的通量.

**【例 12-69】**　试用斯托克斯公式计算向量场
$$A(x, y, z) = \{-y, x, z\}$$
沿着有向闭曲线 $\Gamma$ 的环量，这里 $\Gamma$ 由螺旋线
$$x = a\cos t, \; y = a\sin t, \; z = bt \; (0 \leqslant t \leqslant 2\pi, \; a, \; b > 0).$$
和连接点 $B(a, 0, 2\pi b)$ 与 $A(a, 0, 0)$ 的线段组成，并且在线段上是由 $B$ 到 $A$ 的方向.

**解**　向量场 $A$ 沿着有向闭曲线 $\Gamma$ 的环量为
$$\Psi = \oint_\Gamma (-y)\mathrm{d}x + x\,\mathrm{d}y + z\,\mathrm{d}z$$
为了用斯托克斯公式计算该积分，取以 $\Gamma$ 为边界的有向曲面 $\Sigma = \Sigma_1 + \Sigma_2$，其中 $\Sigma_1$ 是圆柱面 $x^2 + y^2 = a^2$ 介于平面 $z = 0$ 和其上曲线 $\Gamma$ 之间部分的内侧，$\Sigma_2$ 是平面 $z = 0$ 在圆柱面 $x^2 + y^2 = a^2$ 以内部分的上侧，则由斯托克斯公式（12-46），有
$$\Psi = \iint_\Sigma \begin{vmatrix} \mathrm{d}y\,\mathrm{d}z & \mathrm{d}z\,\mathrm{d}x & \mathrm{d}x\,\mathrm{d}y \\ \dfrac{\partial}{\partial x} & \dfrac{\partial}{\partial y} & \dfrac{\partial}{\partial z} \\ -y & x & z \end{vmatrix} = \iint_\Sigma 2\,\mathrm{d}x\,\mathrm{d}y$$
$$= \iint_{\Sigma_1} 2\,\mathrm{d}x\,\mathrm{d}y + \iint_{\Sigma_2} 2\,\mathrm{d}x\,\mathrm{d}y$$
$$= 0 + \iint_{x^2+y^2 \leqslant a^2} 2\,\mathrm{d}x\,\mathrm{d}y = 2\pi a^2$$

**练习**

1. 设闭曲线 $\Gamma$ 是球面 $x^2 + y^2 + z^2 = 1$ 与平面 $y = z$ 的交线, 其方向由 $z$ 轴正向看去是逆时针方向, 求积分 $I = \oint_{\Gamma} yz\,\mathrm{d}x + zx\,\mathrm{d}y + xy\,\mathrm{d}z$.

2. 设闭曲线 $\Gamma$ 是平面 $x + y + z = 1$ 与三个坐标平面的交线, 其方向由 $z$ 轴正向看去是逆时针方向, 求积分 $I = \oint_{\Gamma} (y^2 + z)\,\mathrm{d}x + (z^2 + x)\,\mathrm{d}y + (x^2 + y)\,\mathrm{d}z$.

3. 求向量场 $\boldsymbol{A}\,(x,\ y,\ z)\ =\ \{-y,\ x,\ 5\}$ 沿下列闭曲线 $\Gamma$ 的环量.

(1) $\Gamma$: 圆周 $x^2 + y^2 = a^2$, $z = 0$, 逆时针方向;

(2) $\Gamma$: 圆周 $(x-2)^2 + y^2 = a^2$, $z = 0$, 顺时针方向.

4. 求下列向量场的旋度.

(1) $\boldsymbol{A} = \{x^2,\ y^2,\ z^2\}$

(2) $\boldsymbol{A} = \{xy,\ yz,\ zx\}$

(3) $\boldsymbol{A} = \{x^2 - y,\ y + 4z,\ y + z^2\}$

(4) $\boldsymbol{A} = \{x + z,\ y^3 + x,\ y^2 - 3z\}$ 在点 $(1,\ 0,\ 2)$ 处

12.7 习题答案

# 习 题 12

1. 试求力场 $\boldsymbol{F} = y^2 \boldsymbol{i} + 2xy\,\boldsymbol{j} + z\boldsymbol{k}$ 沿着曲线

$$\Gamma: \begin{cases} x^2 + z^2 = a^2 \\ y^2 + z^2 = a^2 \end{cases}$$

从点 $A(-a,\ -a,\ 0)$ 经过点 $C(0,\ 0,\ a)$ 到点 $B(a,\ a,\ 0)$ 所做的功 $(a > 0)$.

2. 计算曲线积分 $I = \int_L \dfrac{x\,\mathrm{d}y - y\,\mathrm{d}x}{x^2 + y^2}$, 其中 $L$ 是沿曲线 $x^2 = 2\,(y+2)$ 从点 $A(-2\sqrt{2},\ 2)$ 到点 $B(2\sqrt{2},\ 2)$ 的一段弧.

3. 设 $\Gamma$ 是任意一个分段光滑简单闭曲线, 求

$$I = \oint_{\Gamma} 2xz\,\mathrm{d}x + 2yz^2\,\mathrm{d}y + (x^2 + 2y^2z - 1)\,\mathrm{d}z$$

4. 证明: $2x\sin y\,\mathrm{d}x + x^2\cos y\,\mathrm{d}y + 2z\,\mathrm{d}z$ 是某一函数 $u(x,\ y,\ z)$ 的全微分, 并求函数 $u(x,\ y,\ z)$ 的表达式.

5. 已知 $\boldsymbol{A} = 3y\boldsymbol{i} + 2z^2\boldsymbol{j} + xy\boldsymbol{k}$, $\boldsymbol{B} = x^2\boldsymbol{i} - 4\boldsymbol{k}$, 求 $\mathbf{rot}\,(\boldsymbol{A} \times \boldsymbol{B})$.

6. 设 $S$ 是包围闭区域 $V$ 的简单光滑闭曲面, $u = u(x,y,z)$ 在 $V$ 上有连续的二阶偏导数, $v = v(x,y,z)$ 有连续的二阶偏导数, 且满足

$$\frac{\partial^2 v}{\partial x^2} + \frac{\partial^2 v}{\partial y^2} + \frac{\partial^2 v}{\partial z^2} = 0$$

$\boldsymbol{n}$ 是曲面 $S$ 上在 $(x,\ y,\ z)$ 处的外法向量, 试证:

$$\iint_S u \frac{\partial v}{\partial \boldsymbol{n}}\,\mathrm{d}S = \iiint_V (\mathbf{grad}\,u \cdot \mathbf{grad}\,v)\,\mathrm{d}x\,\mathrm{d}y\,\mathrm{d}z.$$

7. 设 $u = u(x,y)$, $v = v(x,y)$ 具有连续的偏导数, $C$ 是平面区域 $D$ 的正向边界线, 试证:

$$\iint_D u \frac{\partial v}{\partial x}\,\mathrm{d}x\,\mathrm{d}y = \oint_C uv\cos\langle \boldsymbol{n},x\rangle)\,\mathrm{d}s - \iint_D v \frac{\partial u}{\partial x}\,\mathrm{d}x\,\mathrm{d}y$$

其中 $\boldsymbol{n}$ 为曲线 $C$ 的外法向量.

8. 设 $u = u(x,y,z)$ 有连续的二阶偏导数，试证：

$$\iint\limits_{S} \frac{\partial u}{\partial \boldsymbol{n}} \, \mathrm{d}S = \iiint\limits_{V} (u''_{xx} + u''_{yy} + u''_{zz}) \, \mathrm{d}V$$

其中，$S$ 是 $V$ 的边界面，$\boldsymbol{n}$ 为 $S$ 的外法向量.

9. 设 $f(x)$ 有连续的二阶导数，满足 $f(0) = 0$，$f'(0) = 1$，且微分方程

$$y[f(x) + 4xe^{x}] \mathrm{d}x + f'(x) \mathrm{d}y = 0$$

为全微分方程，试求出 $f(x)$，并求该微分方程的通解.

习题 12 答案

# 第 13 章

# 数 项 级 数

## 13.1 收敛级数的定义与性质

### 13.1.1 收敛级数的定义

**定义 13-1** 对于数列 $\{a_n\}$，称 $\sum\limits_{n=1}^{\infty} a_n$ 为数项级数，记它的部分和

$$S_n = a_1 + a_2 + \cdots + a_n = \sum_{k=1}^{n} a_k$$

如果存在有限的极限

$$\lim_{n \to \infty} S_n = S$$

则称级数 $\sum\limits_{n=1}^{\infty} a_n$ 是收敛的，$S$ 为级数的和，且记

$$\sum_{n=1}^{\infty} a_n = S$$

如果 $\{S_n\}$ 没有有限的极限，则称 $\sum\limits_{n=1}^{\infty} a_n$ 发散.

常见的收敛数项级数有：

（1）当 $|q| < 1$ 时，

$$\sum_{n=1}^{\infty} q^{n-1} = \frac{1}{1-q} \tag{13-1}$$

$$\sum_{n=1}^{\infty} n q^n = \frac{q}{(1-q)^2} \tag{13-2}$$

（2）若对于数列 $\{a_n\}$，$\{b_n\}$，有

$$a_n = b_{n+1} - b_n, \lim_{n \to \infty} b_n = b$$

则

$$\sum_{n=1}^{\infty} a_n = \sum_{n=1}^{\infty} (b_{n+1} - b_n) = b - b_1 \tag{13-3}$$

**【例 13-1】** 利用定义证明级数

$$\sum_{n=1}^{\infty} (\sqrt{n+2} - 2\sqrt{n+1} + \sqrt{n})$$

是收敛的，并求它的和．

　　证　直接求级数的部分和

$$S_n = (\sqrt{3} - 2\sqrt{2} + 1) + (\sqrt{4} - 2\sqrt{3} + \sqrt{2}) +$$
$$(\sqrt{5} - 2\sqrt{4} + \sqrt{3}) + \cdots + (\sqrt{n} - 2\sqrt{n-1} +$$
$$\sqrt{n-2}) + (\sqrt{n+1} - 2\sqrt{n} + \sqrt{n-1}) +$$
$$(\sqrt{n+2} - 2\sqrt{n+1} + \sqrt{n})$$
$$= 1 - \sqrt{2} + \sqrt{n+2} - \sqrt{n+1}$$
$$= 1 - \sqrt{2} + \frac{1}{\sqrt{n+2} + \sqrt{n+1}}$$

所以

$$S = \lim_{n \to \infty} S_n = 1 - \sqrt{2}$$

【例 13-2】　求级数 $\displaystyle\sum_{n=1}^{\infty} \frac{1}{n(n+1)(n+2)}$ 的和．

　　解

$$a_n = \frac{1}{n(n+1)(n+2)} = \frac{(n+2) - n}{2n(n+1)(n+2)}$$
$$= \frac{1}{2n(n+1)} - \frac{1}{2(n+1)(n+2)}$$
$$= b_n - b_{n+1}$$

其中　$\displaystyle\lim_{n \to \infty} b_n = \lim_{n \to \infty} \frac{1}{2n(n+1)} = 0 = b$，利用式（13-3）得

$$\sum_{n=1}^{\infty} a_n = b_1 - b = \frac{1}{4}$$

练习

1. 试证：如果

（1）$a_n = \dfrac{1}{n(n+1)}$

（2）$a_n = \dfrac{1}{n(n+1)(n+2)(n+3)}$

（3）$a_n = \dfrac{1}{n(n+m)}, m \in \mathbf{N}_+$

则级数 $\displaystyle\sum_{n=1}^{\infty} a_n$ 收敛，并求出它的和．

## 13.1.2　级数收敛的必要条件

　　若级数

$$\sum_{n=1}^{\infty} a_n \tag{13-4}$$

收敛，则

$$\lim_{n \to \infty} a_n = 0$$

　　证　因级数（13-4）收敛，故 $\{S_n\}$ 存在有限极限 $S$，即 $\displaystyle\lim_{n \to \infty} S_n = S$，且 $\displaystyle\lim_{n \to \infty} S_{n-1} = S$，由

此得 $S_n - S_{n-1} = a_n \to 0$，$n \to \infty$．由此得出，若 $\lim\limits_{n\to\infty} a_n$ 不存在，或存在但不等于零，则 $\sum\limits_{n=1}^{\infty} a_n$ 发散．

练习

2. 试证：如果

（1）$a_n = (-1)^n \dfrac{n+1}{n+3}$

（2）$a_n = \left(\dfrac{2n^2-3}{2n^2+1}\right)^{n^2}$

则级数 $\sum\limits_{n=1}^{\infty} a_n$ 发散．

【例 13-3】　试证级数

$$\sum_{n=1}^{\infty} \sin n\alpha, \alpha \neq m\pi, m \in \mathbf{Z}$$

发散．

**证**　假设级数收敛，则

$$\lim_{n\to\infty} \sin n\alpha = 0 \quad 且 \quad \lim_{n\to\infty} \sin(n+1)\alpha = 0$$

即

$$\lim_{n\to\infty} (\sin n\alpha \cos\alpha + \cos n\alpha \sin\alpha) = 0$$

由此得 $\lim\limits_{n\to\infty} \cos n\alpha = 0$（因 $\sin\alpha \neq 0$），这样

$$\lim_{n\to\infty} \sin n\alpha = \lim_{n\to\infty} \cos n\alpha = 0$$

但这是不可能的，因

$$\sin^2 n\alpha + \cos^2 n\alpha = 1$$

所以级数 $\sum\limits_{n=1}^{\infty} \sin n\alpha$ 发散，若 $\alpha = m\pi$，$m \in \mathbf{Z}$，则级数收敛于零．

【例 13-4】　试证：对于级数

$$\sum_{n=1}^{\infty} \frac{n+2}{(n+1)\sqrt{n}}$$

满足收敛的必要条件，但这个级数发散．

**证**　显然

$$\lim_{n\to\infty} a_n = \lim_{n\to\infty} \frac{n+2}{(n+1)\sqrt{n}} = \lim_{n\to\infty} \frac{1}{\sqrt{n}} = 0$$

但由

$$a_k = \frac{k+2}{(k+1)\sqrt{k}} > \frac{1}{\sqrt{k}} \geq \frac{1}{\sqrt{n}}, k = 1, 2, \cdots, n$$

得

$$S_n = \sum_{k=1}^{n} a_k \geq n \cdot \frac{1}{\sqrt{n}} = \sqrt{n}$$

所以 $\lim\limits_{n\to\infty} S_n = +\infty$. 这表明级数是发散的.

### 13.1.3　收敛级数的性质

**性质1**　如果级数(13-4)与级数

$$\sum_{n=1}^{\infty} b_n \tag{13-5}$$

收敛, 而它们的和分别为 $S$ 与 $\sigma$, 则对于任何 $\lambda$, $\mu \in \mathbf{R}$, 级数

$$\sum_{n=1}^{\infty} (\lambda a_n + \mu b_n) \tag{13-6}$$

收敛, 且它的和等于

$$\tau = \lambda S + \mu \sigma \tag{13-7}$$

**证**　设 $S_n$, $\sigma_n$, $\tau_n$ 分别是级数 (13-4)~级数 (13-6) 的部分和, 且由式 (13-6) 知

$$\tau_n = \lambda S_n + \mu \sigma_n$$

因 $S_n \to S$, $\sigma_n \to \sigma$, $n \to \infty$, 故有 $\tau_n \to \lambda S + \mu \sigma$, $n \to \infty$. 从而有式(13-7)成立.

**性质2**　若级数(13-4)收敛, 则对每个 $m \in \mathbf{N}_+$, 级数

$$\sum_{n=m+1}^{\infty} a_n \tag{13-8}$$

收敛. 反之, 若对固定的 $m$, 级数(13-8)收敛, 则级数(13-4)也收敛.

**证**　设 $S_n = a_1 + \cdots + a_n$ 且 $\sigma_k^{(m)} = a_{m+1} + \cdots + a_{m+k}$ 分别是级数(13-4)与级数(13-8)的前 $n$ 项部分和与前 $k$ 项部分和, 则

$$S_n = S_m + \sigma_k^{(m)}, \text{其中} n = m + k \tag{13-9}$$

如果级数(13-4)收敛, 则当 $n \to \infty$ 时, $\{S_n\}$ 存在有限极限. 从而由式(13-9)知 $\{\sigma_k^{(m)}\}$ 当 $m$ 固定, $k \to \infty$ 时, 也存在有限极限, 即级数(13-8)收敛. 反之, 若 $m$ 固定且存在有限极限 $\lim\limits_{k\to\infty}\sigma_k^{(m)}$, 则 $\lim\limits_{n\to\infty}S_n$ 也存在, 即级数(13-4)也收敛.

**说明1**　根据性质2知, 对级数去掉或添加有限项不影响它的收敛性.

**性质3**　设 $b_j$, $j = 1, 2, \cdots$ 是按级数(13-4)的各项排列顺序, 将其任意有限项结合得到的. 如果级数(13-4)收敛, 则级数

$$\sum_{j=1}^{\infty} b_j \tag{13-10}$$

也收敛, 且和与级数(13-4)相同.

**证**　设 $b_1 = a_1 + a_2 + \cdots + a_{k_1}$, $b_2 = a_{k_1+1} + a_{k_1+2} + \cdots + a_{k_2}$, $\cdots$,

$b_j = a_{k_{j-1}+1} + \cdots + a_{k_j}$, $j \in \mathbf{N}_+$, $k_j \in \mathbf{N}_+$, $\{k_j\}$ 是严格递增数列. 记 $S_n = \sum\limits_{k=1}^{n} a_k$, $\sigma_m = \sum\limits_{j=1}^{m} b_j$, 则 $\sigma_m = S_{k_m}$. 因 $\{\sigma_m\}$ 是收敛数列 $S_1$, $S_2$, $\cdots$, $S_n$, $\cdots$ 的子序列, 所以 $\lim\limits_{n\to\infty}\sigma_m = S$, 其中 $S$ 是级数(13-4)的和.

**说明2**　由级数(13-10)的收敛性, 不能得出级数(13-4)的收敛性.

## 13.1.4　收敛级数的柯西准则

级数 $\sum\limits_{n=1}^{\infty} a_n$ 收敛，当且仅当对它满足柯西条件

$$\forall \varepsilon > 0, \exists N_\varepsilon \in \mathbf{N}_+ : \forall n \geqslant N_\varepsilon, \forall p \in \mathbf{N}_+ \rightarrow$$

$$| a_{n+1} + a_{n+2} + \cdots + a_{n+p} | < \varepsilon \qquad\qquad (13\text{-}11)$$

**证**　因 $a_{n+1} + a_{n+2} + \cdots + a_{n+p} = S_{n+p} - S_n$，其中 $S_n$ 是级数(13-4)的部分和，则条件 (13-11)意味着 $\{S_n\}$ 是基本序列，根据对数列的柯西准则知，条件(13-11)等价于 $\{S_n\}$ 存在有限极限，即级数(13-4)收敛.

如果不满足柯西条件，即

$$\exists \varepsilon_0 > 0, \forall k \in \mathbf{N}_+, \exists n \geqslant k, \exists p \in \mathbf{N}_+ :$$

$$| a_{n+1} + a_{n+2} + \cdots + a_{n+p} | \geqslant \varepsilon_0$$

则级数 $\sum\limits_{n=1}^{\infty} a_n$ 发散.

**练习**

3. 试利用柯西准则证明级数 $\sum\limits_{n=1}^{\infty} \dfrac{1}{n^2}$ 收敛，而级数 $\sum\limits_{n=1}^{\infty} \dfrac{1}{n}$ 发散.

【例 13-5】　利用柯西准则证明级数

$$\sum_{n=1}^{\infty} \frac{\cos x^n}{n^2}$$

收敛.

**证**　我们来找这样的数 $N_\varepsilon$，使对 $n > N_\varepsilon$ 及任何 $p > 0$，有 $|S_{n+p} - S_n| < \varepsilon$. 因

$$
\begin{aligned}
| S_{n+p} - S_n | &= \left| \frac{\cos x^{n+1}}{(n+1)^2} + \frac{\cos x^{n+1}}{(n+2)^2} + \cdots + \frac{\cos x^{n+p}}{(n+p)^2} \right| \\
&\leqslant \frac{1}{(n+1)^2} + \frac{1}{(n+2)^2} + \cdots + \frac{1}{(n+p)^2} \\
&< \frac{1}{n(n+1)} + \frac{1}{(n+1)(n+2)} + \cdots + \frac{1}{(n+p-1)(n+p)} \\
&= \frac{1}{n} - \frac{1}{n-p} < \frac{1}{n}
\end{aligned}
$$

所以，可取 $N_\varepsilon = \dfrac{1}{\varepsilon}$，由柯西准则知，级数收敛.

【例 13-6】　利用柯西准则证明级数

$$\sum_{n=1}^{\infty} \frac{1}{\sqrt{n(n+1)}}$$

发散.

**解**　取 $\varepsilon = \dfrac{1}{4}$，因

$$| S_{2n} - S_n | = \frac{1}{\sqrt{(n+1)(n+2)}} + \frac{1}{\sqrt{(n+2)(n+3)}} + \cdots + \frac{1}{\sqrt{2n(2n+1)}}$$

$$> \frac{1}{n+2} + \frac{1}{n+3} + \cdots + \frac{1}{2n+1} > \frac{1}{4}$$

所以由柯西准则知，级数发散.

**练习**

4. 利用柯西准则证明级数

$$\sum_{n=1}^{\infty} \frac{\cos \alpha^n}{2^n}$$

是收敛的.

5. 利用柯西准则证明级数

$$\sum_{n=1}^{\infty} \frac{n+1}{n^2+4}$$

是发散的.

**典型计算题 1**

根据定义研究下列级数的敛散性，并求出收敛级数的和.

1. $\dfrac{1}{1 \cdot 3} + \dfrac{1}{3 \cdot 5} + \dfrac{1}{5 \cdot 7} + \cdots$

2. $\ln \dfrac{3}{4} + \ln \dfrac{8}{9} + \ln \dfrac{15}{16} + \ln \dfrac{24}{25} + \cdots$

3. $\dfrac{1}{1+\sqrt{2}} + \dfrac{1}{\sqrt{2}+\sqrt{3}} + \dfrac{1}{\sqrt{3}+\sqrt{4}} + \cdots$

4. $\dfrac{1}{3} + \dfrac{1}{4} + \dfrac{1}{9} + \dfrac{1}{16} + \dfrac{1}{27} + \dfrac{1}{64} + \cdots$

5. $1 + 1 + \dfrac{2}{3} + \dfrac{3}{2} + \dfrac{4}{9} + \dfrac{9}{4} + \dfrac{8}{27} + \dfrac{27}{8} + \cdots$

6. $\displaystyle\sum_{n=1}^{\infty} \frac{\sin \frac{n\pi}{2}}{2^n}$

7. $\displaystyle\sum_{n=1}^{\infty} \frac{1}{16n^2 - 8n - 3}$

8. $\displaystyle\sum_{n=1}^{\infty} \frac{1}{4n^2 + 3n - 3}$

9. $\displaystyle\sum_{n=1}^{\infty} \ln\left(1 - \frac{2}{n(n+1)}\right)$

10. $\displaystyle\sum_{n=1}^{\infty} \frac{1}{n(n+2)(n+3)}$

13.1　习题答案

13.2　思维导图

# 13.2　非负项级数

## 13.2.1　非负项级数的收敛准则

考虑非负项级数

$$\sum_{n=1}^{\infty} a_n (a_n \geq 0, n \in \mathbf{N}_+) \tag{13-12}$$

**定理 13-1**　级数(13-12)收敛的充要条件是它的部分和数列$\{S_n\}$有界，即

$$\exists M > 0 : \forall n \in \mathbf{N}_+ \rightarrow S_n = \sum_{k=1}^{n} a_k \leq M \tag{13-13}$$

**证**　因$S_n - S_{n-1} = a_n \geq 0$，$\forall n \geq 1$，故知$\{S_n\}$是递增数列，如果级数(13-12)收敛，则$\lim_{n\to\infty} S_n = S$，从而有

$$\forall n \in \mathbf{N}_+ \rightarrow S_n \leq S$$

即满足条件(13-13)．

反之，若级数(13-12)满足条件(13-13)，则递增数列$\{S_n\}$上有界，因而级数的部分和数列$\{S_n\}$存在有限的极限，即级数(13-12)收敛．

**练习**

1. 研究级数

$$\sum_{n=1}^{\infty} \frac{\cos^2 n}{n(n+1)}$$

的敛散性．

## 13.2.2　级数收敛的积分准则

**定理 13-2**　如果函数$f$在$[1, +\infty)$上非负、连续且递减，则级数

$$\sum_{k=1}^{\infty} f(k)$$

与积分

$$J = \int_1^{+\infty} f(x)\,\mathrm{d}x$$

同时收敛或同时发散．（证略）

【例 13-7】　证明：级数$\sum_{n=1}^{\infty} \frac{1}{n^\alpha}$当$\alpha > 1$时收敛，而当$\alpha \leq 1$时发散．

**证**　设$\alpha > 0$，考虑函数$f(x) = \frac{1}{x^\alpha}$，$x > 0$，这个函数是正的且递减，而积分$\int_1^{+\infty} \frac{\mathrm{d}x}{x^\alpha}$当$\alpha > 1$时收敛，当$\alpha \leq 1$时发散．故由定理 13-2 知级数$\sum_{n=1}^{\infty} \frac{1}{n^\alpha}$当$\alpha \leq 1$时发散，当$\alpha > 1$时收敛．

如果$\alpha \leq 0$，因$\frac{1}{n^\alpha} \nrightarrow 0$，$n\to\infty$，故级数发散．

【例 13-8】　试证级数

$$\sum_{n=1}^{\infty} n^2 e^{-n^3}$$

收敛．

**解**　当 $x \geqslant 1$ 时，$f(x) = x^2 \mathrm{e}^{-x^3}$ 非负且递减，$f(x)$ 的原函数为 $F(x) = -\dfrac{1}{3}\mathrm{e}^{-x^3}$. 因 $\lim\limits_{x \to \infty} F(x)$ 存在且有限，所以广义积分

$$\int_1^{+\infty} x^2 \mathrm{e}^{-x^3} \mathrm{d}x$$

收敛，从而 $\sum\limits_{n=1}^{\infty} n^2 \mathrm{e}^{-n^3}$ 收敛.

**【例 13-9】**　研究级数

$$\sum_{n=2}^{\infty} \frac{1}{n \ln^\beta n}, \ n \geqslant 2$$

的敛散性.

**解**　考虑函数

$$f(x) = \frac{1}{x \ln^\beta x}, \ x \geqslant 2$$

这个函数当 $x \geqslant 2$ 时总取正值，而它的导数为

$$f'(x) = -\frac{\ln x + \beta}{x^2 \ln^{\beta+1} x}$$

如果 $\ln x + \beta > 0$，即 $x > \mathrm{e}^{-\beta}$，则 $f'(x) < 0$. 因此当 $x \in [\alpha, +\infty)$ 时，$f(x) > 0$，这里 $\alpha = \max\{2, \mathrm{e}^{-\beta}\}$. 因积分

$$\int_2^{+\infty} \frac{\mathrm{d}x}{x \ln^\beta x}$$

当 $\beta > 1$ 时收敛，而当 $\beta \leqslant 1$ 时发散（见上册第 7 章 7.2 节例 7-17），故级数

$$\sum_{n=2}^{\infty} \frac{1}{n \ln^\beta n}$$

当 $\beta > 1$ 时收敛，而当 $\beta \leqslant 1$ 时发散.

## 13.2.3　比较法

**定理 13-3**　如果对所有 $n \in \mathbf{N}_+$ 满足条件

$$0 \leqslant a_n \leqslant b_n \tag{13-14}$$

则由级数

$$\sum_{n=1}^{\infty} b_n \tag{13-15}$$

收敛知级数(13-12)必收敛，而由级数(13-12)发散知级数(13-15)必发散.

**证**　因级数(13-15)是非负项级数，故由级数(13-15)收敛得知，它的部分和数列是上有界的，即

$$\exists M : \forall n \in \mathbf{N}_+ \to \sum_{k=1}^{n} b_k \leqslant M$$

由此，利用条件(13-14)得

$$\sum_{k=1}^{n} a_k \leqslant \sum_{k=1}^{n} b_k \leqslant M, \forall n \in \mathbf{N}_+$$

因此，级数(13-14)的部分和上有界且由定理 13-1 知级数(13-12)收敛.

如果级数(13-12)发散，则级数(13-15)必发散．否则，级数(13-15)若收敛，由前证可知级数(13-12)收敛，从而导出矛盾.

练习

2. 研究级数

(1) $\sum_{n=1}^{\infty} \frac{5+3(-1)^n}{2^{n+3}}$

(2) $\sum_{n=1}^{\infty} \frac{n+1}{n^2}$

的敛散性.

**推论**  若 $a_n>0$，$b_n>0$，$n \geq n_0$ 而极限

$$\lim_{n \to \infty} \frac{a_n}{b_n}$$

存在（有限值）且不等于零，则级数

$$\sum_{n=1}^{\infty} a_n \quad 与 \quad \sum_{n=1}^{\infty} b_n$$

同时收敛或同时发散.

特别地，若

$$a_n \sim b_n, n \to \infty$$

即 $a_n$ 与 $b_n$ 为等价时，则

$$\sum_{n=1}^{\infty} a_n \quad 与 \quad \sum_{n=1}^{\infty} b_n$$

或均收敛，或均发散.

【例 13-10】  试研究下列级数的敛散性.

(1) $\sum_{n=1}^{\infty} \frac{e^n + n^4}{3^n + \ln^2(n+1)}$

(2) $\sum_{n=1}^{\infty} \frac{2n^2 + 5n + 1}{\sqrt{n^6 + 3n^2 + 2}}$

**解**  (1) 因

$$e^n + n^4 \sim e^n, 3^n + \ln^2(n+1) \sim 3^n, n \to \infty$$

故 $a_n \sim \left(\frac{e}{3}\right)^n$，这里 $\frac{e}{3}<1$，所以级数 $\sum_{n=1}^{\infty} a_n$ 收敛.

(2) 因

$$2n^2 + 5n + 1 \sim 2n^2, \sqrt{n^6 + 3n^2 + 2} \sim n^3, n \to \infty$$

所以 $a_n \sim \frac{2}{n}$，从而级数 $\sum_{n=1}^{\infty} a_n$ 发散.

## 13.2.4  分离主部的方法

对于非负项级数，有时可利用泰勒公式得到渐近公式

$$a_n \sim \frac{c}{n^\alpha} \quad (n \to \infty, c>0)$$

这时当 $\alpha > 1$ 时 $\sum\limits_{n=1}^{\infty} a_n$ 收敛;当 $\alpha \leqslant 1$ 时 $\sum\limits_{n=1}^{\infty} a_n$ 发散.

【例 13-11】　试研究下列级数的敛散性.

(1) $\sum\limits_{n=1}^{\infty}\left(1 - \cos\dfrac{\pi}{\sqrt[3]{n^2}}\right)$　　　　(2) $\sum\limits_{n=1}^{\infty}\left(1 - \sqrt[3]{\dfrac{n-1}{n+1}}\right)^{\alpha}$

(3) $\sum\limits_{n=1}^{\infty}\ln\dfrac{1 + \tan\left(\dfrac{1}{\sqrt{n}}\right)}{1 + \arctan\left(\dfrac{1}{\sqrt{n}}\right)}$

**解**　(1) 因

$$\cos t = 1 - \frac{t^2}{2} + o(t^2), t \to 0$$

故

$$a_n = 1 - \cos\frac{\pi}{\sqrt[3]{n^2}} = \frac{1}{2}\left(\frac{\pi}{\sqrt[3]{n^2}}\right)^2 + o\left(\frac{1}{n^{\frac{4}{3}}}\right)$$

由此知

$$a_n \sim \frac{\pi^2}{2n^{\frac{4}{3}}}$$

因此级数

$$\sum_{n=1}^{\infty}\left(1 - \cos\frac{\pi}{\sqrt[3]{n^2}}\right)$$

收敛.

(2) 应当指出

$$\frac{n-1}{n+1} = \frac{1 - \dfrac{1}{n}}{1 + \dfrac{1}{n}}$$

且有

$$(1 + t)^{\beta} = 1 + \beta t + o(t), t \to 0$$

所以

$$\left(1 - \frac{1}{n}\right)^{\frac{1}{3}}\left(1 + \frac{1}{n}\right)^{-\frac{1}{3}} = \left[1 - \frac{1}{3n} + o\left(\frac{1}{n}\right)\right]\left[1 - \frac{1}{3n} + o\left(\frac{1}{n}\right)\right]$$

$$= 1 - \frac{2}{3n} + o\left(\frac{1}{n}\right)$$

由此得

$$a_n \sim \left(\frac{2}{3n}\right)^{\alpha}, n \to \infty$$

因此,当 $\alpha > 1$ 时级数 (2) 收敛;当 $\alpha \leqslant 1$ 时级数 (2) 发散.

(3) 利用

$$\ln(1 + t) = t - \frac{t^2}{2} + \frac{t^3}{3} + o(t^3)$$

$$\tan t = t + \frac{t^3}{3} + o(t^3)$$

$$\arctan t = t - \frac{t^3}{3} + o(t^3), t \to 0$$

求得

$$\ln(1 + \tan t) = t - \frac{t^2}{2} + \frac{2}{3}t^3 + o(t^3)$$

$$\ln(1 + \arctan t) = t - \frac{t^2}{2} + o(t^3), t \to 0$$

因此

$$a_n = \frac{2}{3n^{3/2}} + o\left(\frac{1}{n^{3/2}}\right)$$

即 $a_n \sim \dfrac{2}{3n^{3/2}}$，所以级数（3）收敛.

## 13.2.5 达朗贝尔准则

**定理 13-4**　如果对于级数

$$\sum_{n=1}^{\infty} a_n, a_n > 0 (n \in \mathbf{N}_+) \tag{13-16}$$

存在数 $q$：$0 < q < 1$ 及 $m$，使当 $n \geqslant m$ 时，有

$$\frac{a_{n+1}}{a_n} \leqslant q \tag{13-17}$$

则级数(13-16)收敛. 若对 $n \geqslant m$，有

$$\frac{a_{n+1}}{a_n} \geqslant 1 \tag{13-18}$$

则级数(13-16)发散.

　**证**　由式(13-17)得出：$a_{m+1} \leqslant qa_m$，$a_{m+2} \leqslant qa_{m+1} \leqslant q^2 a_m$，从而

$$a_{m+p} \leqslant q^p a_m, \quad \forall p \in \mathbf{N}_+$$

因级数 $\displaystyle\sum_{p=1}^{\infty} a_m q^p$，$0 < q < 1$ 收敛且当 $n \in \mathbf{N}_+$ 时，$a_n > 0$，故由定理 13-3 知级数

$$\sum_{p=1}^{\infty} a_{m+p} \tag{13-19}$$

收敛，在级数(13-19)前添加有限项 $a_1$，…，$a_m$，便得到级数(13-16)，从而级数(13-16)收敛.

　若有式(13-18)成立，则有 $a_{m+1} \geqslant a_m$，$a_{m+2} \geqslant a_{m+1} \geqslant a_m$，$a_{m+3} \geqslant a_m$，等等. 因而

$$a_{m+p} \geqslant a_m > 0, \forall p \in \mathbf{N}_+ \tag{13-20}$$

因根据式(13-20)知 $a_n \nrightarrow 0$，$n \to \infty$，所以级数(13-19)与级数(13-16)一同发散.

　在实际中，利用极限形式的达朗贝尔准则较为方便，若

$$\lim_{n \to \infty} \frac{a_{n+1}}{a_n} = \lambda$$

则当 $\lambda < 1$ 时级数 $\sum\limits_{n=1}^{\infty} a_n$ 收敛；而当 $\lambda > 1$ 时级数发散.

当 $\lambda = 1$ 时级数 $\sum\limits_{n=1}^{\infty} a_n$ 可能收敛，也可能发散.

**【例 13-12】** 试研究下列级数的敛散性.

(1) $\sum\limits_{n=1}^{\infty} \dfrac{a^n}{n!}, a > 0$ 　　　　(2) $\sum\limits_{n=1}^{\infty} \dfrac{3^n n!}{n^n}$

**解**　(1) 因 $\dfrac{a_{n+1}}{a_n} = \dfrac{a}{n+1}$，故对任何 $a > 0$，有

$$\lim_{n \to \infty} \frac{a_{n+1}}{a_n} = 0$$

所以这个级数是收敛的.

(2) 因

$$\frac{a_{n+1}}{a_n} = \frac{3}{\left(1 + \dfrac{1}{n}\right)^n}$$

故

$$\lim_{n \to \infty} \frac{a_{n+1}}{a_n} = \frac{3}{e} > 1$$

所以级数发散.

### 13.2.6　柯西判别法

**定理 13-5**　如果对于级数 (13-12)

$$\sum_{n=1}^{\infty} a_n, a_n \geq 0 (n \in \mathbf{N}_+)$$

存在 $q$：$0 < q < 1$ 及 $m$，使对所有 $n \geq m$，有

$$\sqrt[n]{a_n} \leq q \tag{13-21}$$

则级数 (13-12) 收敛，若对所有的 $n \geq m$，有

$$\sqrt[n]{a_n} \geq 1$$

则级数 (13-12) 发散.

**证**　由条件 (13-21) 知，当 $n \geq m$ 时，有 $a_n \leq q^n$，$0 < q < 1$，而级数 $\sum\limits_{n=1}^{\infty} q^n$ 收敛，所以根据定理 13-3 知 $\sum\limits_{n=1}^{\infty} a_n$ 收敛，再利用 13.1 节中的性质 2 知级数 (13-12) 收敛.

若 $\sqrt[n]{a_n} \geq 1$，则当 $n \geq m$ 时，$a_n \geq 1$，即 $a_n \not\to 0$，$n \to \infty$，所以级数 (13-12) 发散.

在实际中通常运用极限形式的柯西判别法：

若

$$\lim_{n \to \infty} \sqrt[n]{a_n} = \lambda$$

存在，则当 $\lambda < 1$ 时级数收敛；而当 $\lambda > 1$ 时级数发散.

当 $\lambda = 1$ 时级数可能收敛，也可能发散.

【例 13-13】　试研究下列级数的敛散性.

$(1)\ \sum_{n=1}^{\infty} n^5 \left( \dfrac{3n+2}{4n+3} \right)^n$　　$(2)\ \sum_{n=1}^{\infty} \left( \dfrac{3n}{n+5} \right)^n \left( \dfrac{n+2}{n+3} \right)^{n^2}$

**解**　(1) 因

$$\sqrt[n]{a_n} = n^{\frac{5}{n}} \frac{3n+2}{4n+3}, \text{且} \lim_{n\to\infty} \sqrt[n]{n} = 1$$

所以

$$\lim_{n\to\infty} \sqrt[n]{a_n} = \frac{3}{4}$$

级数收敛.

(2) 因

$$\sqrt[n]{a_n} = \frac{3n}{n+5} \left( \frac{1+\dfrac{2}{n}}{1+\dfrac{3}{n}} \right)^n, \lim_{n\to\infty} \sqrt[n]{a_n} = \frac{3}{e} > 1$$

所以级数发散.

**典型计算题 2**

利用比较法研究下列级数的敛散性.

1. $\sum_{n=1}^{\infty} \dfrac{1+n}{1+n^2}$

2. $\sum_{n=1}^{\infty} \ln \dfrac{n+2}{n+1}$

3. $\sum_{n=1}^{\infty} \dfrac{1}{3n-1}$

4. $\sum_{n=1}^{\infty} \sin \dfrac{\pi}{n^2}$

5. $\sum_{n=1}^{\infty} \dfrac{2+(-1)^n}{2^n}$

6. $\sum_{n=1}^{\infty} \dfrac{\sin^2 na}{n\sqrt{n}}$

7. $\sum_{n=1}^{\infty} \dfrac{1}{n\sqrt{n^2+1}}$

8. $\sum_{n=1}^{\infty} \dfrac{2^n+1}{2^n+10}$

9. $\sum_{n=1}^{\infty} \dfrac{1}{\sqrt{n^2+4n+5}}$

10. $\sum_{n=2}^{\infty} \dfrac{n \ln n}{n^2-1}$

11. $\sum_{n=1}^{\infty} \dfrac{\sqrt{n+1}-\sqrt{n}}{n}$

12. $\sum_{n=1}^{\infty} \sqrt[3]{n} \arctan \dfrac{1}{n^3}$

13. $\sum_{n=1}^{\infty} \left( 1 - \cos \dfrac{\pi}{n} \right)$

14. $\sum_{n=1}^{\infty} \ln \dfrac{n^2+3}{n^2+2}$

15. $\sum_{n=1}^{\infty} \dfrac{1}{\sqrt[3]{n}} \arcsin \dfrac{1}{n+1}$

16. $\sum_{n=1}^{\infty} \dfrac{1}{3^n-n}$

17. $\sum_{n=1}^{\infty} \dfrac{1}{n} \tan \dfrac{1}{\sqrt{n}}$

18. $\sum_{n=1}^{\infty} \dfrac{3+7n}{3^n+n}$

19. $\displaystyle\sum_{n=1}^{\infty} \frac{\sin^2 n}{n^2+1}$

20. $\displaystyle\sum_{n=1}^{\infty} 2^n \sin\frac{1}{3^n}$

**典型计算题 3**

利用达朗贝尔准则与柯西判别法研究下列级数的敛散性.

1. $\displaystyle\sum_{n=1}^{\infty} \frac{n^2}{5^n}$

2. $\displaystyle\sum_{n=1}^{\infty} \frac{n!}{n^n}$

3. $\displaystyle\sum_{n=1}^{\infty} \frac{n!}{(2n)!}$

4. $\displaystyle\sum_{n=1}^{\infty} \frac{1000^n}{n!}$

5. $\displaystyle\sum_{n=1}^{\infty} \frac{(n!)^2}{(2n)!}$

6. $\displaystyle\sum_{n=1}^{\infty} \frac{3^n n!}{n^n}$

7. $\displaystyle\sum_{n=1}^{\infty} \frac{(n!)^2}{2^n}$

8. $\displaystyle\sum_{n=1}^{\infty} \frac{4 \cdot 7 \cdot 10 \cdot \cdots \cdot (3n+1)}{2 \cdot 4 \cdot 10 \cdot \cdots \cdot (4n-2)}$

9. $\displaystyle\sum_{n=1}^{\infty} \frac{3^n(n^2+1)}{n!}$

10. $\displaystyle\sum_{n=1}^{\infty} \frac{n^n}{(n!)^2}$

11. $\displaystyle\sum_{n=1}^{\infty} \frac{5^{2n}}{(2n-1)!}$

12. $\displaystyle\sum_{n=1}^{\infty} \frac{n!}{(2n)!}\tan\frac{1}{5^n}$

13. $\displaystyle\sum_{n=1}^{\infty} \frac{2 \cdot 4 \cdot 6 \cdot \cdots \cdot 2n}{3^n(n-1)!}$

14. $\displaystyle\sum_{n=1}^{\infty} \frac{4^n \cdot n!}{3^n(2n+1)!}$

15. $\displaystyle\sum_{n=1}^{\infty} \frac{(3n-2)!}{7^n n^3}$

16. $\displaystyle\sum_{n=1}^{\infty} \left(\frac{2}{\ln(n+1)}\right)^n$

17. $\displaystyle\sum_{n=1}^{\infty} \frac{1}{\ln^n(n+1)}$

18. $\displaystyle\sum_{n=1}^{\infty} \frac{2^{n+1}}{n^n}$

13.2 习题答案

19. $\displaystyle\sum_{n=1}^{\infty} \left(\frac{4n-3}{4n+1}\right)^{n^2}$

20. $\displaystyle\sum_{n=1}^{\infty} \frac{1}{4^n}\left(\frac{n+1}{n}\right)^{n^2}$

# 13.3 绝对收敛与条件收敛的级数

## 13.3.1 绝对收敛的级数

**定义 13-2** 若级数

$$\sum_{n=1}^{\infty} |a_n|$$

13.3 思维导图

收敛,则称 $\displaystyle\sum_{n=1}^{\infty} a_n$ 绝对收敛.

**说明** 在研究级数的绝对收敛性时，要运用非负项或正项级数收敛性的判定准则.

绝对收敛级数有下述基本性质：

（1）绝对收敛的级数必收敛.

（2）若 $\sum\limits_{n=1}^{\infty} a_n$ 与 $\sum\limits_{n=1}^{\infty} b_n$ 绝对收敛，则对任何的 $\alpha$ 和 $\beta$，级数

$$\sum_{n=1}^{\infty} (\alpha a_n + \beta b_n)$$

也绝对收敛.

（3）若 $\sum\limits_{n=1}^{\infty} a_n$ 绝对收敛，则将它的项任意排列后所得的级数仍绝对收敛，且和不变.

（4）若 $\sum\limits_{n=1}^{\infty} a_n$ 与 $\sum\limits_{n=1}^{\infty} b_n$ 均绝对收敛，且和分别为 $S$、$\sigma$，则其各项的乘积按任何方法排列所构成的级数仍绝对收敛且和为 $S\sigma$.

【例 13-14】 试证下列级数绝对收敛.

（1）$\sum\limits_{n=1}^{\infty} \dfrac{(n+1)\cos 2n}{\sqrt[3]{n^7 + 3n + 4}}$

（2）$\sum\limits_{n=1}^{\infty} \ln\left(1 + \dfrac{1}{\sqrt[5]{n}}\right)\arctan\dfrac{\sin n}{n}$

（3）$\sum\limits_{n=1}^{\infty} \dfrac{(-1)^n}{\ln^2(n+1)}\left(1 - \cos\dfrac{1}{\sqrt{n}}\right)$

**解** （1）因为 $n \geqslant 1$，利用不等式

$$|n+1| \leqslant 2n, |\cos 2n| \leqslant 1, n^7 < |n^7 + 3n + 3|$$

得 $|a_n| \leqslant \dfrac{2}{n^{\frac{4}{3}}}$，因级数

$$\sum_{n=1}^{\infty} \frac{2}{n^{\frac{4}{3}}}$$

收敛，故由比较原理知 $\sum\limits_{n=1}^{\infty} |a_n|$ 收敛，即 $\sum\limits_{n=1}^{\infty} a_n$ 绝对收敛.

（2）我们指出当 $t \geqslant 0$ 时，有 $0 \leqslant \ln(1+t) \leqslant t$，对任何 $t \in \mathbf{R}$，有 $|\arctan t| \leqslant |t|$. 所以

$$|a_n| \leqslant \frac{1}{\sqrt[5]{n}}\left|\frac{\sin n}{n}\right| \leqslant \frac{1}{n^{\frac{6}{5}}}$$

由此可知 $\sum\limits_{n=1}^{\infty} a_n$ 绝对收敛.

（3）利用

$$1 - \cos t = 2\sin^2\left(\frac{t}{2}\right) \text{及} \mid \sin t \mid \leqslant \mid t \mid, t \in \mathbf{R}$$

得

$$\mid a_n \mid \leqslant \frac{1}{2n \ln^2(n+1)}$$

因级数

$$\sum_{n=1}^{\infty} \frac{1}{2n \ln^2(n+1)}$$

收敛，所以 $\displaystyle\sum_{n=1}^{\infty} a_n$ 绝对收敛.

## 13.3.2　交错级数

定义 13-3　称级数 $\displaystyle\sum_{n=1}^{\infty}(-1)^{n+1}a_n, a_n > 0$，$n \in \mathbf{N}_+$ 为交错级数.

定理 13-6　（莱布尼兹准则）

若 $\displaystyle\lim_{n\to\infty} a_n = 0$ 且对任何 $n \in \mathbf{N}_+$，都有 $a_n \geqslant a_{n+1} > 0$，则级数 $\displaystyle\sum_{n=1}^{\infty}(-1)^{n+1}a_n$ 收敛，同时其和 $S$ 与部分和 $S_n$ 满足 $\mid S - S_n \mid \leqslant a_{n+1}$.

证　设 $S_n = \displaystyle\sum_{k=1}^{n}(-1)^{k+1}a_k$，则 $S_{2(n+1)} - S_{2n} = a_{2n+1} - a_{2n+2} \geqslant 0$（利用 $\forall n \in \mathbf{N}_+ : a_n \geqslant a_{n+1}$），即 $\{S_{2n}\}$ 是递增数列，此外

$$S_{2n} = a_1 - (a_2 - a_3) - \cdots - (a_{2n-2} - a_{2n-1}) - a_{2n} < a_1 \tag{13-22}$$

所以 $\displaystyle\lim_{n\to\infty} S_{2n} = S$，而 $\displaystyle\lim_{n\to\infty} S_{2n+1} = \lim_{n\to\infty}(S_{2n} + a_{2n+1}) = S + 0 = S.$

因此，交错级数 $\displaystyle\sum_{n=1}^{\infty}(-1)^{n+1}a_n$ 收敛.

由式(13-22)知，$S \leqslant a_1$.

记 $R_n = S - S_n = \displaystyle\sum_{k=n+1}^{\infty}(-1)^{k+1}a_k$ 仍是满足定理条件的级数，因此，当 $n$ 为偶数时，$0 < R_n \leqslant a_{n+1}$，当 $n$ 为奇数时有 $-a_{n+1} \leqslant R_n < 0$，故 $\mid R_n \mid \leqslant a_{n+1}$ 或 $\mid S - S_n \mid \leqslant a_{n+1}$.

【例 13-15】　试证明下列级数是收敛的.

$$(1)\ \sum_{n=1}^{\infty}(-1)^{n-1}\frac{1}{\sqrt{n}} \qquad (2)\ \sum_{n=1}^{\infty}(-1)^{n-1}\frac{\ln^2 n}{n}$$

解　(1) 记 $a_n = \dfrac{1}{\sqrt{n}} > 0$. 显然 $\{a_n\}$ 单调趋于零，故由莱布尼兹准则知，级数

$$\sum_{n=1}^{\infty} (-1)^{n-1} \frac{1}{\sqrt{n}} \text{ 收敛.}$$

（2）记 $\varphi(x) = \frac{\ln^2 x}{x}$，则利用洛必达法则得

$$\lim_{x \to +\infty} \varphi(x) = 0$$

且

$$\varphi'(x) = \frac{\ln x}{x^2}(2 - \ln x)$$

由此知，当 $x > e^2$ 时 $\varphi'(x) < 0$. 所以对于 $\{a_n\}$ 有

$$\lim_{n \to \infty} a_n = \lim_{n \to \infty} \frac{\ln^2 n}{n} = 0$$

且当 $n > e^2$ 时有 $a_n \geqslant a_{n+1} > 0$. 根据莱布尼兹准则知 $\sum_{n=1}^{\infty} (-1)^{n-1} \frac{\ln^2 n}{n}$ 收敛.

### 13.3.3 条件收敛的级数

**定义 13-4** 若级数 $\sum_{n=1}^{\infty} a_n$ 收敛，而级数 $\sum_{n=1}^{\infty} |a_n|$ 发散，则称级数 $\sum_{n=1}^{\infty} a_n$ 条件收敛.

**黎曼定理**

对于条件收敛级数，总可以适当地更换它的各项次序，使其收敛于任意给定的数 $A$（或 $\infty$），也可使它以任何方式发散.

在研究级数的敛散性时，有时利用如下论断是有利的：

若级数 $\sum_{n=1}^{\infty} a_n$ 绝对收敛，则级数 $\sum_{n=1}^{\infty} (a_n + b_n)$ 与 $\sum_{n=1}^{\infty} b_n$ 或同时绝对收敛；或同时条件收敛；或同时发散.（证略）

【例 13-16】 试研究下列级数的收敛性与绝对收敛性.

（1）$\sum_{n=1}^{\infty} \frac{(-1)^n}{\sqrt{n} + (-1)^{n-1}}$ 　　　　（2）$\sum_{n=1}^{\infty} \ln\left(1 + \frac{(-1)^n}{2\sqrt[3]{n^2}}\right)$

**解** （1）记

$$a_n = \frac{(-1)^n}{\sqrt{n}}\left[1 + \frac{(-1)^{n-1}}{\sqrt{n}}\right]^{-1}$$

并利用公式

$$(1 + t)^{-1} = 1 - t + o(t), t \to 0$$

则得

$$a_n = \frac{(-1)^n}{\sqrt{n}} + \frac{1}{n} + \alpha_n, \ |\alpha_n| \leqslant \frac{C}{n^{\frac{3}{2}}}, C > 0$$

因级数 $\displaystyle\sum_{n=1}^{\infty} \alpha_n$ 绝对收敛，所以级数 $\displaystyle\sum_{n=1}^{\infty} a_n$ 与 $\displaystyle\sum_{n=1}^{\infty} b_n = \sum_{n=1}^{\infty}\left[\frac{(-1)^n}{\sqrt{n}} + \frac{1}{n}\right]$ 同时收敛或同时发

散. 根据级数 $\displaystyle\sum_{n=1}^{\infty} \frac{(-1)^n}{\sqrt{n}}$ 收敛及 $\displaystyle\sum_{n=1}^{\infty} \frac{1}{n}$ 发散知 $\displaystyle\sum_{n=1}^{\infty} b_n$ 发散，所以级数 $\displaystyle\sum_{n=1}^{\infty} a_n$ 发散.

（2）利用渐近公式

$$\ln(1+t) = t + o(t), \ t \to 0$$

得

$$a_n = \frac{(-1)^n}{2\sqrt[3]{n^2}} + b_n, \ |b_n| \leqslant \frac{C}{n^{4/3}}, \ C > 0$$

因级数 $\displaystyle\sum_{n=1}^{\infty} b_n$ 绝对收敛，而级数 $\displaystyle\sum_{n=1}^{\infty} \frac{(-1)^n}{2\sqrt[3]{n^2}}$ 条件收敛，所以级数 $\displaystyle\sum_{n=1}^{\infty} a_n$ 条件收敛.

**典型计算题 4**

研究下列级数的绝对收敛性与条件收敛性.

1. $\displaystyle\sum_{n=1}^{\infty} (-1)^n \frac{\sin 2^n}{2^n}$

2. $\displaystyle\sum_{n=1}^{\infty} \frac{2n^2 \sin n}{n^4 - n^2 + 1}$

3. $\displaystyle\sum_{n=1}^{\infty} (-1)^n \frac{n^2 - 3}{n^2 + 1}$

4. $\displaystyle\sum_{n=1}^{\infty} (-1)^n \cos \frac{\pi}{3n}$

5. $\displaystyle\sum_{n=1}^{\infty} \left(\frac{n}{3n-2}\right)^n \cos n\alpha$

6. $\displaystyle\sum_{n=1}^{\infty} \frac{\sin\frac{n\pi}{3}}{2^n + 5}$

7. $\displaystyle\sum_{n=1}^{\infty} \sin \frac{\pi}{2^n} \cos n$

8. $\displaystyle\sum_{n=1}^{\infty} \frac{(-1)^n}{\sqrt[n]{n}}$

9. $\displaystyle\sum_{n=1}^{\infty} \frac{\sin n\alpha}{n^2 + 1}$

10. $\displaystyle\sum_{n=1}^{\infty} (-1)^n \left(\frac{\pi}{4} - \arctan \frac{n}{n+1}\right)$

11. $\displaystyle\sum_{n=1}^{\infty} (-1)^n \frac{n+2}{\sqrt{n^3 + 3}}$

12. $\displaystyle\sum_{n=1}^{\infty} (-1)^n \arctan \frac{n}{n^2 + 1}$

13. $\displaystyle\sum_{n=1}^{\infty} (-1)^n \tan \frac{1}{n}$

14. $\displaystyle\sum_{n=1}^{\infty} \frac{(-1)^n (n+1)}{\ln(n+1)}$

15. $\displaystyle\sum_{n=1}^{\infty} \frac{(-1)^n}{n + \ln n}$

16. $\displaystyle\sum_{n=1}^{\infty} \frac{\sin n\alpha}{(2n)!!}$

17. $\displaystyle\sum_{n=1}^{\infty} \frac{(-1)^n}{n^n}$

18. $\displaystyle\sum_{n=1}^{\infty} \frac{(-1)^n}{x+n}, x > 0$

19. $\displaystyle\sum_{n=1}^{\infty} \frac{(-1)^n}{\ln n + 4}$

20. $\displaystyle\sum_{n=1}^{\infty} \frac{(-1)^{\frac{n(n+1)}{2}}}{n! + 1}$

## 13.4 综合解法举例

【例 13-17】 试证：如果级数 $\displaystyle\sum_{n=1}^{\infty} a_n^2$ 与 $\displaystyle\sum_{n=1}^{\infty} b_n^2$ 收敛，则级数

$$\sum_{n=1}^{\infty} |a_n b_n|, \sum_{n=1}^{\infty} (a_n + b_n)^2, \sum_{n=1}^{\infty} \frac{|a_n|}{n}$$

也收敛.

证 利用不等式 $|a_n b_n| \leqslant \dfrac{1}{2}(a_n^2 + b_n^2)$，得

$$\sum_{k=1}^{n} |a_k b_k| \leqslant \frac{1}{2}\left(\sum_{k=1}^{n} a_k^2 + \sum_{k=1}^{n} b_k^2\right) \leqslant \frac{1}{2}\sum_{n=1}^{\infty}(a_n^2 + b_n^2) = C$$

所以级数

$$\sum_{n=1}^{\infty} |a_n b_n|$$

收敛，又

$$\begin{aligned}\sum_{k=1}^{n}(a_k + b_k)^2 &= \sum_{k=1}^{n} a_k^2 + 2\sum_{k=1}^{n} a_k b_k + \sum_{k=1}^{n} b_k^2 \\ &\leqslant 2\left(C + \sum_{n=1}^{\infty} |a_n b_n|\right)\end{aligned}$$

所以

$$\sum_{n=1}^{\infty}(a_n + b_n)^2$$

收敛.

今在 $\displaystyle\sum_{k=1}^{n} |a_k b_k| \leqslant \frac{1}{2}\left(\sum_{n=1}^{\infty} a_n^2 + \sum_{n=1}^{\infty} b_n^2\right)$ 中令 $b_n = \dfrac{1}{n}$，则有

$$\sum_{k=1}^{n} \frac{|a_k|}{k} \leqslant \frac{1}{2}\left(\sum_{n=1}^{\infty} a_n^2 + \sum_{n=1}^{\infty} \frac{1}{n^2}\right)$$

由此得知

$$\sum_{n=1}^{\infty} \frac{|a_n|}{n}$$

收敛.

【例 13-18】 证明：级数

$$\left(\sum_{n=1}^{\infty} nx\right)\prod_{k=1}^{n} \frac{\sin^2 k\alpha}{1 + x^2 + \cos^2 k\alpha}$$

收敛.

**证**　容易证明

$$\prod_{k=1}^{n} \frac{\sin^2 k\alpha}{1 + x^2 + \cos^2 k\alpha} \leqslant \frac{1}{(1 + x^2)^n}$$

当 $x \neq 0$ 时（当 $x = 0$ 时，显然收敛），利用达朗贝尔准则知，级数

$$\sum_{n=1}^{\infty} \frac{nx}{(1 + x^2)^n}$$

收敛，故由比较原理知，原级数收敛.

**【例 13-19】**　证明：级数

$$\sum_{n=1}^{\infty} \log_{b^n} \left(1 + \frac{\sqrt[n]{a}}{n}\right), a > 0,\ b > 0 \text{ 且 } b \neq 1$$

是收敛的.

**证**　因

$$a_n = \frac{\ln(1 + n^{-1} \cdot \sqrt[n]{a})}{n \ln b}$$

$$= \frac{1}{n \ln b}\left[\frac{\sqrt[n]{a}}{n} + o\left(\frac{1}{n}\right)\right] = o\left(\frac{1}{n^2}\right), n \to \infty, b \neq 1$$

而级数 $\displaystyle\sum_{n=1}^{\infty} \frac{1}{n^2}$ 是收敛的，所以所给级数收敛.

**【例 13-20】**　试研究级数

$$\sum_{n=1}^{\infty} \left(n^{\frac{1}{n^2+1}} - 1\right)$$

的收敛性.

**解**　利用麦克劳林公式

$$a_n = n^{\frac{1}{n^2+1}} - 1 = \exp\left(\frac{\ln n}{n^2 + 1}\right) - 1$$

$$= \frac{\ln n}{n^2 + 1} + o\left(\frac{\ln n}{n^2}\right) = o\left(\frac{\ln n}{n^2}\right), n \to \infty$$

由级数 $\displaystyle\sum_{n=1}^{\infty} \frac{\ln n}{n^2}$ 收敛知，所给级数收敛.

**【例 13-21】**　试证级数

$$\sum_{n=1}^{\infty} \sin\left(\pi\sqrt{n^2 + k^2}\right)$$

收敛.

**证**　因

$$\sin\left(\pi\sqrt{n^2 + k^2}\right) = (-1)^n \sin\left(\pi\sqrt{n^2 + k^2} - n\pi\right)$$
$$= (-1)^n b_n$$

其中

$$b_n = \sin \frac{\pi k^2}{\sqrt{n^2 + k^2} + n}$$

13.3　习题答案

当 $n \to \infty$ 时单调趋于零，故由莱布尼兹准则知，所给级数收敛.

## 习 题 13

1. 研究下列级数的敛散性.

(1) $\displaystyle\sum_{n=1}^{\infty} \frac{\sqrt{n} + \sin n}{n^2 - n + 1}$ 提示：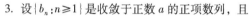 $\dfrac{\sqrt{n} + \sin n}{n^2 - n + 1} < \dfrac{1 + \sqrt{n}}{n^2 - n + 1} < \dfrac{2\sqrt{n}}{(n-1)^2} < \dfrac{4\sqrt{n-1}}{(n-1)^2}$

(2) $\displaystyle\sum_{n=1}^{\infty} \frac{2^n n^n}{(n+1)^{n^2}}$ 提示：利用柯西准则

2. 研究下列级数的收敛性.

习题 13 答案

(1) $\displaystyle\sum_{n=1}^{\infty} (-1)^{n+1} \int_0^1 x^n \arctan \frac{x}{n}\, \mathrm{d}x$ 提示：绝对收敛

(2) $\displaystyle\sum_{n=1}^{\infty} \int_n^{n+1} (-1)^{n+1} \frac{\mathrm{d}x}{\ln x}$ 提示：条件收敛

3. 设 $\{b_n : n \geqslant 1\}$ 是收敛于正数 $a$ 的正项数列，且

$$a_1 = 1,\quad a_{n+1} = \frac{a_n}{1 + a_n b_n},\quad n \in \mathbf{N}_+$$

试证级数 $\displaystyle\sum_{n=1}^{\infty} a_n^2$ 收敛.

提示：$\dfrac{1}{a_{n+1}} - \dfrac{1}{a_n} = b_n,\ n \in \mathbf{N}_+,\ (n+1)a_{n+1} \to \dfrac{1}{a},\ n \to \infty$

4. 设

$$a_1 = 1,\quad a_{n+1} = \frac{\arctan a_n}{1 + a_n},\quad n \in \mathbf{N}_+$$

试证级数 $\displaystyle\sum_{n=1}^{\infty} a_n^2$ 收敛.

提示：$\dfrac{1}{a_{n+1}} - \dfrac{1}{a_n} = \dfrac{(1 + a_n)a_n - \arctan a_n}{a_n \arctan a_n} \to 1,\ n \to \infty,\ \dfrac{1}{n}\left(\dfrac{1}{a_{n+1}} - \dfrac{1}{a_1}\right) \to 1,\ n \to \infty,\ na_n \to 1,\ n \to \infty.$

5. 设数列 $\{a_n\}$, $\{b_n\}$ 满足 $0 < a_n < \pi/2$, $0 < b_n < \pi/2$, $\cos a_n - a_n = \cos b_n$, 且级数 $\displaystyle\sum_{n=1}^{\infty} b_n$ 收敛.

(1) 证明：$\displaystyle\lim_{n \to \infty} a_n = 0$；

(2) 证明：级数 $\displaystyle\sum_{n=1}^{\infty} \frac{a_n}{b_n}$ 收敛.

6. 已知函数 $f \in C([0, +\infty))$ 且

$$\lim_{x \to +\infty} \int_0^x f(u)\, \mathrm{d}u = a,\quad a \in \mathbf{R}$$

试证：存在序列 $\{x_n : n \geqslant 1\} : 0 \leqslant x_1 \leqslant x_2 \leqslant \cdots \leqslant x_n \leqslant \cdots : x_n \to \infty,\ n \to \infty$ 且

$$\sum_{n=1}^{\infty} f(x_n) = a$$

提示：由积分中值定理，得

$$\int_{n-1}^n f(u)\, \mathrm{d}u = f(x_n),\ n - 1 \leqslant x_n \leqslant n,\ n \in \mathbf{N}_+$$

$$\sum_{k=1}^n f(x_k) = \sum_{k=1}^n \int_{k-1}^k f(u)\, \mathrm{d}u = \int_0^n f(u)\, \mathrm{d}u \to a,\ n \to \infty$$

7. 设有方程 $x^n + nx - 1 = 0$, 其中 $n \in \mathbf{N}_+$, 证明：(1) 此方程存在唯一正根 $x_n$; (2) 当 $\alpha > 1$ 时，级数 $\displaystyle\sum_{n=1}^{\infty} x_n^{\alpha}$ 收敛.

# 第 14 章

# 幂 级 数

## 14.1　函数项级数的收敛性

### 14.1.1　函数序列与函数项级数的收敛性

#### 1. 函数序列的收敛性

设函数 $f_n(x)$，$n \in \mathbf{N}_+$ 在数集 $E$ 上有定义且设 $x_0 \in E$. 如果数列 $\{f_n(x_0)\}$ 收敛，则称函数序列 $\{f_n(x)\}$ 在点 $x_0$ 收敛.

若 $\{f_n(x)\}$ 在每一点 $x \in E$ 都收敛，则称这个序列在数集 $E$ 上收敛，这时，我们说，在数集 $E$ 上定义了一个函数 $f(x)$，它在点 $x_0 \in E$ 的取值等于数列 $\{f_n(x_0)\}$ 的极限值，这个函数称之为函数序列 $\{f_n(x)\}$ 在数集 $E$ 上的极限函数且记为

$$\lim_{n \to \infty} f_n(x) = f(x), \quad x \in E \tag{14-1}$$

或

$$f_n(x) \to f(x), \quad x \in E$$

或简记为

$$f_n \underset{E}{\rightrightarrows} f$$

根据极限的定义，可将式（14-1）叙述为

$$\forall \varepsilon > 0, \exists N = N_\varepsilon(x): \forall n \geqslant N \to |f_n(x) - f(x)| < \varepsilon$$

【**例 14-1**】　若 (1) $f_n(x) = \dfrac{n+1}{n+x^2}, E = \mathbf{R}$

(2) $f_n(x) = n \sin \dfrac{1}{nx}, E = (0, +\infty)$

试求：函数序列 $\{f_n(x)\}$ 在数集 $E$ 上的极限函数.

**解**　(1) 因 $f_n(x) = \dfrac{1 + \dfrac{1}{n}}{1 + \dfrac{x^2}{n}}$，故 $f(x) = 1$

(2) 利用渐近公式 $\sin t \sim t$，$t \to 0$ 得

$$n \sin \frac{1}{nx} \sim n \cdot \frac{1}{nx}, n \to \infty, x \neq 0$$

所以

$$f(x) = \frac{1}{x}, x \neq 0$$

**2. 函数项级数的收敛性**

设函数 $u_n(x)$，$n \in \mathbf{N}_+$ 在集合 $E$ 上有定义且 $x_0 \in E$. 如果级数 $\sum\limits_{n=1}^{\infty} u_n(x_0)$ 收敛，则称级数 $\sum\limits_{n=1}^{\infty} u_n(x)$ 在点 $x_0$ 收敛，如果级数 $\sum\limits_{n=1}^{\infty} |u_n(x)|$ 在 $x_0$ 处收敛，则称级数 $\sum\limits_{n=1}^{\infty} u_n(x)$ 在 $x_0$ 处绝对收敛.

如果 $\sum\limits_{n=1}^{\infty} u_n(x)$ 在每一点 $x \in E$ 都收敛或绝对收敛，则称 $\sum\limits_{n=1}^{\infty} u_n(x)$ 在 $E$ 上收敛或绝对收敛.

记 $S_n(x)$ 与 $S(x)$ 分别表示 $\sum\limits_{n=1}^{\infty} u_n(x)$，$x \in E$ 的部分和与和，即

$$S_n(x) = \sum_{k=1}^{n} u_k(x),\ S(x) = \lim_{n \to \infty} S_n(x),\ x \in E$$

使 $\sum\limits_{n=1}^{\infty} u_n(x)$ 收敛或绝对收敛的 $x$ 全体称为 $\sum\limits_{n=1}^{\infty} u_n(x)$ 的收敛域或绝对收敛域.

**【例 14-2】** 试确定下列级数的收敛域及绝对收敛域.

(1) $\sum\limits_{n=1}^{\infty} \dfrac{\ln^n x}{n}$  (2) $\sum\limits_{n=1}^{\infty} \dfrac{(-1)^n}{2n+1}\left(\dfrac{1-x}{1+x}\right)^n$

(3) $\sum\limits_{n=1}^{\infty} \dfrac{x^n}{1+x^{2n}}$

**解** (1) 因级数 $\sum\limits_{n=1}^{\infty} \dfrac{q^n}{n}$，当 $|q| < 1$ 时绝对收敛；当 $|q| > 1$ 时发散；当 $q = -1$ 时条件收敛；而当 $q = 1$ 时发散. 所以级数 $\sum\limits_{n=1}^{\infty} \dfrac{\ln^n x}{n}$，当 $|\ln x| < 1$，即 $e^{-1} < x < e$ 时绝对收敛；当 $\ln x = -1$，即 $x = e^{-1}$ 时条件收敛. 从而 $\sum\limits_{n=1}^{\infty} \dfrac{\ln^n x}{n}$ 的收敛域为 $[e^{-1}, e)$，绝对收敛域为 $(e^{-1}, e)$.

(2) 根据达朗贝尔准则知，级数

$$\sum_{n=1}^{\infty} \frac{(-1)^n}{2n+1} q^n$$

当 $|q| < 1$ 时绝对收敛；当 $|q| > 1$ 时发散；当 $q = -1$ 时也发散；而当 $q = 1$ 时，由莱布尼兹准则知，这个级数条件收敛. 所以当

$$\left|\frac{1-x}{1+x}\right| < 1$$

即 $x > 0$ 时，级数 (2) 绝对收敛. 而当 $\left|\dfrac{1-x}{1+x}\right| = 1$，即 $x = 0$ 时，级数 (2) 条件收敛. 故级数 (2) 的收敛域为 $[0, +\infty)$，而绝对收敛域为 $(0, +\infty)$.

(3) 设 $|x| < 1$，则

$$\left|\frac{x^n}{1+x^{2n}}\right| < |x|^n$$

所以当 $|x| < 1$ 时，级数 (3) 绝对收敛. 设 $|x| > 1$，因对

$$u_n(x) = \frac{x^n}{1 + x^{2n}}$$

有 $u_n\left(\dfrac{1}{x}\right) = u_n(x)$，故令 $\dfrac{1}{x} = t$，得 $|u_n(x)| = |u_n(t)| < |t|^n$，这里 $|t| < 1$，因此，当 $|x| > 1$ 时，$\sum\limits_{n=1}^{\infty} u_n(x)$ 绝对收敛；若 $|x| = 1$，则 $|u_n(x)| = \dfrac{1}{2}$；从而当 $x = 1$ 或 $x = -1$ 时，$\sum\limits_{n=1}^{\infty} u_n(x)$ 发散.

总之，级数 $\sum\limits_{n=1}^{\infty} u_n(x)$ 的收敛域与绝对收敛域为 $(-\infty, -1) \cup (-1, 1) \cup (1, +\infty)$.

## *14.1.2 函数项级数的一致收敛性

设 $u_n(x)$，$n \in \mathbf{N}_+$ 在 $E$ 上有定义，且记

如果
$$S_n(x) = \sum_{k=1}^{n} u_k(x), \ S(x) = \lim_{n\to\infty} S_n(x), \ x \in E$$
$$\forall \varepsilon > 0, \exists N: \forall n > N, \forall x \in E \to |S_n(x) - S(x)| < \varepsilon$$
（记为 $S_n(x) \rightrightarrows S(x)$）

则称 $\sum\limits_{n=1}^{\infty} u_n(x)$ 在 $E$ 上一致收敛于 $S(x)$.

若记
$$r_n(x) = S(x) - S_n(x) = \sum_{k=n+1}^{\infty} u_k(x), \ x \in E$$

则级数 $\sum\limits_{n=1}^{\infty} u_n(x)$ 在 $E$ 上一致收敛的充要条件是
$$\sup_{x \in E} |r_n(x)| \to 0, \ n \to \infty$$

【例 14-3】 试证：级数 $\sum\limits_{n=1}^{\infty} u_n(x)$ 在集合 $E$ 上一致收敛，这里，

(1) $u_n(x) = x^{n-1}, x \in \left[-\dfrac{1}{2}, \dfrac{1}{2}\right]$

(2) $u_n(x) = \dfrac{x}{[1 + (n-1)x](1 + nx)}, E = (\delta, +\infty), \delta > 0$

(3) $u_n(x) = \dfrac{(-1)^n}{\sqrt[3]{n + \sqrt{x}}}, \ E = [0, +\infty)$

证 (1)
$$S_n(x) = \sum_{k=1}^{n} x^{k-1} = \frac{1 - x^n}{1 - x}, S(x) = \frac{1}{1 - x}$$
$$r_n(x) = S(x) - S_n(x) = \frac{x^n}{1 - x}$$

因 $-\dfrac{1}{2} \leqslant x \leqslant \dfrac{1}{2}$，故 $1 - x \geqslant \dfrac{1}{2}$，所以

$$|r_n(x)| < \frac{1}{2^{n-1}}$$

由此得知

$$r_n(x) \rightrightarrows 0, \; x \in \left[-\frac{1}{2}, \frac{1}{2}\right]$$

即级数在 $E$ 上一致收敛.

（2）
$$u_n(x) = \frac{1}{1+(n-1)x} - \frac{1}{1+nx}$$

$$S_n(x) = 1 - \frac{1}{1+nx}$$

由此得

$$S(x) = 1, \; r_n(x) = \frac{1}{1+nx}$$

因 $x > \delta > 0$，故 $nx > n\delta, \, 0 < r_n(x) < \frac{1}{1+n\delta}$，由此知级数在 $E$ 上一致收敛.

（3）对于每个 $x \geqslant 0$，序列 $\left\{\dfrac{1}{\sqrt[3]{n+\sqrt{x}}}\right\}$ 都有极限零. 因函数 $\varphi(t) = \dfrac{1}{\sqrt[3]{t+\sqrt{x}}}$ 的导数

$$\varphi'(t) = -\frac{1}{3}(t+\sqrt{x})^{\frac{4}{3}} < 0, \quad t \geqslant 1$$

所以 $\varphi(t)$ 当 $t \geqslant 1$ 时（$x \in E$）是单调递减的，从而序列 $\left\{\dfrac{1}{\sqrt[3]{n+\sqrt{x}}}\right\}$ 对于每个 $x \geqslant 0$ 都是单

调递减的，由莱布尼兹准则知：$\displaystyle\sum_{n=1}^{\infty} u_n(x)$ 在 $E$ 上收敛，同时

$$|r_n(x)| \leqslant \frac{1}{\sqrt[3]{n+1+\sqrt{x}}} \leqslant \frac{1}{\sqrt[3]{n+1}}$$

所以，这个级数在 $E$ 上一致收敛.

**定理 14-1**　（柯西准则）　级数 $\displaystyle\sum_{n=1}^{\infty} u_n(x)$ 在 $E$ 上一致收敛的充要条件是

$$\forall \varepsilon > 0, \exists N_\varepsilon: \forall n \geqslant N_\varepsilon, \forall p \in \mathbf{N}_+, \forall x \in E \rightarrow \left|\sum_{k=n+1}^{n+p} u_k(x)\right| < \varepsilon$$

**定理 14-2**　（魏尔斯特拉斯准则）　如果对于级数 $\displaystyle\sum_{n=1}^{\infty} u_n(x)$，可以找到一个收敛的

数项级数 $\displaystyle\sum_{n=1}^{\infty} a_n$，使得 $\forall n \geqslant N$ 及所有 $x \in E$ 都有

$$|u_n(x)| \leqslant a_n \tag{14-2}$$

则级数 $\displaystyle\sum_{n=1}^{\infty} u_n(x)$ 在 $E$ 上绝对收敛且一致收敛，称 $\displaystyle\sum_{n=1}^{\infty} a_n$ 为优级数.

　　**证**　根据条件（14-2）知，对任何 $n \geqslant n_0$，任何 $p \in \mathbf{N}_+$ 及每一 $x \in E$，满足不等式

$$\left|\sum_{k=n+1}^{n+p} u_k(x)\right| \leqslant \sum_{k=n+1}^{n+p} |u_k(x)| \leqslant \sum_{k=n+1}^{n+p} a_k \tag{14-3}$$

根据级数 $\sum\limits_{n=1}^{\infty} a_n$ 收敛得知，它满足柯西条件，即

$$\forall \varepsilon > 0, \exists N_\varepsilon \in \mathbf{N}_+ : \forall n \geqslant N_\varepsilon, \forall p \in \mathbf{N}_+ \rightarrow \sum_{k=n+1}^{n+p} a_k < \varepsilon \tag{14-4}$$

而由式(14-3)与式(14-4)知级数 $\sum\limits_{n=1}^{\infty} u_n(x)$ 在数集 $E$ 上满足柯西条件，根据定理 14-1 知，这个级数在数集 $E$ 上一致收敛.

由不等式(14-3)的右侧不等式知，$\sum\limits_{n=1}^{\infty} u_n(x)$，$\forall x \in E$ 是绝对收敛的.

【例 14-4】　试利用魏尔斯特拉斯准则证明级数 $\sum\limits_{n=1}^{\infty} u_n(x)$ 在 $E$ 上绝对收敛，且一致收敛.

(1) $u_n(x) = \dfrac{\arctan(n^2 x) \cdot \cos n\pi x}{n\sqrt{n}}$，$E = \mathbf{R}$

(2) $u_n(x) = \ln\left(1 + \dfrac{x}{n \ln^2(n+1)}\right)$，$E = [0,2]$

(3) $u_n(x) = \dfrac{1}{\sqrt[4]{n+x^3}} \sin \dfrac{1}{\sqrt{nx}} \arctan \sqrt{\dfrac{x}{n}}$，$E = (0, +\infty)$

(4) $u_n(x) = \mathrm{e}^{-n(x^2 + \sin x)}$，$E = [1, +\infty)$

(5) $u_n(x) = \dfrac{2nx}{1 + n^\alpha x^2}$，$\alpha > 4$，$E = \mathbf{R}$

(6) $u_n(x) = x^2 \mathrm{e}^{-nx}$，$E = [0, +\infty)$

证　(1) 因为对所有 $x \in \mathbf{R}$ 及所有 $n \in \mathbf{N}_+$，都满足

$$|\arctan n^2 x| < \dfrac{\pi}{2}, \ |\cos n\pi x| \leqslant 1$$

所以 $|u_n(x)| < \dfrac{\pi}{2n^{\frac{3}{2}}}$. 由 $\sum\limits_{n=1}^{\infty} \dfrac{1}{n^{\frac{3}{2}}}$ 收敛知，$\sum\limits_{n=1}^{\infty} u_n(x)$ 在 $\mathbf{R}$ 上绝对收敛且一致收敛.

(2) 利用不等式

$$0 \leqslant \ln(1+t) \leqslant t, \ t \geqslant 0$$

并考虑到 $0 \leqslant x \leqslant 2$，得

$$0 \leqslant u_n(x) \leqslant \dfrac{x}{n \ln^2(n+1)} \leqslant \dfrac{2}{n \ln^2(n+1)}$$

由级数

$$\sum_{n=1}^{\infty} \dfrac{2}{n \ln^2(n+1)}$$

收敛知，$\sum\limits_{n=1}^{\infty} u_n(x)$ 在 $E$ 上绝对收敛且一致收敛.

(3) 因

$$\sqrt[4]{n} \leqslant \sqrt[4]{n+x^3}, \ x > 0$$
$$|\sin t| < t, \ 0 < \arctan t < t, \ t > 0$$

故

$$\mid u_n(x)\mid < \frac{1}{\sqrt[4]{n}}\cdot\frac{1}{\sqrt{nx}}\cdot\sqrt{\frac{x}{n}} = \frac{1}{n^{\frac{5}{4}}},\ n\in\mathbf{N}_+,\ x\in E$$

由此知 $\sum\limits_{n=1}^{\infty}u_n(x)$ 在 $(0,+\infty)$ 上绝对收敛且一致收敛.

（4）设 $\varphi(x) = x^2+\sin x$，则

$$\varphi'(x) = 2x+\cos x > 0,\ x > \frac{1}{2}$$

所以当 $x\geqslant 1$ 时，$\varphi(x)$ 是单调递增的，又因 $\varphi(1) = 1+\sin 1 > 0$，因而

$$0 < u_n(x)\leqslant \mathrm{e}^{-n\varphi(1)}$$

由级数 $\sum\limits_{n=1}^{\infty}\mathrm{e}^{-n\alpha}$，$\alpha > 0$ 收敛知，级数 $\sum\limits_{n=1}^{\infty}u_n(x)$ 在 $[1,+\infty)$ 上绝对收敛且一致收敛.

（5）利用不等式 $a^2+b^2\geqslant 2\mid ab\mid$，$a$，$b\in\mathbf{R}$，得

$$1+n^\alpha x^2\geqslant 2n^{\frac{\alpha}{2}}x$$

由此知，当 $x\neq 0$ 时，有

$$\mid u_n(x)\mid\leqslant\frac{n\mid x\mid}{n^{\frac{\alpha}{2}}\mid x\mid} = \frac{1}{n^{\frac{\alpha}{2}-1}}$$

考虑到 $u_n(0) = 0$，得 $\mid u_n(x)\mid\leqslant\dfrac{1}{n^{\frac{\alpha}{2}-1}}$，$x\in\mathbf{R}$，$n\in\mathbf{N}_+$.

因 $\frac{\alpha}{2}-1 = \beta > 1$，故由级数 $\sum\limits_{n=1}^{\infty}\frac{1}{n^\beta}$，$\beta > 1$ 收敛知，级数 $\sum\limits_{n=1}^{\infty}u_n(x)$ 在 $\mathbf{R}$ 上绝对收敛且一致收敛.

（6）我们指出，当 $x>0$ 时 $u_n(x)>0$ 且 $u_n(0)=0$，当 $x>0$ 时方程

$$u_n'(x) = \mathrm{e}^{-nx}(2x-nx^2) = 0$$

有唯一解 $x=x_n=\dfrac{2}{n}$，且当 $x\in(0,x_n)$ 时 $u_n'(x)>0$；而当 $x\in(x_n,+\infty)$ 时 $u_n'(x)<0$，所以 $x_n$ 是 $u_n(x)$ 的极大值点，并且

$$\sup_{x\in E}u_n(x) = u_n(x_n)$$

因而 $\forall n\in\mathbf{N}_+$，$x\in E$，有

$$0\leqslant u_n(x)\leqslant u_n(x_n) = \frac{4}{n^2}\mathrm{e}^{-2}$$

由此可知，级数 $\sum\limits_{n=1}^{\infty}u_n(x)$ 在 $E$ 上绝对收敛且一致收敛.

**\*典型计算题 1**

利用魏尔斯特拉斯准则证明下列函数项级数在指定区间上是一致收敛的.

1. $\sum\limits_{n=1}^{\infty}\dfrac{x^n}{n^2}$，$-1\leqslant x\leqslant 1$

2. $\sum\limits_{n=1}^{\infty}\dfrac{1}{(n+x)^2}$，$0\leqslant x<+\infty$

3. $\displaystyle\sum_{n=1}^{\infty} \frac{x^2}{1 + n^{\frac{3}{2}} x^2}, \quad x \in \mathbf{R}$

4. $\displaystyle\sum_{n=1}^{\infty} 2^{-n} \cos n\pi x, \quad x \in \mathbf{R}$

5. $\displaystyle\sum_{n=1}^{\infty} e^{-\sqrt{nx}}, \quad 1 \leqslant x < +\infty$

6. $\displaystyle\sum_{n=1}^{\infty} \frac{(3x)^n}{n \sqrt{n+x}}, \quad 0 \leqslant x \leqslant \frac{1}{3}$

7. $\displaystyle\sum_{n=1}^{\infty} \frac{(x-1)^n}{(3n+1)3^n}, \quad -1 \leqslant x \leqslant 3$

8. $\displaystyle\sum_{n=1}^{\infty} n^3 e^{-n^2 x}, \quad \delta < x < +\infty, \delta > 0$

9. $\displaystyle\sum_{n=1}^{\infty} n^{-x} \ln^2 n, \quad \delta < x < +\infty, \delta > 1$

10. $\displaystyle\sum_{n=1}^{\infty} \frac{x}{4 + n^3 x^2}, \quad 0 \leqslant x < +\infty$

14.1　习题答案

14.2　思维导图

## *14.2 一致收敛的函数项级数的性质

### 14.2.1 和函数的性质

**定理 14-3**　如果级数

$$\sum_{n=1}^{\infty} u_n(x) \tag{14-5}$$

的各项均在 $[a,b]$ 上连续，而级数本身在 $[a,b]$ 上一致收敛，则它的和函数也在 $[a,b]$ 上连续.

**证**　设 $x_0$ 为 $[a,b]$ 上的任一点，为确定起见，不妨设 $x_0 \in (a,b)$. 我们将证明：函数 $S(x) = \displaystyle\sum_{n=1}^{\infty} u_n(x)$ 在点 $x_0$ 连续，即

$$\forall \varepsilon > 0, \exists \delta = \delta(\varepsilon) > 0 : \forall x \in U_\delta(x_0) \rightarrow |S(x) - S(x_0)| < \varepsilon \tag{14-6}$$

其中

$$U_\delta(x_0) = (x_0 - \delta, x_0 + \delta) \subset (a,b)$$

根据条件 $S_n(x) \rightrightarrows S(x), x \in [a,b]$，其中 $S_n(x) = \displaystyle\sum_{k=1}^{n} u_k(x)$，即

$$\forall \varepsilon > 0, \exists N_\varepsilon : \forall n \geqslant N_\varepsilon, \forall x \in [a,b] \rightarrow |S(x) - S_n(x)| < \frac{\varepsilon}{3} \tag{14-7}$$

固定 $n_0 \geqslant N_\varepsilon$，则利用式(14-7)，当 $n = n_0$ 时，得

$$|S(x) - S_{n_0}(x)| < \frac{\varepsilon}{3} \tag{14-8}$$

而特别地，当 $x = x_0$ 时，可求得

$$\left| S(x_0) - S_{n_0}(x_0) \right| < \frac{\varepsilon}{3} \tag{14-9}$$

作为有限个连续函数 $u_k(x)$，$k = 1$，2，$\cdots$，$n_0$ 的和 $S_{n_0}(x)$ 仍是连续的，由连续性定义知

$$\forall \varepsilon > 0, \exists \delta = \delta(\varepsilon) > 0: \forall x \in U_\delta(x_0) \subset [a,b] \rightarrow \left| S_{n_0}(x) - S_{n_0}(x_0) \right| < \frac{\varepsilon}{3}$$

利用等式

$$S(x) - S(x_0) = \left[ S(x) - S_{n_0}(x) \right] + \left[ S_{n_0}(x) - S_{n_0}(x_0) \right] + \left[ S_{n_0}(x_0) - S(x_0) \right]$$

及式(14-7) ~ 式(14-9)得

$$\left| S(x) - S(x_0) \right| < \frac{\varepsilon}{3} + \frac{\varepsilon}{3} + \frac{\varepsilon}{3} = \varepsilon$$

对任何 $x \in U_\delta(x_0) \subset [a,b]$ 都成立，即式（14-6）成立.

因 $x_0$ 是 $[a,b]$ 上的任一点，所以函数 $S(x)$ 在区间 $[a,b]$ 上连续.

**说明 1** 根据定理 14-3 有

$$\lim_{x \to x_0} \sum_{n=1}^{\infty} u_n(x) = \sum_{n=1}^{\infty} \lim_{x \to x_0} u_n(x)$$

即在满足定理 14-3 的条件下，对级数(14-5)可逐项取极限.

**【例 14-5】** 证明：级数

$$\sum_{n=1}^{\infty} x^2 e^{-nx}$$

的和函数在 $[0,1]$ 上连续，并求出这个和函数.

**证** $u_n(x) = x^2 e^{-nx}$ 在 $[0,1]$ 上连续，而又知级数 $\sum_{n=1}^{\infty} x^2 e^{-nx}$（见第 14 章 14.1 节例 14-4 (6)）在 $[0,1]$ 上一致收敛，故由定理 14-3 知，所给级数的和函数 $S(x)$ 在 $[0,1]$ 上连续. 事实上，

$$S(x) = \frac{x^2 e^{-x}}{1 - e^{-x}} = \frac{x^2}{e^x - 1}, \quad x > 0$$

$$S(0) = 0$$

## 14.2.2 函数项级数的逐项积分

**定理 14-4** 如果级数(14-5)在 $[a,b]$ 上一致收敛而每个函数 $u_n(x)$ 都在 $[a,b]$ 上连续，则级数

$$\sum_{n=1}^{\infty} \int_a^x u_n(t)\mathrm{d}t, x \in [a,b] \tag{14-10}$$

在 $[a,b]$ 上一致收敛且级数(14-5)可逐项积分，即

$$\int_a^x \left[ \sum_{n=1}^{\infty} u_n(t) \right] \mathrm{d}t = \sum_{n=1}^{\infty} \int_a^x u_n(t)\mathrm{d}t \tag{14-11}$$

**证** 记

$$S(x) = \sum_{n=1}^{\infty} u_n(x)$$

由定理条件知级数(14-5)在 $[a,b]$ 上一致收敛于 $S(x)$，即

$$S_n(x) = \sum_{k=1}^{n} u_k(x) \Longrightarrow S(x), \; x \in [a,b]$$

这意味着

$$\forall \varepsilon > 0, \exists N_\varepsilon \in \mathbf{N}_+ : \forall n \geq N_\varepsilon, \forall t \in [a,b] \to |S(t) - S_n(t)| < \frac{\varepsilon}{b-a} \quad (14\text{-}12)$$

设 $\sigma(x) = \int_a^x S(t)\,\mathrm{d}t$，$\sigma_n(x) = \sum_{k=1}^{n} \int_a^x u_k(t)\,\mathrm{d}t$ 是级数(14-10)的前 $n$ 项和.

由条件知函数 $u_k(x)$，$k \in \mathbf{N}_+$ 在$[a,b]$上连续，从而它们在$[a,b]$上可积，由定理 14-3 知 $S(x)$ 在$[a,b]$上连续，从而可积. 利用积分的性质得

$$\sigma_n(x) = \int_a^x \sum_{k=1}^{n} u_k(t)\,\mathrm{d}t = \int_a^x S_n(t)\,\mathrm{d}t$$

因而

$$\sigma(x) - \sigma_n(x) = \int_a^x [S(t) - S_n(t)]\,\mathrm{d}t$$

由此，利用条件(14-12)得

$$|\sigma(x) - \sigma_n(x)| < \frac{\varepsilon}{b-a} \int_a^x \mathrm{d}t = \frac{\varepsilon}{b-a}(x-a) \leq \varepsilon$$

并且对所有 $n \geq N_\varepsilon$ 及所有 $x \in [a,b]$ 成立. 这意味着级数(14-10)在$[a,b]$上一致收敛且满足式(14-11).

**说明 2**　级数(14-5)若在$[a,b]$上可逐项积分，则在任一区间$[c,d] \subset [a,b]$上级数(14-5)仍可逐项积分，且有式(14-11)成立.

**【例 14-6】**　试求级数

$$\sum_{n=0}^{\infty} \frac{(-1)^n x^{2n+1}}{2n+1}$$

的和 $S(x)$，然后再求级数

$$\sum_{n=0}^{\infty} \frac{(-1)^n}{3^n(2n+1)}$$

的和 $\sigma$.

**解**　考虑级数 $\sum_{n=0}^{\infty} (-1)^n x^{2n}$，这个级数在$(-1,1)$内收敛，且它的和等于 $\frac{1}{1+x^2}$. 这个级数在$[-q,q]$，$0 < q < 1$，上一致收敛，而它的各项均为连续函数. 由定理 14-4 知

$$\int_0^x \frac{\mathrm{d}t}{1+t^2} = \sum_{n=0}^{\infty} (-1)^n \int_0^x t^{2n}\mathrm{d}t$$

$$\arctan x = \sum_{n=0}^{\infty} \frac{(-1)^n x^{2n+1}}{2n+1}$$

因此

$$S(x) = \arctan x$$

令 $x = \frac{1}{\sqrt{3}}$，得

$$\arctan \frac{1}{\sqrt{3}} = \frac{\pi}{6} = \frac{1}{\sqrt{3}} \sum_{n=0}^{\infty} \frac{(-1)^n}{3^n(2n+1)}$$

由此得

$$\sigma = \frac{\pi\sqrt{3}}{6}$$

### 14.2.3 函数项级数的逐项微分

**定理 14-5**    如果函数 $u_n(x)$，$n \in \mathbf{N}_+$，在 $[a,b]$ 上存在连续的导数，级数

$$\sum_{n=1}^{\infty} u_n'(x) \tag{14-13}$$

在 $[a,b]$ 上一致收敛，而级数

$$\sum_{n=1}^{\infty} u_n(x) \tag{14-14}$$

至少在一点 $x_0 \in [a,b]$ 收敛，即

$$\sum_{n=1}^{\infty} u_n(x_0) \tag{14-15}$$

收敛，则级数(14-14)在 $[a,b]$ 上一致收敛，且它可以逐项微分，即

$$S'(x) = \sum_{n=1}^{\infty} u_n'(x)$$

其中，$S(x)$ 是级数(14-14)的和函数，即

$$S(x) = \sum_{n=1}^{\infty} u_n(x) \tag{14-16}$$

**证**    记级数(14-13)的和函数

$$\tau(x) = \sum_{n=1}^{\infty} u_n'(x) \tag{14-17}$$

则由定理 14-4 知级数(14-17)可以逐项积分，即

$$\int_{x_0}^{x} \tau(t)\,dt = \sum_{n=1}^{\infty} \int_{x_0}^{x} u_n'(t)\,dt \tag{14-18}$$

其中，$x_0$，$x \in [a,b]$，并且级数(14-18)在 $[a,b]$ 上一致收敛.

因

$$\int_{x_0}^{x} u_n'(t)\,dt = u_n(x) - u_n(x_0)$$

故可将式(14-18)写成

$$\int_{x_0}^{x} \tau(t)\,dt = \sum_{n=1}^{\infty} v_n(x) \tag{14-19}$$

其中

$$v_n(x) = u_n(x) - u_n(x_0) \tag{14-20}$$

级数(14-19)一致收敛，而级数(14-15)收敛，所以级数(14-14)在 $[a,b]$ 上一致收敛.

由式(14-19)、式(14-20)、式(14-16)得

$$\int_{x_0}^{x} \tau(t)\,dt = S(x) - S(x_0) \tag{14-21}$$

因由定理 14-3 知函数 $\tau(t)$ 在 $[a,b]$ 上连续，故由变上限积分的性质知式(14-21)左端有导

数且等于 $\tau(x)$. 因此，式(14-21)右端是可微函数且它的导数等于 $S'(x)$. 这样，证得

$$\tau(x) = S'(x), \ \forall x \in [a,b]$$

【例 14-7】 求下列级数的和.

(1) $\sum_{n=1}^{\infty} \dfrac{x^n}{n}$ 　　　　(2) $\sum_{n=1}^{\infty} \dfrac{x^{n+1}}{n(n+1)}$

**解** （1）级数 $\sum_{n=1}^{\infty} \dfrac{x^n}{n}$ 各项均为连续函数，级数

$$\sum_{n=1}^{\infty} \left(\dfrac{x^n}{n}\right)' = \sum_{n=1}^{\infty} x^{n-1}$$

在 $[-q, q]$，$0 < q < 1$ 上一致收敛于 $\dfrac{1}{1-x}$，$x \in (-1, 1)$. 故由定理14-5 知，若记

$$f(x) = \sum_{n=1}^{\infty} \dfrac{x^n}{n}$$

则

$$f'(x) = \sum_{n=1}^{\infty} x^{n-1} = \dfrac{1}{1-x}$$

由此得

$$\int_0^x f'(t)\,dt = f(x) - f(0) = \int_0^x \dfrac{dt}{1-t} = -\ln(1-x)$$

因此

$$\sum_{n=1}^{\infty} \dfrac{x^n}{n} = -\ln(1-x), \ -1 < x < 1$$

（2）对级数

$$\sum_{n=1}^{\infty} \dfrac{x^{n+1}}{n(n+1)} = g(x)$$

逐项微分，得

$$\sum_{n=1}^{\infty} \dfrac{x^n}{n} = g'(x)$$

由此得 $g'(x) = -\ln(1-x)$ （利用 （1） 的结果）. 因此

$$\int_0^x g'(t)\,dt = g(x) - g(0) = -\int_0^x \ln(1-t)\,dt$$

或

$$g(x) - g(0) = \int_0^x \ln(1-t)\,d(1-t)$$
$$= (1-t)\ln(1-t) \Big|_0^x + \int_0^x dt$$

由此求得

$$\sum_{n=1}^{\infty} \dfrac{x^{n+1}}{n(n+1)} = x + (1-x)\ln(1-x)$$

## 14.3 幂级数的概念及性质

### 14.3.1 幂级数的收敛域与收敛半径

给定函数项级数

$$\sum_{n=0}^{\infty} a_n (x - x_0)^n \tag{14-22}$$

14.3 思维导图

其中，$a_n (n = 0, 1, 2, \cdots)$ 与 $x_0$ 是已知的实数，$x$ 是实变量. 称级数 (14-22) 为 $(x - x_0)$ 的幂级数，而 $a_n$ 是幂级数的系数.

形如

$$\sum_{n=0}^{\infty} a_n x^n \tag{14-23}$$

的函数项级数，称为 $x$ 的幂级数，其中常数 $a_n (n = 0, 1, 2, \cdots)$ 称为幂级数的系数.

显然，通过变换 $t = x - x_0$，可将级数 (14-22) 化为级数 (14-23) 的形式，因此研究级数 (14-22) 的收敛性问题与研究级数 (14-23) 的收敛性问题是等价的. 以下着重讨论幂级数 (14-23).

**定理 14-6** （阿贝尔定理） 如果幂级数 (14-23) 在 $x = x_0 \neq 0$ 处收敛，则它在任何 $x$: $|x| < |x_0|$ 都收敛且绝对收敛；如果幂级数 (14-23) 在 $x = x_1$ 处发散，则它对任何 $x$: $|x| > |x_1|$ 都发散.

**证** （1）设 $x$ 为 $(-|x_0|, |x_0|)$ 内任一点，即 $|x| < |x_0|$，则

$$q = \left| \frac{x}{x_0} \right| < 1 \tag{14-24}$$

因由定理 14-6 的条件知级数 (14-23) 在点 $x_0$ 处收敛，故有 $\lim_{n \to \infty} a_n x_0^n = 0$，由此得出 $\{a_n x_0^n\}$ 是有界的，即

$$\exists M > 0: \forall n \in \mathbf{N} \to |a_n x^n| \leq M \tag{14-25}$$

由不等式 (14-24) 与式 (14-25) 得

$$|a_n x^n| = |a_n x_0^n| \cdot \left| \frac{x}{x_0} \right|^n \leq M q^n, \text{ 其中 } 0 \leq q < 1$$

因级数 $\sum_{n=0}^{\infty} M q^n$，$0 \leq q < 1$ 收敛，所以根据比较法知 $\sum_{n=0}^{\infty} |a_n x^n|$ 收敛，即级数 (14-23) 在开区间 $(-|x_0|, |x_0|)$ 内的每一点处都绝对收敛.

（2）若级数 (14-23) 在点 $x_1$ 处发散，则它应在任何点 $\tilde{x}$: $|x_1| < |\tilde{x}|$ 发散. 如若不然，利用（1）的证明结果知级数 (14-23) 在 $x_1$ 收敛，与假设矛盾.

**说明 1** 因幂级数的项都在 $(-\infty, +\infty)$ 上有定义，故对每个实数 $x$，幂级数 (14-23) 或者收敛，或者发散. 而任何一个幂级数 (14-23) 在原点 $x = 0$ 处都收敛，所以由阿贝尔定理可直接得到如下推论：

**推论** 对任何幂级数 (14-23) 存在 $R$（$R \geq 0$ 是数或 $+\infty$）：

（1）若 $R\neq 0$ 且 $R\neq +\infty$，则幂级数（14-23）当 $|x|<R$ 时绝对收敛，当 $|x|>R$ 时发散；我们称开区间 $(-R,R)$ 为级数（14-23）的收敛区间，$R$ 为级数（14-23）的收敛半径.

（2）若 $R=0$，则级数（14-23）仅在 $x=0$ 处收敛.

（3）若 $R=+\infty$，则级数（14-23）在 $(-\infty,+\infty)$ 上绝对收敛.

**说明 2**　除 $R=0$ 外，幂级数（14-23）的收敛域一般是一个以原点为中心，$R$ 为半径的区间. 对于（1）中的收敛区间，还需要讨论 $x=\pm R$ 时的两个数项级数

$$\sum_{n=0}^{\infty} a_n(-R)^n, \sum_{n=0}^{\infty} a_n R^n$$

是否收敛，才能最终确定收敛域.

下面讨论收敛半径 $R$ 的求法及收敛域的求法.

**定理 14-7**　如果极限 $\lim\limits_{n\to\infty}\sqrt[n]{|a_n|}$ 存在或为 $+\infty$，则级数（14-23）的收敛半径 $R$ 满足

$$\frac{1}{R}=\lim_{n\to\infty}\sqrt[n]{|a_n|} \tag{14-26}$$

如果极限 $\lim\limits_{n\to\infty}\left|\dfrac{a_n}{a_{n+1}}\right|$ 存在或为 $+\infty$，则

$$R=\lim_{n\to\infty}\left|\frac{a_n}{a_{n+1}}\right| \tag{14-27}$$

**证**　我们先来证明式（14-26），记 $\rho=\lim\limits_{n\to\infty}\sqrt[n]{|a_n|}$.

（1）设 $0<\rho<+\infty$ 且设 $x_0$ 是 $|x|<\dfrac{1}{\rho}$ 内的任一点，则 $|x_0|<\dfrac{1}{\rho}$，由定理 14-7 的条件知

$$\lim_{n\to\infty}\sqrt[n]{|a_n x_0^n|}=|x_0|\lim_{n\to\infty}\sqrt[n]{|a_n|}=|x_0|\rho<1$$

由柯西判别法知级数 $\sum\limits_{n=0}^{\infty}|a_n x^n|$ 绝对收敛，因 $x_0$ 是开区间 $|x|<\dfrac{1}{\rho}$ 内的任意点，所以级数（14-23）在开区间内绝对收敛.

设 $|\tilde{x}|$ 满足 $|\tilde{x}|>\dfrac{1}{\rho}$，从而有 $\lim\limits_{n\to\infty}\sqrt[n]{|a_n\tilde{x}|^n}=|\tilde{x}|\rho>1$. 因此，级数 $\sum\limits_{n=0}^{\infty}a_n\tilde{x}^n$ 当 $|\tilde{x}|>\dfrac{1}{\rho}$ 时发散.

因此，如果式（14-26）的右端是一个正数，则级数（14-23）在 $|x|<\dfrac{1}{\rho}$ 收敛，而在 $|x|>\dfrac{1}{\rho}$ 发散. 因此，$\dfrac{1}{\rho}$ 是级数（14-23）的收敛半径.

（2）如果 $\rho=0$，则 $\lim\limits_{n\to\infty}\sqrt[n]{|a_n x^n|}=|x|\rho=0$ 对任何 $x$ 成立，所以级数（14-23）对任何 $x$ 都收敛，即收敛半径 $R=+\infty$，如果在式（14-26）中认定 $\dfrac{1}{\infty}=0$，则有式（14-26）成立.

（3）如果 $\rho=+\infty$，则对任何 $x\neq 0$，都有 $\lim\limits_{n\to\infty}\sqrt[n]{|a_n x^n|}=|x|\lim\limits_{n\to\infty}\sqrt[n]{|a_n|}=+\infty$，从而 $x\neq 0$ 时级数（14-23）发散. 这意味着 $R=0$.

类似地, 可利用数项级数的达朗贝尔法则来证明式(14-27).

【例 14-8】 若 (1) $a_n = \dfrac{c^n}{n!}$, $c > 0$  (2) $a_n = \dfrac{n^n}{e^n n!}$

试求幂级数 $\displaystyle\sum_{n=0}^{\infty} a_n x^n$ 的收敛半径 $R$.

**解** (1) 因 $\dfrac{a_n}{a_{n+1}} = \dfrac{n+1}{c} \to \infty$, $n \to \infty$, 故由式(14-27)得 $R = +\infty$.

(2) 因 $a_{n+1} = a_n \left(\dfrac{n+1}{n}\right)^n \dfrac{1}{e}$, 故 $\dfrac{a_n}{a_{n+1}} = \dfrac{e}{\left(1+\dfrac{1}{n}\right)^n} \to 1$, $n \to \infty$, 所以根据式(14-27)知

$R = 1$.

【例 14-9】 求幂级数 $\displaystyle\sum_{n=0}^{\infty} 2^n x^{5n}$ 的收敛半径.

**解** 设 $2x^5 = t$, 则 $\displaystyle\sum_{n=0}^{\infty} 2^n x^{5n} = \sum_{n=0}^{\infty} t^n$ 且当 $|t| < 1$ 时, $\displaystyle\sum_{n=0}^{\infty} t^n$ 收敛, 当 $|t| > 1$ 时, $\displaystyle\sum_{n=0}^{\infty} t^n$ 发散.

所以级数 $\displaystyle\sum_{n=0}^{\infty} 2^n x^{5n}$ 当 $|x| < \dfrac{1}{\sqrt[5]{2}}$ 时收敛, 而当 $|x| > \dfrac{1}{\sqrt[5]{2}}$ 时发散. 从而 $R = \dfrac{1}{\sqrt[5]{2}}$.

**说明 3** 也可用下述公式, 即对于 $\displaystyle\sum_{n=0}^{\infty} a^n x^{\varphi(n)}$, $\varphi(n) \in \mathbf{N}_+$, 有

$$\frac{1}{R} = \lim_{n \to \infty} \sqrt[\varphi(n)]{|a_n|}$$

如对例 14-9, 有

$$\lim_{n \to \infty} \sqrt[5n]{2^n} = \sqrt[5]{2} = \frac{1}{R}, \quad R = \frac{1}{\sqrt[5]{2}}$$

对于幂级数 $\displaystyle\sum_{n=0}^{\infty} a_n (x-a)^n$, 收敛区间为 $|x-a| < R$. 如幂级数 $\displaystyle\sum_{n=0}^{\infty} n^2 (x-1)^n$ 的收敛区间为 $|x-1| < 1$.

**说明 4** 对于幂级数(14-22)

$$\sum_{n=0}^{\infty} a_n (x-x_0)^n$$

根据推论知, 存在 $R(R \geqslant 0$ 或 $R = +\infty)$, 使当 $R \neq 0$ 且 $R \neq +\infty$ 时级数(14-22)当 $|x-x_0| < R$ 时收敛, 当 $|x-x_0| > R$ 时发散, 称区间 $(x_0 - R, x_0 + R)$ 为级数(14-22)的收敛区间, $R$ 为收敛半径, 且有类似于式(14-26)和式(14-27)的公式

$$\frac{1}{R} = \lim_{n \to \infty} \sqrt[n]{|a_n|}$$

$$R = \lim_{n \to \infty} \left| \frac{a_n}{a_{n+1}} \right|$$

当 $R = 0$ 时级数(14-22)仅在 $x = x_0$ 处收敛, 而当 $R = +\infty$ 时, 在整个实轴上收敛.

说明: 两幂级数若有公共的收敛区间, 则在此区间内, 它们可以相加、相乘.

【例 14-10】 试求下列幂级数的收敛域.

$(1)\ \sum_{n=1}^{\infty}\dfrac{2n+1}{3n^2+2}(x-1)^n$　　　　　$(2)\ \sum_{n=1}^{\infty}\dfrac{2^n(x+1)^n}{n\ln^2(n+1)}$

$(3)\ \sum_{n=1}^{\infty}3^{n^2}x^{n^2}$

**解**　$(1)\ R=\lim\limits_{n\to\infty}\left|\dfrac{a_n}{a_{n+1}}\right|=\lim\limits_{n\to\infty}\dfrac{2n+1}{3n^2+2}\dfrac{3(n+1)^2+2}{2(n+1)+1}=1$

所以当 $|x-1|<1$ 时，即当 $x\in(0,2)$ 时，级数绝对收敛．又当 $x=2$ 时，

$$\sum_{n=1}^{\infty}\dfrac{2n+1}{3n^2+2}$$

发散 $\left(a_n\sim\dfrac{2}{3n},\ n\to\infty\right)$，而当 $x=0$ 时，由莱布尼兹准则知

$$\sum_{n=1}^{\infty}(-1)^n\dfrac{2n+1}{3n^2+2}$$

收敛，因而级数的收敛域为 $0\leqslant x<2$．

$(2)\ R=\lim\limits_{n\to\infty}\left|\dfrac{a_n}{a_{n+1}}\right|=\lim\limits_{n\to\infty}\dfrac{2^n}{n\ln^2(n+1)}\dfrac{(n+1)\ln^2(n+2)}{2^{n+1}}=\dfrac{1}{2}$

所以当 $|x+1|<\dfrac{1}{2}$，即当 $x\in\left(-\dfrac{3}{2},\ -\dfrac{1}{2}\right)$ 时，级数绝对收敛，又根据积分准则知，级数

$$\sum_{n=1}^{\infty}\dfrac{2^n}{n\ln^2(n+1)}$$

收敛，所以级数的收敛域为 $\left[-\dfrac{3}{2},\ -\dfrac{1}{2}\right]$．

$(3)\ R=\left(\lim\limits_{n\to\infty}\sqrt[n]{|a_n|}\right)^{-1}=\left(\lim\limits_{n\to\infty}\sqrt[n^2]{3^{n^2}}\right)^{-1}=\dfrac{1}{3}$

而当 $x=\pm\dfrac{1}{3}$ 时，级数

$$\sum_{n=1}^{\infty}3^{n^2}\cdot\left(\pm\dfrac{1}{3}\right)^{n^2}$$

发散，所以级数的收敛域为 $\left(-\dfrac{1}{3},\ \dfrac{1}{3}\right)$．

**典型计算题 2**

试确定下列幂级数的收敛域．

1. $\sum_{n=1}^{\infty}\dfrac{x^n}{3^n n}$ 　　　　　　　　2. $\sum_{n=1}^{\infty}\dfrac{(x+1)^n}{n4^{n-1}}$

3. $\sum_{n=1}^{\infty}\dfrac{2^n x^n}{(2n-1)^2\sqrt{3^n}}$ 　　　　4. $\sum_{n=1}^{\infty}\dfrac{(2x-1)^n}{2n-1}$

5. $\sum_{n=1}^{\infty}\dfrac{(n!)^2}{(5n)!}x^n$ 　　　　　6. $\sum_{n=1}^{\infty}\dfrac{(x-2)^n}{\sqrt{n}}$

7. $\sum_{n=1}^{\infty}\dfrac{(x-3)^n}{\ln^n(n+1)}$ 　　　　8. $\sum_{n=1}^{\infty}\dfrac{(x+3)^n}{n^2}$

9. $\sum\limits_{n=1}^{\infty} \dfrac{n^{n+1}}{x^n}$

10. $\sum\limits_{n=1}^{\infty} \dfrac{2n+1}{4^n x^{2n}}$

11. $\sum\limits_{n=1}^{\infty} \dfrac{n!}{x^n}$

12. $\sum\limits_{n=1}^{\infty} \dfrac{x^n}{n+\sqrt{n}}$

13. $\sum\limits_{n=1}^{\infty} \left(1+\dfrac{1}{n}\right)^{n^2} x^n$

14. $\sum\limits_{n=1}^{\infty} \dfrac{n+1}{2^n(n^2+1)} x^n$

15. $\sum\limits_{n=1}^{\infty} \dfrac{n!}{n^n} x^n$

**典型计算题 3**

试求下列函数项级数的收敛域和绝对收敛域.

1. $\sum\limits_{n=1}^{\infty} \dfrac{1}{x^n}$

2. $\sum\limits_{n=1}^{\infty} \dfrac{1}{n}\sin\dfrac{\pi x}{n}$

3. $\sum\limits_{n=1}^{\infty} \mathrm{e}^{-nx}$

4. $\sum\limits_{n=1}^{\infty} \dfrac{1}{n(x+2)^n}$

5. $\sum\limits_{n=1}^{\infty} \dfrac{\ln^n x}{n^2}$

6. $\sum\limits_{n=1}^{\infty} (5-x^2)^n$

7. $\sum\limits_{n=1}^{\infty} \dfrac{1}{n^x}$

8. $\sum\limits_{n=1}^{\infty} n^{-nx^2}$

9. $\sum\limits_{n=1}^{\infty} n^2 \mathrm{e}^{-nx^2}$

10. $\sum\limits_{n=1}^{\infty} \dfrac{n}{\ln^n(x+2)}$

11. $\sum\limits_{n=1}^{\infty} n^2 \left(\dfrac{2x-3}{4}\right)^n$

12. $\sum\limits_{n=1}^{\infty} \dfrac{\cos nx}{\sqrt[3]{n^4}}$

13. $\sum\limits_{n=1}^{\infty} \dfrac{(-1)^n}{x^2+\sqrt{n}}$

14. $\sum\limits_{n=1}^{\infty} \mathrm{e}^{-nx}\sin nx$

15. $\sum\limits_{n=1}^{\infty} \dfrac{x^n}{1-x^n}$

## 14.3.2  幂级数的性质

◆ **定理 14-8**  幂级数

$$\sum_{n=0}^{\infty} a_n x^n$$

$$\sum_{n=0}^{\infty} \dfrac{a_n}{n+1} x^{n+1}$$

$$\sum_{n=1}^{\infty} n a_n x^{n-1}$$

具有相同的收敛半径. (证略)

特别地,对级数(14-22)当 $x_0 = 0$ 时有下述定理:

◆ **定理 14-9**  设幂级数(14-22)的收敛半径为 $R$,则对于任何 $0 < r < R$,幂级数(14-22)在 $[-r, r]$ 上一致收敛.

201

**定理 14-10** 设幂级数(14-22)的收敛半径为 $R$，则

（1）幂级数（14-22）的和函数 $S(x)$ 在 $(-R, R)$ 内连续. 如果 $S(x)$ 在 $x = R(x = -R)$ 处收敛，则 $S(x)$ 在 $x = R(x = -R)$ 处左连续（右连续）.

（2）幂级数(14-22)在$(-R, R)$内可逐项积分，且

$$\int_0^x S(x)\,\mathrm{d}x = \sum_{n=0}^{\infty} a_n \int_0^x x^n \mathrm{d}x, \ x \in (-R, R)$$

而积分后的幂级数的收敛半径仍为 $R$.

（3）幂级数(14-22)在$(-R, R)$内可逐项求导，且

$$S'(x) = \sum_{n=0}^{\infty} (a_n x^n)'$$

而微分后的幂级数的收敛半径仍为 $R$.

**说明 1** 幂级数经逐项微分，或逐项积分后，所得到的幂级数，收敛半径不会改变，但收敛域可能会改变.

**说明 2** 幂级数的和函数在其收敛区间内，不仅是连续的，而且是任意次可微的.

**【例 14-11】** 求级数

$$\sum_{n=1}^{\infty} nx^n$$

的和.

**解** 考虑级数 $\sum_{n=1}^{\infty} x^n$. 当 $|x| < 1$ 时收敛，且它的和等于 $\dfrac{x}{1-x}$. 即

14.3　习题答案

$$\sum_{n=1}^{\infty} x^n = \frac{x}{1-x}$$

对此式两端微分，得

$$\sum_{n=1}^{\infty} nx^{n-1} = \frac{1}{(1-x)^2}$$

由此得

14.4　思维导图

$$\sum_{n=1}^{\infty} nx^n = \frac{x}{(1-x)^2}, \ |x| < 1$$

## 14.4 泰勒级数

### 14.4.1 泰勒级数的概念

如果函数 $f(x)$ 在点 $x_0$ 的某个邻域内有定义且在点 $x_0$ 有任意阶导数，则称幂级数

$$f(x_0) + \sum_{n=1}^{\infty} \frac{f^{(n)}(x_0)}{n!} (x - x_0)^n \tag{14-28}$$

是函数 $f(x)$ 在点 $x_0$ 的泰勒级数.

设函数 $f$ 在点 $x_0$ 处具有任意阶导数，即在点 $x_0$ 的某个邻域内可表示为收敛于 $f(x)$ 的幂级数，即

$$f(x) = \sum_{n=0}^{\infty} a_n (x - x_0)^n, \mid x - x_0 \mid < \rho, \rho > 0 \tag{14-29}$$

则由 14.2 节知函数 $f$ 在点 $x_0$ 的邻域内无限次可微且级数(14-29)的系数可表示为

$$a_0 = f(x_0), a_n = \frac{f^{(n)}(x_0)}{n!}, n \in \mathbf{N}_+$$

大家知道,如果函数 $f(x)$ 在点 $x_0$ 无限次可微（甚至在点 $x_0$ 的某个邻域内）,则不能就此断定对这个函数建立的泰勒级数当 $x \neq x_0$ 时收敛于函数 $f(x)$.

考虑函数 $f(x) = e^{-\frac{1}{x^2}}$, $x \neq 0$, $f(0) = 0$. 这个函数在 $\mathbf{R}$ 上有定义,当 $x \neq 0$ 时,

$$f'(x) = \frac{2}{x^3} e^{-\frac{1}{x^2}}, f''(x) = \left( \frac{4}{x^6} - \frac{6}{x^4} \right) e^{-\frac{1}{x^2}}$$

由此利用数学归纳法容易证明

$$f^{(n)}(x) = e^{-\frac{1}{x^2}} \cdot Q_{3n} \left( \frac{1}{x} \right), x \neq 0$$

其中, $Q_{3n}(t)$ 是关于 $t$ 的 $3n$ 次多项式.

我们利用

$$\lim_{x \to 0} \frac{1}{\mid x \mid^k} e^{-\frac{1}{x^2}} = 0, \forall k \in \mathbf{N}_+$$

可证明:对任何 $k \in \mathbf{N}_+$,有

$$f^{(k)}(0) = 0 \tag{14-30}$$

当 $k = 1$ 时论断式 (14-30) 成立,这是因为

$$f'(0) = \lim_{x \to 0} \frac{e^{-\frac{1}{x^2}}}{x} = 0$$

由此假设 $k = n$ 时式 (14-30) 成立,则可求得

$$f^{(n+1)}(0) = \lim_{x \to 0} \frac{f^{(n)}(x) - f^{(n)}(0)}{x} = \lim_{x \to 0} \frac{1}{x} Q_{3n} \left( \frac{1}{x} \right) e^{-\frac{1}{x^2}} = 0$$

因此,用数学归纳法证明了式(14-30)成立,从而所考虑的函数在 $x_0 = 0$ 的泰勒级数的所有系数都等于零.

因当 $x \neq 0$ 时 $e^{-\frac{1}{x^2}} \neq 0$, 故函数 $f$ 的泰勒级数的和当 $x \neq 0$ 时不等于 $f(x)$. 换句话说,这个函数在 $x_0 = 0$ 的邻域内不能表示为收敛于自身的泰勒级数.

### 14.4.2 泰勒公式的余项

设函数 $f(x)$ 在点 $x_0$ 无限次可微,则可将它表示为级数(14-28),记

$$S_n(x) = \sum_{k=0}^{n} \frac{f^{(k)}(x_0)}{k!} (x - x_0)^k \tag{14-31}$$

$$r_n(x) = f(x) - S_n(x) \tag{14-32}$$

且称 $r_n(x)$ 为函数 $f(x)$ 在点 $x_0$ 处的泰勒级数的余项.

其中

$$r_n(x) = \frac{f^{(n+1)}(\xi)}{(n+1)!} (x - x_0)^{n+1} \tag{14-33}$$

$\xi$ 属于以 $x_0$ 与 $x$ 为端点的区间. $r_n(x)$ 是拉格朗日型余项.

如果存在极限

$$\lim_{n \to \infty} r_n(x) = 0$$

则根据级数收敛的定义，知级数(14-28)在点 $x$ 处收敛于 $f(x)$，即

$$f(x) = \sum_{n=0}^{\infty} \frac{f^{(n)}(x_0)}{n!}(x - x_0)^n \tag{14-34}$$

### 14.4.3　把初等函数展成泰勒级数

我们称级数

$$f(x) = \sum_{n=0}^{\infty} \frac{f^{(n)}(0)}{n!} x^n$$

为麦克劳林级数. 它可由泰勒级数(14-28)中令 $x_0 = 0$ 得出.

**基本初等函数的麦克劳林级数**

1. $\mathrm{e}^x = \sum\limits_{n=0}^{\infty} \dfrac{x^n}{n!}$

2. $\cos x = \sum\limits_{n=0}^{\infty} \dfrac{(-1)^n x^{2n}}{(2n)!}$, $\sin x = \sum\limits_{n=0}^{\infty} \dfrac{(-1)^n x^{2n+1}}{(2n+1)!}$

以上级数的收敛域均为 $(-\infty, +\infty)$.

3. $(1+x)^\alpha = 1 + \sum\limits_{n=1}^{\infty} \mathrm{C}_\alpha^n x^n$

其中，$\mathrm{C}_\alpha^n$ 是广义组合数，

$$\mathrm{C}_\alpha^n = \frac{\alpha(\alpha-1)\cdots(\alpha-n+1)}{n!}$$

如果 $\alpha \neq 0$，$\alpha \neq k (k \in \mathbf{N}_+)$，则此级数的收敛半径等于1. 特别重要的，有

$$\frac{1}{1-x} = \sum_{n=0}^{\infty} x^n, \quad \frac{1}{1+x} = \sum_{n=0}^{\infty} (-1)^n x^n$$

4. $\ln(1+x) = \sum\limits_{n=1}^{\infty} \dfrac{(-1)^{n-1} x^n}{n}$

$\ln(1-x) = -\sum\limits_{n=1}^{\infty} \dfrac{x^n}{n}$

以上四个级数的收敛半径均等于1.

利用3、4条，可以证得

$$\frac{1}{1+x^2} = \sum_{n=0}^{\infty} (-1)^n x^{2n}, \ |x| < 1$$

$$\frac{1}{(1-x)^2} = \sum_{n=0}^{\infty} (n+1) x^n, \ |x| < 1$$

$$\frac{1}{\sqrt{1-x^2}} = 1 + \sum_{n=1}^{\infty} \frac{(2n-1)!!}{(2n)!!} x^{2n}, \ |x| < 1$$

$$\sqrt{1+x^2} = 1 + \frac{x^2}{2} + \sum_{n=2}^{\infty} \frac{(-1)^{n-1}(2n-3)!!}{(2n)!!} x^{2n}, \ |x| < 1$$

试证明之.

【例 14-12】 将函数

$$f(x) = \frac{3x + 8}{(2x - 3)(x^2 + 4)}$$

展成麦克劳林级数.

**解**

$$f(x) = \frac{2}{2x - 3} - \frac{x}{x^2 + 4} = -\frac{2}{3\left(1 - \frac{2x}{3}\right)} - \frac{x}{4\left(1 + \frac{x^2}{4}\right)}$$

$$= -\sum_{n=0}^{\infty} \left(\frac{2}{3}\right)^{n+1} x^n + \sum_{n=0}^{\infty} (-1)^{n+1} \frac{x^{2n+1}}{4^{n+1}}$$

或

$$f(x) = -\sum_{n=0}^{\infty} \left(\frac{2}{3}\right)^{2n+1} x^{2n} + \sum_{n=0}^{\infty} \left[\frac{(-1)^{n+1}}{4^{n+1}} - \left(\frac{2}{3}\right)^{2n+2}\right] x^{2n+1}$$

收敛半径等于 $\frac{3}{2}$.

【例 14-13】 把函数 $f(x) = \ln(4 + 3x - x^2)$，在 $x_0 = 2$ 的邻域内展成泰勒级数.

**解** 因 $4 + 3x - x^2 = (4 - x)(x + 1)$，故令 $x - 2 = t$，得

$$f(x) = g(t) = \ln(2 - t)(3 + t) = \ln 6 + \ln\left(1 - \frac{t}{2}\right) + \ln\left(1 + \frac{t}{3}\right)$$

$$= \ln 6 - \sum_{n=1}^{\infty} \frac{t^n}{2^n n} + \sum_{n=1}^{\infty} \frac{(-1)^{n-1} t^n}{3^n n}$$

由此得

$$f(x) = \ln 6 + \sum_{n=1}^{\infty} \frac{1}{n} \left[(-1)^{n-1} 3^{-n} - 2^{-n}\right] (x - 2)^n$$

收敛半径等于 2.

【例 14-14】 试把函数 $f(x) = \sin^4 x$ 在 $x_0 = \frac{\pi}{4}$ 的邻域内展成泰勒级数.

**解** $f(x) = \left(\frac{1 - \cos 2x}{2}\right)^2 = \frac{1}{4} - \frac{1}{2}\cos 2x + \frac{1 + \cos 4x}{8}$

即

$$f(x) = \frac{3}{8} - \frac{1}{2}\cos 2x + \frac{1}{8}\cos 4x$$

记 $t = x - \frac{\pi}{4}$，则 $x = t + \frac{\pi}{4}$.

$$\cos 2x = -\sin 2t, \ \cos 4x = -\cos 4t$$

所以

$$f(x) = g(t) = \frac{3}{8} + \frac{1}{2}\sin 2t - \frac{1}{8}\cos 4t$$

$$g(t) = \frac{3}{8} + \frac{1}{2}\sum_{n=0}^{\infty} \frac{(-1)^n 2^{2n+1}}{(2n+1)!} t^{2n+1} + \sum_{n=0}^{\infty} \frac{(-1)^{n+1} 2^{4n-3}}{(2n)!} t^{2n}$$

由此可求得

$$f(x) = \frac{1}{4} + \sum_{n=0}^{\infty} \frac{(-1)^n 2^{2n}}{(2n+1)!}\left(x - \frac{\pi}{4}\right)^{2n+1} + \sum_{n=0}^{\infty} \frac{(-1)^{n+1} 2^{4n-3}}{(2n)!}\left(x - \frac{\pi}{4}\right)^{2n}$$

收敛半径等于 $+\infty$.

**【例 14-15】** 对级数

$$\frac{1}{1+x^2} = \sum_{n=0}^{\infty}(-1)^n x^{2n}, x < 1$$

$$\frac{1}{\sqrt{1-x^2}} = 1 + \sum_{n=1}^{\infty}\frac{(2n-1)!!}{(2n)!!}x^{2n}, |x| < 1$$

逐项积分，可得

$$\arctan x = \sum_{n=0}^{\infty}\frac{(-1)^n x^{2n+1}}{2n+1}, |x| \leqslant 1$$

$$\arcsin x = x + \sum_{n=1}^{\infty}\frac{(2n-1)!!}{(2n)!!}\frac{x^{2n+1}}{2n+1}, |x| \leqslant 1$$

**【例 14-16】** 把函数 $f(x)$ 展成麦克劳林级数，并求出级数的收敛半径.

（1）$f(x) = \ln(x + \sqrt{x^2+1})$

（2）$f(x) = \arctan\frac{x+3}{x-3}$

**解**　（1）我们指出

$$\left[\ln(x + \sqrt{x^2+1})\right]' = \frac{1}{\sqrt{1+x^2}}$$

且利用 $\frac{1}{\sqrt{1-x^2}}$ 的展开式，把 $x^2$ 换成 $-x^2$，得

$$\frac{1}{\sqrt{1+x^2}} = 1 + \sum_{n=1}^{\infty}\frac{(-1)^n(2n-1)!!}{(2n)!!}x^{2n}$$

再逐项积分，得

$$\ln(x + \sqrt{x^2+1}) = x + \sum_{n=1}^{\infty}\frac{(-1)^n(2n-1)!!}{(2n)!!}\cdot\frac{x^{2n+1}}{2n+1}$$

收敛半径等于 1.

（2）$f'(x) = -\frac{3}{x^2+9} = -\frac{1}{3\left(1 + \frac{x^2}{9}\right)} = \sum_{n=0}^{\infty}(-1)^{n+1}\frac{x^{2n}}{3^{2n+1}}$

由此，对级数逐项积分，得

$$\int_0^x f'(t)\,dt = f(x) - f(0) = \sum_{n=0}^{\infty}\frac{(-1)^{n+1}}{3^{2n+1}}\int_0^x t^{2n}\,dt$$

$$f(x) = f(0) + \sum_{n=0}^{\infty}\frac{(-1)^{n+1}}{3^{2n+1}}\frac{x^{2n+1}}{2n+1}$$

其中，$f(0) = \arctan(-1) = -\frac{\pi}{4}$.

这个级数的收敛半径等于 3.

**典型计算题 4**

把下列函数展成麦克劳林级数，并求其收敛半径 $R$.

1. $e^{-x^2}$

2. $\dfrac{x^2}{(1+x)^2}$

3. $\dfrac{1}{(1-x^3)^2}$

4. $(1-x^2)^{-\frac{3}{2}}$

5. $\sin\dfrac{x^2}{3}$

6. $\sqrt{1-x^2}$

7. $(1+x)e^{-x}$

8. $(1-x)\ln(1-x)$

9. $(1+x^2)\arctan x$

10. $\arccos x$

11. $\dfrac{5x-4}{x+2}$

12. $\dfrac{1}{x^2-2x-3}$

13. $\dfrac{3x+4}{x^2+x-6}$

14. $\dfrac{1}{(x^2+2)^2}$

15. $\dfrac{1}{1+x+x^2}$

16. $\arctan\dfrac{1-x}{1+x}$

17. $\arctan\left(x+\sqrt{1+x^2}\right)$

18. $\arctan\dfrac{2x^3}{1-x^6}$

19. $\displaystyle\int_0^x e^{-t}\mathrm{d}t$

20. $\displaystyle\int_0^x \dfrac{\sin t}{t}\,\mathrm{d}t$

14.4 习题答案

# 14.5 幂级数在近似计算中的应用

## 14.5.1 定积分的近似计算

【例 14-17】 计算定积分

$$\int_0^{\frac{1}{2}} e^{-x^2}\mathrm{d}x$$

的近似值，精确到 $\delta = 0.001$.

14.5 思维导图

**解** 根据 $e^x$ 的麦克劳林级数，得

$$\int_0^{\frac{1}{2}} e^{-x^2}\mathrm{d}x = \int_0^{\frac{1}{2}}\left[1 - x^2 + \frac{x^4}{2!} - \frac{x^6}{3!} + \cdots + (-1)^n\frac{x^{2n}}{n!} + \cdots\right]\mathrm{d}x$$

$$= \left[x - \frac{x^3}{3} + \frac{x^5}{5\times 2!} - \frac{x^7}{7\times 3!} + \cdots + (-1)^n\frac{x^{2n+1}}{(2n+1)n!} + \cdots\right]\Bigg|_0^{\frac{1}{2}}$$

$$= \frac{1}{2} - \frac{1}{3\times 2^3} + \frac{1}{5\times 2!\times 2^5} - \frac{1}{7\times 3!\times 2^7} + \cdots +$$

$$\frac{(-1)^n}{(2n+1)n!2^{2n+1}} + \cdots$$

这是交错级数，故由

$$\frac{1}{(2n+1)n!2^{2n+1}} < 0.001$$

可确定出 $n$，事实上

$$\frac{1}{5 \times 2! \times 2^5} = \frac{1}{320} > 0.001, \quad n = 2$$

$$\frac{1}{7 \times 3! \times 2^7} = \frac{1}{5376} < 0.001, \quad n = 3$$

因此取 $n = 3$

$$\int_0^{\frac{1}{2}} e^{-x^2} dx \approx \frac{1}{2} - \frac{1}{3 \times 2^3} + \frac{1}{5 \times 2! \times 2^5} \approx 0.461$$

且具有精确度 $0.001$.

## 14.5.2　初等函数值的近似计算

多项式 $P_n(x) = a_0 + a_1 x + \cdots + a_x x^n$ 是最简单的初等函数. 计算 $P_n(x_0)$，$x_0 \in \mathbf{R}$，只需进行有限次加法与乘法的运算，且可达到任一精度. 如果使用计算机，则可更快完成计算.

其他初等函数，如 $\sin x$，$\arctan x$，$\cdots$ 可展示成幂级数

$$f(x) = c_0 + c_1 x + c_2 x^2 + \cdots, \quad -R < x < R \tag{14-35}$$

其中 $R$ 是级数（14-35）的收敛半径. 对于 $x \in (-R, R)$，幂级数以递缩等比级数的收敛速度收敛于 $f(x)$. 事实上，$\forall q_1, q: 0 < q_1 < q < R$，且 $\forall x \in [-q_1, q_1]$ 有

$$|c_n x^n| = \left| c_n q^n \left( \frac{x}{q} \right)^n \right| \leqslant M \left( \frac{q_1}{q} \right)^n$$

其中 $|c_n q^n| \leqslant M$，$\forall n$，$\dfrac{q_1}{q} < 1$.

由此可见，用幂级数（14-35）来计算函数 $f(x)$ 在 $(-R, R)$ 的内点 $x$ 处的函数值是十分有效的.

如果在 $(-R, R)$ 的某个端点处 $x = R$（或 $x = -R$）幂级数（14-35）收敛，则它的收敛速度要慢于递缩等比级数的收敛速度，通常相当慢，致使不适合用幂级数（14-35）来直接计算函数 $f(x)$ 在 $x = R$（或 $x = -R$）的值. 下面用例子来解释这种情况.

### 1. 先考虑计算数 $\pi$

前面已证明：

$$\arctan x = x - \frac{x^3}{3} + \frac{x^5}{5} - \cdots, \quad (-1 < x < 1) \tag{14-36}$$

在区间 $[0,1]$ 上积分恒等式

$$\frac{1}{1 + x^2} = 1 - x^2 + x^4 - \cdots + (-1)^n x^{2n} + (-1)^{n+1} \frac{x^{2n+2}}{1 + x^2}$$

由此可得

$$\int_0^1 \frac{dx}{1 + x^2} = \arctan 1 = \frac{\pi}{4} = \int_0^1 dx - \int_0^1 x^2 dx + \cdots + (-1)^n \int_0^1 x^{2n} dx + (-1)^{n+1} \int_0^1 \frac{x^{2n+2}}{1 + x^2} dx$$

$$= 1 - \frac{1}{3} + \frac{1}{5} - \cdots + (-1)^n \frac{1}{2n+1} + \alpha_n$$

其中 $\alpha_n = (-1)^{n+1} \displaystyle\int_0^1 \frac{x^{2n+2}}{1 + x^2} dx$. 显然

$$| \alpha_n | \leqslant \int_0^1 x^{2n+2} \mathrm{d}x = \frac{1}{2n+3} \to 0, n \to \infty$$

因此，$\left| \arctan1 - \sum_{k=0}^n \frac{(-1)^k}{2k+1} \right| \to 0$，$n \to \infty$. 即 arctan1 是级数和

$$\arctan1 = \frac{\pi}{4} = \sum_{k=0}^{\infty} \frac{(-1)^k}{2k+1}$$

即

$$\pi = 4 \sum_{k=0}^{\infty} \frac{(-1)^k}{2k+1} \tag{14-37}$$

可以看出，这个级数的收敛速度要慢于递缩等比级数的收敛速度

为了利用级数（14-37）计算 $\pi$ 值（精确到 $10^{-6}$），需要确定取级数（14-37）多少加项才能使余项小于 $10^{-6}$，因级数（14-37）是莱布尼兹型级数，所以

$$| R_n | = \left| 4 \sum_{k=n+1}^{\infty} \frac{(-1)^K}{2k+1} \right| \leqslant \frac{4}{2n+3}$$

由此可知，当 $n = 2 \times 10^{-6}$ 时，$| R_n | < 10^6$. 即计算 $\pi$ 值（精确到 $10^{-6}$）需取级数（14-37）前两百万加项.

用手算完成这样的计算毫无价值. 在计算机上可以完成这项工作，但若利用级数（14-37）在计算机上计算将是没有效率的.

下面我们考虑一个快速收敛到数 $\pi$ 的级数. 为此取数 $\alpha$，使有 $\tan\alpha = \frac{1}{5}$，由此得

$$\tan 2\alpha = \frac{2\tan\alpha}{1-\tan^2\alpha} = \frac{\frac{2}{5}}{1-\frac{1}{25}} = \frac{5}{12}, \tan 4\alpha = \frac{2\tan 2\alpha}{1-\tan^2 2\alpha} = \frac{\frac{2}{5}}{1-\frac{1}{25}} = \frac{120}{119}$$

$$\tan\left(4\alpha - \frac{\pi}{4}\right) = \frac{\tan 4\alpha - \tan\frac{\pi}{4}}{1+\tan 4\alpha \cdot \tan\frac{\pi}{4}} = \frac{\frac{2}{5}}{1-\frac{1}{25}} = \frac{1}{239}, 4\alpha - \frac{\pi}{4} = \arctan\left(\frac{1}{239}\right)$$

$$\pi = 16a - 4\arctan\left(\frac{1}{239}\right) = 16\arctan\frac{1}{5} - 4\arctan\left(\frac{1}{239}\right)$$

利用级数（14-36）得

$$\pi = 16 \sum_{k=0}^{\infty} \frac{(-1)^k}{(2k+1)5^{2k+1}} - 4 \sum_{k=0}^{\infty} \frac{(-1)^k}{(2k+1)239^{2k+1}}$$

上式中的两个级数收敛得相当快（快于递缩等比级数的收敛速度）. 为使余项小于 $10^{-6}$，容易验证：第一个级数取前四项，第二个级数取前两项，最后得 $\pi \approx 3.141592$.

**2. 对数的计算**

我们已经知道，由积分恒等式

$$\frac{1}{1+x} = 1 - x + x^2 - x^3 + \cdots, \ | x | < 1$$

可得到 $\ln(1+x)$ 的泰勒公式

$$\ln(1+x) = \int_0^x \frac{\mathrm{d}x}{1+x} = x - \frac{x^2}{2} + \frac{x^3}{3} - \frac{x^4}{4} + \cdots \tag{14-38}$$

可以证明，当 $x = 1$ 时，级数（14-38）收敛于 ln2. 事实上，在 $[0,1]$ 上积分恒等式

$$\frac{1}{1+x} = 1 - x + x^2 - x^3 + \cdots + (-1)^n x^n + (-1)^{n+1} \frac{x^{n+1}}{1+x}$$

得 $\ln 2 = 1 - \frac{1}{2} + \frac{1}{3} - \cdots + (-1)^n \frac{1}{n+1} + \beta_n$，其中

$$|\beta_n| = \left| \int_0^1 \frac{x^{n+1}}{1+x} dx \right| \leqslant \int_0^1 x^{n+1} dx = \frac{1}{n+2} \to 0, n \to \infty$$

当 $x = 1$ 时，级数（14-38）与级数（14-37）同样收敛缓慢. 在级数（14-38）中用 $-x$ 代替 $x$，得

$$\ln(1 - x) = -\sum_{k=1}^{\infty} \frac{x^k}{k} \tag{14-39}$$

由式（14-38）、式（14-39），得

$$\ln \frac{1+x}{1-x} = 2 \sum_{k=1}^{\infty} \frac{x^{2k+1}}{2k+1} \tag{14-40}$$

利用式（14-40）可计算自然数的对数，譬如设 $x = \frac{1}{3}$，可得

$$\ln 2 = 2 \sum_{k=1}^{\infty} \frac{1}{(2k+1) 3^{2k+1}} \tag{14-41}$$

其中式（14-41）右端级数收敛速度快于递缩等比级数的收敛速度.

为了计算 ln2（精确到 $10^{-5}$），只需取级数的前五项（级数的每一加项都要计算到小数点后 6 位有效数字）：$\ln 2 \approx 0.693146$.

一般地，可令 $x = \frac{1}{2m+1}$，其中 $m$ 是自然数，有 $\frac{1+x}{1-x} = \frac{m+1}{m}$，且

$$\ln(m+1) = \ln m + 2 \sum_{k=0}^{\infty} \frac{1}{(2k+1)(2m+1)^{2k+1}} \tag{14-42}$$

逐次设 $m = 2, 3, \cdots$，可求得 $\ln 3, \ln 4, \cdots$. 式（14-42）中的级数收敛速度非常快.

**3. 根式的计算**

已知 $f(x) = (1+x)^\alpha$ 的泰勒级数是

$$(1+x)^\alpha = 1 + \sum_{k=1}^{\infty} \frac{\alpha(\alpha-1)\cdots(\alpha-k+1)}{k!} x^k \tag{14-43}$$

级数（14-43）的收敛半径 $R = 1$，称级数（14-43）为二项展开式. 我们知道，当 $x = \pm 1$ 时，级数（14-43）不总是收敛的，即使收敛，其收敛速度也很慢. 所以，如果计算 $\sqrt{2}$，取 $x = 1$，$\alpha = \frac{1}{2}$，利用式（14-43）也是不合适的，当然也可以计算. 通常把根号下的数做适当变化，使其与单位 1 相差一个较小的数：

$$\sqrt{2} = \sqrt{\frac{2 \times 25 \times 49}{25 \times 49}} = \frac{7}{5} \sqrt{\frac{50}{49}} = \frac{7}{5} \left(1 + \frac{1}{49}\right)^{\frac{1}{2}}$$

或

$$\sqrt{2} = \sqrt{\frac{2 \times 25 \times 49}{25 \times 49}} = \frac{7}{5} \frac{1}{\sqrt{\frac{49}{50}}} = \frac{7}{5} \left(1 - \frac{1}{50}\right)^{-\frac{1}{2}} = \frac{7}{5} \left(1 - \frac{2}{100}\right)^{-\frac{1}{2}} \tag{14-44}$$

25 和 49 这两个数是这样找出来的：先写出自然数的平方数列：

$$1,4,9,16,25,36,49,64,\cdots \tag{14-45}$$

然后用根号下的数 2 遍乘式（14-45）中的各数，得

$$2,8,18,32,50,72,98,128,\cdots \tag{14-46}$$

式（14-45）与式（14-46）中各找出一个数，使它们的比值接近于 1，这样得到第一组数 49 和 50. 如果继续往下找，还可以找到更接近的两个数 289 和 288，从而有

$$\sqrt{2} = \sqrt{\frac{2 \times 144 \times 289}{144 \times 289}} = \frac{17}{12}\sqrt{\frac{288}{289}} = \frac{17}{12}\left(1 + \frac{1}{288}\right)^{\frac{1}{2}} \tag{14-47}$$

现在可以利用级数（14-43），如根据式（14-47），取 $x = \dfrac{1}{288}$，得

$$\sqrt{2} = \frac{17}{12}\sum_{k=0}^{\infty} \frac{-\frac{1}{2}\left(-\frac{3}{2}\right)\left(-\frac{5}{2}\right)\cdots\left(-\frac{1}{2} - k + 1\right)}{k!}\frac{1}{288^k} \tag{14-48}$$

级数（14-48）收敛很快. 此外，它是交错级数，即级数的余项小于这个余项的首项的模.

把级数（14-48）按展开形式写

$$\sqrt{2} = \frac{17}{12}\left(1 - \frac{1}{2 \cdot 288} + \frac{1 \cdot 3}{2^2 \cdot 2! \cdot 288^2} - \frac{1 \cdot 3 \cdot 5}{2^3 \cdot 3! \cdot 288^3} + \cdots\right) \tag{14-49}$$

级数（14-49）的第三项小于 $8 \times 10^{-6} < 10^{-5}$，所以

$$\sqrt{2} \approx \frac{17}{12}\left(1 - \frac{1}{576}\right) = 1.414207$$

需指出，从式（14-44）出发计算 $\sqrt{2}$ 非常方便，因在分母立刻得出 10 的次数，如取其前三项，则有 $\sqrt{2} \approx 1.41421$. 最后看一个例子.

【例 14-18】 计算 $\sqrt[3]{5}$（精确到 0.01）.

**解** 写出自然数的立方序列：

$$1, 8, 27, 64, 125, 216, \cdots$$

再用 5 遍乘这个序列各项得

$$5, 40, 135, 320, 625, 1080, \cdots$$

由此得

$$\sqrt[3]{5} = \sqrt[3]{\frac{5 \times 27 \times 125}{27 \times 125}} = \frac{5}{3}\left(1 + \frac{8}{100}\right)^{\frac{1}{3}} = \frac{5}{3}\left(1 + \frac{8}{3 \times 10^2} - \frac{2 \times 8^2}{3^2 \times 2! \times 10^4} + \frac{2 \times 5 \times 8^3}{3^3 \times 3! \times 10^6} - \cdots\right)$$

级数的第三项 $\dfrac{5 \cdot 8^2}{3^3 \times 10^4} < 0.01$，所以

$$\sqrt[3]{5} \approx \frac{5}{3}\left(1 + \frac{8}{300}\right) = 1.71\cdots \quad（精确到 0.01）$$

这里重点提出一个幂级数的收敛速度问题. 通过举例介绍了如何选取快速收敛的级数来近似计算初等函数值的方法. 方法简明实用，易操作.

---

### 练习

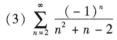

计算下列各值的近似值（具有指定精确度 $\delta$）.

1. $\sqrt[4]{19}, \delta = 10^{-3}$

2. $\sqrt{e}, \delta = 10^{-3}$

3. $\int_0^{0.5} e^{\frac{-t^2}{2}} dt, \delta = 10^{-4}$

14.5　习题答案

## 14.6 综合解法举例

**【例 14-19】** 求下列级数的和.

(1) $\displaystyle\sum_{n=0}^{\infty} \frac{2^n(n+1)}{n!}$

(2) $\displaystyle\sum_{n=0}^{\infty} \frac{(-1)^n n}{(2n+1)!}$

(3) $\displaystyle\sum_{n=2}^{\infty} \frac{(-1)^n}{n^2+n-2}$

14.6　思维导图

**解**　(1) 对幂级数

$$\sum_{n=0}^{\infty} \frac{(2x)^{n+1}}{n!} = 2xe^{2x}, \quad |x| < +\infty$$

逐项微分, 得

$$(2xe^{2x})' = \sum_{n=0}^{\infty} \frac{(n+1)2^{n+1}x^n}{n!}$$

令 $x = 1$, 由此得

$$\sum_{n=0}^{\infty} \frac{2^n(n+1)}{n!} = 3e^2$$

(2) 我们指出

$$\sum_{n=0}^{\infty} \frac{(-1)^n x^{2n+1} n}{(2n+1)!} = \frac{1}{2}x\sum_{n=0}^{\infty} \frac{(-1)^n x^{2n}}{(2n)!} - \frac{1}{2}\sum_{n=0}^{\infty} \frac{(-1)^n x^{2n+1}}{(2n+1)!}$$

$$= \frac{1}{2}(x\cos x - \sin x), \quad |x| < +\infty$$

令 $x = 1$, 得

$$\sum_{n=0}^{\infty} \frac{(-1)^n n}{(2n+1)!} = \frac{1}{2}(\cos 1 - \sin 1).$$

(3) 首先, 有

$$\sum_{n=2}^{\infty} \frac{(-1)^n x^{n-1}}{n^2+n-2} = \frac{1}{3}\sum_{n=2}^{\infty} \frac{(-1)^n x^{n-1}}{n-1} - \frac{1}{3x^3}\sum_{n=2}^{\infty} \frac{(-1)^n x^{n+2}}{n+2}$$

$$= \frac{1}{3}\ln(1+x) - \frac{1}{3x^3}\left[-\ln(1+x) + x - \frac{x^2}{2} + \frac{x^3}{3}\right] \qquad (0 < x < 1)$$

由此得

$$\sum_{n=2}^{\infty} \frac{(-1)^n}{n^2 + n - 2} = \lim_{x \to 1-0} \sum_{n=2}^{\infty} \frac{(-1)^n x^{n-1}}{n^2 + n - 2} = \frac{2}{3} \ln 2 - \frac{5}{18}$$

【例 14-20】　求级数

$$\sum_{n=0}^{\infty} \frac{(-1)^n (2n^2 + 1)}{(2n)!} x^{2n}$$

的和函数 $S(x)$.

**解**　将原级数分解为两个级数的和

$$S(x) = \sum_{n=1}^{\infty} \frac{(-1)^n n}{(2n-1)!} x^{2n} + \sum_{n=0}^{\infty} \frac{(-1)^n x^{2n}}{(2n)!}, \mid x \mid < + \infty$$

我们指出, 第二个级数的和等于 $\cos x$, 下面来求第一个级数的和. 设

$$f(x) = \sum_{n=1}^{\infty} \frac{(-1)^n n x^{2n}}{(2n-1)!} = x \varphi(x)$$

其中

$$\varphi(x) = \sum_{n=1}^{\infty} \frac{(-1)^n n x^{2n-1}}{(2n-1)!}$$

对这个级数逐项积分, 得

$$\int_0^x \varphi(t) \, \mathrm{d}t = -\frac{x}{2} \sum_{n=1}^{\infty} (-1)^{n-1} \frac{x^{2n-1}}{(2n-1)!} = -\frac{x}{2} \sin x$$

由此得

$$\varphi(x) = -\frac{1}{2} \sin x - \frac{x}{2} \cos x$$

因此

$$f(x) = -\frac{x}{2} (\sin x + x \cos x)$$

而

$$S(x) = \left(1 - \frac{x^2}{2}\right) \cos x - \frac{x}{2} \sin x, \mid x \mid < + \infty$$

【例 14-21】　求级数

$$\sum_{n=1}^{\infty} \frac{(-1)^{n-1} x^{2n}}{n(2n-1)}$$

的和函数.

**解**　在收敛区间内对级数进行两次逐项微分, 得

$$f''(x) = 2 \sum_{n=1}^{\infty} (-1)^{n-1} x^{2(n-1)} = \frac{2}{1 + x^2}, \mid x \mid < 1$$

由此再对 $x$ 两次积分, 得

$$f'(x) = 2\arctan x + C_1$$
$$f(x) = 2x\arctan x - \ln(1 + x^2) + C_1 x + C_2$$

由于 $f(0) = f'(0) = 0$, 故 $C_1 = C_2 = 0$, 因此

$$\sum_{n=1}^{\infty} \frac{(-1)^{n-1} x^{2n}}{n(2n-1)} = 2x \arctan x - \ln(1 + x^2)$$

因所给级数在 $x = \pm 1$ 处收敛, 且在两端连续, 所以上述等式在 $\mid x \mid \leqslant 1$ 时成立.

【例14-22】 求级数

$$1 + \frac{x^2}{2!} + \frac{x^4}{4!} + \cdots$$

的和函数.

**解** 设

$$S(x) = 1 + \frac{x^2}{2!} + \frac{x^4}{4!} + \cdots$$

则

$$S'(x) = x + \frac{x^3}{3!} + \frac{x^5}{5!} + \cdots$$

所以

$$S(x) + S'(x) = e^x, S(x) - S'(x) = e^{-x}$$

由此解得

$$S(x) = \frac{1}{2}(e^x + e^{-x}) = \cosh x, \ |x| < \infty$$

14.6　习题答案

## 习 题 14

习题 14 答案

1. 求 $\sum_{n=0}^{\infty} (n+1)(n+3)x^n$ 的收敛域及和函数.

2. 求级数

$$1 - \frac{1}{4} + \frac{1}{7} - \frac{1}{10} + \cdots$$

的和.

提示：考虑幂级数

$$S(x) = \sum_{n=0}^{\infty} (-1)^n \frac{x^{3n+1}}{3n+1}$$

并利用 $1 - \frac{1}{4} + \frac{1}{7} - \frac{1}{10} + \cdots = \lim_{x \to 1-0} S(x)$.

3. 求级数

$$1 - \frac{1}{2} + \frac{1 \times 3}{2 \times 4} - \frac{1 \times 3 \times 5}{2 \times 4 \times 6} + \cdots$$

的和.

提示：考虑

$$(1 + x^2)^{\frac{-1}{2}} = 1 + \sum_{n=1}^{\infty} \frac{(-1)^n (2n-1)!!}{(2n)!!} x^{2n}$$

4. 计算

$$\int_0^1 \frac{\ln(x + \sqrt{1 + x^2})}{x} dx$$

提示：利用

$$\ln(x + \sqrt{1 + x^2}) = x + \sum_{n=1}^{\infty} \frac{(-1)^n (2n-1)!! x^{2n+1}}{(2n)!! (2n+1)}$$

及逐项积分法.

# 第 15 章

# 傅里叶级数

## 15.1 三角级数的引入

在物理与力学中经常研究下述描述谐振动的系统：

（1）摆的微小振动.

（2）在重力作用下在有弹性的弹簧上移动的重物的微小振动.

（3）由电容 $C$ 与自感 $L$ 组成的回路中的电流振荡.

它们的运动规律可用谐振动方程来描述. 考虑方程

$$x''(t) + \omega^2 x(t) = 0$$

其中 $\omega > 0$ 是常数. 特征方程为 $\lambda^2 + \omega^2 = 0$，特征根 $\lambda_{1,2} = \pm i\omega$. 从而方程的全部实值解可写为

$$x(t) = C_1 \cos \omega t + C_2 \sin \omega t$$

其中 $C_1$，$C_2$ 为任意常数，这个解还可写成

$$x(t) = A\cos(\omega t - \varphi)$$

其中 $A = \sqrt{C_1^2 + C_2^2}$，$\cos \varphi = \dfrac{C_1}{A}$，$\sin \varphi = \dfrac{C_2}{A}$. 为了从中选出唯一解，必须给定函数 $x(t)$ 及其导数 $x'(t)$ 在某个时刻 $t = t_0$ 处的值. 为简单起见，设 $t_0 = 0$，则有初始条件

$$x(0) = x_0, \; x'(0) = x_1$$

假设 $x$ 轴运动的质点在 $t$ 时刻的坐标是 $x(t)$ 且初速度 $x_1$ 是正的，则质点向右运动至点 $x = A$ 处，其中 $A = \sqrt{x_0^2 + \dfrac{x_1^2}{\omega^2}}$，然后质点转为向左运动

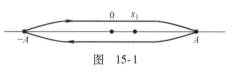

图　15-1

至点 $x = -A$，以此往复下去（见图 15-1）. 因此，质点做周期运动，称为 $A$ 为振幅，振动周期为 $T = \dfrac{2\pi}{\omega}$. 在这里，振动周期不依赖于振幅（对于非线性周期振动情况则不同）.

周期振动（或简谐振动）在非常广泛的科技领域内，包括弹性理论、声学、无线电技术、电子技术等处处存在.

我们可以用 $2l$ 为周期的谐振动的有限叠加来表示复杂的振动：

$$S_n(t) = \frac{a_0}{2} + \sum_{k=1}^{n} \left( a_k \cos \frac{k\pi}{l} t + b_k \sin \frac{k\pi}{l} t \right)$$

对于更复杂的周期振动，可用收敛级数的和表示，即

$$f(t) = \frac{a_0}{2} + \sum_{k=1}^{\infty} \left( a_k \cos \frac{k\pi}{l} t + b_k \sin \frac{k\pi}{l} t \right)$$

称上式为三角级数，其中 $a_k$，$b_k$ 为上式的系数，且称上式中的项 $a_k \cos \dfrac{k\pi}{l} t + b_k \sin \dfrac{k\pi}{l} t$ 为级数的 $k$ 次谐波.

**【例 15-1】** 考虑级数

$$\sum_{k=1}^{\infty} \frac{\sin(2k-1)x}{2k-1} = \frac{\sin x}{1} + \frac{\sin 3x}{3} + \frac{\sin 5x}{5} + \frac{\sin 7x}{7} + \cdots$$

下面作出它的部分和 $S_1(x)$，$S_2(x)$，$S_3(x)$ 与 $S_n(x)$ 的图形，以及函数

$$\psi(x) \begin{cases} \dfrac{\pi}{4} & 0 < x < \pi \\ 0 & x = 0, \, x = \pi \\ -\dfrac{\pi}{4} & -\pi < x < 0 \end{cases}$$

的图形（见图 15-2 ~ 图 15-6）.

由图形可以看出，应当设

$$\lim_{n \to \infty} S_n(x) = \psi(x), \quad -\pi < x \leqslant \pi$$

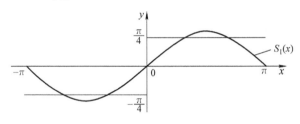

图　15-2

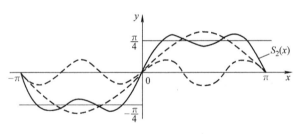

图　15-3

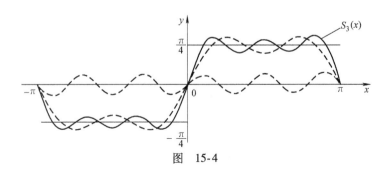

图　15-4

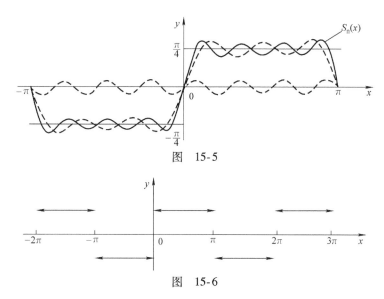

图 15-5

图 15-6

由于对任何 $n$ 都有 $S_n(x+2\pi)=S_n(x)$，$-\pi<x\leqslant\pi$，且可把 $\psi(x)$ 延拓为整个实轴上的以 $2\pi$ 为周期的函数，故应有

$$\lim_{n\to\infty}S_n(x)=\psi(x),\quad -\infty<x\leqslant\infty$$

【例 15-2】 研究级数 $\sum\limits_{k=1}^{\infty}(-1)^{k-1}\dfrac{\sin kx}{k}$，作它的部分和

$$S_2(x)=\sin x-\frac{\sin 2x}{2}$$

$$S_3(x)=\sin x-\frac{\sin 2x}{2}+\frac{\sin 3x}{3}$$

$$S_4(x)=\sin x-\frac{\sin 2x}{2}+\frac{\sin 3x}{3}-\frac{\sin 4x}{4}$$

$$S_n(x)=\sum_{k=1}^{n}(-1)^k\frac{\sin kx}{x}\ \text{与}\ S(x)=\begin{cases}x & -\pi<x<\pi\\0 & x=\pi\end{cases}$$

的图形，类似于例 15-1，显然可推断有

$$S(x)=\lim_{n\to\infty}S_n(x),\quad -\infty<x<+\infty$$

如图 15-7 和图 15-8 所示.

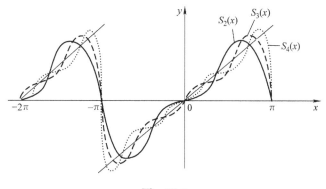

图 15-7

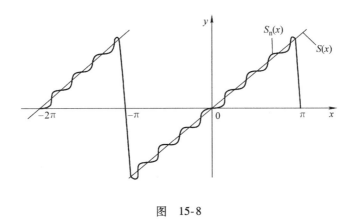

图　15-8

本节的内容体现了工科数学的实用性，微分方程的有关内容与三角级数的引入有紧密的联系，图形可以描述三角级数的收敛性，刻画了傅里叶级数引入的实际背景与数学思想方法. 读者可以参考相关内容的多媒课件，也可以用数学软件自己制作图形.

## 15.2　正交函数系

如果对于在$[a,b]$上连续的函数

$$\varphi_1(x),\cdots,\varphi_n(x),\cdots \tag{15-1}$$

满足

$$\int_a^b \varphi_n(x)\varphi_m(x)\mathrm{d}x = 0, \forall n,m \in \mathbf{N}_+ \text{ 且 } m \neq n$$

则称函数系(15-1)在$[a,b]$上是正交的.

若对正交函数系(15-1)还满足

$$\int_a^b \varphi_n^2(x)\mathrm{d}x = 1, \forall n \in \mathbf{N}_+$$

则称函数系$\{\varphi_n(x)\}$在$[a,b]$上是标准正交的.

譬如，三角函数系

$$\frac{1}{2}, \cos\frac{\pi x}{l}, \sin\frac{\pi x}{l}, \cdots, \cos\frac{n\pi x}{l}, \sin\frac{n\pi x}{l}, \cdots$$

在$[-l,l]$上是正交的.

特别地，当$l = \pi$时

$$\frac{1}{2}, \cos x, \sin x, \cdots, \cos nx, \sin nx, \cdots$$

15.2　思维导图

在$[-\pi,\pi]$上是正交的. 事实上，有

$$\int_{-l}^l \frac{1}{2}\,\mathrm{d}x = l$$

$$\int_{-l}^l \frac{1}{2}\cos\frac{n\pi x}{l}\,\mathrm{d}x = \int_{-l}^l \frac{1}{2}\sin\frac{n\pi x}{l}\,\mathrm{d}x = 0$$

$$\int_{-l}^{l}\cos\frac{n\pi x}{l}\cos\frac{k\pi x}{l}\,\mathrm{d}x = \begin{cases} 0 & \text{当 } n \neq k \text{ 时} \\ l & \text{当 } n = k \text{ 时} \end{cases}$$

$$\int_{-l}^{l}\sin\frac{n\pi x}{l}\sin\frac{k\pi x}{l}\,\mathrm{d}x = \begin{cases} 0 & \text{当 } n \neq k \text{ 时} \\ l & \text{当 } n = k \text{ 时} \end{cases}$$

$$\int_{-l}^{l}\cos\frac{n\pi x}{l}\sin\frac{k\pi x}{l}\,\mathrm{d}x = 0$$

以上各式中 $n$ 和 $k$ 均为正整数. 利用三角函数的积化和差公式，很容易验证上述结果.

## 15.3　周期函数的傅里叶级数

**定理 15-1**　如果以 $2l$ 为周期的函数 $f(x)$ 在区间 $[-l,l]$ 上能够展开成可以逐项积分的三角级数

$$f(x) = \frac{a_0}{2} + \sum_{n=1}^{\infty}\left(a_n\cos\frac{n\pi x}{l} + b_n\sin\frac{n\pi x}{l}\right) \tag{15-2}$$

则其系数为

$$\begin{cases} a_0 = \dfrac{1}{l}\displaystyle\int_{-l}^{l} f(x)\,\mathrm{d}x \\[2mm] a_n = \dfrac{1}{l}\displaystyle\int_{-l}^{l} f(x)\cos\frac{n\pi x}{l}\,\mathrm{d}x, n\in\mathbf{N}_+ \\[2mm] b_n = \dfrac{1}{l}\displaystyle\int_{-l}^{l} f(x)\sin\frac{n\pi x}{l}\,\mathrm{d}x, n\in\mathbf{N}_+ \end{cases} \tag{15-3}$$

**证**　将式(15-2)两边在区间 $[-l,l]$ 上积分，并利用三角函数系的正交性，有

$$\int_{-l}^{l}f(x)\,\mathrm{d}x$$

$$= \int_{-l}^{l}\frac{a_0}{2}\,\mathrm{d}x + \sum_{n=1}^{\infty}\left(a_n\int_{-l}^{l}\cos\frac{n\pi x}{l}\,\mathrm{d}x + b_n\int_{-l}^{l}\sin\frac{n\pi x}{l}\,\mathrm{d}x\right)$$

$$= a_0 l$$

所以

$$a_0 = \frac{1}{l}\int_{-l}^{l}f(x)\,\mathrm{d}x$$

对于式(15-2)两边同时乘以 $\cos\dfrac{k\pi x}{l}$，$k\in\mathbf{N}_+$，然后在区间 $[-l,l]$ 上积分，并利用三角函数系的正交性，得

15.3　思维导图

$$\int_{-l}^{l}f(x)\cos\frac{k\pi x}{l}\,\mathrm{d}x = \int_{-l}^{l}\frac{a_0}{2}\cos\frac{k\pi x}{l}\,\mathrm{d}x +$$

$$\sum_{n=1}^{\infty}\left(a_n\int_{-l}^{l}\cos\frac{n\pi x}{l}\cos\frac{k\pi x}{l}\,\mathrm{d}x + b_n\int_{-l}^{l}\sin\frac{n\pi x}{l}\cos\frac{k\pi x}{l}\,\mathrm{d}x\right)$$

$$= a_k\int_{-l}^{l}\left(\cos\frac{k\pi x}{l}\right)^2\mathrm{d}x = a_k l$$

所以

$$a_k = \frac{1}{l}\int_{-l}^{l} f(x)\cos\frac{k\pi x}{l}\,\mathrm{d}x,\ k \in \mathbf{N}_+$$

同理，对于式(15-2)两边同时乘以 $\sin\dfrac{k\pi x}{l}$，$k \in \mathbf{N}_+$，然后在区间 $[-l,l]$ 上积分，可求得

$$b_k = \frac{1}{l}\int_{-l}^{l} f(x)\sin\frac{k\pi x}{l}\,\mathrm{d}x,\ k \in \mathbf{N}_+$$

由式(15-3)可知，只要函数 $f(x)$ 在区间 $[-l,l]$ 上可积，就可以由式(15-3)计算出积分值 $a_0$，$a_n$，$b_n$，$n \in \mathbf{N}_+$，这些常数称为函数 $f(x)$ 的傅里叶系数.

**定义 15-1**　如果以 $2l$ 为周期的函数 $f(x)$ 在区间 $[-l,l]$ 上可积，则称以式(15-3)为系数的三角级数

$$\frac{a_0}{2} + \sum_{n=1}^{\infty}\left(a_n\cos\frac{n\pi x}{l} + b_n\sin\frac{n\pi x}{l}\right) \tag{15-4}$$

为函数 $f(x)$ 的傅里叶级数.

注　（1）函数 $f(x)$ 的傅里叶级数常记为

$$f(x) \sim \frac{a_0}{2} + \sum_{n=1}^{\infty}\left(a_n\cos\frac{n\pi x}{l} + b_n\sin\frac{n\pi x}{l}\right) \tag{15-5}$$

（2）以 $2\pi$ 为周期的函数 $f(x)$ 的傅里叶级数为

$$f(x) \sim \frac{a_0}{2} + \sum_{n=1}^{\infty}\left(a_n\cos nx + b_n\sin nx\right) \tag{15-6}$$

$$\begin{cases} a_0 = \dfrac{1}{\pi}\displaystyle\int_{-\pi}^{\pi} f(x)\,\mathrm{d}x \\[2mm] a_n = \dfrac{1}{\pi}\displaystyle\int_{-\pi}^{\pi} f(x)\cos nx\,\mathrm{d}x,\, n \in \mathbf{N}_+ \\[2mm] b_n = \dfrac{1}{\pi}\displaystyle\int_{-\pi}^{\pi} f(x)\sin nx\,\mathrm{d}x,\, n \in \mathbf{N}_+ \end{cases} \tag{15-7}$$

（3）函数 $f(x)$ 的傅里叶级数(15-4)未必收敛，即使收敛也未必收敛于 $f(x)$. 那么，在什么条件下 $f(x)$ 的傅里叶级数(15-4)收敛于 $f(x)$，狄利克雷给出如下定理.

**定理 15-2**　（收敛的充分条件）如果以 $2l$ 为周期的函数 $f(x)$ 在区间 $[-l,l]$ 上满足如下狄利克雷条件：

（1）除有限个第一类间断点外，处处连续；

（2）分段单调，且单调区间个数有限，

则周期函数 $f(x)$ 的傅里叶级数(15-4)在整个实数域内处处收敛，且

$$\frac{a_0}{2} + \sum_{n=1}^{\infty}\left(a_n\cos\frac{n\pi x}{l} + b_n\sin\frac{n\pi x}{l}\right)$$

$$= \frac{1}{2}[f(x-0) + f(x+0)]$$

$$= \begin{cases} f(x) & \text{当 } x \text{ 为 } f(x) \text{ 的连续点时} \\[2mm] \dfrac{1}{2}[f(x-0) + f(x+0)] & \text{当 } x \text{ 为 } f(x) \text{ 的间断点时} \end{cases} \tag{15-8}$$

在定理 15-2 的条件下，函数 $f(x)$ 的傅里叶级数的和函数 $S(x)$ 在区间 $[-l, l]$ 上的表达式为

$$S(x) = \begin{cases} f(x) & \text{当 } x \text{ 为 } f(x) \text{ 的连续点时} \\ \dfrac{1}{2}[f(x-0) + f(x+0)] & \text{当 } x \text{ 为 } f(x) \text{ 的间断点时} \\ \dfrac{1}{2}[f(-l+0) + f(l-0)] & \text{当 } x = \pm l \text{ 时} \end{cases} \qquad (15\text{-}9)$$

定理 15-2 表明，满足狄利克雷条件的周期函数 $f(x)$ 的傅里叶级数 (15-4) 在整个实数轴上处处收敛，而且在 $f(x)$ 的连续点处收敛于 $f(x)$，在 $f(x)$ 的间断点处收敛于左、右极限的算术平均值。把函数展开为傅里叶级数的条件远远低于把函数展开为泰勒级数的条件。

最后要强调的是，周期函数 $f(x)$ 的傅里叶级数展开式是唯一的，其中常数项 $\dfrac{a_0}{2}$ 就是函数 $f(x)$ 在一个周期内的平均值。

**【例 15-3】** 设函数 $f(x)$ 以 $2\pi$ 为周期，且

$$f(x) = \begin{cases} -1 & \text{当 } -\pi \leqslant x \leqslant 0 \text{ 时} \\ x^2 & \text{当 } 0 < x < \pi \text{ 时} \end{cases}$$

问其傅里叶级数在 $x = \pi$ 处收敛于何值？

**解** 由于 $f(x)$ 在区间 $[-\pi, \pi]$ 上满足狄利克雷条件，可以将 $f(x)$ 展为傅里叶级数。因为

$$f(\pi - 0) = \lim_{x \to \pi - 0} x^2 = \pi^2, \quad f(-\pi + 0) = \lim_{x \to -\pi + 0}(-1) = -1$$

所以，$f(x)$ 的傅里叶级数在点 $x = \pi$ 处收敛于

$$\frac{f(-\pi + 0) + f(\pi - 0)}{2} = \frac{\pi^2 - 1}{2}$$

**【例 15-4】** 设 $f(x)$ 是以 $2\pi$ 为周期的函数，在区间 $[-\pi, \pi)$ 上的表达式为

$$f(x) = \begin{cases} -1 & \text{当 } -\pi \leqslant x < 0 \text{ 时} \\ 1 & \text{当 } 0 \leqslant x < \pi \text{ 时} \end{cases}$$

试将 $f(x)$ 展为傅里叶级数。

**解** 首先，计算傅里叶系数

$$a_0 = \frac{1}{\pi}\int_{-\pi}^{\pi} f(x)\,\mathrm{d}x = \frac{1}{\pi}\left[\int_{-\pi}^{0}(-1)\,\mathrm{d}x + \int_{0}^{\pi}1\,\mathrm{d}x\right] = 0$$

$$a_n = \frac{1}{\pi}\int_{-\pi}^{\pi} f(x)\cos(nx)\,\mathrm{d}x = \frac{1}{\pi}\int_{-\pi}^{0}[-\cos(nx)]\,\mathrm{d}x + \frac{1}{\pi}\int_{0}^{\pi}\cos(nx)\,\mathrm{d}x = 0 \ (n = 1, 2, \cdots)$$

$$b_n = \frac{1}{\pi}\int_{-\pi}^{\pi} f(x)\sin(nx)\,\mathrm{d}x = \frac{1}{\pi}\int_{-\pi}^{0} -\sin(nx)\,\mathrm{d}x + \frac{1}{\pi}\int_{0}^{\pi}\sin(nx)\,\mathrm{d}x$$

$$= \frac{1}{\pi}\frac{\cos(nx)}{n}\bigg|_{-\pi}^{0} - \frac{1}{\pi}\frac{\cos(nx)}{n}\bigg|_{0}^{\pi} = \frac{1}{n\pi}[2 - 2\cos(n\pi)]$$

$$= \frac{2}{n\pi}[1 - (-1)^n] = \begin{cases} \dfrac{4}{n\pi} & \text{当 } n = 1, 3, 5, \cdots \\ 0 & \text{当 } n = 2, 4, 6, \cdots \end{cases}$$

故 $f(x)$ 的傅里叶级数为

$$f(x) \sim$$

$$\frac{4}{\pi}\sum_{n=1}^{\infty}\frac{1}{2n-1}\sin(2n-1)x = \frac{4}{\pi}\left[\sin x + \frac{1}{3}\sin(3x) + \frac{1}{5}\sin(5x) + \cdots\right]$$

由于 $f(x)$ 满足狄利克雷条件，所以由定理，得

$$\frac{4}{\pi}\sum_{n=1}^{\infty}\frac{1}{2n-1}\sin(2n-1)x = \begin{cases} f(x) & \text{当 } x \in (-\pi,0)\cup(0,\pi) \text{ 时} \\ 0 & \text{当 } x = 0,\pm\pi \text{ 时}\end{cases}$$

图 15-9 中的一串图形，说明这个级数是如何向 $f(x)$ 收敛的.

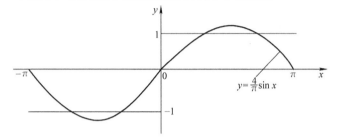

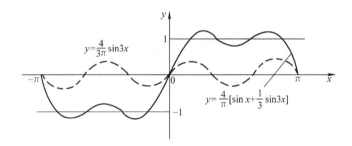

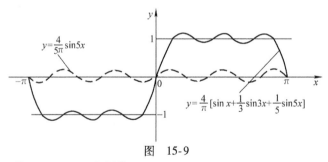

图　15-9

【例 15-5】　函数 $f(x)$ 以 $2\pi$ 为周期，且

$$f(x) = \begin{cases} x & -\pi < x \leqslant 0 \\ 0 & 0 < x \leqslant \pi \end{cases}$$

将 $f(x)$ 展开为傅里叶级数（见图 15-10）.

**解**　首先，计算傅里叶系数

$$a_0 = \frac{1}{\pi}\int_{-\pi}^{\pi}f(x)\,\mathrm{d}x = \frac{1}{\pi}\int_{-\pi}^{0}x\,\mathrm{d}x = -\frac{\pi}{2}$$

$$a_n = \frac{1}{\pi}\int_{-\pi}^{\pi}f(x)\cos(nx)\,\mathrm{d}x = \frac{1}{\pi}\int_{-\pi}^{0}x\cos(nx)\,\mathrm{d}x$$

$$= \frac{1}{\pi}\left[\frac{x\sin(nx)}{n} + \frac{\cos(nx)}{n^2}\right]\Big|_{-\pi}^{0} = \frac{1}{n^2\pi}\left[1 - (-1)^n\right]$$

$$= \begin{cases} \dfrac{2}{n^2\pi} & n = 1,3,5,\cdots \\ 0 & n = 2,4,6,\cdots \end{cases}$$

$$b_n = \frac{1}{\pi}\int_{-\pi}^{\pi} f(x)\sin(nx) = \frac{1}{\pi}\int_{-\pi}^{0} x\sin(nx)\,\mathrm{d}x$$

$$= \frac{1}{\pi}\left[-\frac{x\cos(nx)}{n} + \frac{\sin(nx)}{n^2}\right]\Big|_{-\pi}^{0} = -\frac{\cos(n\pi)}{n} = \frac{(-1)^{n+1}}{n}$$

故 $f(x)$ 的傅里叶级数

$$f(x) \sim -\frac{\pi}{4} + \sum_{n=1}^{\infty}\left\{\frac{1}{n^2\pi}\left[1-(-1)^n\right]\cos(nx) + \frac{(-1)^{n+1}}{n}\sin(nx)\right\}$$

$$= -\frac{\pi}{4} + \frac{2}{\pi}\left[\cos x + \frac{1}{3^2}\cos(3x) + \frac{1}{5^2}\cos(5x) + \cdots\right] +$$

$$\left[\sin x - \frac{1}{2}\sin(2x) + \frac{1}{3}\sin(3x) - \cdots\right]$$

由于 $f(x)$ 满足狄利克雷条件，故有

$$-\frac{\pi}{4} + \sum_{n=1}^{\infty}\left\{\frac{1}{n^2\pi}\left[1-(-1)^n\right]\cos(nx) + \frac{(-1)^{n+1}}{n}\sin(nx)\right\}$$

$$= \begin{cases} f(x) & -\pi < x < \pi \\ -\dfrac{\pi}{2} & x = \pm\pi \end{cases}$$

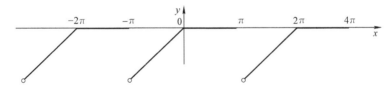

图 15-10

**练习**

将下列周期函数展开为傅里叶级数（以下各题给出的是函数在一个周期内的表达式）.

1. $f(x) = x + \pi, x \in (-\pi, \pi]$

2. $f(x) = \dfrac{\pi - x}{2}, x \in (-\pi, \pi]$

3. $f(x) = |x|, x \in [-1, 1)$

4. $f(x) = \begin{cases} 2 & -\pi \leqslant x < 0 \\ 1 & 0 \leqslant x < \pi \end{cases}$

5. $f(x) = \sin\dfrac{x}{2}, x \in [-\pi, \pi)$

15.3 习题答案

## 15.4　正弦级数与余弦级数

如果 $f(x)$ 是以 $2l$ 为周期的奇函数，则其傅里叶级数是正弦级数

$$f(x) \sim \sum_{n=1}^{\infty} b_n \sin \frac{n\pi x}{l} \tag{15-10}$$

其系数

$$b_n = \frac{2}{l} \int_0^l f(x) \sin \frac{n\pi x}{l} \, dx, \quad n = 1, 2, \cdots \tag{15-11}$$

如果 $f(x)$ 是以 $2l$ 为周期的偶函数，则其傅里叶级数是余弦级数

$$f(x) \sim \frac{a_0}{2} + \sum_{n=1}^{\infty} a_n \cos \frac{n\pi x}{l} \tag{15-12}$$

其系数

$$\begin{cases} a_0 = \dfrac{2}{l} \displaystyle\int_0^l f(x) \, dx \\[2mm] a_n = \dfrac{2}{l} \displaystyle\int_0^l f(x) \cos \dfrac{n\pi x}{l} \, dx, \quad n = 1, 2, \cdots \end{cases} \tag{15-13}$$

由奇函数与偶函数的积分性质，容易得到上面的结论. 特别地，当 $l = \pi$ 时有

**1.** 当 $f(x)$ 是以 $2\pi$ 为周期的奇函数时，它的傅里叶系数

$$\begin{cases} a_n = 0 & n = 0,1,2,\cdots \\[2mm] b_n = \dfrac{2}{\pi} \displaystyle\int_0^{\pi} f(x) \sin(nx) \, dx & n = 1,2,\cdots \end{cases} \tag{15-14}$$

此时，$f(x)$ 的傅里叶级数中只含有正弦项，即

$$f(x) \sim \sum_{n=1}^{\infty} b_n \sin(nx) \tag{15-15}$$

称为正弦级数.

**2.** 当 $f(x)$ 是以 $2\pi$ 为周期的偶函数时，它的傅里叶系数

$$\begin{cases} a_0 = \dfrac{2}{\pi} \displaystyle\int_0^{\pi} f(x) \, dx \\[2mm] a_n = \dfrac{2}{\pi} \displaystyle\int_0^{\pi} f(x) \cos(nx) \, dx & n = 1,2,\cdots \\[2mm] b_n = 0 & n = 1,2,\cdots \end{cases} \tag{15-16}$$

此时，$f(x)$ 的傅里叶级数中仅含余弦项和常数项，即

$$f(x) \sim \frac{a_0}{2} + \sum_{n=1}^{\infty} a_n \cos(nx) \tag{15-17}$$

称为余弦级数.

将函数展为傅里叶级数时，先要考察函数是否有奇偶性，是有益的.

**【例 15-6】**　试将周期为 $2\pi$ 的函数

$$f(x) = \begin{cases} -x & -\pi \leqslant x < 0 \\ x & 0 \leqslant x < \pi \end{cases}$$

15.4　思维导图

展开成傅里叶级数.

**解**　函数的图形如图 15-11 所示（电学上称为锯齿波），这是个偶函数.

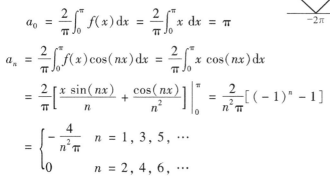

图　15-11

$$a_0 = \frac{2}{\pi}\int_0^\pi f(x)\,\mathrm{d}x = \frac{2}{\pi}\int_0^\pi x\,\mathrm{d}x = \pi$$

$$a_n = \frac{2}{\pi}\int_0^\pi f(x)\cos(nx)\,\mathrm{d}x = \frac{2}{\pi}\int_0^\pi x\cos(nx)\,\mathrm{d}x$$

$$= \frac{2}{\pi}\left[\frac{x\sin(nx)}{n} + \frac{\cos(nx)}{n^2}\right]\Big|_0^\pi = \frac{2}{n^2\pi}\left[(-1)^n - 1\right]$$

$$= \begin{cases} -\dfrac{4}{n^2\pi} & n = 1,3,5,\cdots \\ 0 & n = 2,4,6,\cdots \end{cases}$$

由于 $f(x)$ 处处连续，所以

$$f(x) = \frac{\pi}{2} - \frac{4}{\pi}\sum_{n=0}^\infty \frac{1}{(2n+1)^2}\cos(2n+1)x$$

$$= \frac{\pi}{2} - \frac{4}{\pi}\left[\cos x + \frac{1}{3^2}\cos(3x) + \frac{1}{5^2}\cos(5x) + \cdots\right], x \in (-\infty, +\infty)$$

利用这个展开式，容易得到几个数项级数的有趣的结果，令 $x = 0$，得

$$\frac{\pi^2}{8} = 1 + \frac{1}{3^2} + \frac{1}{5^2} + \cdots$$

设

$$\sigma = 1 + \frac{1}{2^2} + \frac{1}{3^2} + \frac{1}{4^2} + \cdots$$

$$\sigma_1 = 1 + \frac{1}{3^2} + \frac{1}{5^2} + \cdots = \frac{\pi^2}{8}$$

$$\sigma_2 = \frac{1}{2^2} + \frac{1}{4^2} + \frac{1}{6^2} + \cdots$$

$$\sigma_3 = 1 - \frac{1}{2^2} + \frac{1}{3^2} - \frac{1}{4^2} + \cdots$$

因为 $\sigma_2 = \dfrac{\sigma}{4} = \dfrac{\sigma_1 + \sigma_2}{4}$，所以

$$\sigma_2 = \frac{\sigma_1}{3} = \frac{\pi^2}{24}, \ \sigma = \sigma_1 + \sigma_2 = \frac{\pi^2}{6}, \ \sigma_3 = \sigma_1 - \sigma_2 = \frac{\pi^2}{12}$$

**【例 15-7】**　函数 $f(x)$ 的周期为 6，且当 $-3 \leqslant x < 3$ 时，$f(x) = x$，求 $f(x)$ 的傅里叶级数展开式.

**解**　这里 $l = 3$，$f(x)$ 是奇函数，所以 $a_n = 0$（$n = 0, 1, 2, \cdots$）. 由式（15-11），得

$$b_n = \frac{2}{l}\int_0^l f(x)\sin\frac{n\pi x}{l}\,\mathrm{d}x = \frac{2}{3}\int_0^3 x\sin\frac{n\pi x}{3}\,\mathrm{d}x$$

$$= -\frac{2}{n\pi}\left[x\cos\frac{n\pi x}{3} - \frac{3}{n\pi}\sin\frac{n\pi x}{3}\right]\Big|_0^3 = (-1)^{n+1}\frac{6}{n\pi}, \ n = 1, 2, \cdots$$

又 $f(x)$ 满足狄利克雷条件，故有

$$\frac{6}{\pi}\left(\sin\frac{\pi x}{3} - \frac{1}{2}\sin\frac{2\pi x}{3} + \frac{1}{3}\sin\frac{3\pi x}{3} + \cdots\right) = \begin{cases} x & -3 < x < 3 \\ 0 & x = \pm 3 \end{cases}$$

**【例 15-8】** 试把周期函数 $f:x\rightarrow\mathrm{sgn}(\cos x)$ 展开成傅里叶级数.

**解** 已知函数是分段连续的（具有第一类间断点 $x_k$，这里 $x_k$ 满足 $\cos x_k = 0$），且当 $x \neq x_k$ 时有分段连续的导数 $f'(x) = 0$. 此外 $f$ 是以 $2\pi$ 为周期的函数且 $f(x_k) = \frac{1}{2}[f(x_k - 0) + f(x_k + 0)]$，因而，可把 $f$ 展开成在每一点 $x$ 都收敛的傅里叶级数，$x \in (-\infty, +\infty)$.

考虑到 $f$ 是偶函数，得

$$b_n = 0, a_0 = 0$$

$$a_n = \frac{2}{\pi}\int_0^\pi \mathrm{sgn}(\cos x)\cos nx\,\mathrm{d}x = \frac{2}{\pi}\int_0^{\frac{\pi}{2}}\cos nx\,\mathrm{d}x - \frac{2}{\pi}\int_{\frac{\pi}{2}}^\pi \cos nx\,\mathrm{d}x$$

$$= \frac{4}{n\pi}\sin\frac{n\pi}{2}, n \in \mathbf{N}_+$$

因此，

$$\mathrm{sgn}(\cos x) = \frac{4}{\pi}\sum_{n=1}^\infty \frac{1}{n}\sin\frac{n\pi}{2}\cos nx$$

$$= \frac{4}{\pi}\sum_{k=0}^\infty \frac{(-1)^k}{2k+1}\cos(2k+1)x, x \in (-\infty, +\infty)$$

**【例 15-9】** 试把周期函数 $f:x\rightarrow\arcsin(\cos x)$ 展开成傅里叶级数.

**解** 不难证明，已知函数 $f$ 在整个数轴上连续且具有分段连续导数（它仅在点 $x = k\pi$，$k \in \mathbf{N}_+$，不可导）. 此外，它是以 $2\pi$ 为周期的函数，因此它的傅里叶级数在每一点 $x \in (-\infty, +\infty)$ 处都收敛.

注意到 $f$ 是偶函数，可求得

$$b_n = 0$$

$$a_0 = \frac{2}{\pi}\int_0^\pi \left(\frac{\pi}{2} - x\right)\mathrm{d}x = 0$$

$$a_n = \frac{2}{\pi}\int_0^\pi \left(\frac{\pi}{2} - x\right)\cos nx\,\mathrm{d}x = -\frac{2}{\pi}\frac{[(-1)^n - 1]}{n^2}, n \in \mathbf{N}_+$$

因而

$$\arcsin(\cos x) = -\frac{2}{\pi}\sum_{n=1}^\infty \frac{[(-1)^n - 1]}{n^2}\cos nx$$

$$= \frac{4}{\pi^2}\sum_{k=1}^\infty \frac{\cos(2k+1)x}{(2k+1)^2}, x \in (-\infty, +\infty)$$

## 15.5 有限区间上的函数的傅里叶展开

对于在有限区间 $[a, b]$ 上定义的函数 $f(x)$，只要在区间 $[a, b]$ 之外适当地补充函数的定义，把它延拓为周期函数 $F(x)$，则 $F(x)$ 的傅里叶级数限定 $x \in [a, b]$ 时，就是 $f(x)$ 的

傅里叶级数. 例如, 要将区间 $[0,1]$ 上的函数 $f(x) = \dfrac{1}{2}e^x$ 展开成傅里叶级数, 展开过程同前面的例题一样, 只不过是展开式成立的区间为 $(0,1)$.

但是, 有限区间上定义的函数（非周期的）与周期函数的傅里叶展开也有不同之处, 就是怎样向区间外延拓函数, 确定周期都有很大的灵活性, 所以展开的傅里叶级数不唯一. 这使得有选择的余地, 一般视其方便程度和要求来确定. 如函数 $f(x)$ 定义在区间 $[0,l]$ 上, 并满足狄利克雷条件时, 可以把它展开成正弦级数, 也可展开成余弦级数. 根据不同的要求, 只需在区间 $[-l,0]$ 上补充函数定义时, 使延拓了的函数成为奇函数或偶函数即可（其实也不必真正实施这一步骤）.

【例 15-10】　将函数

$$f(x) = \begin{cases} 0 & 0 \leqslant x < 1 \\ 2x & 1 \leqslant x \leqslant 2 \end{cases}$$

在 $[0,2]$ 上展开成余弦级数, 并写出它的和函数.

15.5　思维导图

**解**　$l = 2$, $b_n = 0$, $a_0 = \dfrac{2}{l}\displaystyle\int_0^2 f(x)\,\mathrm{d}x = \int_1^2 2x\,\mathrm{d}x = 3$

$$a_n = \frac{2}{l}\int_0^2 f(x)\cos\frac{n\pi x}{2}\,\mathrm{d}x = \int_1^2 2x\cos\frac{n\pi x}{2}\,\mathrm{d}x$$

$$= -\frac{4}{n\pi}\sin\frac{n\pi}{2} + \frac{8}{n^2\pi^2}\Big[(-1)^n - \cos\frac{n\pi}{2}\Big],\ n = 1,2\cdots$$

$$f(x) \sim \frac{3}{2} + \sum_{n=1}^{\infty} a_n\cos\frac{n\pi x}{2}$$

$$S(x) = \begin{cases} 0 & 0 \leqslant x < 1 \\ 2x & 1 < x \leqslant 2 \\ 1 & x = 1 \end{cases}$$

【例 15-11】　在 $[0,2]$ 上将函数

$$f(x) = \begin{cases} x & 0 \leqslant x < \dfrac{1}{2} \\ 0 & \dfrac{1}{2} \leqslant x < 1 \\ -1 & 1 \leqslant x \leqslant 2 \end{cases}$$

展开成正弦级数, 并求此级数的和函数.

**解**　$a_n = 0\ (n = 0,1,2,\cdots)$

$$b_n = \frac{2}{2}\int_0^2 f(x)\sin\frac{n\pi x}{2}\,\mathrm{d}x = -\frac{1}{n\pi}\cos\frac{n\pi}{4} + \frac{4}{(n\pi)^2}\sin\frac{n\pi}{4} + \frac{2}{n\pi}\Big(\cos n\pi - \cos\frac{n\pi}{2}\Big)$$

$$f(x) \sim \sum_{n=1}^{\infty} b_n\sin\frac{n\pi x}{2}$$

$$S(x) = \begin{cases} x & 0 \leqslant x < \dfrac{1}{2} \\[2mm] \dfrac{1}{4} & x = \dfrac{1}{2} \\[2mm] 0 & \dfrac{1}{2} < x < 1 \\[2mm] -\dfrac{1}{2} & x = 1 \\[2mm] -1 & 1 < x < 2 \\[2mm] 0 & x = 2 \end{cases}$$

**【例 15-12】**　将函数 $f(x) = 2 + |x|\ (-1 \leqslant x \leqslant 1)$ 展开成以 2 为周期的傅里叶级数.

**解**　由于 $f(x) = 2 + |x|\ (-1 \leqslant x \leqslant 1)$ 是偶函数,所以

$$a_0 = 2\int_0^1 (2 + x)\,\mathrm{d}x = 5$$

$$a_n = 2\int_0^1 (2 + x)\cos(n\pi x)\,\mathrm{d}x = 2\int_0^1 x\cos(n\pi x)\,\mathrm{d}x = \frac{2(\cos n\pi - 1)}{n^2\pi^2}$$

因为所给函数在区间 $[-1, 1]$ 上满足收敛定理的条件,故

$$2 + |x| = \frac{5}{2} + \sum_{n=1}^{\infty} \frac{2(\cos n\pi - 1)}{n^2\pi^2}\cos(n\pi x) = \frac{5}{2} - \frac{4}{\pi^2}\sum_{k=0}^{\infty} \frac{\cos(2k+1)\pi x}{(2k+1)^2}$$

$$\left( \frac{1}{n^2}(\cos n\pi - 1) = \begin{cases} 0 & n = 2, 4, 6, \cdots \\[2mm] -\dfrac{2}{n^2} & n = 1, 3, 5, \cdots \end{cases} \right)$$

**【例 15-13】**　将函数 $f(x) = 10 - x\ (5 < x < 15)$ 展开成傅里叶级数.

**解**　设 $z = x - 10$,则 $-5 < z < 5$,而 $f(x) = f(z + 10) = -z = F(z)$,对 $F(z) = -z\,(-5 < z < 5)$ 补充定义,$F(-5) = 5$(保证满足狄利克雷条件)然后将 $F(z)$ 做周期延拓(周期为 10),这个拓广的周期函数满足收敛定理的条件,它的傅里叶级数在 $(-5, 5)$ 内收敛于 $F(z)$:

$$a_n = 0\ (n = 0, 1, 2, \cdots)$$

$$b_n = \frac{2}{5}\int_0^5 (-z)\sin\frac{n\pi z}{5}\,\mathrm{d}z = (-1)^n\frac{10}{n\pi}\ (n = 1, 2, 3, \cdots)$$

于是

$$F(z) = \frac{10}{\pi}\sum_{n=1}^{\infty} \frac{(-1)^n}{n}\sin\frac{n\pi z}{5}\ (-5 < z < 5)$$

从而

$$10 - x = \frac{10}{\pi}\sum_{n=1}^{\infty} \frac{(-1)^n}{n}\sin\frac{n\pi}{5}(x - 10) = \frac{10}{\pi}\sum_{n=1}^{\infty} \frac{(-1)^n}{n}\sin\frac{n\pi}{5}x\ (5 < x < 15)$$

**【例 15-14】**　已知区间 $[0, 1]$ 上的函数 $f(x) = x^2$ 的正弦级数的和为 $S(x)$,即

$$S(x) = \sum_{n=1}^{\infty} b_n\sin(n\pi x)$$

求 $S(x)$ 的周期和 $S\left(-\dfrac{1}{2}\right)$ 的值.

**解**　显然 $S(x)$ 的周期为 2，因为 $n=1$ 时，

$$\sin(n\pi x)$$

的周期为 2.

这里的正弦级数是将 $f(x)$ 奇延拓为

$$F(x) = \begin{cases} -x^2 & -1 < x < 0 \\ x^2 & 0 \le x \le 1 \end{cases}$$

之后展开的傅里叶级数，而 $x = -\dfrac{1}{2}$ 是函数 $F(x)$ 的连续点，由此可知

$$S\left(-\frac{1}{2}\right) = F\left(-\frac{1}{2}\right) = -\frac{1}{4}$$

## 习　题　15

将下列有限区间上的函数展开成傅里叶级数.

1. $f(x) = \begin{cases} x & 0 \le x < 1 \\ 2-x & 1 \le x < 2 \end{cases}$（按正弦）

2. $f(x) = \begin{cases} -x & -\pi < x \le 0 \\ 0 & 0 < x < \pi \end{cases}$

3. $f(x) = x^2 + 1,\ x \in (-2, 2)$

4. $f(x) = \pi - 2x,\ x \in (-1, 1)$

5. $f(x) = \begin{cases} 0 & -\pi < x < 0 \\ x & 0 \le x \le \pi \end{cases}$

6. $f(x) = 2x - 3,\ x \in (-\pi, \pi)$

7. $f(x) = \begin{cases} x & 0 \le x \le 1 \\ 2-x & 1 < x \le 2 \end{cases}$（按余弦）

8. $f(x) = |x-1|,\ x \in (-2, 2)$

9. $f(x) = \begin{cases} -h & -\pi < x \le 0 \\ h & 0 < x < \pi \end{cases}$

10. $f(x) = 1 + |x|,\ x \in (-1, 1)$

11. $f(x) = \begin{cases} 0 & -\pi \le x \le 0 \\ \sin x & 0 < x \le \pi \end{cases}$

12. $f(x) = \pi - 2x,\ x \in (0, \pi)$（按余弦）

13. $f(x) = |\sin x|,\ x \in (-\pi, \pi)$

14. $f(x) = |x|,\ x \in (-2, 2)$

15. $f(x) = \begin{cases} 0 & -2 \le x \le -1 \\ x & -1 < x \le 1 \\ 0 & 1 < x \le 2 \end{cases}$

习题 15 答案

# *第 16 章

# 含参变量的积分

## 16.1　含参变量的普通积分

**定义 16-1**　设 $f(x,y)$ 在矩形域 $K = \{(x,y) \mid a \leqslant x \leqslant b,\ c \leqslant y \leqslant d\}$ 上连续，则称 $F(y) = \int_a^b f(x,y)\mathrm{d}x, c \leqslant y \leqslant d$ 为含参变量 $y$ 的积分.

### 1. 函数 $F: y \to \int_a^b f(x,y)\mathrm{d}x$ 的连续性

**定理 16-1**　如果函数 $f: K \to \mathbf{R}$，其中 $K = \{(x,y) \mid a \leqslant x \leqslant b,\ c \leqslant y \leqslant d\}$ 连续，则函数 $F$ 在 $[c,d]$ 上连续.

**定理 16-2**　如果函数 $f$ 在 $K$ 上连续，而曲线 $x = \varphi(y)$，$x = \psi(y)$，$y \in [c,d]$ 是连续的且取值不超过它的取值范围（$a \leqslant x \leqslant b$），则函数

$$F: y \to \int_{\varphi(y)}^{\psi(y)} f(x,y)\mathrm{d}x$$

在区间 $[c,d]$ 上连续.

### 2. 积分号下取极限

**定理 16-3**　如果 $f(x,y)$ 满足定理 16-1 和定理 16-2 的条件，则有

$$\lim_{y \to y_0} \int_a^b f(x,y)\mathrm{d}x = \int_a^b \lim_{y \to y_0} f(x,y)\mathrm{d}x$$

$$\lim_{y \to y_0} \int_{\varphi(y)}^{\psi(y)} f(x,y)\mathrm{d}x = \int_{\varphi(y_0)}^{\psi(y_0)} f(x,y_0)\mathrm{d}x$$

**定义 16-2**　对于函数族 $x \to f(x,y)$（其中 $y \in \mathbf{R}$ 是函数族的参数）和函数 $g(x)$，如果 $\forall \varepsilon > 0$，$\exists \delta > 0$：$0 < |y - y_0| < \delta \to |f(x,y) - g(x)| < \varepsilon$
对于所有使 $f$ 与 $g$ 有定义的 $x$ 都成立，则称函数族 $x \to f(x,y)$ 当 $y \to y_0$，$y_0 \in \mathbf{R}$ 时，一致收敛于极限函数 $g(x)$.

如果 $y_0 = \infty$，则不等式 $0 < |y - y_0| < \delta$ 应换成 $|y| > \delta$；如果 $y_0 = +\infty(-\infty)$，则应有 $y > \delta(y < -\delta)$.

**定理 16-4**　如果函数 $f$ 当 $y \in Y$ 时关于 $x \in [a,b]$ 连续，且当 $y \to y_0$ 时，对 $x$ 是一致地收敛于极限函数 $g$，则

$$\lim_{y \to y_0} \int_a^b f(x,y)\mathrm{d}x = \int_a^b g(x)\mathrm{d}x$$

**定理 16-5**　（含参变量积分的微分法）

设函数 $f(x, y)$ 在矩形区域 $K = \{(x, y) \mid a \leqslant x \leqslant b,\ c \leqslant y \leqslant d\}$ 上连续且在区域 $G \supset K$ 内存在连续的偏导数，则积分 $\int_a^b f(x, y)\mathrm{d}x$ 是参数 $y$ 在区间 $[c, d]$ 上的连续可微函数，并且

$$\frac{\mathrm{d}}{\mathrm{d}y}\int_a^b f(x, y)\mathrm{d}x = \int_a^b \frac{\partial f}{\partial y}(x, y)\mathrm{d}x,\ y \in [c, d] \tag{16-1}$$

**证**　设 $y$ 是区间 $[c, d]$ 内任一点．对函数 $\dfrac{\partial f(x, y)}{\partial y}$ 在矩形区域 $K_y = \{(x, y) \mid a \leqslant x \leqslant b,\ c \leqslant \eta \leqslant y\}$ 内运用交换积分次序公式，得

$$\int_c^y \mathrm{d}\eta \int_a^b \frac{\partial f}{\partial y}(x, y)\mathrm{d}x = \int_a^b \mathrm{d}x \int_c^y \frac{\partial f}{\partial y}(x, \eta)\mathrm{d}\eta$$

$$= \int_a^b f(x, y)\mathrm{d}x - C_0,\ C_0 = \int_a^b f(x, c)\mathrm{d}x \tag{16-2}$$

因函数 $\dfrac{\partial f}{\partial y}(x, y)$ 在矩形区域 $K$ 内连续，故由定理 16-1 知，函数 $\varphi(\eta) = \int_a^b \dfrac{\partial f}{\partial y}(x, \eta)\mathrm{d}x$ 是在 $[c, d]$ 上关于参数 $\eta$ 的连续函数．从而

$$\frac{\mathrm{d}}{\mathrm{d}y}\int_c^y \varphi(\eta)\mathrm{d}\eta = \varphi(y) = \int_a^b \frac{\partial f}{\partial y}(x, y)\mathrm{d}x$$

因式（16-2）左端在 $[c, d]$ 上连续可微，故在式（16-2）右端的积分在 $[c, d]$ 上也连续可微．从而有 $\dfrac{\mathrm{d}}{\mathrm{d}y}\int_a^b f(x, y)\mathrm{d}x = \varphi(y) = \int_a^b \dfrac{\partial f}{\partial y}(x, y)\mathrm{d}x$

**定理 16-6**　如果函数 $\varphi(y)$ 与 $\psi(y)$ 满足定理 16-2 的条件，并且在 $(c, d)$ 内可微，则

$$\frac{\mathrm{d}}{\mathrm{d}y}\int_{\varphi(y)}^{\psi(y)} f(x, y)\mathrm{d}x = f(\psi(y), y)\psi'(y) - f(\varphi(y), y)\varphi'(y) +$$

$$\int_{\varphi(y)}^{\psi(y)} f_y'(x, y)\mathrm{d}x,\quad y \in (c, d)$$

**定理 16-7**　如果函数 $f(x, y)$ 在矩形区域 $K = \{(x, y) \mid a \leqslant x \leqslant b,\ c \leqslant y \leqslant b\}$ 内连续而函数 $\varphi(x)$ 在 $[a, b]$ 上可积，则积分 $\int_a^b f(x, y)\varphi(x)\mathrm{d}x$ 是在 $[c, d]$ 上关于参数 $y$ 的连续函数且

$$\int_c^d \mathrm{d}y \int_a^b f(x, y)\varphi(x)\mathrm{d}x = \int_a^b \mathrm{d}x \int_c^d f(x, y)\varphi(x)\mathrm{d}y$$

**【例 16-1】**　研究函数

$$F: y \to \int_0^1 \frac{y f(x)}{x^2 + y^2}\mathrm{d}x$$

的连续性．其中，$f \in C[0, 1]$ 且 $f(x) > 0$.

**解**　函数

$$\varphi: x \to \frac{y}{x^2 + y^2}$$

与 $f$ 在 $[0,1]$ 上关于 $x$ 可积且在 $(0,1)$ 上定号；此外函数 $f$ 连续，因此满足积分中值定理条件，从而有

$$F(y) = f(c(y))\arctan\frac{1}{y}, \quad 0 \leqslant c(y) \leqslant 1$$

设 $\varepsilon > 0$，则

$$|F(\varepsilon) - F(-\varepsilon)| = \left|[f(c(\varepsilon)) + f(c(-\varepsilon))]\arctan\frac{1}{\varepsilon}\right|$$

$$\geqslant 2\min_{x\in[0,1]}f(x)\left|\arctan\frac{1}{\varepsilon}\right| \not\to 0, \varepsilon \to 0$$

这里 $\min\limits_{x\in[0,1]}f(x) > 0$. 因此，函数 $F$ 在零点间断.

其次，由于函数

$$\psi:(x,y) \to \frac{yf(x)}{x^2 + y^2}$$

在矩形区域

$$\{(x,y)\,|\,0\leqslant x\leqslant 1,\ \delta\leqslant y\leqslant A\}$$

$$\{(x,y)\,|\,0\leqslant x\leqslant 1,\ -A\leqslant y\leqslant -\delta\}$$

（其中，$\delta > 0$，$A > 0$）上连续. 故由定理 16-1 知，函数 $F$ 在 $[\delta, A]$ 与 $[-A, -\delta]$ 上连续. 因 $\delta$ 和 $A$ 是任意的，所以得知，$\forall y \neq 0$ 函数 $F$ 都连续.

【例 16-2】　求下列极限.

$$(1)\ \lim_{\alpha\to 0}\int_{-1}^{1}\sqrt{x^2 + \alpha^2}\,\mathrm{d}x \qquad (2)\ \lim_{n\to\infty}\int_{0}^{1}\frac{\mathrm{d}x}{1 + \left(1 + \dfrac{x}{n}\right)^n}$$

**解**　(1) 由于函数 $(x,\alpha) \to \sqrt{x^2 + \alpha^2}$ 是连续的，所以由定理 16-3 知，可在积分号下取 $\alpha \to \alpha_0$（$\alpha_0$ 是有限数）时的极限. 故有

$$\lim_{\alpha\to 0}\int_{-1}^{1}\sqrt{x^2 + \alpha^2}\,\mathrm{d}x = \int_{-1}^{1}|x|\,\mathrm{d}x = 1$$

(2) 因函数

$$x \to \frac{1}{1 + \left(1 + \dfrac{x}{n}\right)^n}$$

当固定 $n$ 时，关于 $x$ 连续，且

$$\left|\frac{1}{1+\left(1+\dfrac{x}{n}\right)^n} - \frac{1}{1+\mathrm{e}^x}\right| = \frac{\left|\mathrm{e}^x - \left(1+\dfrac{x}{n}\right)^n\right|}{(1+\mathrm{e}^x)\left[1 + \left(1+\dfrac{x}{n}\right)^n\right]} \leqslant \left|\mathrm{e}^x - \left(1+\dfrac{x}{n}\right)^n\right| \leqslant$$

$$\sup_{0\leqslant x\leqslant 1}\left|\mathrm{e}^x - \left(1+\dfrac{x}{n}\right)^n\right| = \mathrm{e} - \left(1+\frac{1}{n}\right)^n \to 0,\ n\to\infty,\ \forall x\in[0,1]$$

即

$$\frac{1}{1 + \left(1 + \dfrac{x}{n}\right)^n} \rightrightarrows \frac{1}{1 + \mathrm{e}^x}$$

所以根据定理 16-4，得

$$\lim_{n \to \infty} \int_0^1 \frac{\mathrm{d}x}{1 + \left(1 + \dfrac{x}{n}\right)^n} = \int_0^1 \lim_{n \to \infty} \frac{\mathrm{d}x}{1 + \left(1 + \dfrac{x}{n}\right)^n} = \int_0^1 \frac{\mathrm{d}x}{1 + \mathrm{e}^x} = \ln \frac{2\mathrm{e}}{\mathrm{e} + 1}$$

【例 16-3】　求

$$A = \lim_{R \to +\infty} \int_0^{\frac{\pi}{2}} \mathrm{e}^{-R \sin \theta} \mathrm{d}\theta$$

**解**　因当 $0 \leqslant \theta \leqslant \dfrac{\pi}{2}$ 时, $\sin \theta \geqslant \dfrac{2\theta}{\pi}$, 故有

$$\mathrm{e}^{-R \sin \theta} < \mathrm{e}^{-\frac{2R\theta}{\pi}}$$

所以

$$\int_0^{\frac{\pi}{2}} \mathrm{e}^{-R \sin \theta} \mathrm{d}\theta < \int_0^{\frac{\pi}{2}} \mathrm{e}^{-\frac{2R\theta}{\pi}} \mathrm{d}\theta = \frac{\pi}{2R}(1 - \mathrm{e}^{-R})$$

且

$$0 \leqslant A \leqslant \lim_{R \to +\infty} \frac{\pi}{2R} \ (1 - \mathrm{e}^{-R}) \ = 0$$

即 $A = 0$.

【例 16-4】　设函数 $f$ 在 $[A, B]$ 上连续, 试证:

$$\lim_{h \to 0} \frac{1}{h} \int_a^x [f(t + h) - f(t)] \mathrm{d}t = f(x) - f(a)$$

$$A < a < x < B$$

**证**　设 $F$ 是 $f$ 的原函数, 则根据牛顿-莱布尼兹公式, 得

$$\int_a^x [F'(t + h) - F'(t)] \mathrm{d}t = [F(t + h) - F(t)]\Big|_a^x$$
$$= F(x + h) - F(x) - [F(a + h) - F(a)]$$

因此

$$\lim_{h \to 0} \frac{1}{h} \int_a^x [f(t + h) - f(t)] \mathrm{d}t$$
$$= \lim_{h \to 0} \frac{F(x + h) - F(x)}{h} - \lim_{h \to 0} \frac{F(a + h) - F(a)}{h}$$
$$= F'(x) - F'(a) \ = f(x) - f(a)$$

【例 16-5】　试问: 对于表达式

$$\lim_{y \to 0} \int_0^1 \frac{x}{y^2} \mathrm{e}^{\frac{-x^2}{y^2}} \mathrm{d}x$$

可以在积分号下取极限吗?

**解**　不能, 在积分号下取极限

$$\int_0^1 \lim_{y \to 0} \frac{x}{y^2} \mathrm{e}^{\frac{-x^2}{y^2}} \mathrm{d}x = 0$$

而

$$\lim_{y \to 0} \int_0^1 \frac{x}{y^2} \mathrm{e}^{\frac{-x^2}{y^2}} \mathrm{d}x = \frac{1}{2} \lim_{y \to 0} \int_0^1 \mathrm{e}^{\frac{-x^2}{y^2}} \mathrm{d}\left(\frac{x^2}{y^2}\right) = \frac{1}{2} \lim_{y \to 0} (1 - \mathrm{e}^{\frac{-1}{y^2}}) = \frac{1}{2}$$

我们指出，函数

$$f : (x, y) \rightarrow \frac{x}{y^2}\mathrm{e}^{\frac{-x^2}{y^2}}$$

在 (0，0) 处间断.

【例 16-6】 已知

(1) $F(\alpha) = \int_0^\alpha f(x + \alpha, x - \alpha)\,\mathrm{d}x$

(2) $F(\alpha) = \int_0^{\alpha^2}\mathrm{d}x\int_{x-\alpha}^{x+\alpha}\sin(x^2 + y^2 - \alpha^2)\,\mathrm{d}y$

求 $F'(\alpha)$.

**解** (1) 假设函数 $(u, v) \rightarrow f(u, v)$，其中 $u = x + \alpha$，$v = x - \alpha$，有连续的偏导数，则由莱布尼兹公式，得

$$F'(\alpha) = f(2\alpha, 0) + \int_0^\alpha [f_u'(u,v) - f_v'(u,v)]\,\mathrm{d}x$$

因 $\dfrac{\mathrm{d}f}{\mathrm{d}x} = f_u' + f_v'$，则

$$\int_0^\alpha (f_u' - f_v')\,\mathrm{d}x = 2\int_0^\alpha f_u'\,\mathrm{d}x - f(2\alpha, 0) + f(\alpha, -\alpha)$$

因而

$$F'(\alpha) = f(\alpha, -\alpha) + 2\int_0^\alpha f_u'\,\mathrm{d}x$$

(2) 记

$$f(x,\alpha) = \int_{x-\alpha}^{x+\alpha}\sin(x^2 + y^2 - \alpha^2)\,\mathrm{d}y$$

则

$$F'(\alpha) = 2f(\alpha^2,\alpha)\alpha + \int_0^{\alpha^2} f_\alpha'(x,\alpha)\,\mathrm{d}x$$

$$f_\alpha'(x,\alpha) = \sin(x^2 + (x + \alpha)^2 - \alpha^2) + \sin(x^2 + (x - \alpha)^2 - \alpha^2) -$$
$$2\alpha\int_{x-\alpha}^{x+\alpha}\cos(x^2 + y^2 - \alpha^2)\,\mathrm{d}y$$

因此

$$F'(\alpha) = 2\alpha\int_{\alpha^2-\alpha}^{\alpha^2+\alpha}\sin(y^2 + \alpha^4 - \alpha^2)\,\mathrm{d}y + 2\int_0^{\alpha^2}\sin 2x^2\cos 2\alpha\, x\,\mathrm{d}x -$$
$$2\alpha\int_0^{\alpha^2}\mathrm{d}x\int_{x-\alpha}^{x+\alpha}\cos(x^2 + y^2 - \alpha^2)\,\mathrm{d}y$$

【例 16-7】 设

$$F(x) = \frac{1}{h^2}\int_0^h \mathrm{d}\zeta\int_0^h f(x + \zeta + \eta)\,\mathrm{d}\eta, \quad h > 0$$

其中，$f$ 是连续函数，求 $F''(x)$.

**解** 显然当 $f$ 是连续函数时，有

$$\int_\alpha^\beta f(t + \omega)\,\mathrm{d}t = \int_{\alpha+\omega}^{\beta+\omega} f(t)\,\mathrm{d}t$$

利用这个等式及对参数微分，得

$$F'(x) = \frac{\mathrm{d}}{\mathrm{d}x}\Big[\frac{1}{h^2}\int_0^h \mathrm{d}\zeta \int_{x+\zeta}^{h+x+\zeta} f(\eta)\,\mathrm{d}\eta\Big]$$

$$= \frac{1}{h^2}\int_0^h \big[f(x+h+\zeta) - f(x+\zeta)\big]\,\mathrm{d}\zeta$$

$$= \frac{1}{h^2}\Big[\int_{x+h}^{x+2h} f(\zeta)\,\mathrm{d}\zeta - \int_x^{x+h} f(\zeta)\,\mathrm{d}\zeta\Big]$$

$$F''(x) = \frac{1}{h^2}\big[f(2h+x) - 2f(h+x) + f(x)\big]$$

**【例 16-8】**　试确定线性函数 $y = a + bx$，使得

$$I(a,b) = \int_1^3 (a + bx - x^2)^2\,\mathrm{d}x$$

最小.

**解**　因被积函数对任何 $a$ 与 $b$ 都有连续的偏导数，故可使用莱布尼兹公式. 在积分号下对 $a$ 和 $b$ 微分，且考虑到函数 $I$ 的极值的必要条件，有

$$I_a'(a,b) = 2\int_1^3 (a + bx - x^2)\,\mathrm{d}x = 0$$

$$I_b'(a,b) = 2\int_1^3 (a + bx - x^2)x\,\mathrm{d}x = 0$$

由此求得

$$a = -\frac{11}{3},\ b = 4$$

容易证明 $I_{a^2}''(a,b) = 4$，$I_{ab}''(a,b) = 8$，$I_{b^2}''(a,b) = \frac{52}{3}$.

因此
$$\mathrm{d}^2 I(a,b) = 4\,\mathrm{d}a^2 + 16\mathrm{d}a\,\mathrm{d}b + \frac{52}{3}\,\mathrm{d}b^2$$

$$= 4(\mathrm{d}a + 2\,\mathrm{d}b)^2 + \frac{4}{3}\,\mathrm{d}b^2 > 0$$

即当 $a = -\frac{11}{3}$，$b = 4$ 时 $I$ 取最小值，$y = 4x - \frac{11}{3}$ 为所求的线性函数.

**【例 16-9】**　计算积分

$$I(a) = \int_0^{\frac{\pi}{2}} \frac{\arctan(a\tan x)}{\tan x}\,\mathrm{d}x$$

**解**　设 $a \geqslant \varepsilon > 0$，则函数

$$f(x,a) = \begin{cases} \dfrac{\arctan(a\tan x)}{\tan x} & x \neq 0, x \neq \dfrac{\pi}{2} \\[2mm] a & x = 0 \\[2mm] 0 & x = \dfrac{\pi}{2} \end{cases}$$

$$f_a'(x,a) = \begin{cases} \dfrac{1}{1 + a^2\tan^2 x} & x \neq \dfrac{\pi}{2} \\[2mm] 0 & x = \dfrac{\pi}{2} \end{cases}$$

均在区域 $R = \left[ 0 \leqslant x \leqslant \dfrac{\pi}{2},\ a \geqslant \varepsilon > 0 \right]$ 上连续，所以根据定理知，当 $a \geqslant \varepsilon > 0$ 时，有

$$I'(a) = \int_0^{\frac{\pi}{2}} \frac{\mathrm{d}x}{1 + a^2 \tan^2 x} = \int_0^{+\infty} \frac{\mathrm{d}t}{(1 + t^2)(1 + a^2 t^2)} = \frac{\pi}{2(1 + a)}$$

由此积分得

$$I(a) = \frac{\pi}{2} \ln(1 + a) + C$$

其中，$C$ 是任意常数.

因 $\varepsilon > 0$ 可取任意小，故上述结果对任何 $a > 0$ 都成立. 由 $I(a)$ 的表达式可求得

$$C = \lim_{a \to +0} I(a)$$

因此，若原积分是 $a$ 的连续函数，则有 $C = I(0)$. 事实上，根据定理 16-1 知 $I(a)$ 关于 $a$ 连续，因此 $C = 0$ 且

$$I(a) = \frac{\pi}{2} \ln(1 + a), \quad a \geqslant 0$$

考虑到 $I(a) = I(|a|) \operatorname{sgn} a$，最后对 $\forall a$ 有

$$I(a) = \frac{\pi}{2} \operatorname{sgn} a \ln(1 + |a|)$$

【例 16-10】　计算积分

$$I(a) = \int_0^{\frac{\pi}{2}} \ln \frac{1 + a \cos x}{1 - a \cos x} \frac{\mathrm{d}x}{\cos x}, \ |a| < 1$$

**解**　函数

$$f(x,\ a) = \begin{cases} \dfrac{1}{\cos x} \ln \dfrac{1 + a \cos x}{1 - a \cos x} & x \neq \dfrac{\pi}{2} \\[3mm] 2a & x = \dfrac{\pi}{2} \end{cases}$$

$$f_a'(x,\ a) = \frac{2}{1 - a^2 \cos^2 x}$$

在区域 $R = \left[ |a| \leqslant 1 - \varepsilon < 1,\ 0 \leqslant x \leqslant \dfrac{\pi}{2} \right]$ 上连续，所以由定理 16-5 知

$$I'(a) = 2 \int_0^{\frac{\pi}{2}} \frac{\mathrm{d}x}{1 - a^2 \cos^2 x} = 2 \int_0^{+\infty} \frac{\mathrm{d}t}{1 - a^2 + t^2} = \frac{\pi}{\sqrt{1 - a^2}}$$

由此得

$$I(a) = \pi \arcsin a + C$$

因 $I(0) = 0$，故 $C = 0$，因此

$$I(a) = \pi \arcsin a.$$

练习

1. 研究函数

$$F: y \to \int_0^1 \frac{\mathrm{d}x}{x^{\frac{\pi}{4}}(x^2 + y^2 + 1)}$$

的连续性.

2. 求下列极限.

(1) $\displaystyle \lim_{y \to 0} \int_0^{\frac{\pi}{2}} \frac{\sin(x+y)\,\mathrm{d}x}{x^2 y^2 + xy + 1}$

(2) $\displaystyle \lim_{y \to +\infty} \int_1^2 \frac{y}{y+x} \mathrm{e}^{-x^2 y}\,\mathrm{d}x$

(3) $\displaystyle \lim_{y \to 0} \int_0^{y^2+1} \frac{\arcsin x\,\mathrm{d}x}{xy + (1+y^2)\,\dfrac{1}{y^2}}$

(4) $\displaystyle \lim_{y \to 0^+} \int_{[y]}^{\mathrm{sgn}\, y} \frac{\sin(xy)}{(x+y)y+1}\,\mathrm{d}x$

3. 设

$$F: y \to \int_0^2 \frac{\mathrm{e}^{-xy}}{\sqrt{x}} \sin \frac{1}{x}\,\mathrm{d}x$$

试研究 $F$ 的连续可微性及在积分号下对参数求导的可能性.

4. 试证：累次积分

$$\int_0^1 \mathrm{d}y \int_0^1 \frac{\cos(xy)}{x+y}\,\mathrm{d}x$$

可以改变积分次序.

16.1　习题答案

## 16.2　含参变量的广义积分及其一致收敛性

### 16.2.1　含参变量广义积分的一致收敛性

假设满足下述条件：

(1) $-\infty < a < b \leqslant +\infty$

(2) 函数 $f(x, y)$ 在点 $(x, y)$ 的集合上有定义，其中 $x \in [a, b)$，

16.2　思维导图

$y \in Y$，而 $Y$ 是参数的已知集合；

(3) $\forall \xi \in [a, b)$ 与 $\forall y \in Y$ 存在黎曼积分 $\displaystyle \int_a^\xi f(x, y)\,\mathrm{d}x$

(4) $\forall y \in Y$ 积分 $\displaystyle \int_a^b f(x, y)\,\mathrm{d}x$ 作为广义积分收敛，即在 $Y$ 上定义了函数

$$\Phi(y) = \int_a^b f(x, y)\,\mathrm{d}x = \lim_{\xi \to b-0} \int_a^\xi f(x, y)\,\mathrm{d}x$$

如果满足条件(1) ~ (4)，则称广义积分 $\displaystyle \int_a^b f(x, y)\,\mathrm{d}x$（含奇点 $b$）在集合 $Y$ 上收敛.

因此，若 $\forall y \in Y$ 与 $\forall \varepsilon > 0$，存在 $b'(y, \varepsilon) < b$: $\forall \xi \in (b', b) \to$

$$\left| \int_a^b f(x, y)\,\mathrm{d}x - \int_a^\xi f(x, y)\,\mathrm{d}x \right| = \left| \int_\xi^b f(x, y)\,\mathrm{d}x \right| < \varepsilon \tag{16-3}$$

则广义积分 $\displaystyle \int_a^b f(x, y)\,\mathrm{d}x$ 在集合 $Y$ 上一致收敛.

**定理 16-8**　（含参变量广义积分一致收敛的魏尔斯拉斯准则）

设 $\forall y \in Y$ 函数 $f(x, y)$ 在任何区间 $[a, b'] \subset [a, b)$ 上关于 $x$ 可积且假设在区间 $[a, b)$ 存在函数 $\varphi(x)$，对所有 $y \in Y$ 与所有 $x \in [a, b)$ 满足不等式 $|f(x, y)| \leqslant \varphi(x)$，而广义积分 $\int_a^b \varphi(x) \mathrm{d}x$ 收敛．则积分 $\int_a^b f(x, y) \mathrm{d}x$ 在集合 $Y$ 上关于参变量 $y$ 一致收敛．

**练习**

1. 证明：积分 $\int_0^{+\infty} \dfrac{\cos xy}{1 + x^2} \mathrm{d}x$ 在 $(-\infty, +\infty)$ 上关于参变量 $y$ 一致收敛．

**定理 16-9**　（含参变量广义积分一致收敛的狄利克雷准则）

假定：

（1）$\forall y \in Y \subset \mathbf{R}^n$ 函数 $f(x, y)$，$g(x, y)$ 与 $\dfrac{\partial g}{\partial x}(x, y)$ 作为 $x$ 的函数在 $[a, +\infty)$ 上连续；

（2）$F(x, y)$ 作为对任何 $y \in Y$，关于 $x$ 的函数 $f(x, y)$ 的原函数．
当 $x \in [a, +\infty)$，$y \in Y$ 时是有界的；

（3）当 $y \in Y$，$x \in [a, +\infty)$ 时，$\dfrac{\partial g}{\partial x}(x, y) \leqslant 0$；

（4）存在 $[a, +\infty)$ 上的连续函数 $\psi(x)$，使得 $\lim\limits_{x \to +\infty} \psi(x) = 0$ 且 $|g(x, y)| \leqslant \psi(x)$，$\forall y \in Y$ 且 $\forall x \in [a, +\infty)$；

则积分 $\int_a^b f(x, y) \mathrm{d}x$ 在集合 $Y$ 上关于参变量 $y$ 一致收敛．

**练习**

2. 证明：积分 $\int_0^{+\infty} \mathrm{e}^{-xy} \dfrac{\sin x}{x} \mathrm{d}x$ 在 $[0, +\infty)$ 上关于参变量 $y$ 一致收敛．

**定理 16-10**　（含参变量广义积分一致收敛的柯西准则）

广义积分 $\int_a^b f(x, y) \mathrm{d}x$ 在集合 $Y$ 上关于参变量 $y$ 一致收敛的充要条件是：

$$\forall \varepsilon > 0, \exists b' \in [a, b): \forall \xi, \xi' \in [b', b), \forall y \in Y \to \left| \int_\xi^{\xi'} f(x, y) \mathrm{d}x \right| < \varepsilon$$

**练习**

3. 证明：积分 $\int_0^{+\infty} \mathrm{e}^{-\alpha x^2} \mathrm{d}x$ 在集合 $[\alpha_0, +\infty)$ 上关于参变量 $\alpha$ 一致收敛，其中 $\alpha_0 > 0$．

## 16.2.2　含参变量广义积分的连续性　可微性与可积性

**定理 16-11**　设函数 $f(x, y)$ 在集合 $\{(x, y) \mid a \leqslant x < b, c \leqslant y \leqslant d\}$ 上连续，则积分 $\int_a^b f(x, y) \mathrm{d}x$ 在区间 $[c, d]$ 上是参变量 $y$ 的连续函数．

16.2　习题答案

练习

4. 证明等式：$\displaystyle\lim_{y\to 0^+}\int_0^{+\infty} e^{-xy}\frac{\sin x}{x}\,dx = \int_0^{+\infty}\frac{\sin x}{x}\,dx$

### 定理 16-12　（交换积分次序）

假设函数 $f(x,y)$ 满足定理 16-4 的条件，则有

$$\int_c^d dy\int_a^b f(x,y)\,dx = \int_a^b dx\int_c^d f(x,y)\,dy$$

练习

5. 证明：狄利克雷积分

$$\int_0^{+\infty}\frac{\sin x}{x}\,dx = \frac{\pi}{2}$$

### 定理 16-13　（含参变量的广义积分的微分法）

设函数 $f(x,y)$ 与 $f_y(x,y)$ 在集合 $\{(x,y)\mid a\le x<b,\ c\le y\le d\}$ 上连续且积分 $\int_a^b f_y(x,y)\,dx$ 在区间 $[c,d]$ 上关于参变量 $y$ 一致收敛，若积分 $\int_a^b f(x,y)\,dx$ 收敛，则积分 $\int_a^b f(x,y)\,dx$ 在区间 $[c,d]$ 上收敛，且在这个区间上是参变量 $y$ 的可微函数，并且

$$\frac{d}{dy}\int_a^b f(x,y)\,dx = \int_a^b f_y(x,y)\,dx$$

## 16.3　欧拉积分

### 1. $\Gamma$ 函数

定义 16-3　称函数

$$\Gamma:p\to\int_0^{+\infty}x^{p-1}e^{-x}\,dx,\quad 0<p<+\infty$$

是 $\Gamma$ 函数，而它的值称作欧拉积分.

16.3　思维导图

$\Gamma$ 函数是连续函数，当 $p>0$ 时具有任意阶连续导数，且

$$\Gamma^{(k)}(p)=\int_0^{+\infty}x^{p-1}(\ln x)^k e^{-x}\,dx,\quad k\in\mathbf{N}_+$$

### 2. 基本公式

如果 $p>0$，则

$$\Gamma(p+1)=p\Gamma(p)\tag{16-4}$$

称为降阶公式. 如果 $n\in\mathbf{N}_+$，则

$$\Gamma(n)=(n-1)!\tag{16-5}$$

且

$$\Gamma\left(n+\frac{1}{2}\right)=\frac{(2n-1)!!}{2^n}\sqrt{\pi}\tag{16-6}$$

239

如果 $0 < p < 1$，则

$$\Gamma(p)\Gamma(1-p) = \frac{\pi}{\sin \pi p} \tag{16-7}$$

## 3. B—函数

**定义 16-4** 称函数

$$B : (p, q) \to \int_0^1 x^{p-1}(1-x)^{q-1}\mathrm{d}x, \quad p > 0, q > 0$$

为 B—函数，而它的值称为欧拉积分．

B—函数在其定义域内连续，且具有任意阶偏导数．这些偏导数可通过在积分号下对参数 $p$，$q$ 求导的方法求得．还需指出，常用

$$B(p,q) = \int_0^{+\infty} \frac{z^{p-1}}{(1+z)^{p+q}}\,\mathrm{d}z \tag{16-8}$$

表示．

B—函数与 $\Gamma$ 函数之间的关系有下述公式

$$B(p,q) = \frac{\Gamma(p)\Gamma(q)}{\Gamma(p+q)} \tag{16-9}$$

**【例 16-11】** 计算 $\int_0^a x^2\sqrt{a^2-x^2}\,\mathrm{d}x$，$a > 0$．

**解** 设 $x = a\sqrt{t}$，$t > 0$，则

$$\int_0^a x^2\sqrt{a^2-x^2}\,\mathrm{d}x = \frac{a^4}{2}\int_0^1 t^{\frac{1}{2}}(1-t)^{\frac{1}{2}}\mathrm{d}t$$

$$= \frac{a^4}{2}B\left(\frac{3}{2}, \frac{3}{2}\right) = \frac{a^4\Gamma^2\left(\frac{3}{2}\right)}{2\Gamma(3)} = \pi\frac{a^4}{16}$$

**【例 16-12】** 计算

$$\int_0^{+\infty} \frac{\sqrt[4]{x}}{(1+x)^2}\,\mathrm{d}x$$

**解** 利用式（16-8）及式（16-9），得

$$\int_0^{+\infty} \frac{\sqrt[4]{x}}{(1+x)^2}\,\mathrm{d}x = B\left(\frac{5}{4}, \frac{3}{4}\right) = \frac{\Gamma\left(\frac{5}{4}\right)\Gamma\left(\frac{3}{4}\right)}{\Gamma(2)}$$

其次运用式（16-4）和式（16-5），得

$$\int_0^{+\infty} \frac{\sqrt[4]{x}}{(1+x)^2}\,\mathrm{d}x = \Gamma\left(1-\frac{1}{4}\right)\Gamma\left(1+\frac{1}{4}\right)$$

$$= \Gamma\left(1-\frac{1}{4}\right) \cdot \frac{1}{4}\Gamma\left(\frac{1}{4}\right) = \frac{\pi}{2\sqrt{2}}$$

**【例 16-13】** 计算 $\int_0^{+\infty} x^{2n}\mathrm{e}^{-x^2}\mathrm{d}x$，$n \in \mathbf{N}_+$．

**解** 令 $x = \sqrt{t}$，$t > 0$，得

$$\int_0^{+\infty} x^{2n} e^{-x^2} \, dx = \frac{1}{2} \int_0^{+\infty} t^{n-\frac{1}{2}} e^{-t} dt$$

$$= \frac{1}{2} \Gamma\left(n + \frac{1}{2}\right) = \frac{(2n-1)!!}{2^{n+1}} \sqrt{\pi}$$

【例 16-14】 计算

$$\int_0^{+\infty} \frac{x^{m-1}}{1 + x^n} \, dx, \quad n > 0$$

**解**   做代换 $x = t^{\frac{1}{n}}$，$t > 0$，则

$$\int_0^{+\infty} \frac{x^{m-1}}{1 + x^n} \, dx = \frac{1}{n} \int_0^{+\infty} \frac{t^{\frac{m}{n}-1}}{1 + t} \, dt$$

$$= \frac{1}{n} B\left(\frac{m}{n}, 1 - \frac{m}{n}\right)$$

$$= \frac{1}{n} \Gamma\left(\frac{m}{n}\right) \Gamma\left(1 - \frac{m}{n}\right)$$

$$= \frac{\pi}{n \sin \dfrac{m\pi}{n}}$$

这个结果对 $0 < m < n$ 成立.

【例 16-15】 计算

$$I(p) = \int_0^{+\infty} \frac{x^{p-1} \ln x}{1 + x} \, dx$$

**解**   显然 $I(p)$ 是 B—函数的导数，所以

$$I(p) = \frac{d}{dp} \int_0^{+\infty} \frac{x^{p-1}}{1 + x} \, dx$$

$$= \frac{d}{dp} B(p, 1 - p) = \frac{d}{dp} \left[ \Gamma(p) \Gamma(1 - p) \right]$$

$$= \frac{d}{dp} \left( \frac{\pi}{\sin p\pi} \right) = -\frac{\pi^2 \cos p\pi}{\sin^2 p\pi}, \ 0 < p < 1$$

【例 16-16】 计算

$$I = \int_0^{+\infty} \frac{x \ln x}{1 + x^3} \, dx$$

**解**   令 $x = t^{\frac{1}{3}}$ 且利用例 16-15 的结果，得

$$I = \frac{1}{9} \int_0^{+\infty} \frac{t^{\frac{2}{3}-1}}{1 + t} \ln t \, dt$$

$$= -\frac{1}{9} \frac{\pi^2 \cos \dfrac{2\pi}{3}}{\sin^2 \dfrac{2\pi}{3}} = \frac{2\pi^2}{27}$$

**4. 利用欧拉积分计算重积分**

【例 16-17】 计算二重积分

$$I = \iint\limits_{D} (x^2 + y^2)\,dx\,dy$$

其中，$D = \{(x, y) \in \mathbf{R}^2 \mid x^4 + y^4 \leqslant 1\}$.

**解**　利用极坐标 $x = r\cos\theta$，$y = r\sin\theta$ 把 $D$ 的边界方程化为
$$r^4(\sin^4\theta + \cos^4\theta) = 1$$

由此得
$$0 \leqslant r \leqslant \frac{1}{\sqrt[4]{\sin^4\theta + \cos^4\theta}}, \ 0 \leqslant \theta \leqslant 2\pi$$

把二重积分化为累次积分，得
$$I = \int_0^{2\pi} d\theta \int_0^{1/\sqrt[4]{\sin^4\theta + \cos^4\theta}} r^3\,dr$$
$$= \frac{1}{4}\int_0^{2\pi} \frac{d\theta}{\sin^4\theta + \cos^4\theta}$$
$$= \int_0^{\pi/2} \frac{d\theta}{\sin^4\theta + \cos^4\theta} = \int_0^{\pi/2} \frac{1 + \tan^2\theta}{1 + \tan^4\theta} d(\tan\theta)$$

令 $\tan^4\theta = t$，有
$$I = \frac{1}{4}\int_0^{+\infty} \frac{(1 + t^{\frac{1}{2}})t^{\frac{-3}{4}}}{1 + t}\,dt$$
$$= \frac{1}{4}\left[ B\left(\frac{1}{4}, \frac{3}{4}\right) + B\left(\frac{3}{4}, \frac{1}{4}\right) \right]$$
$$= \frac{1}{2}B\left(\frac{1}{4}, \frac{3}{4}\right) = \frac{\pi}{2\sin\frac{\pi}{4}} = \frac{\pi}{\sqrt{2}}$$

**【例 16-18】**　试求由下面的方程
$$z = x^2 + y^2, \ x^2 + y^2 = x, \ x^2 + y^2 = 2x, \ z \geqslant 0$$
所确定的曲面围成的几何体的体积.

**解**　已知的几何体的上曲面是旋转抛物面
$$S = \{(x, y, z) \in \mathbf{R}^3 \mid z = x^2 + y^2\}$$
下底面是 $xOy$ 平面，外侧是柱面
$$S_1 = \{(x, y, z) \in \mathbf{R}^3 \mid (x - 1)^2 + y^2 = 1, z \in \mathbf{R}\}$$
内侧是柱面
$$S_2 = \left\{ (x, y, z) \in \mathbf{R}^3 \mid \left(x - \frac{1}{2}\right)^2 + y^2 = \frac{1}{4}, z \in \mathbf{R} \right\}$$

由 $S_1$ 和 $S_2$ 在 $xOy$ 平面限定的区域 $D$，可由
$$-\frac{\pi}{2} \leqslant \theta \leqslant \frac{\pi}{2}, \ \cos\theta \leqslant r \leqslant 2\cos\theta$$
确定，其中 $(r, \theta)$ 是与 $(x, y)$ 对应的极坐标，所以
$$V = \iint\limits_{D} (x^2 + y^2)\,dx\,dy = \int_{-\pi/2}^{\pi/2} d\theta \int_{\cos\theta}^{2\cos\theta} r^3\,dr$$
$$= \frac{15}{4}\int_{-\pi/2}^{\pi/2} \cos^4\theta\,d\theta = \frac{15}{2}\int_0^{\pi/2} \cos^4\theta\,d\theta$$

$$= \frac{15}{4} B\left(\frac{1}{2}, \frac{5}{2}\right) = \frac{15}{4} \frac{\Gamma\left(\frac{1}{2}\right)\Gamma\left(\frac{5}{2}\right)}{\Gamma(3)} = \frac{45}{32}\pi$$

**【例 16-19】**　试求曲面

$$S = \{(x, y, z) \in \mathbf{R}^3 \mid z^2 = 2xy\}$$

介于平面 $x + y = 1$, $x = 0$ 与 $y = 0$ 间的曲面部分的面积.

　　**解**　对 $z^2 = 2xy$ 两端微分, 得

$$z\,\mathrm{d}z = y\,\mathrm{d}x + x\,\mathrm{d}y$$

由此求得

$$\frac{\partial z}{\partial x} = \frac{x}{z}, \quad \frac{\partial z}{\partial y} = \frac{y}{z}, \quad 1 + z_x^2 + z_y^2 = \frac{(x+y)^2}{z^2} = \frac{(x+y)^2}{2xy}$$

需注意曲面 $S$ 上的点关于坐标平面 $xOy$ 对称, 且知所给曲面部分的上曲面在 $xOy$ 平面上投影集合为

$$D = \{(x, y) \in \mathbf{R} \mid 0 \leqslant x \leqslant 1, 0 \leqslant y \leqslant 1 - x\}$$

所以, 所求面积为

$$\begin{aligned}
P &= 2 \iint_D \frac{x+y}{\sqrt{2xy}}\,\mathrm{d}x\,\mathrm{d}y \\
&= \sqrt{2} \int_0^1 \mathrm{d}x \int_0^{1-x} \left(x^{\frac{1}{2}} y^{\frac{-1}{2}} + x^{\frac{-1}{2}} y^{\frac{1}{2}}\right) \mathrm{d}y \\
&= 2\sqrt{2} \int_0^1 \left[ x^{\frac{1}{2}}(1-x)^{\frac{1}{2}} + \frac{1}{3} x^{\frac{-1}{2}}(1-x)^{\frac{3}{2}} \right] \mathrm{d}x \\
&= 2\sqrt{2} \left[ B\left(\frac{3}{2}, \frac{3}{2}\right) + \frac{1}{3} B\left(\frac{1}{2}, \frac{5}{2}\right) \right] \\
&= 2\sqrt{2} \left[ \frac{\Gamma^2\left(\frac{3}{2}\right)}{\Gamma(3)} + \frac{1}{3} \frac{\Gamma\left(\frac{1}{2}\right)\Gamma\left(\frac{5}{2}\right)}{\Gamma(3)} \right] = \frac{\Gamma^2\left(\frac{1}{2}\right)}{\sqrt{2}} = \frac{\pi}{\sqrt{2}}
\end{aligned}$$

**【例 16-20】**　试求由曲面

$$(x^2 + y^2 + z^2)^2 = a^2(x^2 + y^2 - z^2)$$

所围成的几何体 $T$ 的体积.

　　**解**　设所求体积为

$$V = \iiint_T \mathrm{d}x\,\mathrm{d}y\,\mathrm{d}z$$

利用坐标变换

$$x = \rho \sin \varphi \cos \theta, \quad y = \rho \sin \varphi \sin \theta, \quad z = \rho \cos \varphi$$

及 $T$ 的对称性, 得

$$\begin{aligned}
V &= 8 \int_{\pi/4}^{\pi/2} \sin \varphi\,\mathrm{d}\varphi \int_0^{\pi/2} \mathrm{d}\theta \int_0^{a\sqrt{-\cos 2\varphi}} \rho^2\,\mathrm{d}\rho \\
&= \frac{4\pi a^3}{3} \int_{\pi/4}^{\pi/2} \sin \varphi (\sqrt{-\cos 2\varphi})^3\,\mathrm{d}\varphi
\end{aligned}$$

在积分中令 $\frac{\pi}{2} - \varphi = t$, 求得

$$V = \frac{4\pi a^3}{3} \int_0^{\frac{\pi}{4}} \cos t \, \cos^{\frac{3}{2}} 2t \, dt$$

$$= \frac{4\pi a^3}{3} \int_0^{\frac{\pi}{4}} (1 - 2\sin^2 t)^{\frac{3}{2}} d(\sin t)$$

$$= \frac{4\pi a^3}{3} \int_0^{\frac{1}{\sqrt{2}}} (1 - 2u^2)^{\frac{3}{2}} du, u = \sin t$$

16.3　习题答案

再令 $\sqrt{2}u = \sin z$，得

$$V = \frac{4\pi a^3}{3\sqrt{2}} \int_0^{\frac{\pi}{2}} \cos^4 z \, dz = \frac{2\pi a^3}{3\sqrt{2}} B\left(\frac{1}{2}, \frac{5}{2}\right) = \frac{\pi^2 a^3}{4\sqrt{2}}$$

16.4　思维导图

## 16.4　傅里叶积分与傅里叶变换

在电工技术、自动控制，特别是在无线电技术及通信技术中，经常遇到非正弦、非周期变化的电压、电流、磁通量及其他一些量．在这种情况下，为了研究在电气与无线电装置中所发生的过程，需将函数展开成傅里叶积分．

在本章，只讨论电气与无线电技术工程师在实际工作中所必需的那部分傅里叶积分的知识．

### 16.4.1　傅里叶积分

由第 15 章的内容知道，如果 $f(x)$ 是以 $2l$ 为周期的连续周期函数，且满足将它展开成具有周期为 $2l$ 的傅里叶级数的条件，则

$$f(x) = \frac{a_0}{2} + \sum_{n=1}^{\infty} \left( a_n \cos \frac{n\pi x}{l} + b_n \sin \frac{n\pi x}{l} \right) \tag{16-10}$$

其中，$a_0 = \frac{1}{l} \int_{-l}^{l} f(t) \, dt$

$\qquad a_n = \frac{1}{l} \int_{-l}^{l} f(t) \cos \frac{n\pi t}{l} dt$

$\qquad b_n = \frac{1}{l} \int_{-l}^{l} f(t) \sin \frac{n\pi t}{l} dt$

在这里，级数（16-10）的和是以 $2l$ 为周期的函数，且在整个数轴上与已知函数 $f(x)$ 相等．

如果 $f(x)$ 不是以 $2l$ 为周期的周期函数，但它满足将它展开成以 $2l$ 为周期的傅里叶级数的条件，那么，傅里叶级数在 $[-l, l]$ 之外不等于 $f(x)$．在这种情况下，为了得到对所有的 $x$ 都是正确的 $f(x)$ 表达式（16-10），假定在任意的有限区间 $[-l, l]$ 上，都满足将 $f(x)$ 展开成以 $2l$ 为周期的傅里叶级数的条件，并且 $\int_{-\infty}^{+\infty} |f(x)| \, dx = I$ 收敛，即 $f(x)$ 在整个实轴上绝对可积．

当 $l \rightarrow \infty$ 时，要求式（16-10）的右端表达式的极限，先把 $a_0$、$a_n$ 和 $b_n$ 的表达式代入式（16-10）的右端，得

$$f(x) = \frac{1}{2l} \int_{-l}^{l} f(t) \, dt + \frac{1}{l} \sum_{n=1}^{\infty} \int_{-l}^{l} f(t) \left( \cos \frac{n\pi x}{l} \cos \frac{n\pi t}{l} + \sin \frac{n\pi x}{l} \sin \frac{n\pi t}{l} \right) dt$$

$$= \frac{1}{2l}\int_{-l}^{l}f(t)\,\mathrm{d}t + \frac{1}{l}\sum_{n=1}^{\infty}\int_{-l}^{l}f(t)\cos\frac{n\pi}{l}(x-t)\,\mathrm{d}t \qquad (16\text{-}11)$$

下面再证明，当 $l \to +\infty$ 时，式 (16-11) 右端第一项趋近于零. 因为

$$\left| \frac{1}{2l}\int_{-l}^{l}f(t)\,\mathrm{d}t \right| = \frac{1}{2l}\left| \int_{-l}^{l}f(t)\,\mathrm{d}t \right| \leqslant \frac{1}{2l}\int_{-l}^{l}|f(t)|\,\mathrm{d}t$$

但是

$$\int_{-l}^{l}|f(t)|\,\mathrm{d}t \leqslant \int_{-\infty}^{+\infty}|f(t)|\,\mathrm{d}t = I$$

此时

$$\left| \frac{1}{2l}\int_{-l}^{l}f(t)\,\mathrm{d}t \right| \leqslant \frac{I}{2l}$$

因而，当 $l \to +\infty$ 时，$\dfrac{1}{2l}\displaystyle\int_{-l}^{l}f(t)\,\mathrm{d}t \to 0$.

现在考虑式 (16-11) 的右端的级数部分. 假定变量 $\omega$ 取下列各值

$$\omega_1 = \frac{\pi}{l},\ \omega_2 = \frac{2\pi}{l}, \cdots, \omega_n = \frac{n\pi}{l}, \cdots$$

同时

$$\Delta\omega_n = \omega_n - \omega_{n-1} = \frac{\pi}{l} \to 0 \qquad (\text{当 } l \to +\infty \text{ 时})$$

$$\frac{1}{l}\sum_{n=1}^{\infty}\int_{-l}^{l}f(t)\cos\frac{n\pi}{l}(x-t)\,\mathrm{d}t = \frac{1}{\pi}\sum_{n=1}^{\infty}\left[ \int_{-l}^{l}f(t)\cos\frac{n\pi}{l}(x-t)\,\mathrm{d}t \right]\frac{\pi}{l}$$

$$= \frac{1}{\pi}\sum_{n=1}^{\infty}\left[ \int_{-l}^{l}f(t)\cos\omega_n(x-t)\,\mathrm{d}t \right]\cdot\Delta\omega_n$$

按其结构可知所得表达式正是函数 $\varPhi(\omega) = \dfrac{1}{\pi}\displaystyle\int_{-l}^{l}f(t)\cos\omega(x-t)\,\mathrm{d}t$ 的积分和. 所以，对式 (16-11) 取 $l \to +\infty$ 时的极限，得到

$$f(x) = \frac{1}{\pi}\lim_{l \to +\infty}\sum_{n=1}^{\infty}\left( \int_{-l}^{l}f(t)\cos\omega_n(x-t)\,\mathrm{d}t \right)\Delta\omega_n$$

或

$$f(x) = \frac{1}{\pi}\int_{0}^{+\infty}\mathrm{d}\omega\int_{-\infty}^{+\infty}f(t)\cos\omega(x-t)\,\mathrm{d}t \qquad (16\text{-}12)$$

式 (16-12) 称为傅里叶公式，而二重广义积分

$$\frac{1}{\pi}\int_{0}^{+\infty}\mathrm{d}\omega\int_{-\infty}^{+\infty}f(t)\cos\omega(x-t)\,\mathrm{d}t$$

称为函数 $f(x)$ 的傅里叶积分.

**注意**　上面推导的傅里叶公式 (16-12) 的论述不是十分严格的. 严格的证明如下:

如果函数 $f(x)$ 在任一有限区间上满足狄利克雷条件，并在无限区间 $(-\infty, +\infty)$ 上绝对可积，则在 $f(x)$ 的连续点 $x$ 处，式 (16-12) 是正确的.

式 (16-12) 可记作

$$f(x) = \int_{0}^{+\infty}\left\{ \left[ \frac{1}{\pi}\int_{-\infty}^{+\infty}f(t)\cos\omega t\,\mathrm{d}t \right]\cos\omega x + \left[ \frac{1}{\pi}\int_{-\infty}^{+\infty}f(t)\sin\omega t\,\mathrm{d}t \right]\sin\omega x \right\}\mathrm{d}\omega$$

记

$$A(\omega) = \frac{1}{\pi}\int_{-\infty}^{+\infty} f(t)\cos \omega t\, dt$$

$$B(\omega) = \frac{1}{\pi}\int_{-\infty}^{+\infty} f(t)\sin \omega t\, dt$$

则有

$$f(x) = \int_0^{+\infty} [A(\omega)\cos \omega x + B(\omega)\sin \omega x]d\omega \qquad (16\text{-}13)$$

或

$$f(x) = \int_0^{+\infty} k(\omega)\cos[\omega x - \delta(\omega)]d\omega \qquad (16\text{-}14)$$

其中, $k(\omega) = \sqrt{A^2(\omega) + B^2(\omega)}$, $\delta(\omega) = \arctan\dfrac{B(\omega)}{A(\omega)}$.

由式(16-14)可得出,函数 $f(x)$ 用傅里叶积分表为谐波的"和". 这些谐波具有振幅 $k(\omega)$ 和初相 $\delta(\omega)$,而其角频率 $\omega$ 在区间 $[0, +\infty)$ 上连续变化.

当把函数 $f(x)$ 展开成具有周期为 $2l$ 的傅里叶级数时,谐波的角频率有离散的值 $\omega_1 = \dfrac{\pi}{l}$, $\omega_2 = \dfrac{2\pi}{l}$, $\cdots$, $\omega_n = \dfrac{n\pi}{l}$, $\cdots$,故对傅里叶级数可称离散频谱,对傅里叶积分可称连续频谱.

如果对于周期函数,振幅谱与相位谱是不连续的,那么对于用傅里叶积分表示的非周期函数将得到连续的振幅谱和相位谱.

把具有有限个第一类间断点的函数展开成傅里叶级数,傅里叶级数在这些间断点处等于 $\dfrac{1}{2}[f(x-0) + f(x+0)]$,其中 $f(x-0)$ 和 $f(x+0)$ 是函数 $f(x)$ 在点 $x$ 处的左极限和右极限. 当把函数 $f(x)$ 展开成傅里叶积分时,同样可假设 $f(x)$ 具有第一类间断点,从而左端的 $f(x)$ 在间断点 $x$ 处应以 $\dfrac{f(x-0) + f(x+0)}{2}$ 来代替 $f(x)$. 如果 $f(x)$ 在点 $x$ 处连续,则显然有

$$\frac{f(x-0) + f(x+0)}{2} = f(x)$$

## 16.4.2 用傅里叶积分表示函数的几个特例

### 1. $f(x)$ 是偶函数

此时, $f(x)\cos \omega x$ 也是偶函数,而 $f(x)\sin \omega x$ 是 $x$ 的奇函数. 在这种情况下

$$A(\omega) = \frac{1}{\pi}\int_{-\infty}^{+\infty} f(t)\cos \omega t\, dt = \frac{2}{\pi}\int_0^{+\infty} f(t)\cos\omega t\, dt$$

$$B(\omega) = \frac{1}{\pi}\int_{-\infty}^{+\infty} f(t)\sin \omega t dt = 0$$

对于偶函数 $f(x)$ 的傅里叶公式(16-13)有下面形式:

$$\frac{f(x-0) + f(x+0)}{2} = \frac{2}{\pi}\int_0^{+\infty}\cos \omega x\, d\omega\int_0^{+\infty} f(t)\cos \omega t\, dt \qquad (16\text{-}15)$$

### 2. $f(x)$ 是奇函数

此时, $f(x)\cos \omega x$ 是奇函数,而 $f(x)\sin \omega x$ 是偶函数. 在这种情况下,

$$A(\omega) = 0$$

$$B(\omega) = \frac{2}{\pi} \int_0^{+\infty} f(t) \sin \omega t \, \mathrm{d}t$$

对于奇函数 $f(t)$ 的傅里叶公式（16-13）可写成

$$\frac{f(x-0) + f(x+0)}{2} = \frac{2}{\pi} \int_0^{+\infty} \sin \omega x \, \mathrm{d}\omega \int_0^{+\infty} f(t) \sin \omega t \, \mathrm{d}t \tag{16-16}$$

**3. $f(x)$ 只在 $[0, +\infty)$ 上给定**

借助于在 $(-\infty, 0)$ 上的函数 $\varphi(x)$ 对 $f(x)$ 补充定义，得函数

$$F(x) = \begin{cases} \varphi(x) & \text{当 } x < 0 \text{ 时} \\ f(x) & \text{当 } x \geq 0 \text{ 时} \end{cases}$$

在 $(-\infty, +\infty)$ 上有定义.

函数 $F(x)$ 的傅里叶积分可表为

$$\frac{F(x-0) + F(x+0)}{2}$$

$$= \frac{1}{\pi} \int_0^{+\infty} \mathrm{d}\omega \int_{-\infty}^{+\infty} F(t) \cos \omega(x-t) \, \mathrm{d}t$$

$$= \frac{1}{\pi} \int_0^{+\infty} \mathrm{d}\omega \int_{-\infty}^0 \varphi(t) \cos \omega(x-t) \, \mathrm{d}t + \frac{1}{\pi} \int_0^{+\infty} \mathrm{d}\omega \int_0^{+\infty} f(t) \cos \omega(x-t) \, \mathrm{d}t \tag{16-17}$$

其中

$$\frac{F(x-0) + F(x+0)}{2} = \begin{cases} \dfrac{\varphi(x-0) + \varphi(x+0)}{2} & \text{当 } x < 0 \text{ 时} \\[2mm] \dfrac{\varphi(0-0) + f(0+0)}{2} & \text{当 } x = 0 \text{ 时} \\[2mm] \dfrac{f(x-0) + f(x+0)}{2} & \text{当 } x > 0 \text{ 时} \end{cases}$$

如果这样选取 $\varphi(x)$，使 $F(x)$ 成为偶函数或奇函数，则式（16-17）取与式（16-15）和式（16-16）相对应的形式.

### 16.4.3　傅里叶积分的复数形式　傅里叶变换

设 $f(x)$ 在整个实轴上绝对可积，因为 $|f(t) \sin \omega(x-t)| \leq |f(t)|$，所以 $\int_{-\infty}^{+\infty} f(t) \cdot \sin \omega(x-t) \mathrm{d}t$ 绝对、一致收敛于 $\omega$ 的连续函数. 显然，当用 $-\omega$ 替换 $\omega$ 时，这个函数只改变一个符号，即是 $\omega$ 的奇函数. 此时

$$\int_{-\infty}^{+\infty} \mathrm{d}\omega \int_{-\infty}^{+\infty} f(t) \sin \omega(x-t) \, \mathrm{d}t = 0$$

类似地，可得出

$$\int_{-\infty}^{+\infty} f(t) \cos \omega(x-t) \, \mathrm{d}t$$

是 $\omega$ 的连续偶函数，因而

$$\int_{-\infty}^{+\infty} \mathrm{d}\omega \int_{-\infty}^{+\infty} f(t) \cos \omega(x-t) \, \mathrm{d}t = 2 \int_0^{+\infty} \mathrm{d}\omega \int_{-\infty}^{+\infty} f(t) \cos \omega(x-t) \, \mathrm{d}t$$

同时

$$\frac{1}{\pi}\int_0^{+\infty}\mathrm{d}\omega\int_{-\infty}^{+\infty}f(t)\cos\omega(x-t)\mathrm{d}t$$

$$=\frac{1}{2\pi}\int_{-\infty}^{+\infty}\mathrm{d}\omega\int_{-\infty}^{+\infty}f(t)\cos\omega(x-t)\mathrm{d}t-\frac{1}{2\pi}\mathrm{i}\int_{-\infty}^{+\infty}\mathrm{d}\omega\int_{-\infty}^{+\infty}f(t)\sin\omega(x-t)\mathrm{d}t$$

$$=\frac{1}{2\pi}\int_{-\infty}^{+\infty}\mathrm{d}\omega\int_{-\infty}^{+\infty}f(t)\left[\cos\omega(x-t)-\mathrm{i}\sin\omega(x-t)\right]\mathrm{d}t$$

$$=\frac{1}{2\pi}\int_{-\infty}^{+\infty}\mathrm{d}\omega\int_{-\infty}^{+\infty}f(t)\cdot\mathrm{e}^{-\mathrm{i}\,\omega(x-t)}\mathrm{d}t=\frac{1}{2\pi}\int_{-\infty}^{+\infty}\mathrm{d}\omega\int_{-\infty}^{+\infty}f(t)\cdot\mathrm{e}^{\mathrm{i}\,\omega(t-x)}\mathrm{d}t$$

根据傅里叶公式（16-12），可把

$$\frac{f(x-0)+f(x+0)}{2}=\frac{1}{\pi}\int_0^{+\infty}\mathrm{d}\omega\int_{-\infty}^{+\infty}f(t)\cos\omega(x-t)\mathrm{d}t$$

写成

$$\frac{f(x-0)+f(x+0)}{2}=\frac{1}{2\pi}\int_{-\infty}^{+\infty}\mathrm{d}\omega\int_{-\infty}^{+\infty}f(t)\cdot\mathrm{e}^{\mathrm{i}\,\omega(t-x)}\mathrm{d}t \tag{16-18}$$

这就是傅里叶积分的复数形式．假定 $f(x)$ 是连续的，则有

$$f(x)=\frac{1}{\sqrt{2\pi}}\int_{-\infty}^{+\infty}\mathrm{e}^{-\mathrm{i}\,\omega x}\left[\frac{1}{\sqrt{2\pi}}\int_{-\infty}^{+\infty}f(t)\cdot\mathrm{e}^{\mathrm{i}\,\omega t}\mathrm{d}t\right]\mathrm{d}\omega \tag{16-19}$$

设

$$F(\omega)=\frac{1}{\sqrt{2\pi}}\int_{-\infty}^{+\infty}f(t)\cdot\mathrm{e}^{\mathrm{i}\,\omega t}\mathrm{d}t \tag{16-20}$$

称为函数 $f(x)$ 的傅里叶变换，则式（16-19）变为

$$f(x)=\frac{1}{\sqrt{2\pi}}\int_{-\infty}^{+\infty}F(\omega)\cdot\mathrm{e}^{-\mathrm{i}\,\omega x}\mathrm{d}\omega \tag{16-21}$$

这个函数称为函数 $F(\omega)$ 的傅里叶逆变换．

在给定函数 $f(x)$ 的情况下，式（16-21）可看成具有未知函数 $F(\omega)$ 的积分方程．此时，式（16-20）给出这个积分方程的解．类似地，式（16-20）可看作关于函数 $f(x)$ 的积分方程．此时，它的解由式（16-21）给出．

对于连续的偶函数或奇函数 $f(x)$，前面得到的式（16-15）和式（16-16）能对应地写成

$$f(x)=\sqrt{\frac{2}{\pi}}\int_0^{+\infty}F_c(\omega)\cos\omega x\ \mathrm{d}\omega \tag{16-22}$$

其中

$$F_c(\omega)=\sqrt{\frac{2}{\pi}}\int_0^{+\infty}f(t)\cos\omega t\ \mathrm{d}t \tag{16-23}$$

$$f(x)=\sqrt{\frac{2}{\pi}}\int_0^{+\infty}F_s(\omega)\sin\omega x\ \mathrm{d}\omega \tag{16-24}$$

其中

$$F_s(\omega)=\sqrt{\frac{2}{\pi}}\int_0^{+\infty}f(t)\sin\omega t\ \mathrm{d}t \tag{16-25}$$

函数 $F_c(\omega)$ 和 $F_s(\omega)$ 分别称为给定函数的余弦变换和正弦变换．

如果把式（16-22）看作对于函数 $F_c(\omega)$ 的积分方程，则式（16-23）给出它的解．类似地，函数 $F_c(\omega)$ 的积分方程（16-24）的解由式（16-25）给出．

为确定傅里叶变换、余弦变换和正弦变换之间的联系，做变形

$$
\begin{aligned}
F(\omega) &= \frac{1}{\sqrt{2\pi}}\int_{-\infty}^{+\infty} f(t)\,\mathrm{e}^{\mathrm{i}\omega t}\,\mathrm{d}t \\
&= \frac{1}{\sqrt{2\pi}}\int_{-\infty}^{+\infty} f(t)(\cos\omega t + \mathrm{i}\sin\omega t)\,\mathrm{d}t \\
&= \frac{1}{\sqrt{2\pi}}\Big[\int_{-\infty}^{0} f(t)\cos\omega t\,\mathrm{d}t + \int_{0}^{+\infty} f(t)\cos\omega t\,\mathrm{d}t\Big] + \\
&\quad \frac{\mathrm{i}}{\sqrt{2\pi}}\Big[\int_{-\infty}^{0} f(t)\sin\omega t\,\mathrm{d}t + \int_{0}^{+\infty} f(t)\cdot\sin\omega t\,\mathrm{d}t\Big]
\end{aligned}
$$

如果在积分 $\int_{-\infty}^{0} f(t)\cos\omega t\,\mathrm{d}t$ 和 $\int_{-\infty}^{0} f(t)\sin\omega t\,\mathrm{d}t$ 中，用 $-t$ 代替积分变量 $t$，则得

$$
F(\omega) = \sqrt{\frac{2}{\pi}}\int_{0}^{+\infty} \frac{f(t)+f(-t)}{2}\cos\omega t\,\mathrm{d}t + \mathrm{i}\sqrt{\frac{2}{\pi}}\int_{0}^{+\infty} \frac{f(t)-f(-t)}{2}\sin\omega t\,\mathrm{d}t
$$

记

$$
g(x) = \frac{f(x)+f(-x)}{2} \tag{16-26}
$$

$$
h(x) = \frac{f(x)-f(-x)}{2} \tag{16-27}
$$

此时，

$$
F(\omega) = G_c(\omega) + \mathrm{i}\,H_s(\omega) \tag{16-28}
$$

其中，$G_c(\omega)$ 是函数 $g(x)$ 的余弦变换，而 $H_s(\omega)$ 是函数 $h(x)$ 的正弦变换．

式（16-28）确定了傅里叶变换、余弦变换和正弦变换之间的联系．

### 16.4.4 把函数展开成傅里叶积分的例子

【例 16-21】 试把函数

$$
f(x) = \begin{cases} h & \text{当 } a \le x \le a+\Delta \text{ 时} \\ 0 & \text{当 } x < a \text{ 或 } x > a+\Delta \text{ 时} \end{cases}
$$

展开成傅里叶积分，它的图形如图 16-1 所示（矩形脉冲）．

**解** 显然，这个函数在 $(-\infty, +\infty)$ 内绝对可积且逐段光滑，所以傅里叶积分在所有 $x$ 处收敛．求系数 $A(\omega)$ 和 $B(\omega)$：

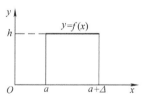

图 16-1

$$
\begin{aligned}
A(\omega) &= \frac{1}{\pi}\int_{-\infty}^{+\infty} f(t)\cos\omega t\,\mathrm{d}t \\
&= \frac{h}{\pi}\int_{a}^{a+\Delta} \cos\omega t\,\mathrm{d}t \\
&= \frac{2h}{\pi\omega}\cos\omega\Big(a+\frac{\Delta}{2}\Big)\cdot\sin\frac{\omega\Delta}{2}
\end{aligned}
$$

$$
B(\omega) = \frac{1}{\pi}\int_{-\infty}^{+\infty} f(t)\sin\omega t\,\mathrm{d}t = \frac{h}{\pi}\int_{a}^{a+\Delta} \sin\omega t\,\mathrm{d}t = \frac{2h}{\pi\omega}\sin\omega\Big(a+\frac{\Delta}{2}\Big)\cdot\sin\frac{\omega\Delta}{2}
$$

对于所给的函数 $f(x)$ 的傅里叶积分有下述形式：

$$\int_0^{+\infty} \left[A(\omega)\cos \omega x + B(\omega)\sin \omega x\right]\mathrm{d}\omega$$

$$= \frac{2h}{\pi}\int_0^{+\infty}\left[\cos \omega x \cos\omega\left(a+\frac{\Delta}{2}\right) + \sin \omega x \sin \omega\left(a+\frac{\Delta}{2}\right)\right]\cdot\frac{\sin\dfrac{\omega\Delta}{2}}{\omega}\mathrm{d}\omega$$

$$= \frac{2h}{\pi}\int_0^{+\infty}\frac{\sin\dfrac{\omega\Delta}{2}}{\omega}\cos \omega\left(x-a-\frac{\Delta}{2}\right)\mathrm{d}\omega \tag{16-29}$$

广义积分（16-29）在所有 $x$ 处收敛，并在所有的连续点上等于 $f(x)$. 在点 $x_1 = a$ 和 $x_2 = a+\Delta$ 上，积分值等于 $\dfrac{h}{2}$.

**【例 16-22】** 试把函数

$$f(x) = \begin{cases} \sin x & \text{当 } 0 < x < \pi \text{ 时} \\ 0 & \text{当 } x > \pi \text{ 时} \end{cases}$$

在正实半轴上展开成傅里叶积分，它的图形如图16-2所示（正弦曲线的半波）.

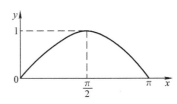

图 16-2

**解** 确定 $F_c(\omega)$ 和 $F_s(\omega)$ 的值

$$F_c(\omega) = \sqrt{\frac{2}{\pi}}\int_0^\pi \sin t \cos \omega t \,\mathrm{d}t$$

$$= \frac{1}{\sqrt{2\pi}}\int_0^\pi \left[\sin(1+\omega)t + \sin(1-\omega)t\right]\mathrm{d}t$$

$$= \frac{1}{\sqrt{2\pi}}\left[-\frac{\cos(1+\omega)t}{1+\omega} - \frac{\cos(1-\omega)t}{1-\omega}\right]\Bigg|_0^\pi$$

$$= \frac{2}{\sqrt{2\pi}}\left[\frac{2}{1-\omega^2} - \frac{\cos(1+\omega)\pi}{1+\omega} - \frac{\cos(1-\omega)\pi}{1-\omega}\right]$$

$$= \frac{2}{\sqrt{2\pi}}\cdot\frac{1+\cos \omega\pi}{1-\omega^2} = \sqrt{\frac{2}{\pi}}\frac{1+\cos \omega\pi}{1-\omega^2}$$

$$F_s(\omega) = \sqrt{\frac{2}{\pi}}\cdot\int_0^\pi \sin t \sin \omega t \,\mathrm{d}t = \sqrt{\frac{2}{\pi}}\cdot\frac{\sin \omega\pi}{1-\omega^2}$$

此时

$$f(x) = \sqrt{\frac{2}{\pi}}\int_0^{+\infty} F_c(\omega)\cos \omega x \,\mathrm{d}\omega$$

$$= \frac{2}{\pi}\int_0^{+\infty}\frac{1+\cos \omega\pi}{1-\omega^2}\cos \omega x \,\mathrm{d}\omega \quad (x \geqslant 0)$$

或

$$f(x) = \sqrt{\frac{2}{\pi}}\int_0^{+\infty} F_s(\omega)\sin \omega x \,\mathrm{d}\omega$$

$$= \frac{2}{\pi}\int_0^{+\infty}\frac{\sin \omega\pi}{1-\omega^2}\sin \omega x \,\mathrm{d}\omega \quad (x \geqslant 0)$$

**【例 16-23】** 试求矩形脉冲

$$f(t) = \begin{cases} B & \text{当 } 0 \leqslant t \leqslant \tau \text{ 时} \\ 0 & \text{当 } t < 0 \text{ 或 } t > \tau \text{ 时} \end{cases}$$

的谱密度及谱密度的模.

**解**  $S(\mathrm{j}\,\omega) = \int_0^\tau B\mathrm{e}^{-\mathrm{j}\,\omega t}\mathrm{d}t = -\dfrac{B}{\mathrm{j}\,\omega}\mathrm{e}^{-\mathrm{j}\,\omega t}\Big|_0^\tau = \dfrac{B(1-\mathrm{e}^{-\mathrm{j}\,\omega\tau})}{\mathrm{j}\,\omega} = \dfrac{B\,\mathrm{j}(\mathrm{e}^{-\mathrm{j}\,\omega\tau}-1)}{\omega}$

$\qquad\qquad = \dfrac{B\,\mathrm{j}}{\omega}(\cos\omega\tau - \mathrm{j}\sin\omega\tau - 1)$

$\qquad\qquad = \dfrac{B}{\omega}\big[\sin\omega\tau - \mathrm{j}(1-\cos\omega\tau)\big]$

$\qquad S(\omega) = \dfrac{B}{\omega}\sqrt{\sin^2\omega\tau + (1-\cos\omega\tau)^2}$

$\qquad\qquad = \dfrac{B}{\omega}\sqrt{\sin^2\omega\tau + \cos^2\omega\tau + 1 - 2\cos\omega\tau}$

$\qquad\qquad = \dfrac{B}{\omega}\sqrt{2(1-\cos\omega\tau)} = \dfrac{2B}{\omega}\left|\sin\dfrac{\omega\tau}{2}\right|$

16.4 习题答案

函数 $f(t)$ 和 $S(\omega)$ 的图形如图 16-3 所示.

对于在电气和无线电的电路中按照非正弦、非周期规律变化的电性量与磁性量的发生过程，傅里叶变换提供了方便和直观表示的可能性.

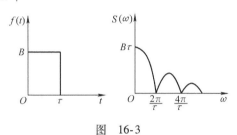

图 16-3

# 习 题 16

1. 证明：对于积分 $\displaystyle\int_0^1 \dfrac{x}{y^2}\,\mathrm{e}^{-(x/y)^2}\mathrm{d}x$，当 $y\to 0$ 时不能在积分内取极限.

2. 计算积分 $\displaystyle\int_0^1 \dfrac{x^b-x^a}{\ln x}\,\mathrm{d}x,\ a>0,\ b>0$.

3. 研究积分 $\displaystyle\int_0^{+\infty} \dfrac{\mathrm{d}x}{1+x^a},\ a>1$ 的一致收敛性.

4. 研究积分 $\displaystyle\int_0^1 x^p\sin\dfrac{1}{x}\,\mathrm{d}x,\ p>\varepsilon-2,\varepsilon>0$ 的一致收敛性.

5. 设函数 $f(x)$ 连续且积分 $\displaystyle\int_0^{+\infty} \dfrac{f(x)}{x}\,\mathrm{d}x$ 收敛，试证明：

$$\int_0^{+\infty} \dfrac{f(ax)-f(bx)}{x}\,\mathrm{d}x = f(0)\ln\dfrac{b}{a},\ a>0,b>0$$

6. 计算积分 $\displaystyle\int_0^{+\infty} \dfrac{\cos ax - \cos bx}{x}\,\mathrm{d}x\,(a>0,b>0)$.

7. 计算积分 $\displaystyle\int_{-\infty}^{+\infty} \mathrm{e}^{-ax^2}\cos b\,x\,\mathrm{d}x,\ a>0$.

8. 设 $0<p<1$，利用欧拉积分计算积分

$$\int_0^{+\infty} \dfrac{x^{p-1}\ln^2 x}{1+x}\,\mathrm{d}x$$

习题 16 答案

# 附录　空间解析几何图形与典型计算

　　这里，共收集与多元函数积分学内容有关的 68 个空间解析几何图形，并配置了典型计算题，这对提高大学生的空间想象能力与计算能力很有益处，在有关的教学过程中，可结合此套图形进行教学，譬如：

　　（1）根据方程判定空间几何图形的形状.

　　（2）如何绘出由几个曲面所围成的空间区域以及在各个坐标面的投影区域，如何恰当选取空间坐系或平面坐标系，用点集的代数表示法表示各种区域.

　　（3）空间曲线及其投影.

　　（4）计算二重积分、三重积分、曲线积分、曲面积分等. 图中 $V=?$ 表示"体积等于多少"，$A=?$ 表示"曲面面积等于多少".

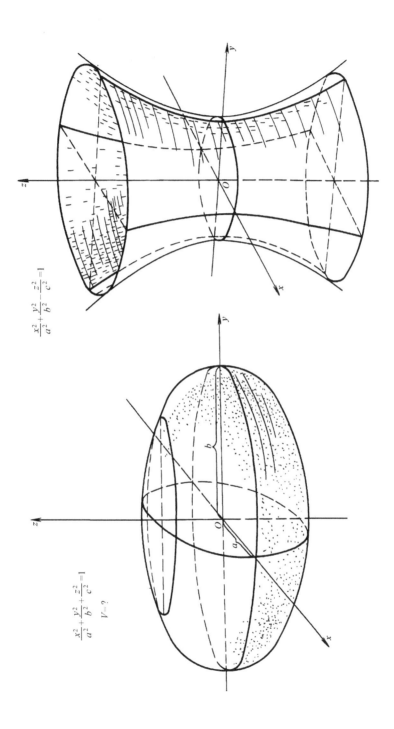

$$\frac{x^2}{a^2}+\frac{y^2}{b^2}-\frac{z^2}{c^2}=1$$

$$\frac{x^2}{a^2}+\frac{y^2}{b^2}+\frac{z^2}{c^2}=1$$
$$V=?$$

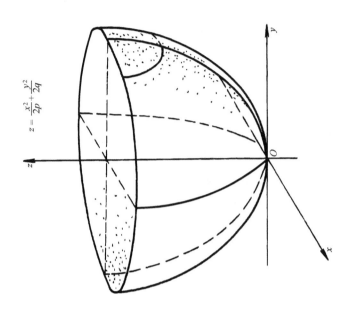

$$z = \frac{x^2}{2p} + \frac{y^2}{2q}$$

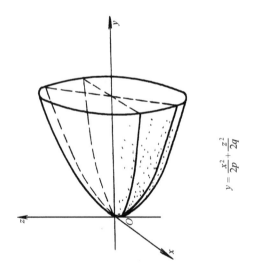

$$y = \frac{x^2}{2p} + \frac{z^2}{2q}$$

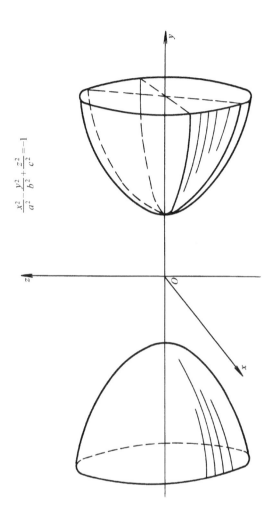

$$\frac{x^2}{a^2} - \frac{y^2}{b^2} + \frac{z^2}{c^2} = -1$$

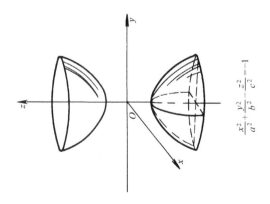

$$\frac{x^2}{a^2} + \frac{y^2}{b^2} - \frac{z^2}{c^2} = -1$$

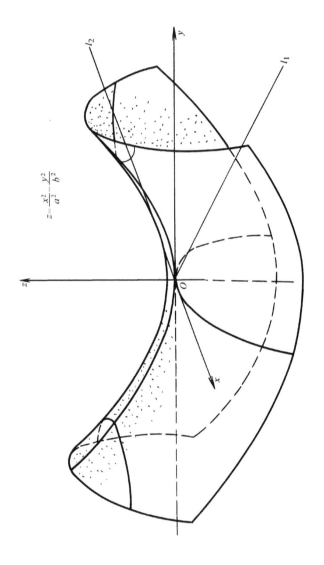

$$z = \frac{x^2}{a^2} - \frac{y^2}{b^2}$$

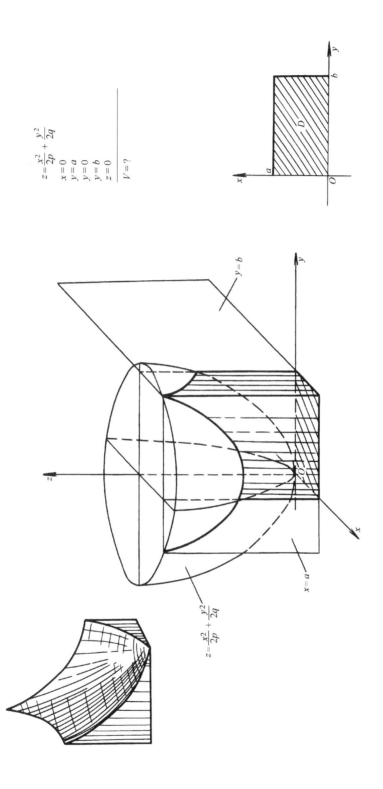

$$z = \frac{x^2}{2p} + \frac{y^2}{2q}$$
$$x = 0$$
$$y = a$$
$$y = 0$$
$$y = b$$
$$z = 0$$
$$V = ?$$

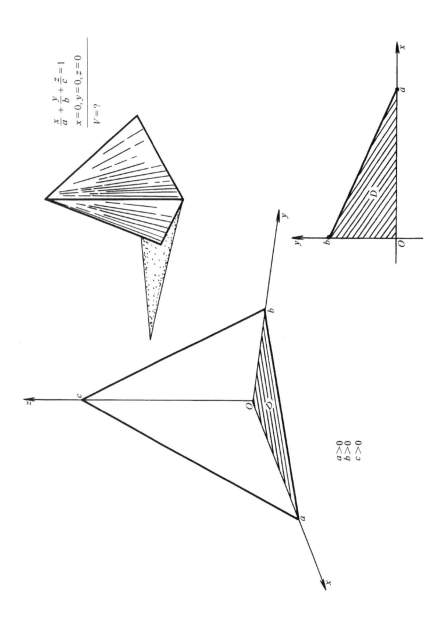

$$\frac{x}{a}+\frac{y}{b}+\frac{z}{c}=1$$
$$x=0,y=0,z=0$$
$$\overline{V=?}$$

$a>0$
$b>0$
$c>0$

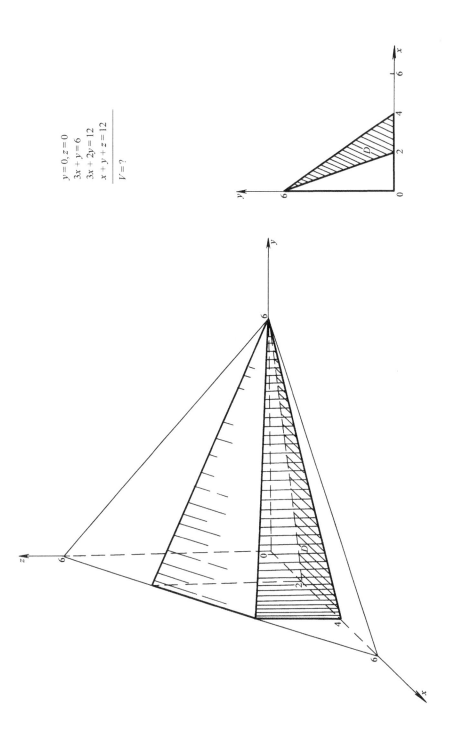

$$y = 0, z = 0$$
$$3x + y = 6$$
$$3x + 2y = 12$$
$$\underline{x + y + z = 12}$$
$$V = ?$$

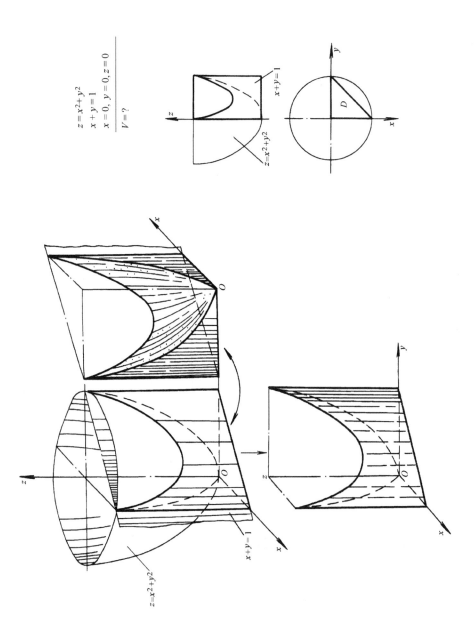

$$z = x^2 + y^2$$
$$x + y = 1$$
$$x = 0, y = 0, z = 0$$
$$\overline{V = ?}$$

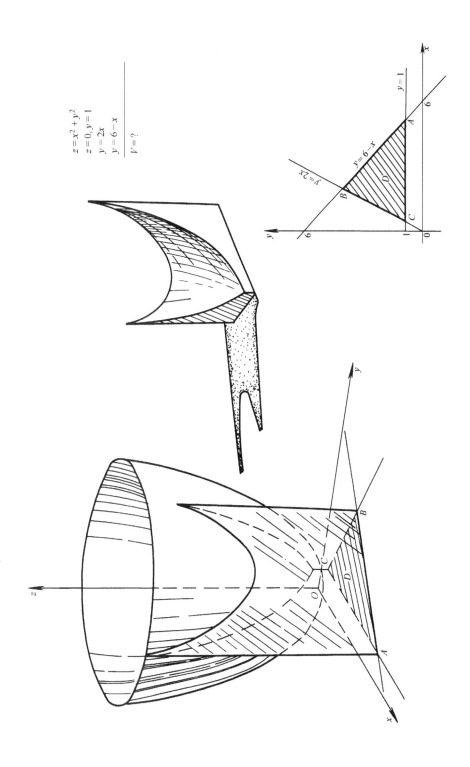

$$z = x^2 + y^2$$
$$z = 0, y = 1$$
$$y = 2x$$
$$y = 6 - x$$
$$\overline{V = ?}$$

$$x+z=6$$
$$y=2\sqrt{x}$$
$$y=\sqrt{x}$$
$$z=0$$
$$\overline{V=?}$$

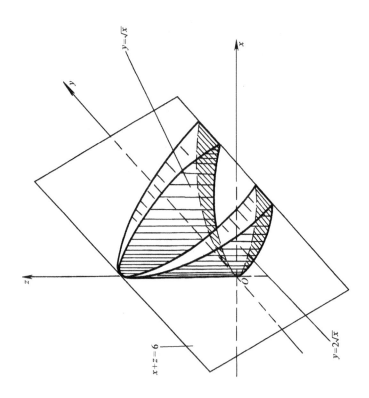

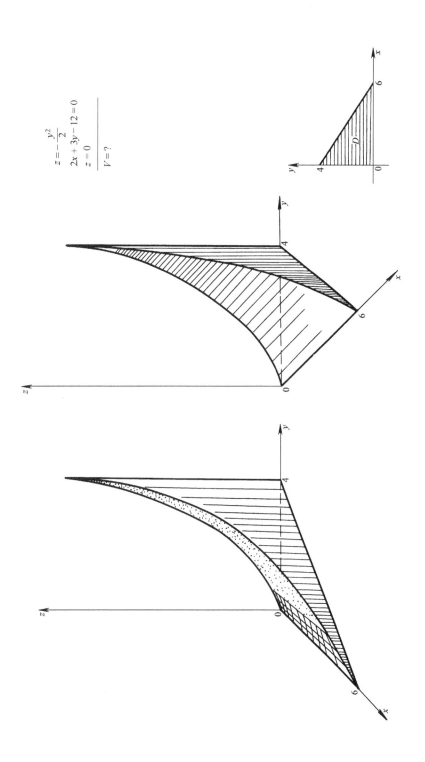

$$z = -\frac{y^2}{2}$$

$$2x + 3y - 12 = 0$$

$$z = 0$$

$$\overline{V = ?}$$

**263**

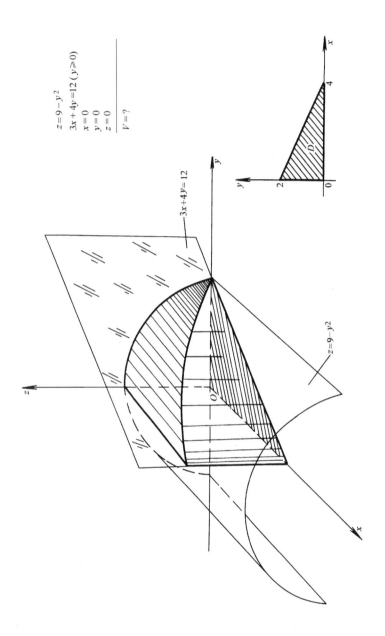

$$z = 9 - y^2$$
$$3x + 4y = 12 \ (y \geqslant 0)$$
$$x = 0$$
$$y = 0$$
$$z = 0$$
$$\overline{V = ?}$$

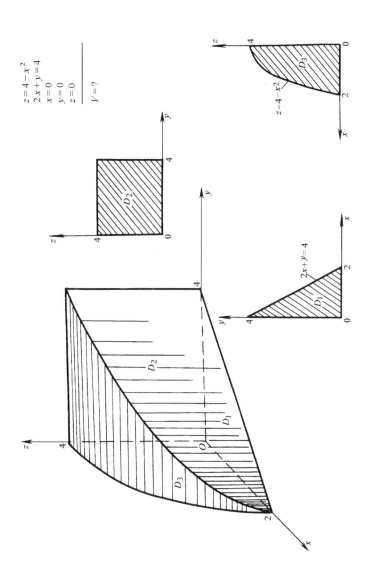

$$z = 4 - x^2$$
$$2x + y = 4$$
$$x = 0$$
$$y = 0$$
$$z = 0$$

$$V = ?$$

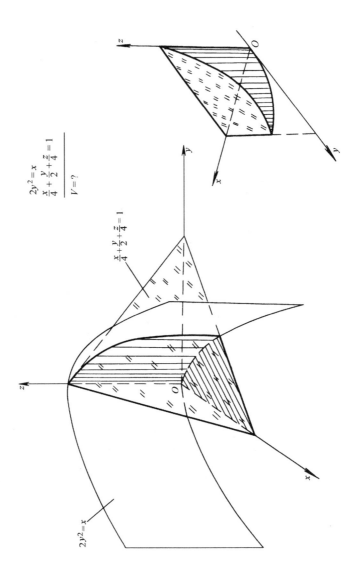

$$2y^2 = x$$
$$\frac{x}{4} + \frac{y}{2} + \frac{z}{4} = 1$$
$$\overline{V = ?}$$

$$\frac{x}{4} + \frac{y}{2} + \frac{z}{4} = 1$$

$$2y^2 = x$$

附录　空间解析几何图形与典型计算

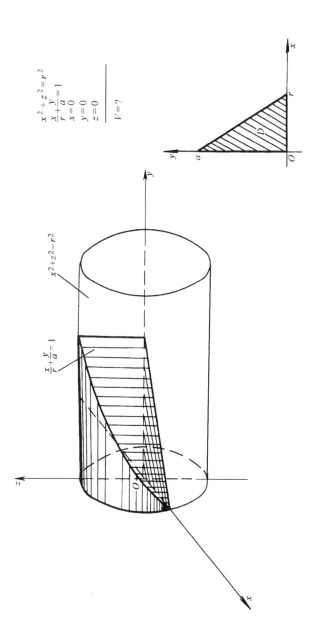

$$x^2 + z^2 = r^2$$
$$\frac{x}{r} + \frac{y}{a} = 1$$
$$x = 0$$
$$y = 0$$
$$z = 0$$
$$\overline{\phantom{xx}V = ?}$$

$x^2 + z^2 = r^2$

$\dfrac{x}{r} + \dfrac{y}{a} = 1$

$$\frac{x^2}{4} + y^2 = 1$$
$$z = 12 - 3x - 4y$$
$$z = 1$$
$$(x \geqslant 0, y \geqslant 0)$$
$$\overline{V = ?}$$

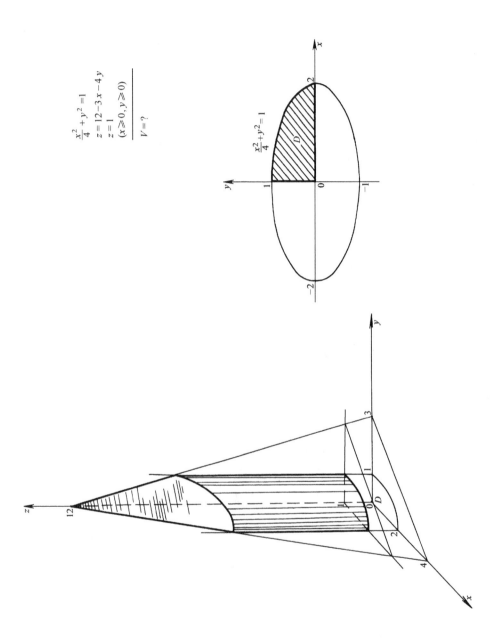

$$x^2 + y^2 = R^2$$
$$x^2 + z^2 = R^2$$
$$\overline{V = ?}$$

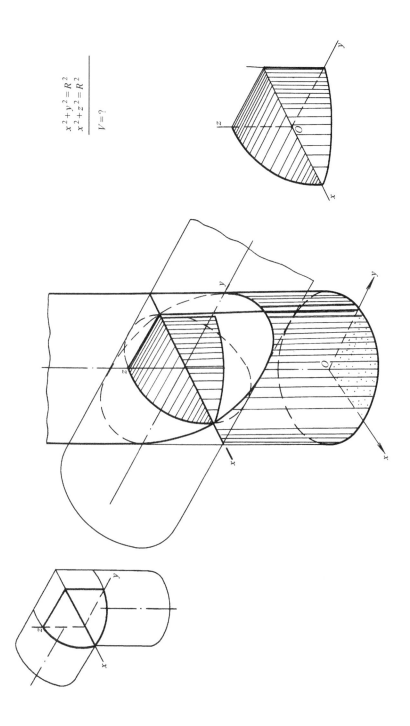

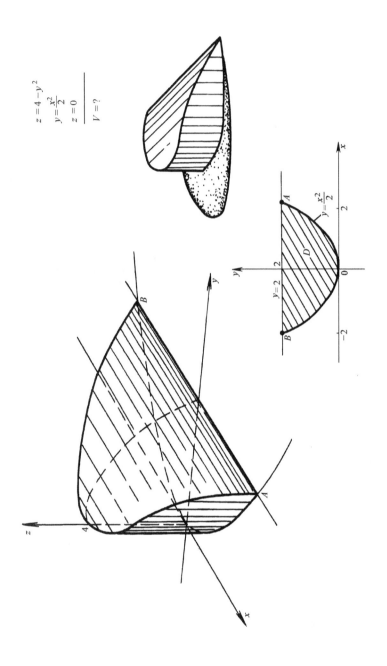

$$z = 4 - y^2$$
$$y = \frac{x^2}{2}$$
$$z = 0$$
$$\overline{V = ?}$$

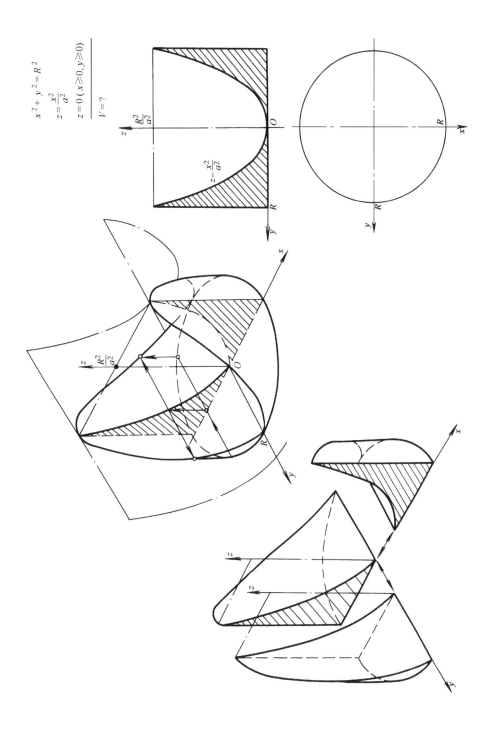

$$x^2 + y^2 = R^2$$
$$z = \frac{x^2}{a^2}$$
$$\underline{z = 0 \,(x \geq 0, y \geq 0)}$$
$$V = ?$$

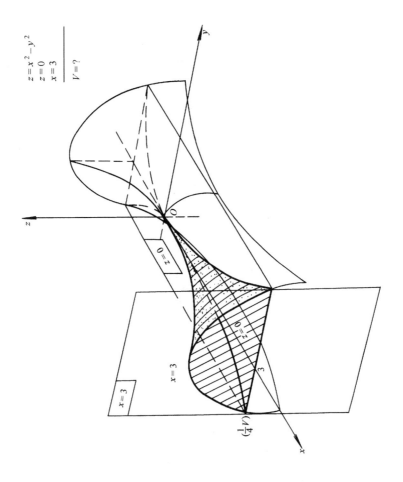

$$z = x^2 - y^2$$
$$z = 0$$
$$x = 3$$
$$V = ?$$

$z = xy$
$y = \sqrt{x}$
$x + y = 2$
$y = 0, z = 0$
$V = ?$

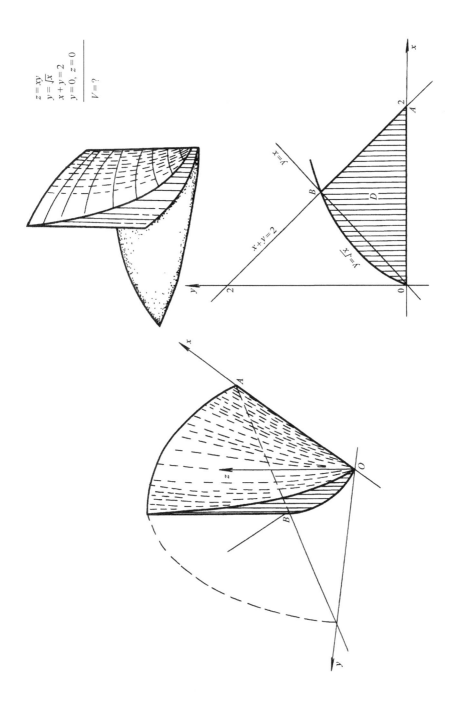

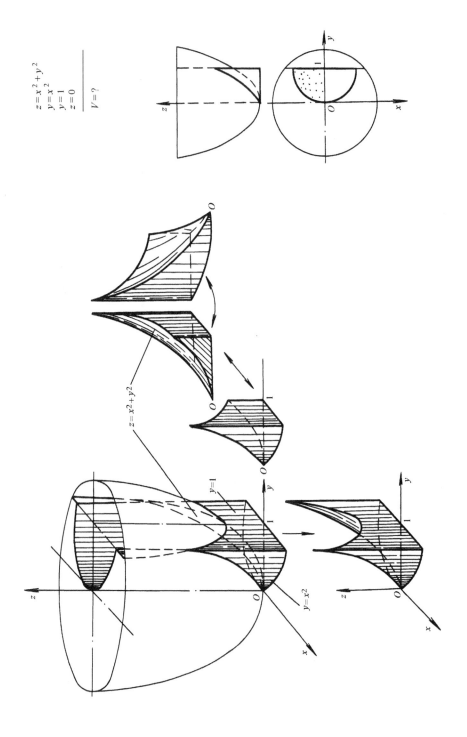

$$z = x^2 + y^2$$
$$y = x^2$$
$$y = 1$$
$$z = 0$$
$$\overline{\hphantom{z=x^2+y^2}}$$
$$V = ?$$

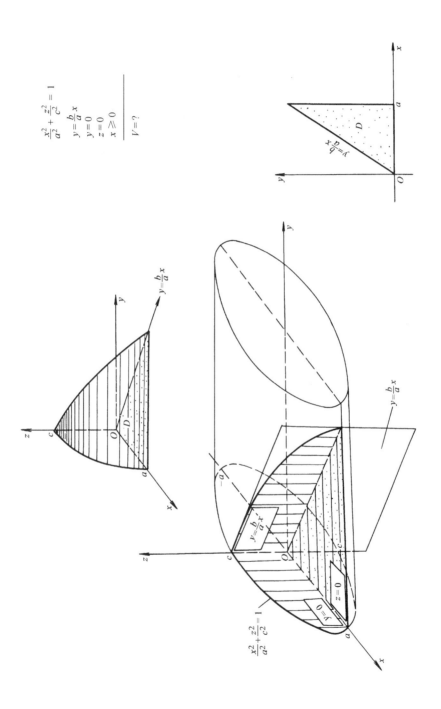

$$\dfrac{x^2}{a^2} + \dfrac{z^2}{c^2} = 1$$

$$y = \dfrac{b}{a}x$$

$$y = 0$$

$$z = 0$$

$$x \geqslant 0$$

$$\overline{\quad V = ? \quad}$$

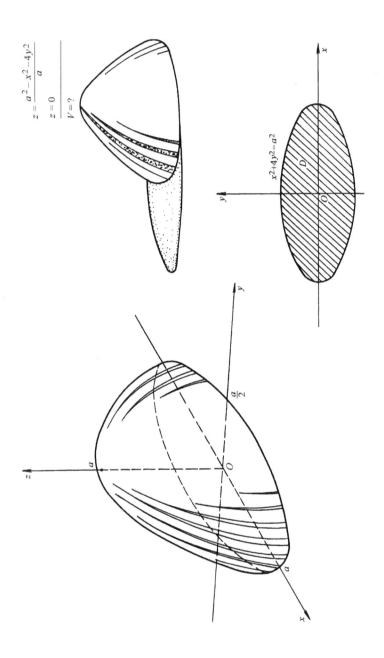

$$z = \dfrac{a^2 - x^2 - 4y^2}{a}$$
$$z = 0$$
$$V = ?$$

$$x^2 + 4y^2 = a^2$$

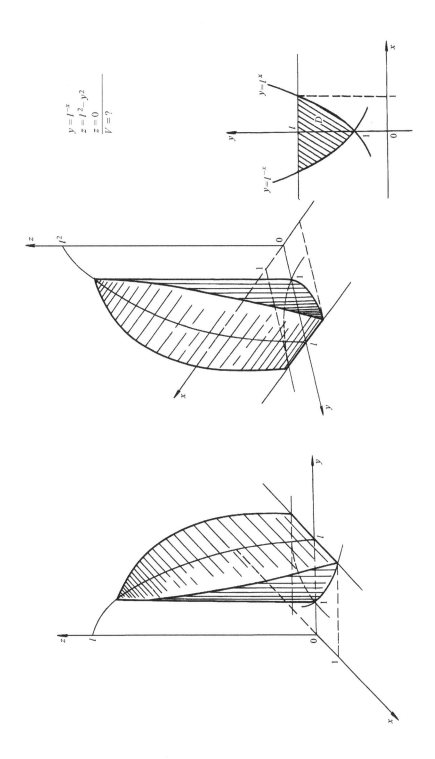

$$y = 1^{-x}$$
$$z = 1^2 - y^2$$
$$z = 0$$
$$\overline{V = ?}$$

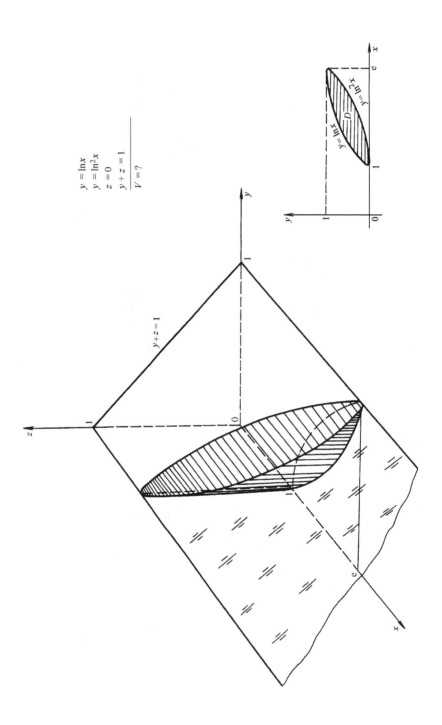

$$y = \ln x$$
$$y = \ln^2 x$$
$$z = 0$$
$$\underline{y + z = 1}$$
$$V = ?$$

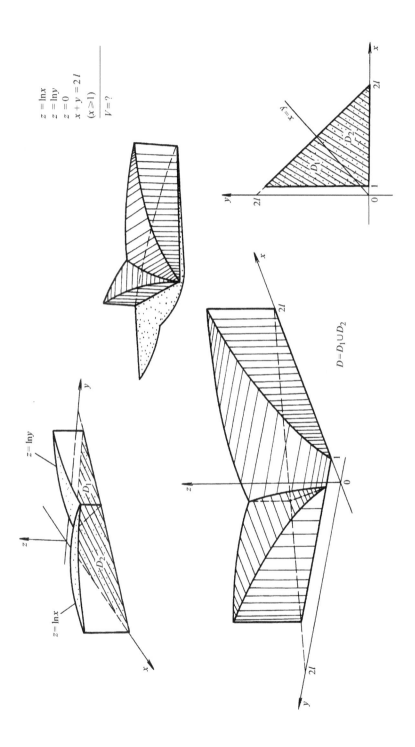

$z = \ln x$
$z = \ln y$
$z = 0$
$x + y = 2l$
$(x \geqslant 1)$
$V = ?$

$D = D_1 \cup D_2$

$$y = x + \sin x$$
$$y = x - \sin x$$
$$z = \frac{(x+y)^2}{4} \quad , \quad y > 0, \ z = 0$$
$$0 \leqslant x \leqslant \pi$$
$$\overline{V = ?}$$

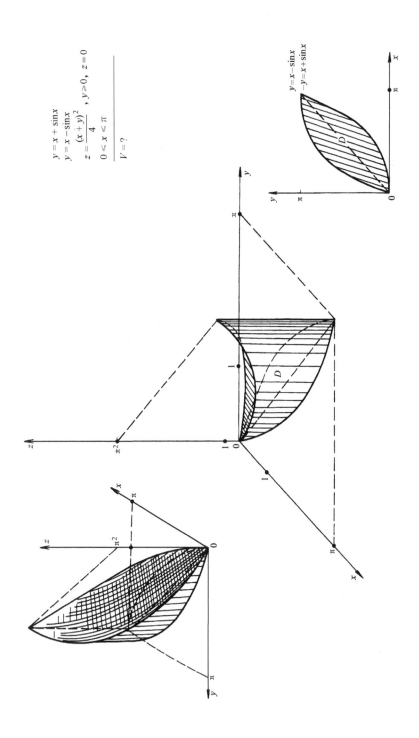

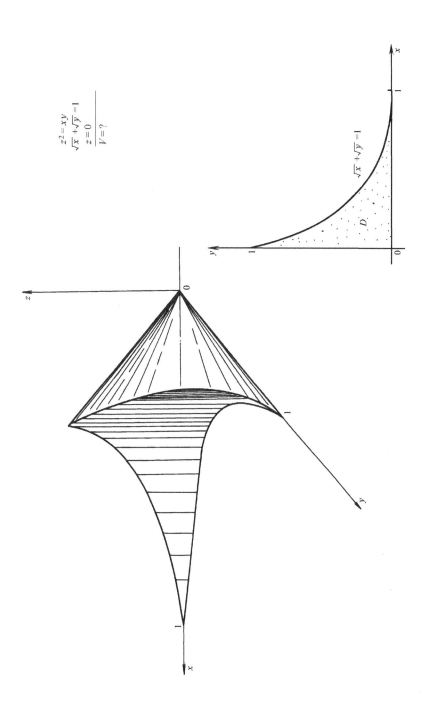

$$z^2 = xy$$
$$\sqrt{x} + \sqrt{y} = 1$$
$$z = 0$$
$$\overline{V = ?}$$

$\sqrt{x} + \sqrt{y} = 1$

$D$

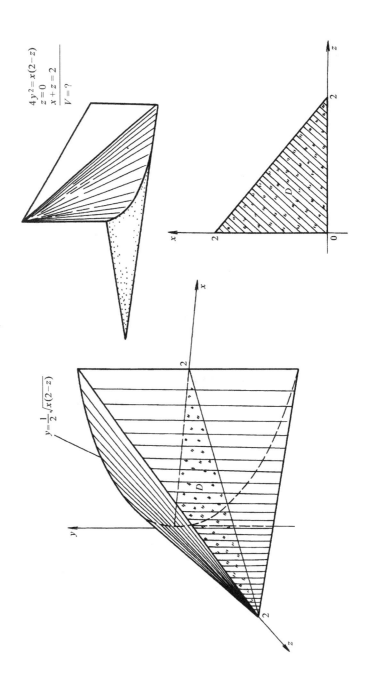

$$4y^2 = x(2-z)$$
$$z = 0$$
$$x + z = 2$$
$$\overline{V = ?}$$

$$y = \frac{1}{2}\sqrt{x(2-z)}$$

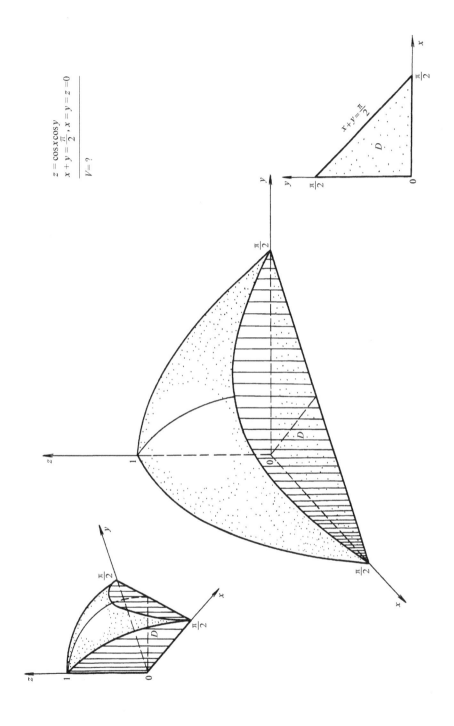

$$z = \cos x \cos y$$
$$x + y = \frac{\pi}{2}, x = y = z = 0$$
$$\overline{V = ?}$$

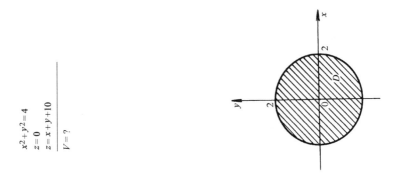

$$x^2 + y^2 = 4$$
$$z = 0$$
$$z = x + y + 10$$
$$V = ?$$

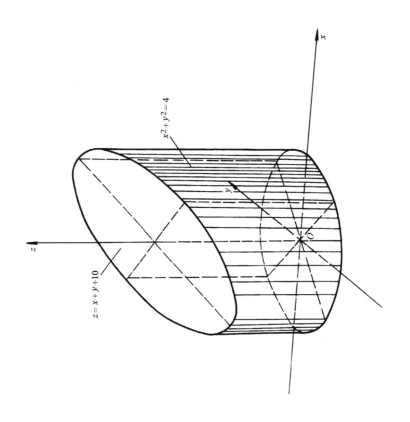

$$
\begin{aligned}
x^2 + y^2 &= 2x \\
2x - z &= 0 \\
4x - z &= 0 \\
\hline
V &= ?
\end{aligned}
$$

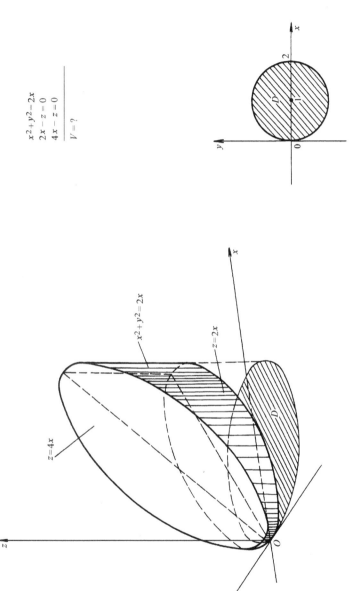

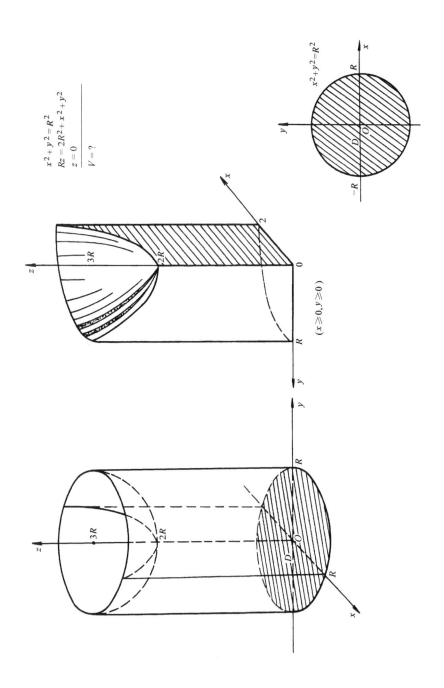

$$x^2 + y^2 = R^2$$
$$Rz = 2R^2 + x^2 + y^2$$
$$z = 0$$
$$\overline{V = ?}$$

$x^2 + y^2 = R^2$

$(x \geqslant 0, y \geqslant 0)$

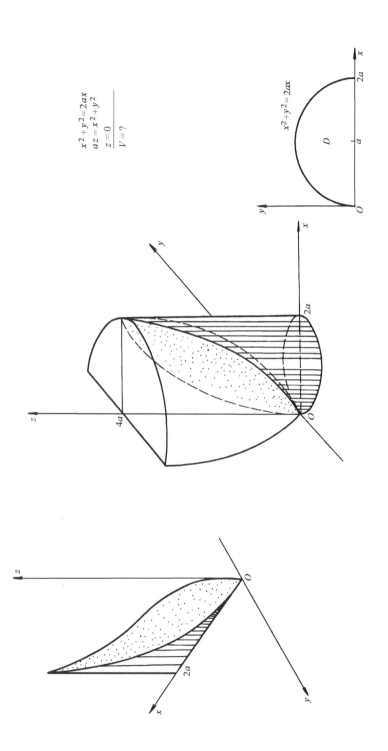

$$x^2 + y^2 = 2ax$$
$$az = x^2 + y^2$$
$$z = 0$$
$$\overline{\quad V = ? \quad}$$

$$x^2 + y^2 = 2ax$$

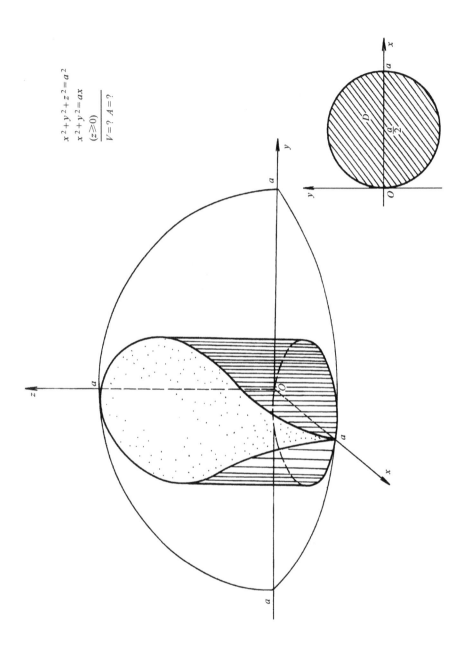

$$x^2 + y^2 + z^2 = a^2$$
$$x^2 + y^2 = ax$$
$$(z \geq 0)$$
$$\overline{V = ? \ A = ?}$$

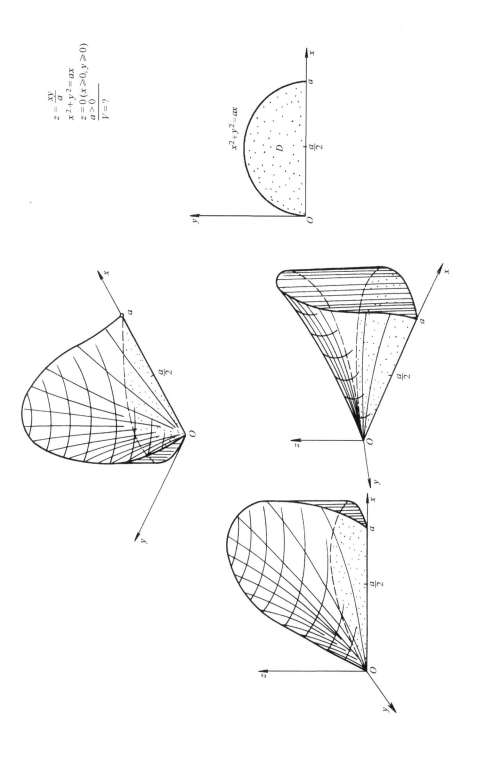

$$z = \frac{xy}{a}$$
$$x^2 + y^2 = ax$$
$$z = 0\,(x \geqslant 0,\, y \geqslant 0)$$
$$\underline{a > 0}$$
$$V = ?$$

$$x^2 + y^2 = ax$$

$D$

$\dfrac{a}{2}$

$a$

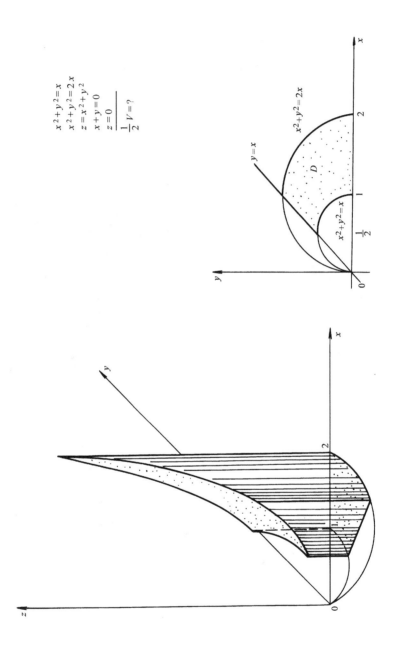

$$x^2 + y^2 = x$$
$$x^2 + y^2 = 2x$$
$$z = x^2 + y^2$$
$$x + y = 0$$
$$z = 0$$
$$\frac{1}{2} V = ?$$

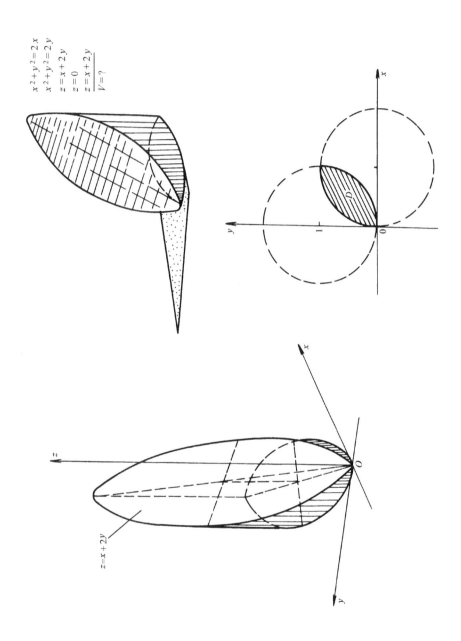

$$x^2 + y^2 = 2x$$
$$x^2 + y^2 = 2y$$
$$z = x + 2y$$
$$z = 0$$
$$\dfrac{z = x + 2y}{V = ?}$$

$$z = x + 2y$$

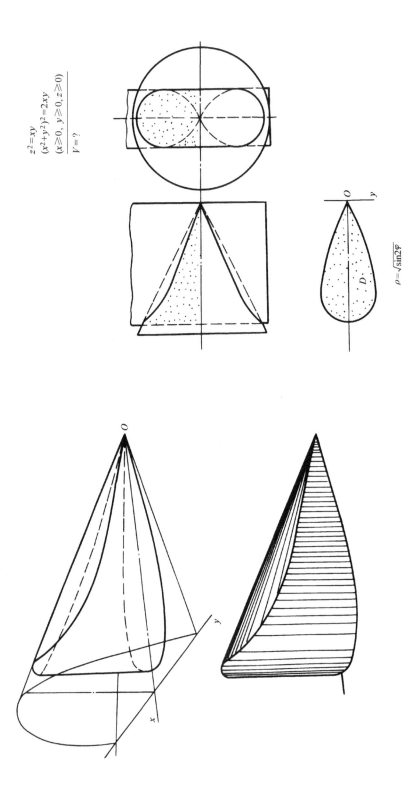

$$z^2 = xy$$
$$(x^2 + y^2)^2 = 2xy$$
$$(x \geqslant 0, \ y \geqslant 0, \ z \geqslant 0)$$
$$V = ?$$

$$\rho = \sqrt{\sin 2\varphi}$$

$D$

$O$

$y$

$x$

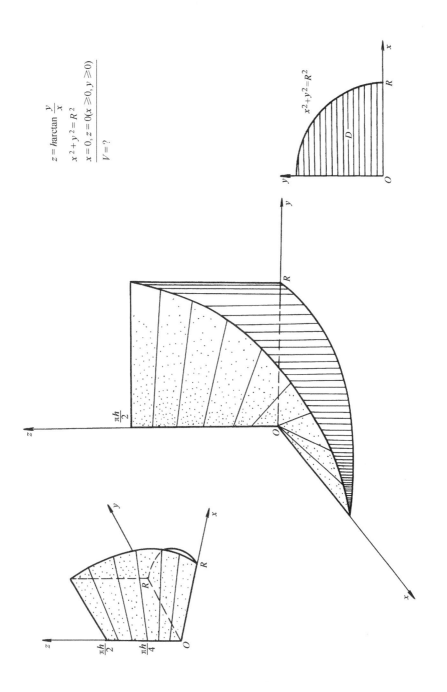

$z = h \arctan \dfrac{y}{x}$

$x^2 + y^2 = R^2$

$x = 0, z = 0 (x \geqslant 0, y \geqslant 0)$

$V = ?$

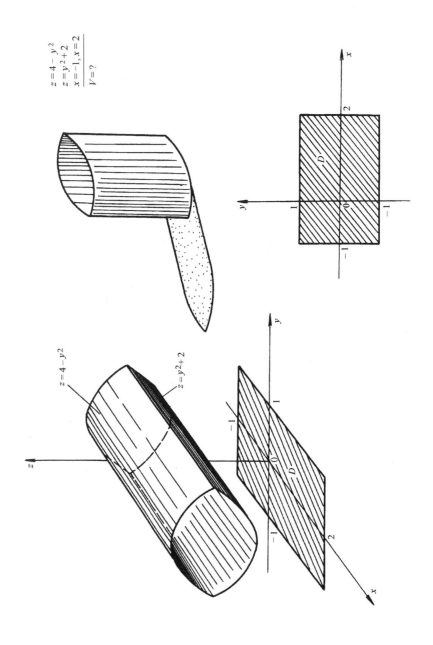

$z = 4 - y^2$
$z = y^2 + 2$
$x = -1, x = 2$
$V = ?$

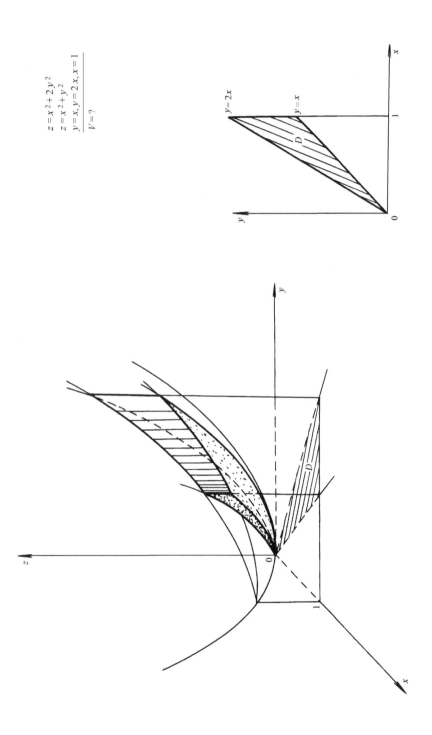

$$z = x^2 + 2y^2$$
$$z = x^2 + y^2$$
$$y = x, y = 2x, x = 1$$
$$\overline{V = ?}$$

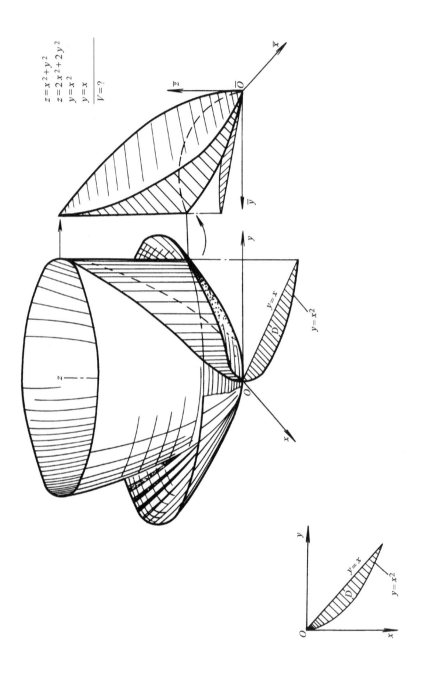

$$z = x^2 + y^2$$
$$z = 2x^2 + 2y^2$$
$$y = x^2$$
$$y = x$$
$$V = ?$$

$$z = \ln(x+2)$$
$$z = \ln(6-x)$$
$$x = 0, x + y = 2$$
$$x - y = 2$$
$$\overline{V = ?}$$

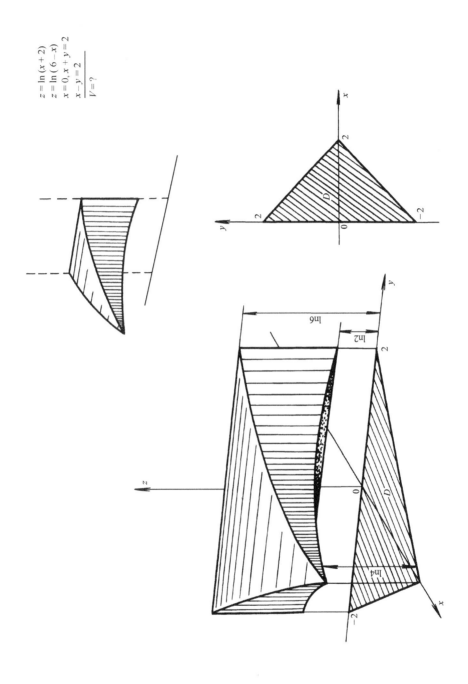

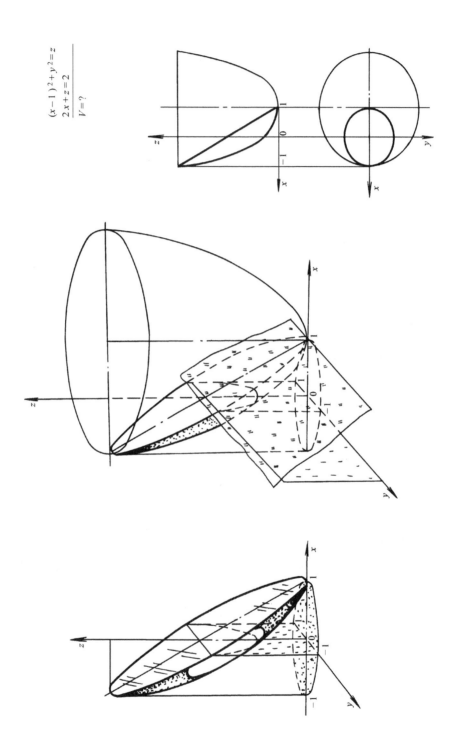

$(x-1)^2+y^2=z$

$2x+z=2$

$V=?$

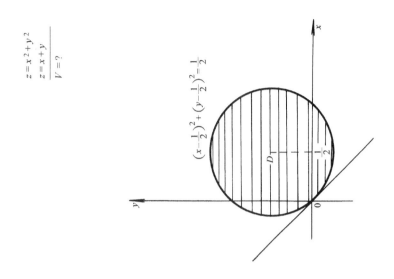

$$z = x^2 + y^2$$
$$z = x + y$$
$$\overline{V = ?}$$

$$\left(x - \frac{1}{2}\right)^2 + \left(y - \frac{1}{2}\right)^2 = \frac{1}{2}$$

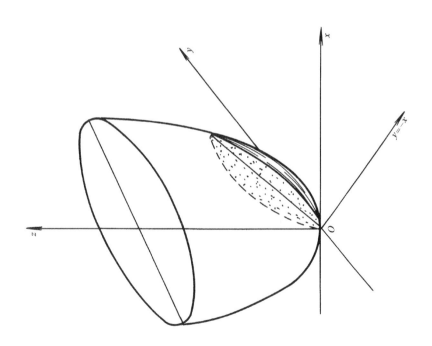

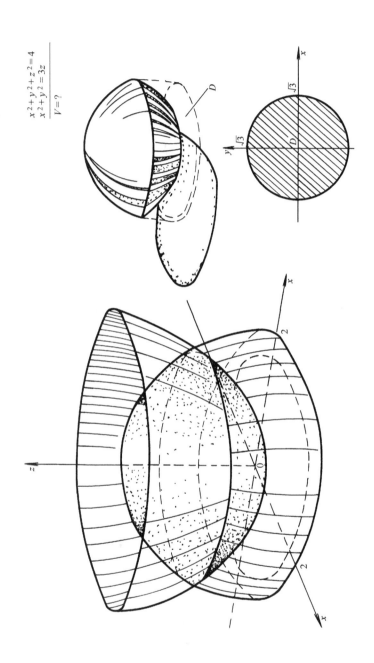

$$x^2 + y^2 + z^2 = 4$$
$$x^2 + y^2 = 3z$$
$$V = ?$$

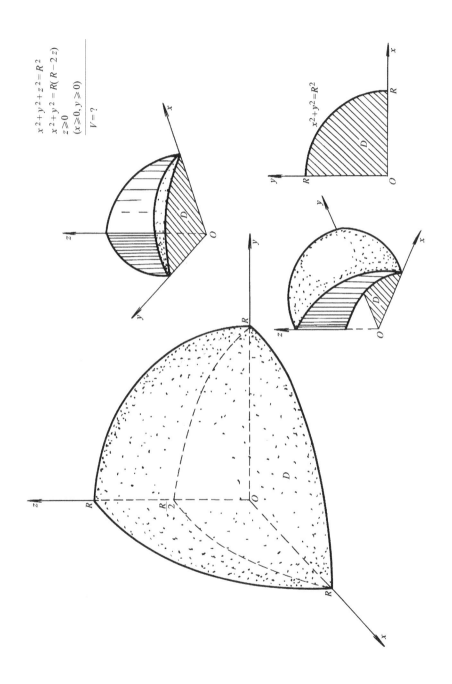

$$x^2 + y^2 + z^2 = R^2$$
$$x^2 + y^2 = R(R - 2z)$$
$$z \geqslant 0$$
$$(x \geqslant 0, y \geqslant 0)$$
$$V = ?$$

$$x^2 + y^2 = R^2$$

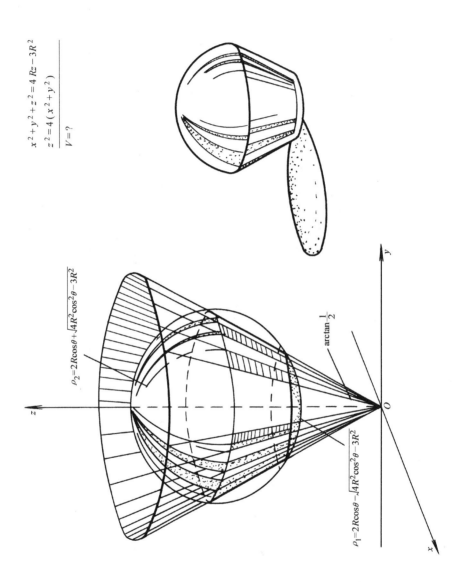

$$x^2+y^2+z^2=4Rz-3R^2$$
$$z^2=4(x^2+y^2)$$
$$\overline{V=?}$$

$$\rho_2=2R\cos\theta+\sqrt{4R^2\cos^2\theta-3R^2}$$

$$\arctan\frac{1}{2}$$

$$\rho_1=2R\cos\theta-\sqrt{4R^2\cos^2\theta-3R^2}$$

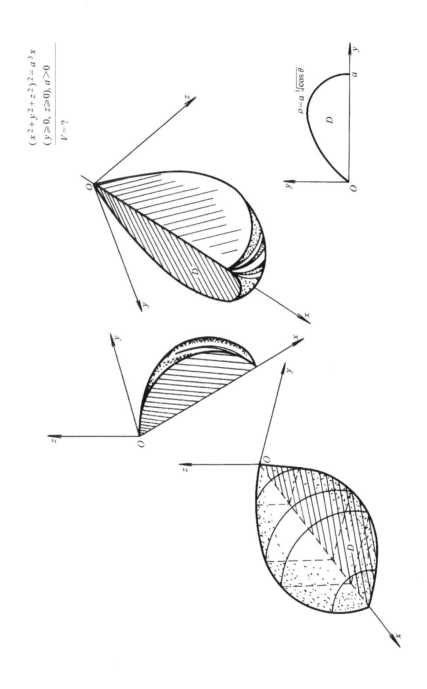

$$(x^2+y^2+z^2)^2=a^3x$$
$$(y\geqslant0,\ z\geqslant0),\ a>0$$
$$V=?$$

$$\rho=a\sqrt[3]{\cos\theta}$$

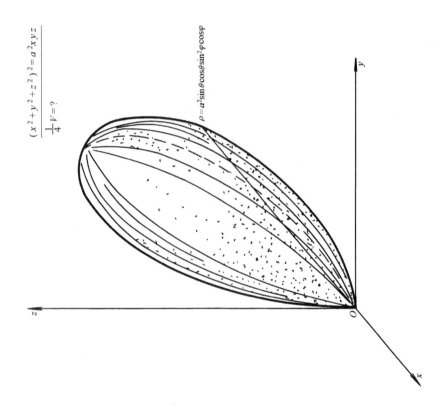

$$\frac{(x^2+y^2+z^2)^2=a^2xyz}{\frac{1}{4}V=?}$$

$$\rho=a^2\sin\theta\cos\theta\sin^2\varphi\cos\varphi$$

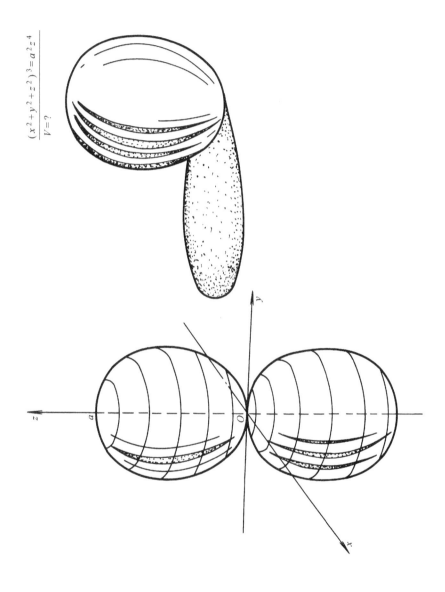

$$\frac{(x^2+y^2+z^2)^3=a^2z^4}{V=?}$$

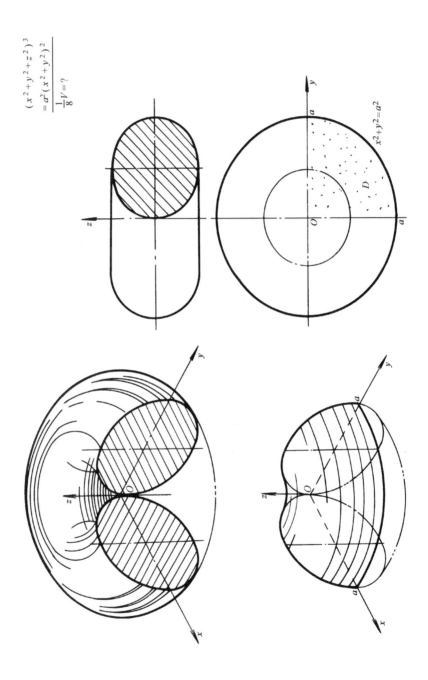

$$(x^2+y^2+z^2)^3$$
$$=a^2(x^2+y^2)^2$$
$$\frac{1}{8}V=?$$

$$x^2+y^2=a^2$$

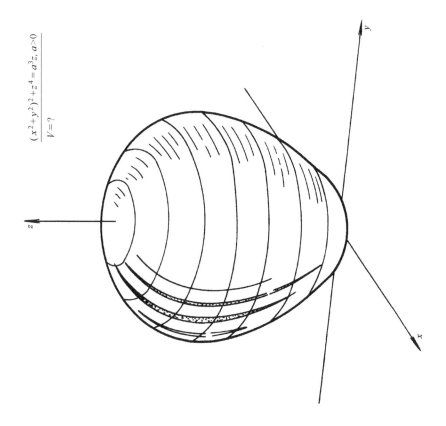

$$\frac{(x^2+y^2)^2+z^4=a^3z,\ a>0}{V=?}$$

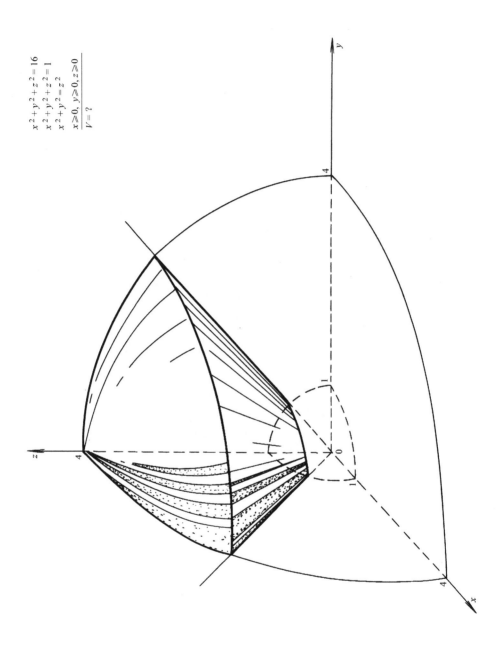

$$x^2 + y^2 + z^2 = 16$$
$$x^2 + y^2 + z^2 = 1$$
$$x^2 + y^2 = z^2$$
$$x \geqslant 0, y \geqslant 0, z \geqslant 0$$
$$V = ?$$

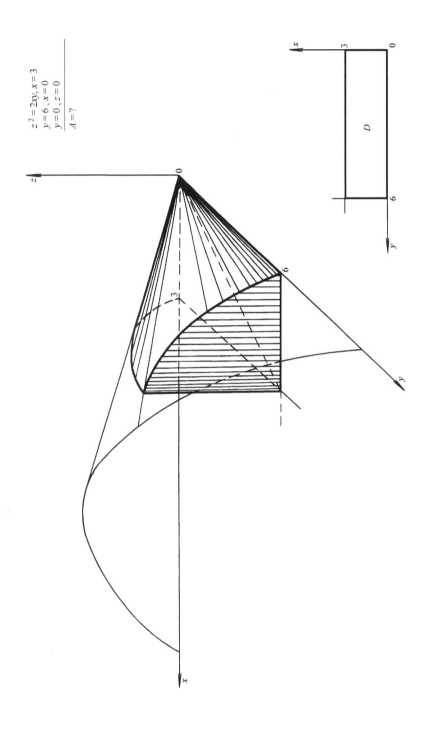

$$z^2 = 2xy, x = 3$$
$$y = 6, x = 0$$
$$y = 0, z = 0$$
$$A = ?$$

$$z^2 = x^2 + y^2$$
$$z = \sqrt{2}\left(\frac{x}{2} + 1\right)$$
$$A = ?$$

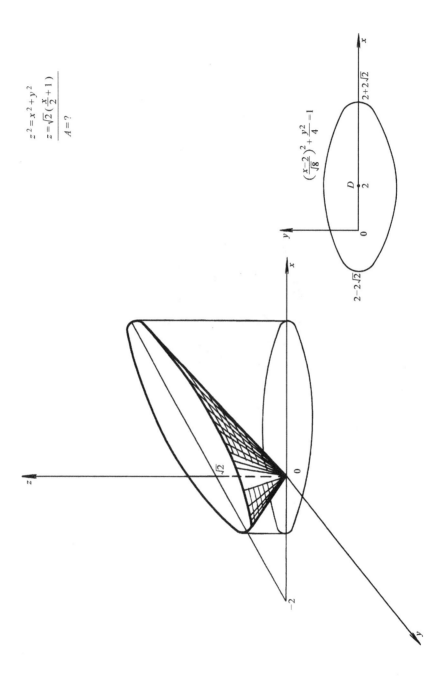

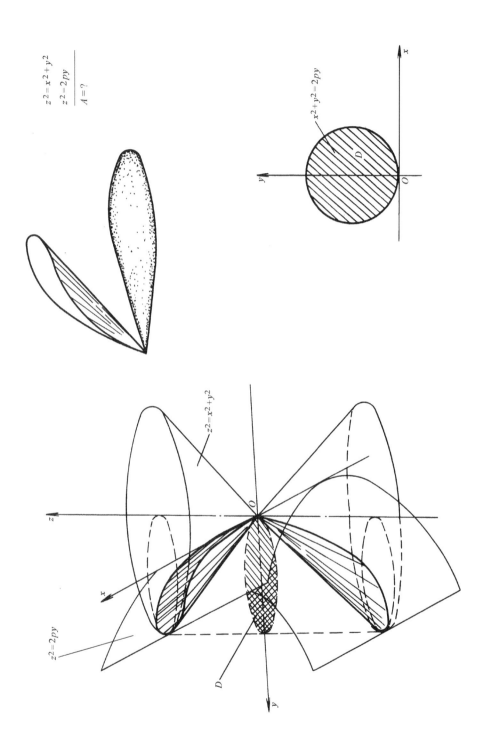

$$z^2 = x^2 + y^2$$
$$\underline{z^2 = 2py}$$
$$A = ?$$

$x^2 + y^2 = 2py$

$z^2 = x^2 + y^2$

$z^2 = 2py$

$$y^2 + z^2 = x^2$$
$$x^2 + y^2 = R^2$$
$$(x \geqslant 0, y \geqslant 0, z \geqslant 0)$$
$$A = ?$$

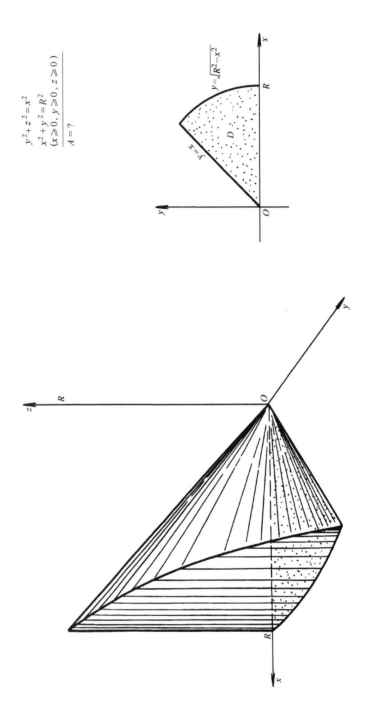

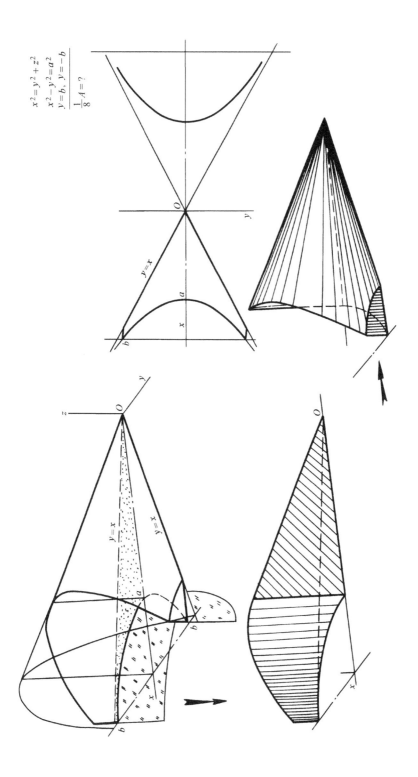

$$x^2 = y^2 + z^2$$
$$x^2 - y^2 = a^2$$
$$y = b, y = -b$$
$$\frac{1}{8}A = ?$$

$$z^2 = 4x$$
$$y^2 = 4x$$
$$x = 1$$
$$\overline{\quad A = ? \quad}$$

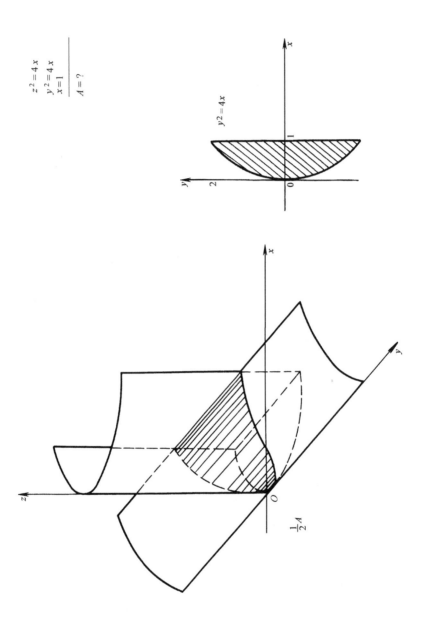

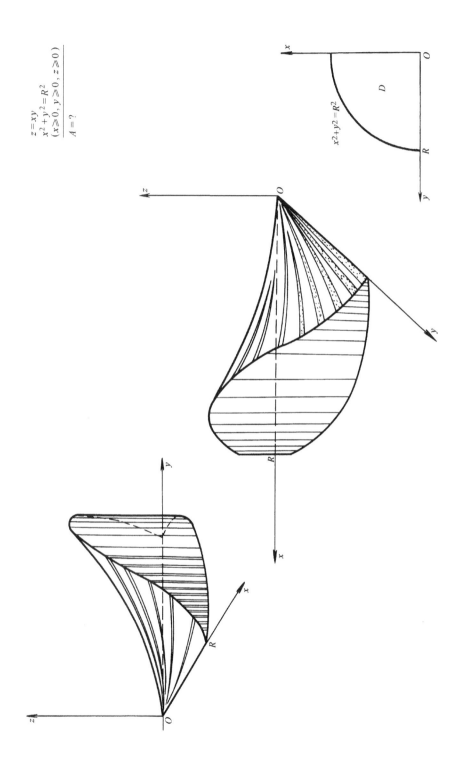

$$z = xy$$
$$x^2 + y^2 = R^2$$
$$(x \geqslant 0,\ y \geqslant 0,\ z \geqslant 0)$$
$$\overline{A = ?}$$

$$x^2 + y^2 = R^2$$

$D$

$$2z = x^2 + y^2$$
$$x^2 + y^2 = 1$$
$$\frac{1}{4}A = ?$$

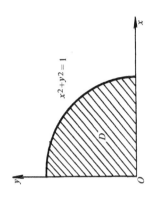

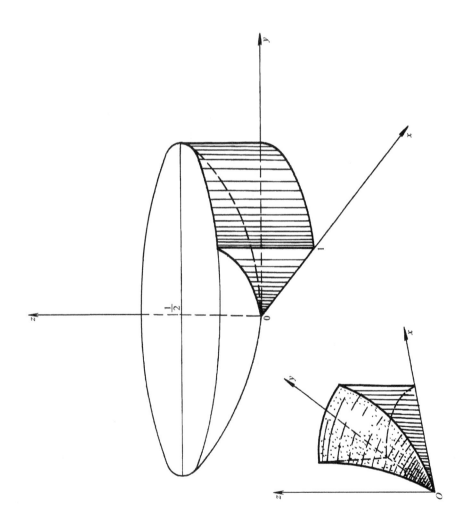

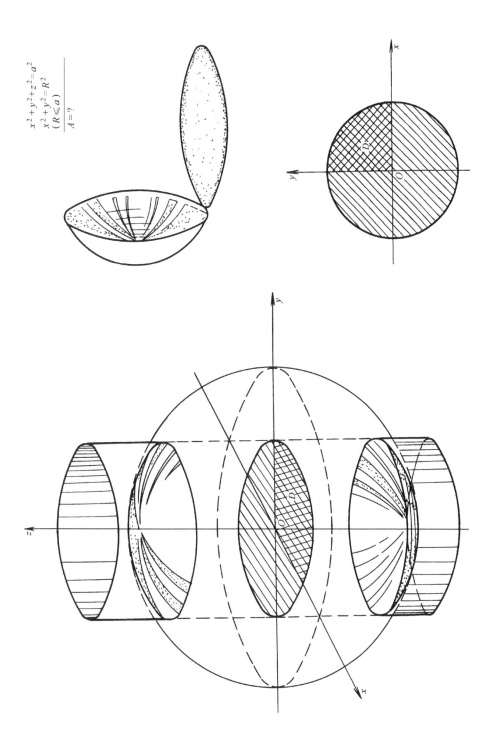

$$x^2+y^2+z^2=a^2$$
$$x^2+y^2=R^2$$
$$(R\leqslant a)$$
$$A=?$$

$$x^2 + y^2 + z^2 = R^2$$
$$(x^2 + y^2)^2 = R^2(x^2 - y^2)$$
$$\frac{1}{4} A = ?$$

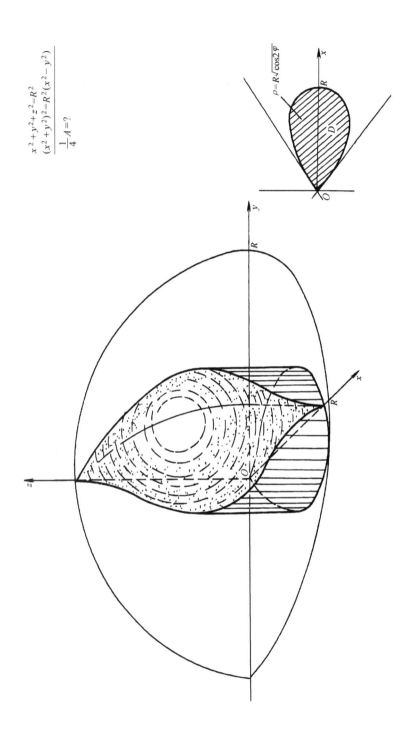

$$\rho = R\sqrt{\cos 2\varphi}$$

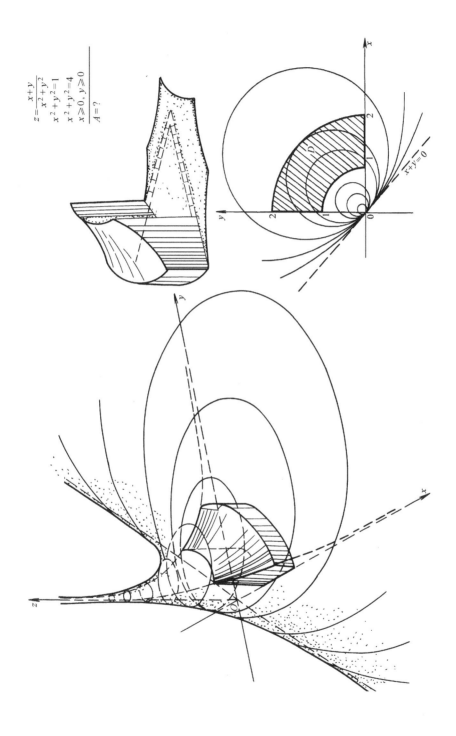

$$z=\dfrac{x+y}{x^2+y^2}$$
$$x^2+y^2=1$$
$$x^2+y^2=4$$
$$x\geqslant0,\ y\geqslant0$$
$$A=?$$

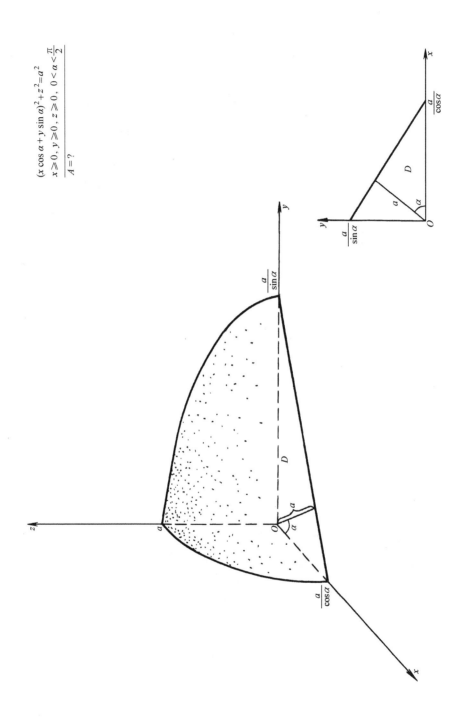

$$(x\cos\alpha+y\sin\alpha)^2+z^2=a^2$$
$$x\geqslant0,\ y\geqslant0,\ z\geqslant0,\ 0<\alpha<\frac{\pi}{2}$$
$$A=?$$

$x^2+y^2+z^2=3a^2$

$2az=x^2+y^2$

$z \geqslant 0$

$A = ?$

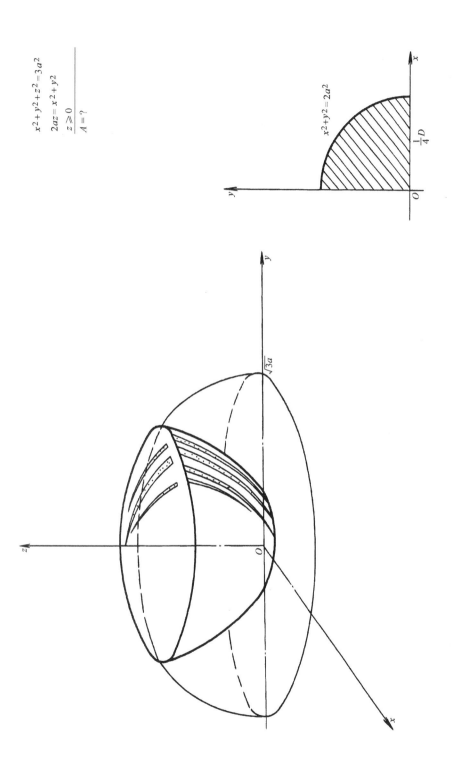

$x^2+y^2=2a^2$

$\dfrac{1}{4}D$

$\sqrt{3}a$

# 参 考 文 献

［1］Кудрявцев Л Д. Курс математического анализа：Том Ⅰ ～ Ⅱ［M］. Москва：Высшая школа，1988.

［2］Никольский С М. Курс математического анализа：Том Ⅰ ～ Ⅱ［M］. Москва：Москва Наука，1991.

［3］Бугров Я С，Никольский С М . Высшая математика：Том Ⅰ ～ Ⅲ［M］. Москва：Москва Наука，1988.

［4］Болгов В А，Демидович Б П，Фимов А В Е，и др. Съорник задач по Математике：Том Ⅰ ～ Ⅱ［M］. Москва：Москва Наука，1988.

［5］Дороговцев А Я. Математический анализ：Справочное пособие［M］. Киев：Виша школа，1985.

［6］Дороговцев А Я. Математический анализ：Сборник задач［M］. Киев：Виша школа，1987.

［7］Кудрявцев Л Д，Кутасов А Д，Чехлов В И，и др. Сборник задач по математическому анализу：Tom Ⅰ ～ Ⅱ［M］. Москва：Москва Наука，1986.

［8］Ляшко И И，Боярчук А К，Гай Я Г，и др. Справочное по математическому анализу［M］. Киев：Виша школа，1986.

［9］Тер крикоров А М，Шабунин М М. Курс Математического анализа［M］. Москва：Москва Наука，1988.

［10］王绵森，马知恩. 工科数学分析基础：上册［M］. 北京：高等教育出版社，2004.

［11］马知恩，王绵森. 工科数学分析基础：下册［M］. 北京：高等教育出版社，2004.

［12］萧树铁，等. 大学数学［M］.2版. 北京：高等教育出版社，2004.

［13］同济大学数学系. 高等数学［M］.6版. 北京：高等教育出版社，2007.

［14］哈尔滨工业大学数学系分析教研室. 工科数学分析［M］.4版. 北京：高等教育出版社，2013.